高等学校公共课教材

大 学 化 学

王继芬　**主编**

徐金球　李秀丽　周玉林　乔炜

高崑淇　徐利军　**等参编**

北京大学出版社
PEKING UNIVERSITY PRESS

图书在版编目 (CIP) 数据

大学化学 / 王继芬主编 . — 北京：北京大学出版社，2019. 10
ISBN 978-7-301-30845-5

Ⅰ. ①大⋯　Ⅱ. ①王⋯　Ⅲ. ①化学—高等学校—教材　Ⅳ. ① O6

中国版本图书馆 CIP 数据核字 (2019) 第 214727 号

书　　　名	大学化学
	DAXUE HUAXUE
著作责任者	王继芬　主编
责 任 编 辑	郑月娥　王斯宇　曹京京
标 准 书 号	ISBN 978-7-301-30845-5
出 版 发 行	北京大学出版社
地　　　址	北京市海淀区成府路 205 号　100871
网　　　址	http://www. pup. cn　新浪微博：@ 北京大学出版社
电 子 信 箱	zye@pup. pku. edu. cn
电　　　话	邮购部 62752015　发行部 62750672　编辑部 62767347
印 刷 者	北京市科星印刷有限责任公司
经 销 者	新华书店
	787 毫米 × 1092 毫米　16 开本　18 印张　插页 1　450 千字
	2019 年 10 月第 1 版　2024 年 7 月第 3 次印刷
定　　　价	56. 00 元

前　言

　　当代我国高等教育的改革和发展进入了全新的历史阶段,教学内容和教学方法改革都在一个更广的范围和更深的层次展开。社会对高等学校人才培养的要求也不仅仅局限在专业知识和能力上,而是越来越重视人才的综合素质。化学是一门在原子、分子水平上研究物质的组成、结构、性能、应用及其变化规律并创造新物质的学科,是自然科学的基础学科之一。化学与人类社会发展和日常生活密切相关,是充分满足社会需求的中心学科,为人类的生存和发展做出了巨大贡献。化学基础知识、基本理论和技能也是当代大学生综合素质中不可缺少的一部分。

　　大学化学是高等学校非化学化工类专业开设的重要基础课程,对完善非化学化工类专业大学生知识能力结构、实施素质教育具有重要作用。根据教育部高等学校教学指导委员会《普通高等学校本科专业类教学质量国家标准》中关于非化学化工类工科专业人才培养中对化学基础知识的要求,结合当前国内外大学化学教育改革的发展趋势和应用型本科院校的人才培养目标,我们编写了本书。

　　本教材以提高学生科学素质为原则,注重化学学科知识体系的系统性、完整性,并注意与中学化学知识的衔接,侧重学科特色的同时,紧密结合生产实践、生活实例,联系社会发展前沿和工程技术的具体应用,力求理论联系实际。内容上,除增加现代化学相关的最新成果外,注重提升育人功能。概念阐述准确,深入浅出,循序渐进。推理逻辑清晰,知识脉络通顺。既展现化学学科魅力,又展示我国化学相关领域的重大突破,使大学化学教学既能紧跟科技发展步伐,又能融入思政教育色彩,育人于无形。

　　本书在知识点的介绍上,力求精炼。涵盖了无机化学、有机化学、物理化学及分析化学的基本知识和基本理论,形成完整的知识体系。在知识的拓展和应用上,力求广泛新颖。引入了公众关注的环境问题、能源问题、健康与营养等社会热点话题与生产生活实际案例。

　　本书可供高等学校非化学化工类专业,如机械、材料、物流、冶金、海洋、能源、地质、电子、环境等专业的大学化学课程作教材使用,也可用做相关专业教学参考书。

　　本书由王继芬担任主编,徐金球、李秀丽、周玉林、乔炜、高崑淇、徐利军等参编完成。具体分工为:王继芬编写第一、五、七、十一章,及附录数据的收集和整理;徐金球和高崑淇编写第二、三、九章;李秀丽编写第八、十章;周玉林、徐利军编写第四章;乔炜、徐利军编写第六章。

　　由于编者知识、水平有限,书中难免存在疏漏和不足之处,恳请广大读者和专家批评指正。我们在此深表谢意。

编　者

2019 年 6 月

目　　录

第一章　化学实验的数据处理

化学研究离不开化学实验。实验数据应该如何记录,在运算的时候又要如何正确处理呢?化学中的数据分析和处理是非常重要的。定量分析的任务是通过一定的分析方法和手段准确测量试样中各组分的含量。因此,必须使分析结果具有一定的准确度,不准确的分析结果会得出错误的结论,导致产品报废,造成资源上的浪费。

试样中各种组分的含量是客观存在的,即存在一个真实值。但在实际测量过程中,定量分析需要经过一系列步骤,每一步测量产生的误差均会影响分析结果的准确性;同时,由于受分析方法、测量仪器、所用试剂和分析人员主观因素的限制,测量结果与真实值不可能完全一致。即使是技术熟练的分析人员,用最完善的分析方法、最精密的仪器和最纯的试剂,在同一时间、同样条件下,对同一试样进行多次测量,也不能得到完全一致的分析结果,这表明分析过程中客观上存在难以避免的误差。在一定条件下,测量结果只能接近真实值。

在定量分析中,不仅要对试样中各组分进行准确的测量和正确的计算,还应对分析结果进行评价,判断其准确度,同时还要对产生误差的原因进行分析,采取适当措施减小误差,从而提高分析结果的准确度。

1.1　误差

1.1.1　误差的分类及产生原因

测量值与真实值之间的差值称为**误差**。测量值大于真实值,误差为正;测量值小于真实值,误差为负。在定量分析中,根据误差产生的原因和性质,可将误差分为系统误差、偶然误差和过失误差。

1. 系统误差

系统误差又称可定误差,是由某些确定因素造成的误差,对分析结果的影响比较固定。它的特点有:确定性 ——引起误差的原因通常是确定的;重复性 ——由于造成误差的原因是固定的,在同一条件下测定时,会重复出现;单向性 ——误差的方向一定,即误差的正或负通常是固定的;可测性 ——误差的大小基本固定,通过实验可测量其大小。由于系统误差的大小、正负是可以测定的,故可以设法减小或加以校正。根据误差的来源,可将系统误差分为方法误差、仪器误差、试剂误差和操作误差四类。

（1）方法误差

由于分析方法本身不够完善所引起的误差,通常对测量结果影响较大。例如,滴定分析法中,由于反应不完全、副反应的产生、干扰离子的影响、滴定终点与化学计量点不完全符合等,均能产生方法误差。

（2）仪器误差

由于仪器本身不够精确或未经校正所引起的误差。例如,天平两臂不等长,砝码被腐蚀,滴定管、移液管等容量仪器的刻度不准确等,均能产生仪器误差。

（3）试剂误差

由于试剂不纯或去离子水中含有杂质所引起的误差。例如,试剂和去离子水中含有被测物质或干扰物质,都会使测定结果系统偏高或偏低。

（4）操作误差

在正常操作情况下,由于操作者的主观原因以及控制实验条件与正规要求稍有出入所引起的误差。例如,滴定管读数时视线偏高或偏低,辨别滴定终点时颜色偏深或偏浅均能造成操作误差。

2. 偶然误差

偶然误差又称不可定误差或随机误差,是由一些随机的、不固定的偶然因素造成的误差。例如,测量时环境温度、湿度、气压的微小变化,仪器性能的微小变化等偶然因素,都可能造成测量数据的波动而带来偶然误差。

偶然误差的特点是其大小和方向都不固定,时大时小,时正时负,难以预测和控制,因此无法进行测量和校正。但在相同条件下对同一样品进行多次平行测量时,可发现偶然误差的分布符合正态分布规律:绝对值相等的正误差和负误差出现的概率相等;绝对值小的误差出现的概率大,绝对值大的误差出现的概率小。偶然误差的正态分布规律如图 1-1 所示。

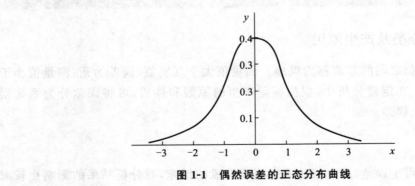

图 1-1 偶然误差的正态分布曲线

偶然误差和系统误差两者常伴随出现,不能分开。例如,某人在观察滴定终点颜色的变化时,总是习惯偏深,产生属于操作误差的系统误差;但此人在多次测量中,每次观察滴定终点的颜色深浅程度时又不可能完全一致,因此也必然有偶然误差。

3. 过失误差

除了上述两类误差外,还可能出现由于分析人员粗心大意或操作不正确所产生的过失误差。例如,读错刻度、加错试剂、溶液溅失、记录错误等,实际上属于操作错误,应与操作误差严格区分开来。通常只要在分析工作中细心认真,遵守操作规程,这种错误是可以避免的。在分析工作中,当出现较大误差时,应查明原因,如确因过失误差造成的错误,应将该次测量结果弃去不用。

1.1.2　误差的表示方法

1. 准确度与误差

　　准确度是指测量值与真实值之间接近的程度,两者越接近,准确度越高。准确度的高低用误差来表示,误差越小,表示测量值与真实值越接近,准确度越高;反之,表示准确度越低。误差可分为绝对误差和相对误差。

　　(1) 绝对误差(E)

　　指测量值(x)与真实值(T)之差,如式(1-1)所示:

$$E = x - T \tag{1-1}$$

　　(2) 相对误差(E_r)

　　指绝对误差在真实值中所占的比例,常用百分比表示,如式(1-2)所示:

$$E_r = \frac{E}{T} \times 100\% = \frac{x-T}{T} \times 100\% \tag{1-2}$$

　　绝对误差和相对误差都有正、负值,正值表示测量值偏高,负值表示测量值偏低。测量值的准确度用相对误差表示较绝对误差更为合理。

　　【例 1-1】　用分析天平称量两份试样,其质量分别为 1.6547 g 和 0.1654 g。已知两份试样的真实质量为 1.6549 g 和 0.1656 g,分别计算两份试样称量的绝对误差和相对误差。

　　解　称量的绝对误差分别为:

$$E_1 = x - T = (1.6547 - 1.6549)\ \text{g} = -0.0002\ \text{g}$$
$$E_2 = x - T = (0.1654 - 0.1656)\ \text{g} = -0.0002\ \text{g}$$

称量的相对误差分别为:

$$E_{r1} = \frac{E}{T} \times 100\% = \frac{-0.0002}{1.6549} \times 100\% = -0.012\%$$

$$E_{r2} = \frac{E}{T} \times 100\% = \frac{-0.0002}{0.1656} \times 100\% = -0.12\%$$

　　虽然两份试样称量的绝对误差相等,但相对误差却明显不同,第二份称量结果的相对误差是第一份称量结果相对误差的 10 倍。可见,当测量值的绝对误差恒定时,测定的试样量越大,相对误差就越小,其准确度越高;反之,准确度则越低。因此,常量分析的相对误差应尽可能小些,而微量分析的相对误差可以允许大些。例如,用滴定分析法、重量分析法等化学分析法进行常量分析时,允许相对误差仅为千分之几;而用色谱法、光谱法等仪器分析法进行微量分析时,允许的相对误差可为百分之几甚至更高。

2. 精密度与偏差

　　精密度是指在相同条件下对同一试样进行多次平行测量时,各次测量值之间相互接近的程度。它反映了测量值的重复性和再现性。精密度的高低用偏差来衡量,偏差越小,表明各测量值之间越接近,测量结果的精密度越高;反之,精密度越低。偏差有以下 5 种表示方法。

(1)绝对偏差(d)

指各单个测量值 x_i 与所有测量值的算术平均值 $\bar{x}$ 之差,如式(1-3)所示,绝对偏差只能衡量单个测量值与平均值的偏离程度。

$$d_i = x_i - \bar{x} \tag{1-3}$$

(2)平均偏差($\bar{d}$)

指各测量值与平均值之差的绝对值的平均值,如式(1-4)所示,平均偏差可衡量一组数据的精密度。

$$\bar{d} = \frac{\sum_{i=1}^{n} |d_i|}{n} = \frac{\sum_{i=1}^{n} |x_i - \bar{x}|}{n} \tag{1-4}$$

式中,n 为测量次数,平均偏差均为正值。

(3)相对平均偏差($R\bar{d}$)

指平均偏差占测量平均值的百分比,如式(1-5)所示,使用相对平均偏差表示测量结果的精密度比较简单、方便。

$$R\bar{d} = \frac{\bar{d}}{\bar{x}} \times 100\% \tag{1-5}$$

(4)标准偏差(S)

用平均偏差和相对平均偏差表示精密度比较简单、方便,但在一系列测量结果中,由于总是小偏差占多数,大偏差占少数,如果按总的测量次数求平均值,所得结果就会偏小,大偏差得不到充分反映。因此,为了更好地说明数据的分散程度,在数理统计学中常采用标准偏差来衡量精密度,在测量次数 n 无限大时,用 σ 表示,如式(1-6)所示:

$$\sigma = \sqrt{\frac{\sum_{i=1}^{n} (x_i - \mu)^2}{n}} \tag{1-6}$$

式中,μ 为当 n 趋于无限大时无限次测量结果的平均值,也称总体平均值。在实际工作中,n 是有限的,当测量次数 $n \leqslant 20$ 时,标准偏差常用 S 来表示,如式(1-7)所示:

$$S = \sqrt{\frac{\sum_{i=1}^{n} (x_i - \bar{x})^2}{n-1}} \tag{1-7}$$

计算标准偏差时,对单次绝对偏差加以平方,不仅避免了单次绝对偏差相加正负相互抵消为零的情况,而且大偏差能明显地表现出来。

例如,甲、乙两人经 8 次测得一组数据,各次测量的绝对偏差分别为:

甲:0.11,−0.73,0.24,0.51,−0.14,0.00,0.30,−0.21;

乙:0.18,0.26,−0.25,−0.37,0.32,−0.28,0.31,−0.27。

经计算,甲、乙两人的平均偏差都是 0.28,但甲的测量数据较为分散,其中有两个较大的偏差(-0.73 和 0.51),所以用平均偏差无法反映两组数据精密度的高低。若用标准偏差来表示:$S_甲=0.38,S_乙=0.29$,说明乙数据的精密度较高。

（5）相对标准偏差（S_r）

指标准偏差占测量平均值的百分比,如式（1-8）所示：

$$S_r = \frac{S}{\bar{x}} \times 100\% \tag{1-8}$$

【例 1-2】 分析铁矿石中铁的质量分数,得到如下数据:67.48%,67.37%,67.47%,67.43%,67.40%,计算此测量结果的平均值、绝对偏差、平均偏差、相对平均偏差、标准偏差和相对标准偏差。

解 测量结果的平均值为：

$$\bar{x} = \frac{67.48\% + 67.37\% + 67.47\% + 67.43\% + 67.40\%}{5} = 67.43\%$$

各次测量的绝对偏差分别是：

$$0.05\%, -0.06\%, 0.04\%, 0.00\%, -0.03\%$$

平均偏差是：

$$\bar{d} = \frac{1}{n} \sum |d_i| = \frac{0.05\% + 0.06\% + 0.04\% + 0.00\% + 0.03\%}{5} = 0.04\%$$

相对平均偏差为：

$$\mathrm{R}\bar{d} = \frac{\bar{d}}{\bar{x}} \times 100\% = \frac{0.04\%}{67.43\%} \times 100\% = 0.06\%$$

标准偏差为：

$$S = \sqrt{\frac{\sum_{i=1}^{n}(x_i - \bar{x})^2}{n-1}} = \sqrt{\frac{(0.05\%)^2 + (0.06\%)^2 + (0.04\%)^2 + (0.00\%)^2 + (0.03\%)^2}{5-1}} = 0.05\%$$

相对标准偏差为：

$$S_r = \frac{S}{\bar{x}} \times 100\% = \frac{0.05\%}{67.43\%} \times 100\% = 0.07\%$$

3. 准确度与精密度的关系

准确度表示测量结果的正确性,精密度表示测量结果的重现性,两者的含义不同,不可混淆。系统误差是定量分析中误差的主要来源,影响测量结果的准确度;而偶然误差影响测量结果的精密度。测量结果的好坏应从准确度和精密度两个方面衡量。

如图 1-2 所示,采用 4 种不同的方法测量铜合金中铜的含量,每种方法均测量了 6 次,已知铜合金中铜的真实含量为 10.00%。由图 1-2 可以看出,方法 1 中每次测量的结果很接近,说明它的精密度高,偶然误差很小,但平均值与真实值之间相差较大,说明它存在较大的系统误差,准确度较低;方法 2 的准确度、精密度都高,说明它的系统误差和偶然误差都很小;方法 3 虽然其平均值接近真实值,但精密度低,几个数值彼此相差很大,只是由于正负误差相互抵消的偶然结果,若少测量一次或多测量一次,都会显著影响平均值的大小;方法 4 的准确度、精密度都很低,即系统误差和偶然误差都很大。

由此可见,精密度是保证准确度的前提,准确度高,一定需要精密度高,但精密度高,

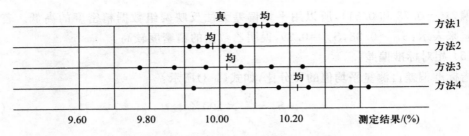

图 1-2　定量分析中的准确度与精密度

不一定准确度高。精密度低,说明测量结果不可靠,本身已失去了衡量准确度的前提。只有在消除系统误差的前提下,精密度高,准确度才会高。

在实际工作中,由于被测物的真实值是不知道的,测量结果是否正确,只能根据测量结果的精密度来衡量。

1.1.3　提高分析结果准确度的方法

要提高分析结果的准确度,应尽可能地减小系统误差和偶然误差。下面介绍减小误差的几种主要方法。

1. 选择适当的分析方法

不同的分析方法具有不同的准确度和灵敏度。对常量组分的测定,常采用重量分析法或滴定分析法;对微量或痕量组分的测定,一般都采用灵敏度较高的仪器分析法,如果采用滴定分析法,往往得不出结果。因此,在选择分析方法时,必须根据分析对象、样品情况及对分析结果的要求来选择合适的分析方法。

2. 减小测量误差

为了提高分析结果的准确度,必须尽量减小各测量步骤的误差,一般要求测量误差应≤0.1%。在消除系统误差的前提下,所有的仪器都有一个最大不确定值。例如 50 mL 滴定管每次读数的最大不确定值为 ±0.01 mL,万分之一天平每次称量的最大不确定值为 ±0.0001 g。因此,可以增大被测物的总量来减小测量的相对误差。例如,滴定管两次读数的最大可能误差为 ±0.02 mL,当消耗滴定液的体积为 20 mL 时,

$$E_r = \frac{\pm 0.02}{20} \times 100\% = \pm 0.1\%$$

而当滴定液的体积为 10 mL 时,

$$E_r = \frac{\pm 0.02}{10} \times 100\% = \pm 0.2\%$$

一般滴定分析的相对误差要求≤0.1%,所以滴定液的体积应≥20 mL。又如,一般分析天平的称量误差为万分之一,用减量法称量两次,称量可能引起的绝对误差为 ±0.0002 g,为使称量的相对误差≤0.1%,所需称量试样的最少量为:

$$m_{试样} = \frac{最大可能误差}{相对误差} = \frac{\pm 0.0002 \text{ g}}{\pm 0.1\%} = 0.2 \text{ g}$$

3. 减小偶然误差

　　根据偶然误差的正态分布规律,在消除或减小系统误差的前提下,随着平行测定次数的增多,测量的平均值越接近真实值。因此,适当增加平行测定次数,可以减小测量中的偶然误差。这里需要说明:测定次数并不是越多越好,因为这样做会浪费大量的人力、物力和时间。实践表明,当平行测定次数很少时,偶然误差随测定次数的增加迅速减小;当平行测定次数大于 10 次时,偶然误差已经显著减小。在实际工作中,一般对同一试样平行测定 3 ～ 4 次,其精密度即可符合要求。

4. 减小系统误差

　　(1) 校准仪器

　　在精确的分析中,必须对仪器进行校正以减小系统误差,如校正砝码、移液管、滴定管和容量瓶等,并把校正值应用到分析结果的计算中去。此外,在同一操作过程中使用同一仪器,可以使仪器误差相互抵消,这是一种简单而有效的减小系统误差的办法。

　　(2) 空白试验

　　用纯溶剂代替试样或者不加试样,按照与测定试样相同的方法、条件、步骤进行的分析实验,称为空白试验,所得结果称为空白值。从试样的测定值中减掉空白值,就可以消除由于试剂、溶剂、实验器皿和环境带入的杂质所引起的系统误差。

　　(3) 对照试验

　　对照试验是检验系统误差的有效方法。把含量已知的标准试样或纯物质当做样品,按所选用的测定方法,与未知样品平行测定。由分析结果与已知含量的差值,便可得出分析误差,用此误差值对未知试样的测定结果加以校正。对照试验主要用于检查测量方法是否可靠、反应条件是否正常、试剂是否失效。

　　(4) 回收试验

　　对于组成不太清楚的试样,常进行回收试验。所谓回收试验,就是向试样中加入已知量的被测物质,然后用与被测试样相同的方法进行测量。从测量结果中被测组分的增加值与加入量之比,便能估计出分析误差,并用此误差值对样品的分析结果进行校正。

1.2　有效数字及其应用

　　在定量分析中,为了获得准确的分析结果,不仅要准确地测量试样中组分的含量,而且要正确记录和科学计算。所谓正确记录数据,是指正确地记下根据仪器测量得到数据的位数,它不仅表示测量结果的大小,而且反映了测量的准确程度。所以记录实验数据和计算结果时,究竟应保留几位数字是很重要的,任意增加或减少位数的做法都是不正确的。下面着重介绍有效数字的概念、修约规则、运算规则及其在定量分析中的应用。

1.2.1　有效数字的概念

　　有效数字是指测量到的具有实际意义的数字,它包括所有准确数字和最后一位可疑数字。记录数据和计算结果时,确定几位数字作为有效数字,必须与测量方法及所用仪器的精密度相匹配,不可任意增加或减少有效数字的位数。

例如,称一烧杯质量,记录为:

烧杯质量	有效数字位数	使用的仪器
16.5 g	3	台秤
16.543 g	5	普通摆动天平
16.5444 g	6	分析天平

所以在记录测量数据和分析结果时,应根据所用仪器的准确度和应保留的有效数字中的最后一位数字是"可疑数字"的原则进行记录和计算。

例如,用万分之一的分析天平称量某试样的质量是 4.5128 g,表示称量结果有 ± 0.0001 g 的绝对误差,4.5128 为五位有效数字,其中 4.512 是确定的数字,最后一位"8"是可疑数字。如果用百分之一的台秤称量同一试样,则应记为 4.51 g,表示称量结果有 ± 0.01 g 的绝对误差,4.51 为三位有效数字,其中 4.5 是确定的数字,最后一位"1"是可疑数字。分析天平称量的相对误差为:

$$E_r = \pm \frac{0.0002}{4.5128} \times 100\% = \pm 0.004\%$$

台秤称量的相对误差为:

$$E_r = \pm \frac{0.02}{4.51} \times 100\% = \pm 0.4\%$$

结果表明,分析天平测量的相对误差是台秤的 1/100,因此如果错误地保留有效数字的位数,会把测量误差扩大或缩小。在判断数据的有效数字位数时,要注意以下几点:

(1) 数字"0"在有效数字中的双重作用。数字"0"若位于非零数字之前,不是有效数字,和小数点一并起定位作用;数字"0"若位于非零数字之间或之后,则为有效数字。

【例 1-3】 指出下列数据的有效数字位数。

0.007, 0.05%, 0.020, 0.0011, 0.30%, 0.0640, 3.25×10^{-2}, 0.4000, 25.08%, 2.0001, 12.090, 5.0310×1

解		
	0.007, 0.05%	一位有效数字
	0.020, 0.0011, 0.30%	两位有效数字
	0.0640, 3.25×10^{-2}	三位有效数字
	0.4000, 25.08%	四位有效数字
	2.0001, 12.090, 5.0310×1	五位有效数字

(2) 非测量得到的数字,如倍数、自然数、常数、分数等,可视为准确数字或无限多位的有效数字,在计算中考虑有效数字位数时与此类数字无关。例如,5 mol 硫酸的 5 是自然数,非测量所得数,就可以看做无限多位的有效数字。

(3) 在变换单位时,有效数字位数不变。例如,10.00 mL 可写成 0.01000 L 或写成 1.000×10^{-2} L,10.5 L 可写成 1.05×10^4 mL。

(4) 对于 pH、pK_a、lgK 等对数数据,其有效数字位数只取决于小数部分数字的位数,因为整数部分只代表原值是 10 的方次部分。例如,pH＝11.02,表示[H^+]＝9.6×10^{-12} mol/L,有效数字是两位,而不是四位。

(5) 首位数字≥8 时,其有效数字可多算一位。例如,9.66,虽然只有三位有效数字,但已接近 10.00,故可认为它是四位有效数字。

1.2.2　有效数字的修约规则

在分析过程中,往往要进行多种不同测量,然后进行运算,得到分析结果。由于各测量值的有效数字位数可能不同,而分析结果却只能含有一位可疑数字,因此要确定各测量值的有效数字位数,将数据后面多余的数字进行取舍,这一过程称为**有效数字的修约**。有效数字的修约规则如下:

(1) 四舍六入五成双。

四舍:测量值中被修约数的后面数≤4 时,则舍弃。

六入:测量值中被修约数的后面数≥6 时,则进位。

五成双:测量值中被修约数的后面数等于 5,且 5 后无数或为 0 时,若 5 前面为偶数(0 以偶数计),则舍弃;若 5 前面为奇数,则进 1。如果测量值中被修约数的后面数等于 5,且 5 后面还有不为 0 的任何数时,无论 5 前面是偶数还是奇数,一律进 1。

【例 1-4】　将下列数据修约为三位有效数字。

　　　　6.0441,6.0461,6.0451,6.03580,6.0450,6.04501,6.05456,6.05638

解　　6.0441→6.04　6.0461→6.05　　6.0451→6.05　　6.03580→6.04

　　　　6.0450→6.04　6.04501→6.05　6.05456→6.05　6.05638→6.06

过去沿用"四舍五入"规则,见五就进,会引入明显的舍入误差,使修约后的数值偏高。"四舍六入五成双"规则是逢五有舍、有入,使由五的舍、入引起的误差可以自相抵消。因此,有效数字修约中多采用此规则。

(2) 只允许对原测量值一次修约到所需位数,不能分次修约。

例如,将 6.05456 修约为三位有效数字,只能修约为 6.05,不能先修约为 6.0546,再修约为 6.055,最后修约为 6.06。

(3) 在大量的数据运算过程中,为了减少舍入误差,防止误差迅速积累,对参加运算的所有数据可先多保留一位有效数字,运算后,再按运算法则将结果修约至应有的有效数字位数。

(4) 在修约标准偏差值或其他表示准确度和精密度的数值时,修约的结果应使准确度和精密度的估计值变得更差一些。

例如,标准偏差 S＝0.113,如取两位有效数字,宜修约为 0.12;如取一位有效数字,宜修约为 0.2。

1.2.3　有效数字的运算规则

在分析测定过程中,一般都要经过几个测量步骤,获得几个准确度不同的数据。由于每个测量数据的误差都要传递到最终的分析结果中去,因此必须根据误差传递规律,按照有效数字的运算规则合理取舍,才能不影响分析结果的正确表述。为了不影响分析结果的准确度,运算时,必须遵守有效数字的运算规则。

1. 加减运算

几个数据相加或相减时,它们的和或差的有效数字的保留,应以小数点后位数最少(即绝对误差最大)的数据为准,多余的数字按"四舍六入五成双"规则修约后再进行运算,使计算结果的绝对误差与此数据的绝对误差相当。

【例 1-5】　求 0.0121、25.64 和 1.05782 三个数之和。

解　上面三个数据中,25.64 小数点后的位数最少,仅为两位,因此应以 25.64 为标准来保留有效数字,其余两个数据按规则修约到小数点后两位,然后三个数相加,即

$$0.01 + 25.64 + 1.06 = 26.71$$

2. 乘除运算

当几个测量数据相乘或相除时,它们的积或商的有效数字的保留,应以有效数字位数最少(即相对误差最大)的测量值为准,多余的数字按"四舍六入五成双"规则修约后再进行运算,这样计算结果的相对误差才与此测量数据的相对误差相当。

【例 1-6】　求 0.0121、25.64 和 1.05782 三个数之积。

解　上面三个数据的相对误差分别如下:

$$\pm \frac{0.0001}{0.0121} \times 100\% = \pm 0.8\%$$

$$\pm \frac{0.01}{25.64} \times 100\% = \pm 0.04\%$$

$$\pm \frac{0.00001}{1.05782} \times 100\% = \pm 0.0009\%$$

上面三个数据中,0.0121 有效数字位数最少,相对误差最大,因此应以 0.0121 为标准,将其余两个数据按规则修约成三位有效数字后再相乘,即

$$0.0121 \times 25.6 \times 1.06 = 0.328$$

3. 对数运算

在对数运算中,所取对数的有效数字位数(对数首数除外)应与真数的有效数字位数相同。真数有几位有效数字,则其对数的尾数也应有几位有效数字。

【例 1-7】　设 $[H^+] = 2.4 \times 10^{-7}\,mol/L$,求该溶液的 pH。

解　$pH = -\lg[H^+] = 6.62$

目前,使用电子计算器计算定量分析的结果已相当普遍,但一定要特别注意最后结果中有效数字的位数。虽然计算器上显示的数字位数很多,但切不可全部照抄,而应根据上述规则决定取舍。

1.2.4　有效数字运算在化学实验中的应用

1. 选择合适的仪器

根据测量结果对准确度的要求,要正确称取样品用量,必须选择合适的仪器。例如,一般分析天平的称量误差为万分之一,即绝对误差为±0.0001 g。为使称量的相对误差≤0.1%,样品的称取量一定不能低于0.1 g。如果称取样品的质量在1 g以上,选择称量误差为千分之一的天平进行称量,准确度也能达到0.1%的要求。因此,要获得正确的测量结果,必须选择合适的仪器。

2. 正确地记录

在分析样品的过程中,正确地记录测量数据,对确定有效数字的位数具有非常重要的意义。因为有效数字是反映测量准确到什么程度的,因此,记录测量数据时,其位数必须按照有效数字的规定,不可夸大或缩小。

例如,用万分之一分析天平称量时,必须记录到小数点后四位,切不可记录到小数点后三位或两位,即18.3700 g不能写成18.370 g,也不能写成18.37 g。又如,在读取滴定管数据时,必须记录到小数点后两位,如消耗溶液20 mL时,要写成20.00 mL。

3. 正确地表示分析结果

在化学实验中,必须正确地表示分析结果。

【例1-8】　甲、乙两位同学用同样的方法来测定甘露醇原料,称取样品0.2000 g,测定结果:甲报告甘露醇含量为0.8896 g,乙报告甘露醇含量为0.880 g。问哪位同学的报告结果正确,为什么?

解　称样的准确度:$\pm \dfrac{0.0001}{0.2000} \times 100\% = \pm 0.05\%$

甲分析结果的准确度:$\pm \dfrac{0.0001}{0.8896} \times 100\% = \pm 0.01\%$

乙分析结果的准确度:$\pm \dfrac{0.001}{0.880} \times 100\% = \pm 0.1\%$

甲报告的准确度和称样的准确度一致,所以甲同学的报告结果正确;乙报告的准确度不符合称样的准确度,报告没意义。

1.3　分析数据的处理及分析结果的表示方法

在定量分析中,通常把测定数据的平均值作为报告的结果。但对多次平行测定来说,只给出测量结果的平均值是不确切的,还应对有限次实验测量数据进行合理的分析,运用数理统计方法,对分析结果的准确度和精密度作出判断,并给予正确、科学的评价,最终获得分析结果报告。

1.3.1　可疑值的取舍

实际分析工作中,常会在一系列平行测定的数据中,出现过高或过低的个别数据,与其他数据相差甚远;若把这样的数据引入计算中,会对测定结果的准确度和精密度产生较大影响,这种数据称为**可疑值**或**离群值**。

例如,分析某试样中 Cl 的含量时,平行测得 5 个数据分别为:73.14%,73.11%,73.15%,73.19%和73.30%,显然第 5 个测量值是可疑值。对于可疑值,初学者多倾向于随意弃去,企图获得精密度较好的分析结果,这种做法是不妥的。应该首先考虑可疑值是由什么误差造成的,如果是由过失误差造成的,则这个可疑值必须舍去;否则,应按一定的数理统计方法进行处理,再决定其取舍。

1. Q-检验法

当平行测定次数较少($n=3\sim10$)时,根据所要求的置信度(常取 95%),用 Q-检验法决定可疑值的取舍是比较合理的方法。具体步骤如下:

(1) 将所有测量数据按大小顺序排列,一般可疑值为最大值或最小值。

(2) 计算出测定值的极差(即最大值与最小值之差)和可疑值与其邻近值之差(取绝对值)。

(3) 按式(1-9)计算出舍弃商 $Q_{计}$。

$$Q_{计} = \frac{|x_{可疑} - x_{邻近}|}{x_{最大} - x_{最小}} \tag{1-9}$$

(4) 查 Q 值表(表 1-1),如果 $Q_{计} \geqslant Q_{表}$,则可疑值舍去,否则应保留。

表 1-1　不同置信度下的 Q 值表

n	3	4	5	6	7	8	9	10
Q(90%)	0.94	0.76	0.64	0.56	0.51	0.47	0.44	0.41
Q(95%)	0.97	0.84	0.73	0.64	0.59	0.54	0.51	0.49
Q(99%)	0.99	0.93	0.82	0.74	0.68	0.63	0.60	0.57

需要指出的是,Q-检验法只适用于 3~10 次的平行测定,当 $n>10$ 时就不适用了。

2. G-检验法

G-检验法是目前应用较多、准确度较高的检验方法,使用范围较 Q-检验法广。其检验步骤如下:

(1) 计算出包括可疑值在内该组数据的平均值及标准偏差。

(2) 按式(1-10)计算 $G_{计}$ 值。

$$G_{计} = | \, x_{可疑} - \bar{x} \, | \, / S \qquad\qquad (1\text{-}10)$$

（3）查 G 值表（表 1-2），如果 $G_{计} \geqslant G_{表}$，则可疑值舍去，否则应保留。

表 1-2　不同置信度下的 G 值表

n	3	4	5	6	7	8	9	10
$G(90\%)$	1.15	1.48	1.71	1.89	2.02	2.13	2.21	2.29
$G(99\%)$	1.15	1.49	1.75	1.94	2.10	2.22	2.32	2.41

【例 1-9】　标定某一溶液的浓度，平行测定 4 次，结果分别为：0.1020 mol/L，0.1015 mol/L，0.1017 mol/L，0.1013 mol/L，试用 Q-检验法和 G-检验法判断 0.1020 mol/L 是否应舍去（置信度为 99%）？

解　（1）Q-检验法

$$Q_{计} = \frac{| \, x_{可疑} - x_{邻近} \, |}{x_{最大} - x_{最小}} = \frac{| \, 0.1020 - 0.1017 \, |}{0.1020 - 0.1013} = 0.43$$

查表 1-1，得 $n = 4$ 时，$Q_{表} = 0.93$，因为 $Q_{计} < Q_{表}$，所以数据 0.1020 mol/L 不应舍去。

（2）G-检验法

$$\bar{x} = \frac{0.1020 + 0.1015 + 0.1017 + 0.1013}{4} \text{ mol/L} = 0.1016 \text{ mol/L}$$

$$S = \sqrt{\frac{(0.0004)^2 + (-0.0001)^2 + (0.0001)^2 + (-0.0003)^2}{4 - 1}} \text{ mol/L} = 0.0003 \text{ mol/L}$$

$$G_{计} = \frac{| \, x_{可疑} - \bar{x} \, |}{S} = \frac{| \, 0.1020 - 0.1016 \, |}{0.0003} = 1.33$$

查表 1-2，得 $n = 4$ 时，$G_{计} = 1.49$，因为 $G_{计} < G_{表}$，所以数据 0.1020 mol/L 不应舍去。

采用 Q-检验法和 G-检验法两种不同的检验方法判断，最终结果一致。

G-检验法最大的优点是，在判断可疑值时引入了正态分布的两个重要参数：平均值和标准偏差，所以该法的准确性较好，结论可靠性较高。

1.3.2　分析结果的表示方法

1. 一般分析结果的处理

在系统误差忽略的情况下，进行定量分析实验，一般是对每个试样平行测定 3～4 次，计算结果的平均值 $\bar{x}$，再计算相对平均偏差 $R\bar{d}$。如果 $R\bar{d} \leqslant 0.2\%$，可认为取其平均值作为最后的分析结果符合要求，写出报告即可。否则，此次实验不符合要求，需要重做。

【例 1-10】　分析某试样中 Cl 的含量时，测定结果分别为：73.14%，73.15%，73.19%，判断此测定实验是否需要重做？

解

$$\bar{x} = \frac{73.14\% + 73.15\% + 73.19\%}{3} = 73.16\%$$

$$\overline{d} = \frac{|-0.02\%|+|-0.01\%|+|-0.03\%|}{3} = 0.02\%$$

$$R\overline{d} = \frac{0.02\%}{73.16\%} \times 100\% = 0.03\%$$

显然 $R\overline{d} < 0.2\%$，符合要求，可用平均值 73.16% 报告分析结果，不需要重做实验。

对于准确度要求非常高的分析，如分析标准的制定、涉及重大问题的试样分析、科研成果等所需的数据，就不能采用测定数据平均值简单地处理，需要对试样进行多次平行测定，将获得的多个数据用统计学的方法进行处理。

2. 平均值的精密度和置信区间

（1）平均值的精密度

平均值的**精密度**可用平均值的标准偏差 $S_{\overline{x}}$ 来表示。对于某一个量，测量的次数越多，则在求平均值时各次测量的偶然误差就抵消得越充分，平均值的标准偏差也越小，即越接近于真实值。统计学已证明，平均值的标准偏差与单次测定的标准偏差的关系如式 (1-11) 所示：

$$S_{\overline{x}} = \frac{S}{\sqrt{n}} \qquad\qquad (1\text{-}11)$$

式 (1-11) 表明，平均值的标准偏差与测量次数 n 的平方根成反比，即 n 次测量平均值的标准偏差是单次测量标准偏差的 $\frac{1}{\sqrt{n}}$。增加平行测定的次数，可使平均值的标准偏差减小，测量的精密度提高。但并不是平行测定次数增加得越多，平均值的标准偏差就会随之迅速减小。

例如，4 次测量的可靠性是 1 次测量的 2 倍，而 25 次测量的可靠性也只是 1 次测量的 5 倍，可见测量次数的增加与可靠性的增加不成正比。因此，过多增加测量次数并不能使精密度显著提高，反而费时费力。所以在实际工作中，一般平行测定 3～4 次就可以了，较高要求时，可测定 5～9 次。

（2）平均值的置信区间

在对准确度要求较高的分析工作中，提出分析报告时，需根据平均值 $\overline{x}$ 和平均值的标准偏差 $S_{\overline{x}}$ 对真实值 T 作出估计。对真实值 T 作出估计并不是指某个定值，而是真实值 T 可能取值的区间，即真实值所在的范围，称为**置信区间**。在对真实值 T 的取值区间作出估计时，还应指明这种估计的可靠性或概率，将真实值 T 落在此范围内的概率称为置信概率或置信度（用 P 表示），以说明真实值的可靠程度。在实际分析工作中，通常对试样进行的是有限次数测定。为了对有限次数测定数据进行处理，在统计学中引入统计量 t 代替真实值 T。t 值不仅与置信度 P 有关，还与自由度 $f(=n-1)$ 有关，故常写成 $t(P,f)$。在一定置信度时，用有限次测量的平均值 $\overline{x}$ 表示真实值 T 存在的取值范围，即平均值的置信区间，具体计算如式 (1-12) 所示：

$$T = \overline{x} \pm t(P,f) \cdot S_{\overline{x}} = \overline{x} \pm t(P,f) \cdot \frac{S}{\sqrt{n}} \qquad\qquad (1\text{-}12)$$

不同置信度 P 及不同自由度 f 所对应的 t 分布值见表 1-3。

表 1-3　不同置信度下的 t 分布值表

f	3	4	5	6	7	8	9	10	20	∞
$t(90\%)$	2.35	2.13	2.01	1.94	1.90	1.86	1.83	1.81	1.72	1.64
$t(95\%)$	3.18	2.78	2.57	2.45	2.36	2.31	2.26	2.23	2.09	1.96
$t(99\%)$	5.84	4.60	4.03	3.71	3.50	3.36	3.25	3.17	2.84	2.58

【例 1-11】 分析铁矿石中铁的含量，平行测定了 5 次，其结果是 $\bar{x}=39.16\%$，$S=0.05\%$，估计在 95% 和 99% 置信度时平均值的置信区间。

解　查表 1-3，$f=5-1=4$，$P=95\%$ 时，$t=2.78$；$P=99\%$ 时，$t=4.60$。

（1）当置信度 $P=95\%$ 时，平均值的置信区间为：

$$T = \bar{x} \pm t(P,f) \cdot \frac{S}{\sqrt{n}} = 39.16\% \pm 2.78 \times \frac{0.05\%}{\sqrt{5}} = 39.16\% \pm 0.06\%$$

（2）当置信度 $P=99\%$ 时，平均值的置信区间为：

$$T = \bar{x} \pm t(P,f) \cdot \frac{S}{\sqrt{n}} = 39.16\% \pm 4.60 \times \frac{0.05\%}{\sqrt{5}} = 39.16\% \pm 0.10\%$$

计算结果表明，真实值 T 在 39.10%～39.22% 之间的概率为 95%；而在 39.06%～39.26% 之间的概率为 99%，即真实值 T 在上述两个取值区间分别有 95% 和 99% 的可能。

思考与练习

一、选择题

1. 下列有关偶然误差的叙述不正确的是（　　）。
   A. 它是由一些不确定的因素造成的　　　　B. 其数据呈正态分布规律
   C. 大小相等的正负误差出现的机会均等　　D. 具有单向性

2. 因称量速度慢使试样吸潮而造成的误差属于（　　）。
   A. 偶然误差　　　　B. 试剂误差　　　　C. 方法误差　　　　D. 操作误差

3. 下列论述正确的是（　　）。
   A. 分析工作中要求误差为零　　　　　　　B. 分析过程中过失误差是不可避免的
   C. 精密度高，准确度不一定高　　　　　　D. 精密度高，说明系统误差小

4. 已知 HCl 溶液的实际浓度为 0.1012 mol/L，某同学 4 次平行测定的浓度分别为 0.1044 mol/L、0.1045 mol/L、0.1042 mol/L、0.1048 mol/L，则该同学的测定结果（　　）。
   A. 准确度和精密度都较高　　　　　　　　B. 准确度和精密度都较低
   C. 精密度较高，但准确度较低　　　　　　D. 精密度较低，但准确度较高

5. 减小测定过程中的偶然误差的方法是（　　）。

    A. 空白试验   B. 对照试验

    C. 校正仪器   D. 增加平行测定的次数

6. 1.0 L 溶液表示为毫升，正确的表示为（　　）。

    A. 1.0×10^2 mL   B. 1.0×10^3 mL   C. 1000 mL   D. 1000.0 mL

7. 以下数字中属于四位有效数字的是（　　）。

    A. pH＝6.549   B. 1.0×10^3 C. 2000   D. 0.03050

8. 下列情形中，无法提高分析结果准确度的是（　　）。

    A. 增加有效数字的位数   B. 增加平行测定的次数

    C. 减小测量中的系统误差   D. 选择适当的分析方法

9. 下列叙述正确的是（　　）。

    A. 偶然误差是定量分析中的主要误差，它的数值固定不变

    B. 用已知溶液代替样品溶液，在相同条件下进行的分析实验为空白试验

    C. 相对平均偏差越小，表明分析结果的准确度越高

    D. 滴定管、移液管使用时未经校正所引起的误差属于系统误差

二、填空题

1. 下列情况属于系统误差的是_____；属于偶然误差的是_____；属于过失误差的是_____。

    A. 称量过程中，天平的零点稍有变动   B. 天平的两臂不等长

    C. 读取滴定管读数时，最后一位数字估计不准   D. 试样在称量过程中吸潮

    E. 重量分析法中试样的非被测组分被共沉淀   F. 试剂中含有少量被测组分

    G. 转移溶液时，溶液溅落在实验台上   H. 滴定管和移液管未经校正

    I. 化学计量点不在指示剂的变色范围内   J. 滴定时发现滴定管漏液

    K. 将 H_2SO_4 当成 HCl 来滴定 NaOH

2. 将下列数据修约为四位有效数字。

    （1）22.0438（　　　　　）   （2）4.1326（　　　　　）

    （3）12.765%（　　　　　）   （4）0.482550（　　　　　）

    （5）109.252（　　　　　）   （6）1.4675×10^{-8}（　　　　　）

    （7）101451.8（　　　　　）   （8）9.85554（　　　　　）

3. 准确度体现测量值的_____性，大小用_____衡量，它是测定结果与_____之间的差异。精密度体现测量值的_____性，大小用_____衡量，它是测定结果与_____之间的差异。一般_____误差影响分析结果的准确度，而_____误差影响分析结果的精密度。

三、简答题

1. 简述误差与偏差、准确度与精密度的区别和联系。

2. 什么是系统误差，什么是偶然误差？它们有何特点？如何减免？

3. 什么是有效数字？有效数字在分析工作中有何重要意义？

4. 表示分析结果的方法有哪些？

四、计算题

1. 根据有效数字运算规则,计算下列结果。

   (1) $14.953 + 2.73 - 0.3594$

   (2) $7.8239 \div 1.293 - 3.05$

   (3) $0.5281 \div (30.7 \times 0.0590)$

   (4) $1.272 \times 4.17 + 1.7 \times 10^{-2} - 0.0021764 \times 0.0121$

   (5) $c_{KOH} = 0.050 \text{ mol/L}, pH = ?$

   (6) $pH = 12.74, [H^+] = ?$

2. 滴定管的读数误差为 ± 0.01 mL,如果滴定时用去标准溶液 2.50 mL,相对误差是多少? 如果滴定时用去标准溶液 25.00 mL,相对误差又是多少? 计算结果说明了什么问题?

3. 用加热挥发法测定 $BaCl_2 \cdot 2H_2O$ 中结晶水的质量分数时,使用万分之一的分析天平称样 0.5000 g,测定结果应以几位有效数字报出?

4. 两位分析者同时测定某一试样中硫的质量分数,称取试样均为 3.5 g,分别报告如下,甲:0.042%,0.041%;乙:0.04099%,0.04201%。哪一份报告是合理的,为什么?

5. 测定某试样中 Al 的含量,得到下列结果:20.01%,20.05%,20.04%,20.03%,计算测定结果的平均值、平均偏差、相对平均偏差、标准偏差和相对标准偏差。

6. 用邻苯二甲酸氢钾标定 NaOH 溶液的浓度,平行测定了 6 次,测得浓度分别为:0.1060 mol/L,0.1029 mol/L,0.1036 mol/L,0.1032 mol/L,0.1034 mol/L,0.1018 mol/L,试用 Q-检验法和 G-检验法判断数据 0.1060 mol/L 是否应舍弃? 平均值的置信区间是多少(置信度为 95%)?

第二章　气体与大气

2.1　气体

世界是由物质组成的。物质处于永恒的运动和变化中。化学是在分子、原子和离子的层次上研究物质的组成、结构、性质和变化规律的一门中心科学。通常物质的聚集状态有气态、液态和固态。其中,气态是一种相对较为简单的聚集状态。在工业生产和科学研究中,许多化学反应是气态物质参与的反应。

气体的基本特征是扩散性和可压缩性。若将一定量的气体引入一密闭容器中,气体分子立即向各个方向扩散,并均匀地充满整个容器。气体也可以被压缩到较小的密闭容器中。不同的气体可以任意比例相互均匀地混合。

2.1.1　理想气体状态方程

通常人们用压力(p)、体积(V)、热力学温度(T)等物理量来描述气体的状态。早在17~18世纪,科学家们通过实验研究,确定了联系 p、V、T 和物质的量(n)的关系:

$$pV = nRT \tag{2-1}$$

此即**理想气体状态方程**。式中,R 称为摩尔气体常数。在标准状态($T=273.15$ K,$p=101325$ Pa)下,将 1.000 mol 气体的体积(即摩尔体积)$V_m=22.414$ L$=22.414\times10^{-3}$ m³代入式(2-1),可以计算出 R 的数值和单位。

$$R = \frac{pV}{nT} = \frac{101325 \text{ Pa} \times 22.414 \times 10^{-3} \text{ m}^3}{1.000 \text{ mol} \times 273.15 \text{ K}}$$

$$= 8.314 \text{ Pa} \cdot \text{m}^3 \cdot \text{mol}^{-1} \cdot \text{K}^{-1}$$

$$= 8.314 \text{ J} \cdot \text{mol}^{-1} \cdot \text{K}^{-1}$$

应用理想气体状态方程时,要注意 R 的值应与压力和体积的单位相对应。

严格地说,式(2-1)只适用于理想气体,即气体分子本身的体积可以忽略、分子之间没有作用力的气体。理想气体实际上并不存在,通常,对于温度不太低、压力不太高的真实气体,可以利用理想气体状态方程进行计算。

【**例 2-1**】某氧气钢瓶的容积为 40.0 L,27 ℃时氧气的压力为 10.1 MPa,计算钢瓶内氧气的物质的量。

解
$$V = 40.0 \text{ L} = 4.0 \times 10^{-2} \text{ m}^3$$

$$T = (27 + 273.15) \text{ K} = 300.15 \text{ K}$$

$$p = 10.1 \text{ MPa} = 1.01 \times 10^7 \text{ Pa}$$

由 $pV=nRT$ 得：$n=\dfrac{pV}{RT}=\dfrac{1.01\times10^7\ \mathrm{Pa}\times4.0\times10^{-2}\ \mathrm{m^3}}{8.314\ \mathrm{J\cdot mol^{-1}\cdot K^{-1}}\times300.15\ \mathrm{K}}=162\ \mathrm{mol}$

在不同的特定条件下，理想气体状态方程有不同的表达形式。根据理想气体状态方程还可以求出气体的摩尔质量和密度，推测其分子式。

由于 $n=m/M$，代入式(2-1)得：

$$pV=\frac{m}{M}RT$$

则：

$$M=\frac{mRT}{pV} \qquad (2\text{-}2)$$

式中，m 为气体的质量，M 为气体的摩尔质量。

又由于气体的密度 $\rho=m/V$，所以式(2-2)可以改写为：

$$M=\frac{\rho RT}{p}$$

则：

$$\rho=\frac{Mp}{RT} \qquad (2\text{-}3)$$

2.1.2　气体的分压定律

当不同的气体混合在一起时，如果不发生化学反应，分子本身的体积和分子间的作用力可以忽略，混合气体即为理想气体混合物。混合气体中每种组分气体对容器壁所施加的压力叫做该组分气体的分压力或分压。组分气体的分压等于在相同温度下该组分气体单独占有与混合气体相同体积时所产生的压力。混合气体的总压等于各组分气体的分压之和，这一经验定律称为**分压定律**，其数学表达式为：

$$p=p_1+p_2+\cdots$$

或者：

$$p=\sum_{\mathrm{B}}p_{\mathrm{B}} \qquad (2\text{-}4)$$

式中，p 为混合气体总压，p_{B} 为组分气体 B 的分压。

根据理想气体状态方程，组分气体 B 的分压：

$$p_{\mathrm{B}}=\frac{n_{\mathrm{B}}RT}{V} \qquad (2\text{-}5)$$

混合气体的总压：

$$p=\frac{nRT}{V} \qquad (2\text{-}6)$$

式中，n 为混合气体的物质的量，即各组分气体物质的量之和。

$$n=\sum_{\mathrm{B}}n_{\mathrm{B}}$$

式(2-5)除以式(2-6)得：

$$\frac{p_B}{p} = \frac{n_B}{n} = x_B$$

则：

$$p_B = \frac{n_B}{n}p = x_B p \qquad\qquad (2-7)$$

式中，x_B 称为组分气体 B 的摩尔分数。

式（2-7）表明，混合气体中某组分气体的分压等于该组分气体的摩尔分数与总压的乘积。

【例 2-2】 某容器中含有 NH_3、O_2、N_2 等气体。其中 $n(NH_3) = 0.320$ mol，$n(O_2) = 0.180$ mol，$n(N_2) = 0.700$ mol，混合气体的总压为 133 kPa。试计算各组分气体的分压。

解 混合气体的物质的量：

$$n = n(NH_3) + n(O_2) + n(N_2) = (0.320 + 0.180 + 0.700)\ \text{mol} = 1.200\ \text{mol}$$

$$p(NH_3) = \frac{n(NH_3)}{n}p = \frac{0.320}{1.200} \times 133\ \text{kPa} = 35.5\ \text{kPa}$$

$$p(O_2) = \frac{n(O_2)}{n}p = \frac{0.180}{1.200} \times 133\ \text{kPa} = 20.0\ \text{kPa}$$

$$p(N_2) = p - p(NH_3) - p(O_2) = (133 - 35.5 - 20.0)\ \text{kPa} = 77.5\ \text{kPa}$$

在实际工作中常用组分气体的体积分数表示混合气体的组成。混合气体中组分气体 B 的分体积 V_B 等于该组分气体单独存在并具有与混合气体相同温度和压力时占有的体积。根据理想气体状态方程不难导出混合气体中：

$$\varphi_B = \frac{V_B}{V} = \frac{n_B}{n} \qquad\qquad (2-8)$$

式中，φ_B 称为组分气体 B 的体积分数。代入式（2-7）得：

$$p_B = \varphi_B p \qquad\qquad (2-9)$$

2.1.3　真实气体

理想气体状态方程是一种理想的模型，仅在足够低的压力和较高的温度下才适合于真实气体。对某些真实气体（如 He、H_2、O_2、N_2 等）来说，在常温常压下能较好地符合理想气体状态方程，而对另一些气体[如 CO_2、$H_2O(g)$ 等]将产生 1% ～ 2% 的偏差，甚至更大（图 2-1）。压力增大，偏差也增大。

探究产生偏差的原因，主要是由于忽略了气体分子的体积和分子间的相互作用力，因此必须对这两项进行校正。人们通过实验总结出 200 多个描述真实气体的状态方程，其中，荷兰物理学家 van der Waals 于 1873 年提出的 van der Waals 方程最为著名，其表达式如下：

$$\left(p + a\frac{n^2}{V^2}\right)(V - nb) = nRT$$

上式考虑了真实气体的体积及分子间的相互作用力，对理想气体状态方程进行了两项修正。式中 a 和 b 为 van der Waals 常数。

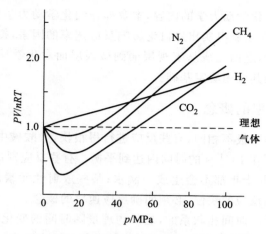

图 2-1　几种气体的 pV/nRT-p(200 K)关系

第一项修正是对压力项进行修正,要考虑分子间作用力对压力的影响。当某一分子运动至器壁附近(发生碰撞),由于分子间的吸引作用而减弱了对器壁的碰撞作用,使实测压力比按理想气体推测出的压力要小,故应在实测压力的基础上加上由于分子间作用力而减少的压力才等于理想气体的压力。

第二项修正是对体积进行修正。由于气体分子是有体积的(其他分子不能进入的空间),故扣除这一空间才是分子运动的自由空间,即理想气体的体积。

某些气体的 van der Waals 常数见表 2-1。

表 2-1　某些气体的 van der Waals 常数

气体	$a/(10^{-1}\ \mathrm{Pa}\cdot\mathrm{m}^6\cdot\mathrm{mol}^{-2})$	$b/(10^{-4}\ \mathrm{m}^3\cdot\mathrm{mol}^{-2})$
He	0.03457	0.2370
Ar	1.363	0.3219
O_2	1.378	0.3183
N_2	1.408	0.3913
CO_2	3.640	0.4267
HCl	3.716	0.4081
C_2H_5OH	12.18	0.8407

2.2　化学动力学基础

控制化学反应,使其按人们所希望的那样发生变化,涉及两方面的课题:第一,在一定条件下化学反应能否发生?终点如何?即反应的方向和限度——化学平衡问题。第二,反应进行的快慢——反应速率问题。前者属于化学热力学的研究范畴,将主要在第五章中讨论。后者属于化学动力学的内容,本章即介绍化学动力学的基础知识。首先介绍反应速率的概念,再从实验事实出发讨论影响反应速率的因素,提出活化能的概念,并从分子水平上予以说明,进而完成从宏观层面到微观层面对化学反应速率的认识过程,为深入研究化学反应及其应用奠定基础。

2.2.1　化学反应速率的概念

各种化学反应的速率极不相同,有些反应进行得很快,如酸碱中和反应、血红蛋白同氧结合的生化反应等可在 10^{-15} s 的时间内达到平衡。有些反应则进行得很慢,如常温下氢气和氧气混合,可以几十年都不会生成一滴水;某些放射性元素的衰变半衰期需要亿万年的时间。为了比较反应的快慢,必须明确反应速率的概念。

速率这一概念总是与时间相联系的,是某物理量随时间的变化率。如何选取化学反应中的某一物理量,确定其随时间的变化率,并以此定义反应速率? 在一定条件下,化学反应一旦开始,则各反应物的量不断减少,各产物的量不断增加。参与反应的各物种的物质的量随时间不断变化是反应过程中的共同特征。因此,可以把反应速率表示为单位时间内反应物或产物的物质的量的变化。

1. 平均速率和瞬时速率

化学反应速率是通过实验测量在一定的时间间隔内某反应物或某产物浓度的变化来确定的。监测物质浓度的变化可以采用化学分析和仪器分析的方法。随着反应时间的推移,参与反应的各物质的浓度不断变化,要得到准确的实验数据,必须选用适宜的分析方法并严格控制实验条件。例如,准确地控制反应温度,采取冷却或稀释的方法及时地终止反应,以及取样分析时不影响反应的继续进行等。

（1）平均速率

五氧化二氮分解反应速率的研究是经典的动力学实验之一。在 CCl_4 溶液中,N_2O_5 的分解反应如下:

$$N_2O_5(CCl_4) \longrightarrow N_2O_4(CCl_4) + \frac{1}{2}O_2(g)$$

分解产物之一 N_2O_4 同 N_2O_5 一样,均溶解在 CCl_4 溶剂中;另一产物 O_2 在 CCl_4 中不溶解,可以收集起来,并准确地测定其体积。有关实验数据见表 2-2。

表 2-2　40.00 ℃,5.00 mL CCl_4 中 N_2O_5 的分解速率实验数据

t/s	$V_{stp}(O_2)/mL$	$c(N_2O_5)/(mol \cdot L^{-1})$	$r/(mol \cdot L^{-1} \cdot s^{-1})$
0	0.000	0.200	7.29×10^{-5}
300	1.15	0.180	6.46×10^{-5}
600	2.18	0.161	5.80×10^{-5}
900	3.11	0.144	5.21×10^{-5}
1200	3.95	0.130	4.69×10^{-5}

续表

t/s	$V_{stp}(O_2)/mL$	$c(N_2O_5)/(mol \cdot L^{-1})$	$r/(mol \cdot L^{-1} \cdot s^{-1})$
1800	5.36	0.104	3.79×10^{-5}
2400	6.50	0.084	3.04×10^{-5}
3000	7.42	0.068	2.44×10^{-5}
4200	8.75	0.044	1.59×10^{-5}
5400	9.62	0.028	1.03×10^{-5}
∞	11.20	0.0000	

注：stp 指标准状态。

如同计算物体运动的平均速率那样，反应的**平均速率** $\bar{r}$ 是在某一时间间隔内浓度变化的平均值。例如，从表 2-2 中可以查出：

$$t_1 = 0 \text{ s} \qquad c_1(N_2O_5) = 0.200 \text{ mol} \cdot L^{-1}$$
$$t_2 = 300 \text{ s} \qquad c_2(N_2O_5) = 0.180 \text{ mol} \cdot L^{-1}$$

则：

$$\bar{r} = -\frac{\Delta c(N_2O_5)}{\Delta t} = -\frac{c_2(N_2O_5) - c_1(N_2O_5)}{t_2 - t_1}$$
$$= \frac{-(0.180 - 0.200) \text{ mol} \cdot L^{-1}}{(300 - 0) \text{ s}} = 6.66 \times 10^{-5} \text{ mol} \cdot L^{-1} \cdot s^{-1}$$

对大多数化学反应来说，反应开始后，各物种的浓度每时每刻都在变化着，化学反应速率随时间不断改变，平均反应速率不能确切地反映这种变化。要用瞬时速率才能确切地表明化学反应在某一时刻的速率。

（2）瞬时速率

化学反应的**瞬时速率** r 等于时间间隔 $\Delta t \to 0$ 时的平均速率的极限值。

$$r = \lim_{\Delta t \to 0} \bar{r} \qquad (2\text{-}10)$$

通常可用作图法来求得瞬时速率。以 c 为纵坐标，以 t 为横坐标，画出 $c\text{-}t$ 曲线。曲线上一点切线的斜率的负值就是对应于横坐标上该 t 时的瞬时速率。

【例 2-3】 在 CCl_4 溶剂中，N_2O_5 的分解反应在 40.00 ℃下，反应速率的实验数据见表 2-2。用作图法计算出反应时间 $t = 2700$ s 的瞬时速率。

解 根据表 2-2 中给出的实验数据，画出 $c(N_2O_5)\text{-}t$ 图，得到 $c(N_2O_5)\text{-}t$ 曲线（见图 2-2）。通过 A 点（$t = 2700$ s）画切线，再求出 A 点的切线斜率。

$$-\frac{0.144 - 0}{(55.8 - 0) \times 10^2} = -2.58 \times 10^{-5}$$

即 2700 s 时以 N_2O_5 浓度变化表示的瞬时速率 $r = 2.58 \times 10^{-5}$ mol $\cdot L^{-1} \cdot s^{-1}$。与表 2-2 中的数据对比，正处于 $(3.04 \sim 2.44) \times 10^{-5}$ mol $\cdot L^{-1} \cdot s^{-1}$ 之间，基本合理。

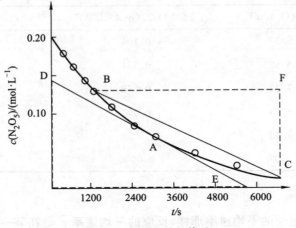

图 2-2 $c(N_2O_5)$-t 关系

表 2-2 中的 r 为瞬时反应速率。本书后面讨论速率问题时均系瞬时反应速率。

2. 定容反应速率

在化学反应中,反应物和产物的物质的量之间的变化关系受化学反应计量式中计量数的制约。这种反应速率的表示方法不够简洁明了。反应进度 ξ 与参与反应的物种无关。当化学反应在定容条件下进行时,温度不变,系统的体积不随时间而改变,物质 B 的物质的量浓度(以后简称浓度)$c_B = n_B/V$,则定义:

$$r \overset{def}{=\!=\!=} \frac{d\xi}{V dt} = \frac{1}{\nu_B}\frac{dc_B}{dt} \tag{2-11}$$

r 被称为**定容条件下的反应速率**(简称反应速率),单位为 $mol \cdot L^{-1} \cdot s^{-1}$;$\nu_B$ 为 B 的化学计量数。根据式(2-11)定义的反应速率与反应物或产物是哪一物种无关。

溶液中的化学反应 $a A(aq) + b B(aq) \longrightarrow y Y(aq) + z Z(aq)$ 常被看做是定容反应,根据式(2-11)定义:

$$r = -\frac{1}{a}\frac{dc_A}{dt} = -\frac{1}{b}\frac{dc_B}{dt} = \frac{1}{y}\frac{dc_Y}{dt} = \frac{1}{z}\frac{dc_Z}{dt}$$

r 与使用哪一个物种表示反应速率无关。

如果是定容下的气相反应,反应速率也可以用反应系统中组分气体的分压对时间的变化率来定义。则:

$$r = \frac{1}{\nu_B}\frac{dp_B}{dt} \tag{2-12}$$

2.2.2 浓度对反应速率的影响

根据已有的生活经验和实验的基础知识,可以举出许多事例来说明影响反应速率的因素,如反应物的浓度、反应温度和催化剂等。这里,首先定量地讨论反应物浓度对反应速率的影响。紧接着后面几节再讨论其他因素对反应速率的影响。

以 CCl_4 中 N_2O_5 分解反应为例,讨论反应速率与反应物浓度间的定量关系。将表

2-2 中不同时间的反应速率与相应 N_2O_5 浓度的比值计算出来,结果见表 2-3。

表 2-3　40.00 ℃,CCl_4 中 N_2O_5 的分解反应的 $r : c(N_2O_5)$

t/s	$r : c(N_2O_5)/s^{-1}$	t/s	$r : c(N_2O_5)/s^{-1}$
0	3.65×10^{-4}	1800	3.64×10^{-4}
300	3.59×10^{-4}	2400	3.62×10^{-4}
600	3.60×10^{-4}	3000	3.59×10^{-4}
900	3.62×10^{-4}	4200	3.61×10^{-4}
1200	3.61×10^{-4}	5400	3.68×10^{-4}

由表 2-3 可以看出,N_2O_5 的分解速率与 N_2O_5 浓度的比值基本上是恒定的。可以写做:

$$r = kc(N_2O_5)$$

如果对一般的化学反应 $a\text{A} + b\text{B} \longrightarrow y\text{Y} + z\text{Z}$,通过实验也可以确定其反应速率与反应物浓度间的定量关系:

$$r = kc_A^\alpha c_B^\beta \tag{2-13}$$

该方程被称为化学反应的速率定律或化学反应速率方程。式中 c_A、c_B 分别为反应物 A 和 B 物种的浓度,单位为 $mol \cdot L^{-1}$;α、β 分别为 c_A、c_B 的指数,称为反应级数。α、β 是量纲为 1 的量。通常,反应级数不等于化学反应方程中该物种的化学式的系数(化学计量数);即 $\alpha \neq a$,$\beta \neq b$。如果 $\alpha = 1$,表示该反应对物种 A 为一级反应;$\beta = 2$ 时,该反应对物种 B 是二级反应;二者之和为反应的总级数。某些反应的反应级数见表 2-4。

表 2-4　一些反应的反应级数

化学反应计量式	速率方程	反应级数	化学计量数
$2\text{HI}(g) \longrightarrow H_2(g) + I_2(g)$	$r = k$	0	2
$2H_2O_2(aq) \longrightarrow 2H_2O(l) + O_2(g)$	$r = kc(H_2O_2)$	1	2
$SO_2Cl_2(g) \longrightarrow SO_2(g) + Cl_2(g)$	$r = kc(SO_2Cl_2)$	1	1
$CH_3CHO(g) \longrightarrow CH_4(g) + CO(g)$	$r = kc(CH_3CHO)^{3/2}$	3/2	1
$S_2O_8^{2-}(aq) + 3I^-(aq) \longrightarrow 2SO_4^{2-}(aq) + I_3^-(aq)$	$r = kc(S_2O_8^{2-})c(I^-)$	1+1	1+3

反应级数可以是零、正整数、分数,也可以是负数。一级和二级反应比较常见。如果是零级反应,反应物浓度不影响反应速率。

k 被称为反应速率系数,当 $c_A = c_B = 1 \ mol \cdot L^{-1}$ 时,反应速率在数值上等于反应速率系数。即:

$$k = \frac{1}{c_A^\alpha c_B^\beta} r \tag{2-14}$$

k 的单位为 $[c]^{1-(\alpha+\beta)}[t]^{-1}$。对于零级反应，$k$ 的单位为 mol·L^{-1}·s^{-1}；一级反应 k 的单位为 s^{-1}；二级反应 k 的单位为 mol^{-1}·L·s^{-1}。k 不随浓度而改变，但受温度的影响，通常温度升高，反应速率系数 k 增大。

2.2.3　温度对反应速率的影响

对大多数化学反应来说，温度升高，反应速率增大，只有极少数反应是例外的。从反应速率方程可知，反应速率不仅与浓度有关，还与反应速率系数 k 有关。不同反应具有不同的反应速率系数；同一反应在不同的温度下有不同数值的反应速率系数。温度对反应速率的影响主要体现在温度对反应速率系数的影响上。通常温度升高，k 值增大，反应速率加快。

温度对反应速率影响的定量研究也是建立在实验基础之上的。仍以 CCl$_4$ 中 N$_2$O$_5$ 的分解反应为例。该反应在不同温度下的反应速率系数如表 2-5 所示。

表 2-5　2N$_2$O$_5$(CCl$_4$)——→2N$_2$O$_4$(CCl$_4$)＋O$_2$(g)不同温度下的 k 值

T/K	k/s^{-1}	$1/T$	$\ln k$
293.15	0.235×10^{-4}	3.41×10^{-3}	-10.659
298.15	0.469×10^{-4}	3.35×10^{-3}	-9.967
303.15	0.933×10^{-4}	3.30×10^{-3}	-9.280
308.15	1.82×10^{-4}	3.25×10^{-3}	-8.612
313.15	3.62×10^{-4}	3.19×10^{-3}	-7.924
318.15	6.29×10^{-4}	3.14×10^{-3}	-7.371

分析实验数据结果表明，随着温度升高，反应速率系数 k 显著增大，k-T 关系曲线见图 2-3。显然，k 与 T 之间不是线性关系。早在 1889 年瑞典化学家 S. A. Arrhenius 研究蔗糖水解速率与温度的关系时，就提出了反应速率系数与温度关系的方程：

$$k = k_0 \exp(-E_a/RT)$$

或者

$$k = k_0 e^{-E_a/RT} \tag{2-15a}$$

该式被称为 Arrhenius 方程。式中 E_a 为实验活化能，单位为 kJ·mol^{-1}；k_0 为指前参数，又称为频率因子。k_0 与 k 有相同的量纲，当 $E_a = 0$ 时，$k_0 = k$。E_a 与 k_0 是两个经验参数，当温度变化范围不大时，被视为与温度无关。

式（2-15a）的对数形式为：

$$\ln k = \ln k_0 - \frac{E_a}{RT} \tag{2-15b}$$

该式表明了 $\ln k$-$1/T$ 间的直线关系。以 CCl$_4$ 中 N$_2$O$_5$ 分解反应的 $\ln k$ 为纵坐标，以 $1/T$ 为横坐标作图，得一直线（见图 2-4）。该直线的斜率为 $-E_a/R$，截距为 $\ln k_0$。当 $1/T = 0$ 时，$\ln k = \ln k_0$。（注意图 2-4 中，直线与纵坐标的交点 $1/T \neq 0$）。

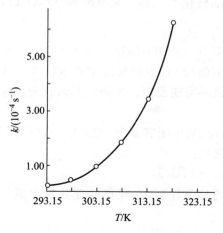

图 2-3　CCl₄ 中 N₂O₅ 分解反应的 k-T 关系

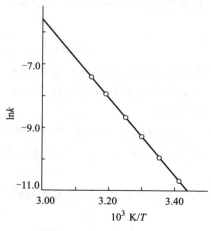

图 2-4　CCl₄ 中 N₂O₅ 分解反应的 $\ln k$-$1/T$ 关系

式(2-15a)和式(2-15b)分别称为 Arrhenius 方程的指数形式和对数形式。Arrhenius 方程是化学动力学中重要的研究内容之一,有许多重要应用。

当已知不同温度下的反应速率系数时,可以用类似图 2-4 的方法,求出 $\ln k$-$1/T$ 直线斜率,得到反应的活化能。也可以由两个不同温度下的 k 值,求得 E_a。根据式(2-15b):

T_1 时,　　　　　　　　　　$\ln k_1 = \ln k_0 - E_a/RT_1$

T_2 时,　　　　　　　　　　$\ln k_2 = \ln k_0 - E_a/RT_2$

在 $T_1 \sim T_2$ 区间,k_0 和 E_a 被看做常量。上两式相减,得:

$$\ln \frac{k_2}{k_1} = \frac{E_a}{R}\left(\frac{1}{T_1} - \frac{1}{T_2}\right) \tag{2-15c}$$

从反应速率方程式和 Arrhenius 方程可以看出,在多数情况下,温度对反应速率的影响比浓度更显著些。因此,改变温度常是控制反应速率的重要措施之一。

2.3　化学平衡

在研究化学反应的过程中,预测反应的方向和限度是至关重要的。如果一个反应根本不可能发生,采取任何加快反应速率的措施都是毫无意义的。只有对由反应物向产物转化是可能的反应,才有可能改变或者控制外界条件,使其以一定的反应速率达到反应的最大限度——**化学平衡**。

2.3.1　标准平衡常数

1. 化学平衡的基本特征

各种化学反应中,反应物转化为产物的限度并不相同,有些反应几乎能进行到底,即

在密闭容器中,这类反应的反应物实际上能全部转化为产物。如氯酸钾 $KClO_3(s)$ 的分解反应:

$$2KClO_3(s) \xrightarrow{MnO_2} 2KCl(s) + 3O_2(g)$$

该反应逆向进行的趋势很小。通常认为,KCl 不能与 O_2 直接反应生成 $KClO_3$。像这种实际上只能向一个方向进行"到底"的反应,叫做**不可逆反应**。放射性元素衰变反应就是典型的不可逆反应。

但是,大多数化学反应都是可逆的。例如,在某密闭容器中,充入氢气和碘蒸气,在一定温度下,两者能自动地反应生成气态的碘化氢:

$$H_2(g) + I_2(g) \longrightarrow 2HI(g)$$

在另一密闭容器中,充有气态的碘化氢,同样条件下,它能自动地分解为氢气和碘蒸气:

$$2HI(g) \longrightarrow H_2(g) + I_2(g)$$

上述两个反应同时发生并且方向相反,可以写成下列形式:

$$H_2(g) + I_2(g) \rightleftharpoons 2HI(g) \tag{2-16}$$

习惯上,将化学反应计量方程式中从左向右进行的反应叫做正反应,从右向左进行的反应叫做逆反应。这种在同一条件下,既可以正向进行又能逆向进行的反应,被称为**可逆反应**。化学平衡是一种动态平衡。平衡的组成与达到平衡的途径无关,在条件一定时,平衡组成不随时间发生变化。

平衡状态是可逆反应所能达到的最大限度。对于不同的化学反应,或是在不同条件下的同一反应来说,反应所能达到的最大限度是不同的,平衡常数定量地描述了一定条件下可逆反应所能达到的最大限度。

2. 标准平衡常数表达式

早在 1941 年,Taylor 和 Crist 就发表了他们的研究成果,即平衡组成取决于开始时的系统组成。不同的开始组成可以得到不同的平衡组成。尽管不同平衡状态的平衡组成不同,但达到平衡时,其平衡常数为一常量。由于热力学中对物质的标准态作了规定,平衡时各物种均以各自的标准态为参考态,热力学中的平衡常数称为**标准平衡常数**,以 $K^\ominus$ 表示。反应 $H_2(g) + I_2(g) \rightleftharpoons 2HI(g)$ 的标准平衡常数可写为:

$$K^\ominus = \frac{[p(HI)/p^\ominus]^2}{[p(H_2)/p^\ominus][p(I_2)/p^\ominus]} = 54.43$$

对一般的可逆化学反应:

$$a\,A(g) + b\,B(aq) + c\,C(s) \rightleftharpoons x\,X(g) + y\,Y(aq) + z\,Z(l)$$

其标准平衡常数的表达式为:

$$K^\ominus = \frac{[p(X)/p^\ominus]^x[c(Y)/c^\ominus]^y}{[p(A)/p^\ominus]^a[c(B)/c^\ominus]^b} \tag{2-17}$$

在该标准平衡常数表达式中,各物种均以各自的标准态为参考态。如果某物种是气体,要用分压表示,但其分压要除以 $p^\ominus(=100 \text{ kPa})$;若是溶液中的某溶质,其浓度要除以 $c^\ominus$($=1 \text{ mol} \cdot L^{-1}$);若是液体或固体,其标准态为相应的纯液体或纯固体,因此,表示液体和固体状态的相应物理量不出现在标准平衡常数的表达式中(称其活度为1)。

式(2-17)说明,在一定温度下,可逆反应达到平衡时,生成物的相对浓度(或分压)以其化学方程式的计量数为指数的幂的乘积,除以反应物的相对浓度(或分压)以其化学方程式中的计量数为指数的幂的乘积,其商为一常数。$K^\ominus$ 是量纲为1的量。

在标准平衡常数的表达式中,其分子是平衡时产物的 $[p_B/p^\ominus]^b$ 或 $[c_B/c^\ominus]^b$ 的乘积,其分母是平衡时反应物的 $[p_B/p^\ominus]^b$ 或 $[c_B/c^\ominus]^b$ 的乘积。这里要特别强调的是:$K^\ominus$ 的表达式中,必须是平衡时的 p_B 或 c_B,绝对不能以非平衡时的 p_B 或 c_B 代入。因此,标准平衡常数表达式必须与化学反应计量式相对应。同一化学反应以不同的计量式表示时,其 $K^\ominus$ 的数值不同。

【例 2-4】 写出温度 T 时下列标准平衡常数表达式,并确定反应(1)、(2)和(3)的 $K_1^\ominus$、$K_2^\ominus$、$K_3^\ominus$ 的数学关系式。

(1) $N_2(g)+3H_2(g)\Longrightarrow 2NH_3(g)$ 　　　　　　$K_1^\ominus$

(2) $\dfrac{1}{2}N_2(g)+\dfrac{3}{2}H_2(g)\Longrightarrow NH_3(g)$ 　　　　$K_2^\ominus$

(3) $NH_3(g)\Longrightarrow \dfrac{1}{2}N_2(g)+\dfrac{3}{2}H_2(g)$ 　　　　$K_3^\ominus$

解　对应上述化学反应计量式:

$$K_1^\ominus = \frac{[p(NH_3)/p^\ominus]^2}{[p(N_2)/p^\ominus][p(H_2)/p^\ominus]^3}$$

$$K_2^\ominus = \frac{[p(NH_3)/p^\ominus]}{[p(N_2)/p^\ominus]^{1/2}[p(H_2)/p^\ominus]^{3/2}}$$

$$K_3^\ominus = \frac{[p(N_2)/p^\ominus]^{1/2}[p(H_2)/p^\ominus]^{3/2}}{[p(NH_3)/p^\ominus]}$$

分析反应(1)、(2)、(3)的化学反应计量式和 $K_1^\ominus$、$K_2^\ominus$、$K_3^\ominus$ 表达式间的对应关系,可以看出:当反应计量式(1)的各计量数乘以 1/2,就是反应计量式(2),则 $K_2^\ominus=(K_1^\ominus)^{1/2}$;当反应计量式(2)各计量数乘以 -1,就得到反应计量式(3),则 $K_3^\ominus=1/K_2^\ominus$,所以 $(K_1^\ominus)^{1/2}=K_2^\ominus=1/K_3^\ominus$。由此,可以得出结论,反应计量式乘以 m,则标准平衡常数 $K^\ominus$ 变为 $(K^\ominus)^m$。

有时候会遇到这样的情形:一个反应的产物是另一个反应的反应物,两个反应的计量式相加(或相减)可以得到第三个反应的计量式。也就是说,多个反应方程式的线性组合可以得到一个总反应方程式,那么总的标准平衡常数与前面各反应的标准平衡常数的关系如何?

对照反应计量式的关系及与之对应的标准平衡常数之间的关系,可以得出结论:如果多个反应的计量式经过线性组合得到一个总的化学反应计量式,则总反应的标准平衡常数等于各反应的标准平衡常数之积或商。这一结论被称为多重平衡原理。它是利用已知标准平衡常数求未知标准平衡常数的重要方法。

3. 标准平衡常数的实验测定

确定标准平衡常数数值的最基本的方法是通过实验测定。只要知道某温度下平衡时各组分的浓度或分压,就很容易计算出反应的标准平衡常数。通常在实验中只要确定最初各反应物的分压或浓度以及平衡时某一物种的分压或浓度,根据化学反应的计量关系,即可推算出平衡时其他反应物和产物的分压或浓度。最后计算出标准平衡常数 $K^\ominus$。

【例 2-5】 $GeWO_4(g)$ 是一种不常见的化合物,可在高温下由相应氧化物生成:

$$2GeO(g) + W_2O_6(g) \Longrightarrow 2GeWO_4(g)$$

某容器中充有 $GeO(g)$ 与 $W_2O_6(g)$ 的混合气体。反应开始前,它们的分压均为 100.0 kPa。在定温定容下达到平衡时,$GeWO_4(g)$ 的分压为 98.0 kPa。试确定平衡时 $GeO(g)$ 与 $W_2O_6(g)$ 的分压及该反应的标准平衡常数。

解 该反应是在定温定容下进行的,假设各物种可按理想气体处理,则各物种分压与其物质的量成正比。

$$2GeO(g) + W_2O_6(g) \Longrightarrow 2GeWO_4(g)$$

开始 p_B/kPa   100.0   100.0   0

平衡 p_B/kPa   98.0

根据各物种的计量关系,可得平衡时:

$$p(GeO) = (100.0 - 98.0) \text{ kPa} = 2.0 \text{ kPa}$$

$$p(W_2O_6) = \left(100.0 - \frac{98.0}{2}\right) \text{ kPa} = 51.0 \text{ kPa}$$

$$K^\ominus = \frac{[p(GeWO_4)/p^\ominus]^2}{[p(GeO)/p^\ominus]^2[p(W_2O_6)/p^\ominus]} = \frac{\left(\frac{98.0}{100}\right)^2}{\left(\frac{2.0}{100}\right)^2\left(\frac{51.0}{100}\right)} = 4.7 \times 10^3$$

2.3.2　标准平衡常数的应用

化学反应的标准平衡常数是表明反应系统处于平衡状态的一种数量标志。利用它能回答许多重要问题,如判断反应程度(或限度)、预测反应方向以及计算平衡组成等。

1. 判断反应程度

在一定条件下,化学反应达到平衡状态时,正、逆反应速率相等,净反应速率等于零,平衡组成不再改变。这表明,在这种条件下反应物向产物转化达到了最大限度。如果该反应的标准平衡常数很大,其表达式的分子(对应产物的分压或浓度)比分母(对应反应物的分压或浓度)要大得多,说明反应物的大部分转化为产物了,反应进行得比较完全。不难理解,如果 $K^\ominus$ 的数值很小,表明平衡时产物对反应物的比例很小,反应正向进行的程度很小,反应进行得很不完全。$K^\ominus$ 愈小,反应进行得愈不完全。如果 $K^\ominus$ 的数值不太大也不太小(如 $10^3 > K^\ominus > 10^{-3}$),平衡混合物中产物和反应物的分压(或浓度)相差不大,反应物部分地转化为产物。

反应进行的程度也常用平衡转化率来表示。反应物 A 的平衡转化率 $\alpha(A)$ 被定义为:

$$\alpha(A) \xlongequal{\text{def}} \frac{n_0(A) - n_{eq}(A)}{n_0(A)} \tag{2-18}$$

式中 $n_0(A)$ 为反应开始时 A 的物质的量,$n_{eq}(A)$ 为平衡时 A 的物质的量。$K^\ominus$ 愈大,往往

$\alpha(A)$ 也愈大。

2. 预测反应方向

对于给定反应在给定温度 T 下,标准平衡常数 $K^{\ominus}(T)$ 具有确定值。如果按照 $K^{\ominus}(T)$ 表达式的同样形式来表示反应

$$a\,A(g) + b\,B(aq) + c\,C(s) \Longrightarrow x\,X(g) + y\,Y(aq) + z\,Z(l)$$

在任意状态下反应物和产物的数量关系,可以得到:

$$J = \frac{[p_j(X)/p^{\ominus}]^x[c_j(Y)/c^{\ominus}]^y}{[p_j(A)/p^{\ominus}]^a[c_j(B)/c^{\ominus}]^b} \tag{2-19}$$

式中 p_j、c_j 表示某时刻 j 物种的分压和浓度;J 被称为**反应商**,J 与 $K^{\ominus}$ 的数学表达式形式上是相同的。表达式中分子是产物的 $p_B/p^{\ominus}$ 或 $c_B/c^{\ominus}$ 幂的乘积;分母是反应物的 $p_B/p^{\ominus}$ 或 $c_B/c^{\ominus}$ 幂的乘积;幂指数与相关物种的计量数绝对值相同。但是,反应商 J 与平衡常数 $K^{\ominus}$ 却是两个不同的量。$K^{\ominus}(T)$ 是由反应物、产物平衡时的 $p_B/p^{\ominus}$ 或 $c_B/c^{\ominus}$ 计算得到的。

$J < K^{\ominus}$,反应正向进行;$J = K^{\ominus}$,系统处于平衡状态;$J > K^{\ominus}$,反应逆向进行。这就是化学反应进行方向的反应商判据。

3. 计算平衡组成

若已知反应系统的开始组成,利用标准平衡常数可以计算出平衡时系统的组成。

【例 2-6】 已知反应 $CO(g) + Cl_2(g) \Longrightarrow COCl_2(g)$,$K^{\ominus}(373\ K) = 1.5 \times 10^8$。实验在定温定容条件下进行。开始时,$c_0(CO) = 0.0350\ mol \cdot L^{-1}$,$c_0(Cl_2) = 0.0270\ mol \cdot L^{-1}$,$c_0(COCl_2) = 0\ mol \cdot L^{-1}$,计算 373 K 反应达到平衡时各物种的分压及 CO 的平衡转化率。

解　写出化学反应计量式,并假定各物种可按理想气体处理:

	$CO(g)$	$+$	$Cl_2(g)$	$\Longrightarrow$	$COCl_2(g)$
开始浓度 /(mol·L⁻¹)	0.0350		0.0270		0
开始分压 /kPa	108.5		83.7		0
转化了的分压 /kPa	$-(83.7-x)$		$-(83.7-x)$		$(83.7-x)$
平衡分压 /kPa	$24.8+x$		x		$83.7-x$

(1) 由开始各组分浓度计算出相应的分压:

$$p_0(CO) = c(CO)RT = (0.0350 \times 8.314 \times 373)\ kPa = 108.5\ kPa$$

$$p_0(Cl_2) = (0.0270 \times 8.314 \times 373)\ kPa = 83.7\ kPa$$

(2) 由于反应在定温定容下进行,压力的变化正比于物质的量的变化。所以,可以直接由开始分压减去转化了的分压而得到平衡时的分压。

(3) 由于该反应的 $K^{\ominus}$ 很大,可以推知反应进行得很完全。因为 $p(CO) > p(Cl_2)$,可以假设 Cl_2 先全部转化为 $COCl_2$,此时 $p(COCl_2) = 83.7\ kPa$,平衡时生成了 x kPa 的 $COCl_2$。在此基础上根据反应计量式中各物种的计量数,推算出平衡时各物种的分压。

(4) 写出标准平衡常数表达式,并将各物种平衡分压代入。

$$K^{\ominus} = \frac{[p(COCl_2)/p^{\ominus}]}{[p(CO)/p^{\ominus}][p(Cl_2)/p^{\ominus}]}$$

$$1.5 \times 10^8 = \frac{\dfrac{83.7 - x}{100}}{\left(\dfrac{24.8 + x}{100}\right)\left(\dfrac{x}{100}\right)}$$

$K^\ominus$ 很大,估计 x 很小,可假设 $83.7 - x \approx 83.7$,$24.8 + x \approx 24.8$,则

$$1.5 \times 10^8 = 83.7 \times 100/24.8x, \quad x = 2.3 \times 10^{-6}$$

平衡时,$p(CO) = 24.8$ kPa,$p(Cl_2) = 2.3 \times 10^{-6}$ kPa,$p(COCl_2) = 83.7$ kPa。

从上述计算结果说明,前面的分析、判断和假设是完全正确的。

(5) 求平衡转化率 $\alpha(A)$。由于反应在定温定容下进行,而 p 与 n 成正比,根据式(2-18):

$$\alpha(CO) = \frac{p_0(CO) - p_{eq}(CO)}{p_0(CO)} = \frac{108.5 - 24.8}{108.5} \times 100\% = 77.1\%$$

2.3.3　化学平衡的移动

化学反应达到平衡时,宏观上反应不再进行,但是微观上正、逆反应仍在进行,并且两者的速率相等。影响反应速率的外界因素,如浓度、压力和温度等对化学平衡也同样会产生影响。当外界条件改变时,向某一方向进行的反应速率大于向相反方向进行的速率,平衡状态被破坏,直到正、逆反应速率再次相等,此时系统的组成已发生了改变,建立起与新条件相适应的新的平衡。像这样因外界条件的改变使化学反应从一种平衡状态转变到另一种平衡状态的过程,叫做**化学平衡的移动**。

化学平衡移动的规律可以概括为:如果改变平衡系统的条件之一(浓度、压力和温度),平衡就向能减弱这种改变的方向移动。这一定性判断规则被称为 **Le Châtelier 原理**。

现在我们有了反应商(J)的概念,就可以从 J 与 $K^\ominus$ 的关系来讨论浓度、压力和温度变化对化学平衡移动的影响。

1. 浓度对化学平衡的影响

根据反应商判据可以推测化学平衡移动的方向。浓度虽然可以使化学平衡发生移动,但是它不能改变标准平衡常数的数值,因为在一定的温度下,$K^\ominus$ 值一定。对于溶液中发生的反应,平衡时,$J = K^\ominus$。若反应物浓度增加或产物浓度减小,将使反应商 J 变小,此时 $J < K^\ominus$,平衡向正方向移动。如果反应物浓度减小或产物浓度增大,J 变大,$J > K^\ominus$,平衡向逆向移动。

【例 2-7】 在含有 1.00×10^{-2} mol·L^{-1} $AgNO_3$,0.100 mol·L^{-1} $Fe(NO_3)_2$ 和 1.00×10^{-3} mol·L^{-1} $Fe(NO_3)_3$ 的溶液中,可发生如下反应:

$$Fe^{2+}(aq) + Ag^+(aq) \rightleftharpoons Fe^{3+}(aq) + Ag(s)$$

$25 \,℃$,$K^\ominus = 3.2$。(1)反应向哪一方向进行?(2)平衡时,Ag^+、Fe^{2+}、Fe^{3+} 的浓度各为多少?(3) Ag^+ 的转化率为多少?(4)如果保持最初 Ag^+ 和 Fe^{3+} 的浓度不变,只改变 Fe^{2+} 浓度,使 $c(Fe^{2+}) = 0.300$ mol·L^{-1}。求在新条件下 Ag^+ 的转化率,并与(3)中的转化率比较。

解　（1）反应开始时的反应商：

$$J = \frac{[c(Fe^{3+})/c^{\ominus}]}{[c(Fe^{2+})/c^{\ominus}][c(Ag^+)/c^{\ominus}]} = \frac{1.00 \times 10^{-3}}{0.100 \times 1.00 \times 10^{-2}} = 1.00$$

$J < K^{\ominus}$，反应正向进行。

（2）平衡组成的计算：

	$Fe^{2+}(aq)$	$+$	$Ag^+(aq)$	$\Longrightarrow$	$Fe^{3+}(aq) + Ag(s)$
开始浓度 /(mol·L^{-1})	0.100		1.00×10^{-2}		1.00×10^{-3}
转化了的浓度 /(mol·L^{-1})	$-x$		$-x$		$+x$
平衡浓度 /(mol·L^{-1})	$0.100 - x$		$1.00 \times 10^{-2} - x$		$1.00 \times 10^{-3} + x$

$$K^{\ominus} = \frac{[c(Fe^{3+})/c^{\ominus}]}{[c(Fe^{2+})/c^{\ominus}][c(Ag^+)/c^{\ominus}]}$$

$$3.2 = \frac{1.00 \times 10^{-3} + x}{(0.100 - x)(1.00 \times 10^{-2} - x)}$$

$$3.2x^2 - 1.352x + 2.2 \times 10^{-3} = 0, \quad x = 1.60 \times 10^{-3}$$

平衡时：$c(Ag^+) = 8.4 \times 10^{-3}$ mol·L^{-1}，$c(Fe^{2+}) = 9.8 \times 10^{-2}$ mol·L^{-1}，$c(Fe^{3+}) = 2.6 \times 10^{-3}$ mol·L^{-1}。

（3）在溶液中的反应可被看做是定容反应。因此：

$$\alpha_1(Ag^+) = \frac{c_0(Ag^+) - c_{eq}(Ag^+)}{c_0(Ag^+)} = \frac{1.6 \times 10^{-3}}{1.00 \times 10^{-2}} \times 100\% = 16\%$$

（4）设在新的条件下 Ag^+ 的平衡转化率为 α_2。则平衡时：

$$c(Fe^{2+}) = (0.300 - 1.00 \times 10^{-2}\alpha_2) \text{ mol·L}^{-1}$$

$$c(Ag^+) = [1.00 \times 10^{-2}(1 - \alpha_2)] \text{ mol·L}^{-1}$$

$$c(Fe^{3+}) = (1.00 \times 10^{-3} + 1.00 \times 10^{-2}\alpha_2) \text{ mol·L}^{-1}$$

$$3.2 = \frac{1.00 \times 10^{-3} + 1.00 \times 10^{-2}\alpha_2}{(0.300 - 1.00 \times 10^{-2}\alpha_2) \times [1.00 \times 10^{-2}(1 - \alpha_2)]}$$

$$\alpha_2 = 43\%$$

$\alpha_2 > \alpha_1$。这是由于增加了 $c(Fe^{2+})$，使平衡向右移动，Ag^+ 的转化率有所提高。

对于可逆反应，若提高某一反应物的浓度或降低产物的浓度，都可使 $J < K^{\ominus}$，平衡将向着减少反应物浓度和增加产物浓度的方向移动。在化工生产中，常利用这一原理来提高反应物的转化率。

2. 压力对化学平衡的影响

对于有气体参与的化学反应来说，与浓度的变化相仿，分压的变化也不改变标准平衡常数的数值，只能使反应商的数值改变。只有 $J \neq K^{\ominus}$，平衡才有可能发生移动。由于改变系统压力的方法不同，所以改变压力对平衡移动的影响要视具体情况而定。

（1）部分物种分压的变化

如果保持反应在定温定容下进行，只是增大（或减小）一种（或多种）反应物的分压，或者减小（或增大）一种（或多种）产物的分压，能使反应商减小（或增大），导致 $J < K^{\ominus}$（或 $J > K^{\ominus}$），平衡向正（或逆）方向移动。这种情形与上述浓度变化对平衡移动的影响是一致的。

（2）体积改变引起压力的变化

对于有气体参与的化学反应来说，反应系统体积的变化能导致系统总压和各物种分压的变化。例如：

$$aA(g) + bB(g) \Longrightarrow yY(g) + zZ(g)$$

平衡时：

$$J = \frac{[p(Y)/p^{\ominus}]^y [p(Z)/p^{\ominus}]^z}{[p(A)/p^{\ominus}]^a [p(B)/p^{\ominus}]^b} = K^{\ominus}$$

当定温下将反应系统压缩至 $1/x(x>1)$，系统的总压力增大到 x 倍，相应各组分的分压也都同时增大到 x 倍，此时反应商为：

$$J = \frac{[xp(Y)/p^{\ominus}]^y [xp(Z)/p^{\ominus}]^z}{[xp(A)/p^{\ominus}]^a [xp(B)/p^{\ominus}]^b} = x^{\sum \nu_B(g)} K^{\ominus}$$

对 $\sum \nu_B(g) > 0$ 的反应，即为气体分子数增加的反应，此时，$J > K^{\ominus}$，平衡向逆方向移动，或者说平衡向气体分子数减少的方向移动。

$\sum \nu_B(g) < 0$ 的反应，即为气体分子数减少的反应，此时，$J < K^{\ominus}$，平衡向正方向移动，即平衡向气体分子数减少的方向移动。

$\sum \nu_B(g) = 0$，在反应前后气体分子数不变，此时，$J = K^{\ominus}$，平衡不发生移动。

$\sum \nu_B(g) \neq 0$，如果反应系统被压缩，总压增大，各组分的分压也增大相同倍数，平衡向气体分子数减少的方向移动，即向减小压力的方向移动。总之，定温压缩（或膨胀）只能使 $\sum \nu_B(g) \neq 0$ 的平衡发生移动。

Le Châtelier 原理从定性的角度解释了平衡移动的普遍原理，它非常简洁适用，但使用时要特别注意，它只适用于已处于平衡状态的系统，而不适用于未达到平衡状态的系统。如果某系统处于非平衡态且 $J < K^{\ominus}$，反应向正方向进行。若适当减少某种反应物的浓度或分压，同时仍维持 $J < K^{\ominus}$，反应方向是不会因这种减少而改变的。

2.4　大气污染及其防治

2.4.1　大气污染及其危害

大气污染对人体的危害主要表现为呼吸道疾病；对植物可使其生理机制受抑制，生长不良，抗病抗虫能力减弱，甚至死亡。大气污染还能对气候产生不良影响，如降低能见度，减少太阳的辐射（据资料表明，城市太阳辐射强度和紫外线强度要分别比农村减少 $10\% \sim 30\%$ 和 $10\% \sim 25\%$）而导致城市佝偻发病率的增加。大气污染物能腐蚀物品，影响产品质量。近三十几年来，不少国家发现酸雨，雨雪中酸度增高，使河湖、土壤酸化，鱼类减少甚至灭绝，森林发育受影响，这与大气污染是有密切关系的。

大气污染物的种类很多，已经产生危害，受到人们注意的污染物有数十种。大气中有害物质主要通过下述三个途径侵入人体造成危害：① 通过人的直接呼吸而进入人体；② 附着在食物上或溶解于水，随饮水、进食而侵入人体；③ 通过接触或刺激皮肤进入到人体，尤其脂溶性的物质更易从完整的皮肤渗入人体。其中通过呼吸而侵入人体是主要的途径,危害也最大。这是因为,第一,一个成年人每天要吸入 12 m³ 左右的空气,数量很大;第二,在 55~70 m² 的肺泡面积上进行气体交换,其浓缩作用很强;第三,整个呼吸道富有水分,对有害物质黏附、溶解、吸收能力大,感受性强。目前对环境质量有较大影响的有粉尘、硫氧化物、氮氧化物、碳氢化合物和光化学烟雾等,下面介绍几种主要的大气污染物的性质、来源及其危害。

1. 粉尘

粉尘分落尘和飘尘两种。能很快在重力作用下降落到地面的为落尘,长时间漂浮的则为飘尘。粉尘的主要来源是工业用煤、水泥厂、石棉厂、冶金厂和碳墨厂。落尘因空中停留时间短,不易被人吸入,故危害不大。而飘尘能通过呼吸道被吸入人体,沉积于肺泡内或被吸收到血液及淋巴液内,从而危害人体健康。更严重的是飘尘具有很强的吸附能力,很多有害物质,包括一些致病菌等,都能吸附在微粒上,人体吸入后,会导致急性或慢性病症的发生。

2. 硫氧化物

硫氧化物主要指二氧化硫和三氧化硫。大气中的硫氧化物主要是由燃烧含有硫的煤和石油等燃料产生的,此外金属冶炼厂、硫酸厂等也排放相当数量的硫氧化物气体。一般 1 t(吨)煤中含硫 5~50 kg,1 t 石油中含硫 5~30 kg,这些硫在燃烧时将产生 2 倍于硫质量的硫氧化物排入大气。

二氧化硫、硫酸雾(二氧化硫在空气中可被氧化成三氧化硫,遇蒸汽时形成硫酸雾)等能消除上呼吸道的屏障功能,使呼吸道阻力增加;同时,在二氧化硫长期作用下,黏膜表面黏液层增厚变稠,纤毛运动受阻,从而导致呼吸道抵抗力减弱,有利于烟尘等的潴留、溶解吸收和细菌生长繁殖,引起上呼吸道发生感染产生疾患。

受二氧化硫污染的地区常出现酸性雨雾,其腐蚀性很强,能直接影响人体健康和植物生长,并能腐蚀金属器材和建筑物表面。

3. 氮氧化物

氮氧化物(NO_x)是一氧化氮、二氧化氮、四氧化二氮、五氧化二氮等的总称,但造成大气污染的主要是前二者。

氮氧化物主要来自重油、汽油、煤炭、天然气等矿物燃料在高温条件下的燃烧。此外生产和使用硝酸的工厂也排放一定数量的氮氧化物。高浓度的氮氧化物呈棕黄色,当含大量氮氧化物的气体排出时,看上去像一条黄龙腾空,故也有人称之为"黄龙"。

一氧化氮会使人的中枢神经受损,引起痉挛和麻痹。二氧化氮是一种刺激性气体,其毒性是一氧化氮的 4~5 倍,可直接进入肺部,削弱肺功能,损害肺组织,引起肺水肿和持续性、阻塞性支气管炎,降低机体对传染性细菌的抵抗能力。二氧化氮被吸收后变为硝酸与血红蛋白结合使血红蛋白变性,可降低血液输送氧气的能力,同时对心、肝、肾和造血器官也有影响。

4. 碳氧化物

碳氧化物主要是指一氧化碳和二氧化碳。前者为大家熟悉的煤气的主要成分,是一种无色、无臭的有毒气体。一氧化碳是城市大气中数量最多的污染物,约占大气污染物总量的 1/3。其主要来源是燃料的不完全燃烧和汽车的尾气。它的危害作用,主要是同血液中的血红蛋白结合而形成碳氧血红蛋白,影响氧的输送能力,阻碍气体从血液向心肌、脑组织传递。当大气中一氧化碳浓度为 10 ppm[①] 时,心肌梗塞患者发病率增高;若一氧化碳浓度超过 50 ppm,严重心脏病病人就会死亡。

二氧化碳是无色、无臭、不助燃也不可燃的气体,当其浓度增高时会给气候带来变化。因为 CO_2 能透射来自太阳的短波辐射,却吸收地球发出的长波红外辐射。随着大气中 CO_2 浓度的增加,入射能量和逸散能量之间的平衡遭到破坏,使得地球表面的能量平衡发生变化,地球表面大气的温度增加,即产生所谓的"温室效应"。

5. 碳氢化合物

大气污染物中存在着大量的有明显致癌作用的多环芳烃,其中主要代表是 3,4-苯并芘,它是燃料不完全燃烧的产物,这与工业企业、交通运输和家庭炉灶的燃烧排气有密切关系。大气中 3,4-苯并芘浓度变动幅度较大,约为 $0.01 \sim 100 \ \mu g/100 \ m^3$,并受季节和城乡的影响。一般而言,冬季 3,4-苯并芘的浓度高于夏季,城市高于农村。肺癌的发病率增加与空气中 3,4-苯并芘浓度增高有一定关系。并且随着大气中 3,4-苯并芘浓度的增加,居民的肺癌死亡率上升,大致是大气中 3,4-苯并芘浓度每增加 $1/10^6$(百万分之一),将使居民的肺癌死亡率上升 5%。

6. 光化学烟雾

光化学烟雾是排入大气的氮氧化物、碳氢化合物、一氧化碳、二氧化硫、烟尘等在太阳紫外线照射下,发生光化学反应而形成的一种毒性很大的二次污染物。主要成分是臭氧、氮氧化物及过氧乙酰硝酸酯(PAN)等。

光化学烟雾对人体有强烈的刺激和毒害作用,当浓度为 0.1 ppm 时,会刺激眼睛,引起流泪;浓度超过 1 ppm 时,会致头疼并伴有神经障碍发生;浓度达到 50 ppm 时,会立即致人死亡。所以又有"杀人烟雾"之称。

7. PM2.5

PM2.5 是指大气中空气动力学当量直径小于或等于 $2.5 \ \mu m$ 的颗粒物,也称为可入肺颗粒物、细颗粒物。虽然 PM2.5 只是地球大气成分中含量很少的组分,但它对空气质量和能见度等有重要的影响。PM2.5 粒径小,富含大量的有毒、有害物质,且在大气中的停留时间长、输送距离远,因而对人体健康和大气环境质量的影响极大。表 2-6 中指出 PM2.5 含量和大气质量等级的关系。

---

① 　1 ppm $= 10^{-6}$。

表 2-6　根据 PM2.5 检测网的空气质量新标准,24 小时平均值标准值分布

空气质量等级	24 小时 PM2.5 平均值标准值
优	0～35
良	35～75
轻度污染	75～115
中度污染	115～150
重度污染	150～250
严重污染	大于 250 及以上

　　PM2.5 的主要来源有自然源和人为源两种,但危害较大的是后者。自然源包括土壤扬尘(含有氧化物矿物和其他成分)、海盐(颗粒物的第二大来源,其组成与海水的成分类似)、植物花粉、孢子、细菌等。自然界中的灾害事件,如火山爆发向大气中排放了大量的火山灰,森林大火或裸露的煤原大火及尘暴事件都会将大量细颗粒物输送到大气层中。人为源包括固定源和流动源。固定源包括各种燃料燃烧源,如发电、冶金、石油、化学、纺织印染等各种工业过程,以及供热、烹调过程中燃煤与燃气或燃油排放的烟尘。流动源主要是各类交通工具在行驶过程中使用燃料时向大气中排放的尾气。除自然源和人为源之外,大气中的气态前体污染物会通过大气化学反应生成二次颗粒物,实现由气体到粒子的相态转换。

2.4.2　大气污染的防治

1. 大气污染的防护措施

　　(1) 合理安排工业布局和城镇功能分区。应结合城镇规划,全面考虑工业的合理布局。工业区一般应配置在城市的边缘或郊区,位置应当在当地最大频率风向的下风侧,使得废气吹向居住区的次数最少。居住区不得修建有害工业企业。

　　(2) 加强绿化。植物除美化环境外,还具有调节气候,阻挡、滤除和吸附灰尘,吸收大气中的有害气体等功能。

　　(3) 加强对居住区内局部污染源的管理。如饭馆、公共浴室等的烟囱,废品堆放处,垃圾箱等均可散发有害气体污染大气,并影响室内空气。卫生部门应与有关部门配合、加强管理。

　　(4) 控制燃煤污染。① 采用原煤脱硫技术,可以除去燃煤中大约 40%～60% 的无机硫。优先使用低硫燃料,如含硫较低的低硫煤和天然气等。② 改进燃煤技术,减少燃煤过程中二氧化硫和氮氧化物的排放量。例如,液态化燃煤技术是受到各国欢迎的新技术之一。它主要是利用加进石灰石和白云石,与二氧化硫发生反应,生成硫酸钙随灰渣排出。对煤燃烧后形成的烟气在排放到大气中之前进行烟气脱硫。③ 开发新能源,如太阳能、风能、核能、可燃冰等,但是技术不够成熟,如果使用会造成新污染,且消耗费用十分高。

　　(5) 加强工艺措施。① 优化工艺过程。采用无毒或低毒原料代替毒性大的原料,采取闭路循环以减少污染物的排出等。② 加强生产管理。防止一切可能排放废气污染大气的情况发生。③ 综合利用变废为宝。例如电厂排出的大量煤灰可制成水泥、砖等建筑材料；又可回收氮，制造氮肥等。

（6）区域集中供暖供热。设立大的电热厂和供热站，实行区域集中供暖供热，尤其是将热电厂、供热站设在郊外。这对于矮烟囱密集、冬天供暖的北方城市来说，是消除烟尘的十分有效的措施。

（7）交通运输工具废气的治理。减少汽车废气排放，主要是改进发动机的燃烧设计和提高油的燃烧质量，加强交通管理。解决汽车尾气问题一般常采用安装汽车催化转化器，使燃料充分燃烧，减少有害物质的排放。转化器中催化剂用高温多孔陶瓷载体，上涂微细分散的钯和铂，可将 NO_x、碳氢化合物、CO 等转化为氮气、水和二氧化碳等无害物质。另外，也可以开发新型燃料，如甲醇、乙醇等含氧有机物，植物油和气体燃料，降低汽车尾气污染排放量。采用有效控制私人轿车的发展、扩大地铁的运输范围和能力、使用绿色公共汽车（采用液化石油气和压缩燃气）等环保车辆，也是解决环境污染的有效途径。

（8）烟囱除尘。烟气中二氧化硫控制技术分为干法（以固体粉末或颗粒为吸收剂）和湿法（以液体为吸收剂）两大类。高烟囱排烟，烟囱越高，越有利于烟气的扩散和稀释，一般烟囱高度超过 100 m 效果就已十分明显，烟囱过高造价急剧上升是不经济的。应当指出，这是一种以扩大污染范围为代价来减少局部地面污染的办法。

2. 大气污染的治理措施

世界上减少二氧化硫排放量的主要措施有：

（1）原煤脱硫技术。

（2）改进燃煤技术。

（3）尾气处理技术。主要用石灰法，可以除去烟气中 85%～90% 的二氧化硫气体。不过，脱硫效果虽好但十分费钱。例如，在火力发电厂安装烟气脱硫装置的费用，要达电厂总投资的 25% 之多。这也是治理酸雨的主要困难之一。

（4）开发新能源，如太阳能、风能、核能、可燃冰等，但是技术不够成熟，如果使用会造成新污染，且消耗费用十分高。

思考与练习

1. 总结一级反应的基本特征。

2. 下列叙述是否正确？并加以解释。

（1）所有反应的反应速率都随时间的变化而改变；

（2）所有反应的速率系数 k 都随温度的升高而增大；

（3）可以从反应速率系数 k 的单位来推测反应级数和反应分子数。

3. 试区分下列各组中的基本概念：

（1）反应速率系数和标准平衡常数；

(2) 标准平衡常数和反应商。

4. 下列叙述是否正确？并说明之。

(1) 标准平衡常数大，反应速率系数一定也大。

(2) 在定温条件下，某反应系统中，反应物开始时的浓度和分压不同，则平衡时系统的组成不同，标准平衡常数也不同。

(3) 在一定温度下，反应 $A(aq)+2B(s) \Longrightarrow C(aq)$ 达到平衡时，必须有 $B(s)$ 存在；同时，平衡状态又与 $B(s)$ 的量无关。

(4) 对于合成氨反应来说，当温度一定，尽管反应开始时 $n(H_2):n(N_2):n(NH_3)$ 不同，但是，只要系统中 $n(H_2)$、$n(N_2)$ 保持不变，则平衡组成相同，标准平衡常数不变。

(5) 二氧化硫被氧化为三氧化硫，可写做如下两种形式的反应方程式：

$$① \quad 2SO_2(g)+O_2(g) \Longrightarrow 2SO_3(g) \qquad K_1^\ominus$$

$$② \quad SO_2(g)+\frac{1}{2}O_2(g) \Longrightarrow SO_3(g) \qquad K_2^\ominus$$

$K_2^\ominus=\sqrt{K_1^\ominus}$。如果温度一定，反应开始时，系统中 $p(SO_2)$、$p(O_2)$、$p(SO_3)$ 保持一定，则按上述两种化学反应式计算平衡组成，结果是一样的。

(6) 对放热反应来说，温度升高，标准平衡常数 $K^\ominus$ 变小，反应速率系数 k_f 变小，k_r 变大。

(7) 催化剂使正、逆反应速率系数增大相同的倍数，而不改变平衡常数。

(8) 在一定条件下，某气相反应达到了平衡。在温度不变的条件下，压缩反应系统的体积，系统的总压增大，各物种的分压也增大相同倍数，平衡必定移动。

5. 有多个用氦气填充的气象探测气球，在使用过程中，气球中氦的物质的量保持不变，它们的初始状态和最终状态的实验数据如下表所示。试通过计算确定表中空位所对应的物理量，以及由(2)的始态求得 $M(He)$ 和(3)的始态条件下的 $\rho(He)$。

n 或 m	始态			终态		
	p_1	V_1	t_1 或 T_1	p_2	V_2	t_2 或 T_2
(1) $n=($ $)$ mol	110.0 kPa	5.00×10^3 L	47.00 ℃	110.0 kPa		17.00 ℃
(2) 637 g	103.3 kPa	3.50 m³	0.00 ℃		5.10 m³	0.00 ℃
(3) —	99.30 kPa	10.0 m³	303.0 K	60.80 kPa	13.6 m³	

6. 汽车安全气袋是氮气充填的，氮气是在汽车发生碰撞时由叠氮化钠与三氧化二铁在火花的引发下反应生成的：

$$6NaN_3(s)+Fe_2O_3(s) \longrightarrow 3Na_2O(s)+2Fe(s)+9N_2(g)$$

在 25 ℃下，99.7 kPa 下，要产生 75.0 L N_2 需要叠氮化钠的质量是多少？

7. 某气体化合物是氮的氧化物，其中含氮的质量分数 $w(N)=30.5\%$。某一容器中充有该氮氧化物的质量是 4.107 g，其体积为 0.500 L，压力为 202.65 kPa，温度为 0 ℃。试求：

(1) 在标准状态下该气体的密度；

(2) 该氧化物的相对分子质量 M_r 和化学式。

8. 在 0.237 g 某碳氢化合物中，其 $w(C)=80.0\%$，$w(H)=20.0\%$。22 ℃，100.9 kPa 下，体积为 191.7 mL。确定该化合物的化学式。

9. 在容积为 50.0 L 的容器中，充有 140.0 g CO 和 20.0 g H_2，温度为 300 K。试计算：

(1) CO 与 H_2 的分压；

(2) 混合气体的总压。

10. 在实验中用排水集气法制取氢气。在 23 ℃，100.5 kPa 压力下，收集了 370.0 mL 气体(23 ℃时，水的饱和蒸气压为 2.800 kPa)。试求：

(1) 23 ℃时该气体中氢气的分压；

(2) 氢气的物质的量。

11. 在激光放电池中气体是由 2.0 mol CO_2、1.0 mol N_2 和 16.0 mol He 组成的混合物，总压为 0.30 MPa。计算各组分气体的分压。

12. 在酸性溶液中，草酸被高锰酸钾氧化的反应方程式为：

$$2MnO_4^-(aq)+5H_2C_2O_4(aq)+6H^+(aq)\longrightarrow 2Mn^{2+}(aq)+10CO_2(g)+8H_2O(l)$$

其反应速率方程为：

$$r=kc(MnO_4^-)c(H_2C_2O_4)$$

确定各反应物种的反应级数和反应的总级数。反应速率系数的单位如何？

13. 环丁烷分解反应：$(CH_2)_4(g,$环丁烷$)\longrightarrow 2CH_2=CH_2(g)$，$E_a=262$ kJ·mol^{-1}，600 K 时，$k_1=6.10\times10^{-8}$ s^{-1}。当 $k_2=1.00\times10^{-4}$ s^{-1} 时，温度是多少？写出其速率方程。计算 600 K 下的半衰期 $t_{1/2}$。

14. 写出下列反应的标准平衡常数 $K^\ominus$ 的表达式：

(1) $CH_4(g)+H_2O(g)\rightleftharpoons CO(g)+3H_2(g)$

(2) $C(s)+H_2O(g)\rightleftharpoons CO(g)+H_2(g)$

(3) $2MnO_4^-(aq)+5H_2O_2(aq)+6H^+(aq)\rightleftharpoons 2Mn^{2+}(aq)+5O_2(g)+8H_2O(l)$

(4) $VO_4^{3-}(aq)+H_2O(l)\rightleftharpoons[VO_3(OH)]^{2-}(aq)+OH^-(aq)$

(5) $2NO_2(g)+7H_2(g)\rightleftharpoons 2NH_3(g)+4H_2O(l)$

15. 已知下列反应在 1362 K 时的标准平衡常数：

$$①\ H_2(g)+\frac{1}{2}S_2(g)\rightleftharpoons H_2S(g)\qquad K_1^\ominus=0.80$$

$$②\ 3H_2(g)+SO_2(g)\rightleftharpoons H_2S(g)+2H_2O(g)\qquad K_2^\ominus=1.8\times10^4$$

计算反应 $4H_2(g)+2SO_2(g)\rightleftharpoons S_2(g)+4H_2O(g)$ 在 1362 K 时的标准平衡常数 $K^\ominus$。

16. 将 1.500 mol 的 NO、1.000 mol Cl_2 和 2.500 mol NOCl 在容积为 15.0 L 的容器中混合。230 ℃，反应 $2NO(g)+Cl_2(g)\rightleftharpoons 2NOCl(g)$ 达到平衡时测得有 3.060 mol NOCl 存在。计算平衡时 NO 的物质的量和该反应的标准平衡常数 $K^\ominus$。

17. 苯甲醇脱氢可用来生产香料苯甲醛。523 K 时，反应如下：

$$C_6H_5CH_2OH(g)\rightleftharpoons C_6H_5CHO(g)+H_2(g)\qquad K^\ominus=0.558$$

（1）假若将 1.20 g 苯甲醇放在 2.00 L 容器中并加热至 523 K,当平衡时,苯甲醛的分压是多少?

（2）平衡时苯甲醇的分解率是多少?

第三章　溶液与水资源

3.1　非电解质稀溶液的依数性

各类难挥发非电解质的稀溶液具有一些共同的性质(即通性)。如与纯溶剂相比,溶液的蒸气压下降,沸点升高,凝固时仅析出纯溶剂时凝固点降低,产生渗透压。这些通性都和溶液中溶解的粒子数(浓度)有关,而与溶质的种类无关,这类性质称为稀溶液的依数性。

3.1.1　蒸气压下降

在一定温度下,与固体或液体处于相平衡的蒸气所具有的压强称为**饱和蒸气压**,简称**蒸气压**。当纯溶剂溶解一定量难挥发溶质时,在同一温度下,溶液的蒸气压总是低于纯溶剂的蒸气压。这种现象称为蒸气压下降,即:

$$\Delta p = p^* - p$$

式中:

Δp——溶液的蒸气压下降值;

p^*——纯溶剂的蒸气压;

p——溶液的蒸气压,实际上是溶液中溶剂的蒸气压,因为溶质是难挥发的。

稀溶液蒸气压下降的原因可以从以下两个方面来解释,如图 3-1 所示:一方面,溶质分子占据着一部分溶剂分子的表面,在单位时间内逸出液面的溶剂分子数目相对减少;另一方面,在溶剂中加入了难挥发的非电解质后,每个溶质分子与若干个溶剂分子相结

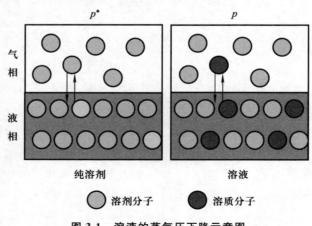

图 3-1　溶液的蒸气压下降示意图

合,形成了溶剂化分子,降低了溶剂分子的含量。因此,达到平衡时,溶液的蒸气压必定低于纯溶剂的蒸气压,且浓度越大,蒸气压下降越多。这也是沸点升高和凝固点下降更为根本的原因。

在一定温度下,难挥发非电解质稀溶液的蒸气压,等于纯溶剂的蒸气压乘以溶剂 A 在溶液中的摩尔分数(一说物质的量分数),这个规律由法国物理学家 Raoult 首次发现,称为 **Raoult 定律**。其数学表达式:

$$p = p^* x(A) \tag{3-1}$$

用 $x(B)$ 表示难挥发非电解质的摩尔分数,$x(A)+x(B)=1$,所以,

$$p = p^* x(A) = p^* - p^* x(B)$$

用 Δp 表示溶液的蒸气压下降值,

$$\Delta p = p^* x(B) \tag{3-2}$$

上式表明,Raoult 定律又可以表示为:在一定温度下,难挥发非电解质稀溶液的蒸气压下降 Δp 与溶质 B 的摩尔分数成正比。

对于两组分溶液:

$$\Delta p = p^* \{n(B)/[n(A) + n(B)]\}$$

当溶液很稀时,溶质 B 的物质的量小到可以忽略不计,$n(B) \approx 0$。此时:

$$\Delta p = p^* n(B)/n(A) = p^* n(B)M(A)/m(A) = p^* M(A)b(B)$$

式中:$b(B)$ 为稀溶液的质量摩尔浓度。

当温度一定时,p^* 和 $M(A)$ 都是常数,其乘积用 K 表示,则:

$$\Delta p = Kb(B) \tag{3-3}$$

因此,Raoult 定律又可以表述为,在一定温度下,难挥发非电解质稀溶液的蒸气压下降,近似地与溶质 B 的质量摩尔浓度成正比,而与溶质的本性无关。

3.1.2 沸点上升

当液体的蒸气压等于外压时,液体的气化将在其表面和内部同时发生,这种气化过程称为液体的沸腾。此时再给体系加热,只会使更多的液体气化,而体系的温度不会上升。沸点 T_b 是当纯液体或溶液的蒸气压与外界大气压相等时,溶液沸腾的温度。值得注意的是,沸点与外压有关,外压越大,沸点越高。

沸点升高的现象特征可以从图 3-2 的纯水与水溶液的相图观察得出。图中,纵坐标为蒸气压,横坐标为体系温度。ab 曲线为纯水的蒸气压随温度变化的曲线,a'b' 曲线为水溶液的蒸气压随温度变化的曲线。从 a'b' 曲线在 ab 曲线下方,可以看出水溶液的蒸气压在任何温度下都小于纯水的蒸气压。如果未指明外界压力,默认外界大气压为 101.325 kPa。在 373.15 K 时,水的蒸气压等于外界大气压,所以水的沸点是 373.15 K (100 ℃)。在图 3-2 中,当纵坐标等于外界大气压(101.3 kPa)时,水的正常沸点 T_b^* 小于水溶液的沸点 T_b。这种溶液的沸点高于溶剂沸点的现象称为溶液的沸点升高。

溶液的沸点升高的数值 ΔT_b 等于溶液的沸点 T_b 与纯溶剂的沸点 T_b^* 之差:

$$\Delta T_b = T_b - T_b^*$$

之所以会出现溶液的沸点高于纯溶剂沸点的现象,是因为在溶剂中加入少量难挥发的非

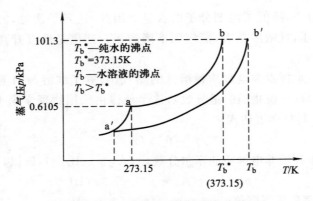

图 3-2　水溶液的沸点上升示意图

电解质后,所形成的溶液由于蒸气压下降,其蒸气压低于外界大气压,故溶液达到纯溶剂的沸点时,仍不能沸腾。于是要使溶液沸腾,必须继续升高温度,使得溶液的蒸气压达到外界压力,其温度已经超过纯溶剂的沸点,所以这类溶液的沸点总是比纯溶剂的沸点高。

　　由于溶液的沸点升高的根本原因是溶液的蒸气压下降,所以,溶液浓度越大,则蒸气压下降得越多,于是沸点升高得越多。对于难挥发非电解质的稀溶液,既然蒸气压下降和溶液的质量摩尔浓度 b(B)成正比,这类溶液的沸点升高也应和质量摩尔浓度有联系。类似地,Raoult 根据依数性指出:难挥发非电解质稀溶液的沸点升高也近似地与溶质 B 的质量摩尔浓度成正比。即:

$$\Delta T_b = K_b b(B) \tag{3-4}$$

式中:K_b 称为沸点升高常数,单位为 K·kg·mol^{-1} 或℃·kg·mol^{-1},这个数值只取决于溶剂,而与溶质无关。

　　沸点升高法可以测定聚合物的数均分子量,是因为在溶剂中加入不挥发性溶质后,溶液的蒸气压下降,导致溶液的沸点高于纯溶剂,这些性质的改变值正比于溶液中溶质分子的数目。

3.1.3　凝固点降低

　　凝固点是物质在一定的外压下,其液相蒸气压和固相蒸气压相等,此时液体的凝固和固体的熔化处于平衡状态,从溶液中开始析出溶剂晶体时的温度。溶液的凝固点实际上就是溶液中的蒸气压与纯固体溶剂的蒸气压相等时的温度。这时体系是由溶液(液相)、溶剂(固相)和溶剂(气相)所组成。如图 3-3 所示,A 点是纯水的凝固点 T_f^*(273.15 K),此时水的蒸气压与冰的蒸气压相等,为 610.5 Pa(4.58 mmHg),若其液、固两相的蒸气压不相等,则两相不能共存。A 点左边的曲线表示冰,其曲线斜率大,意味着冰的蒸气压随温度变化大。273.15 K 时,冰的蒸气压仍为 610.5 Pa,而溶液的蒸气压曲线在 A 点下面,数值小于 610.5 Pa,两相的蒸气压相等,若两者接触则冰融化。可见,只有在273.15 K 以下的某个温度时,溶液和冰才能共存。溶液的凝固点总是比纯溶剂的低,这就是凝固点下降的现象。溶液的凝固点下降的数值 ΔT_f 等于纯溶剂的凝固点 T_f^* 与溶液的凝固点 T_f 之差,即:

$$\Delta T_f = T_f^* - T_f$$

若进一步降低溶液的温度,溶液和冰的蒸气压会同时下降,且由于冰的蒸气压的下降率比水溶液的大,溶液的蒸气压和冰的蒸气压会在凝固点以下的某一温度下达到平衡状态。如水溶液凝固点下降图(图 3-3)所示,此时溶液的蒸发速度与溶液的凝固速度相等,对应温度即溶液的现在的凝固点,这就是凝固点下降的原理。

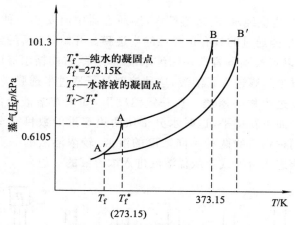

图 3-3　水溶液的凝固点下降图

既然溶液的凝固点下降也是由于溶液蒸气压下降引起的,那么类似地,对于难挥发非电解质的稀溶液,这类溶液的凝固点下降也应和质量摩尔浓度 $b(B)$ 有联系。Raoult 根据依数性指出:对于难挥发非电解质的稀溶液,凝固点下降 ΔT_f 和溶质 B 的质量摩尔浓度成正比,即:

$$\Delta T_f = K_f b(B) \tag{3-5}$$

式中:K_f 称为凝固点下降常数,单位为 $K \cdot kg \cdot mol^{-1}$ 或 $℃ \cdot kg \cdot mol^{-1}$,这个数值只取决于溶剂,而与溶质无关。

K_f 和 K_b 的数值均不是在 $b(B) = 1\ mol \cdot kg^{-1}$ 时测定的,因为许多物质当其质量摩尔浓度远未到 $1\ mol \cdot kg^{-1}$ 时,Raoult 定律已不适用。此外,还有许多物质的溶解度很小,根本不能形成 $1\ mol \cdot kg^{-1}$ 溶液,实际 K_b 和 K_f 值是从稀溶液的一些实验结果推算而得出的。

溶液凝固点下降在冶金工业中具有指导意义。一般金属的 K_f 都较大,例如 Pb 的 $K_f \approx 130\ K \cdot kg \cdot mol^{-1}$,说明熔融的 Pb 中加入少量其他金属,Pb 的凝固点会大大下降,利用这种原理可以制备许多低熔点合金。金属热处理要求较高的温度,但又要避免金属工件受空气的氧化或脱碳,往往采用盐熔剂来加热金属工件。例如在 $BaCl_2$(熔点 1236 K)中加入 5% 的 NaCl(熔点 1074 K)作盐熔剂,其熔盐的凝固点下降为 1123 K;若在 $BaCl_2$ 中加入 22.5% 的 NaCl,熔盐的凝固点可降至 903 K。

凝固点下降对植物的耐受性也有重要意义。当外界气温发生变化时,植物体内细胞中会大量地生成可溶性糖,正是这些可溶物的存在使细胞的蒸气压下降,而凝固点降低保证了在一定低温条件下细胞液不致结冰;另外,细胞液浓度增大,有利于其蒸气压的降低,从而使细胞中水分的蒸发量减少,蒸发过程变慢,因此在较高的气温下能保持一定的水分而不枯萎,从而使植物表现出一定的耐寒性和抗旱性。

有机化学还用测定沸点的升高和凝固点的下降来检验化合物的纯度,这是因为含杂质的化合物可以看做是一种溶液。

3.1.4 渗透压

如图 3-4 所示:左边盛纯水,右边盛糖水,连通容器中间安装一种小(溶剂)分子可通过、大(溶质)分子却不能通过的具有选择性的半透膜。开始时,a 容器两侧液面等高。经过一段时间以后,可以观察到 b 容器左侧纯水液面下降,右端糖水液面升高,说明纯水中有一部分水分子通过半透膜进入了溶液,这种溶剂分子透过半透膜进入溶液或者从稀溶液进入浓溶液的自发过程称为**渗透**。在一定温度下,如果在溶液液面上施加压力(如 c 容器所示),使两边液面重新持平,这时水分子从两边穿过的数目完全相等,在此达到渗透平衡。如果改用同种物质的两种不同浓度的溶液,较浓溶液的一面也会上升,这说明水分子会透过半透膜进入溶液或者从稀溶液进入浓溶液的一边。

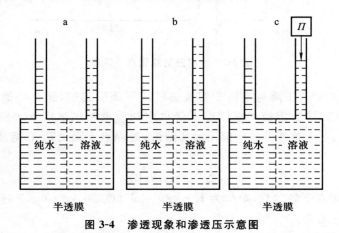

图 3-4 渗透现象和渗透压示意图

然而随着渗透的进行,溶液柱逐渐升高,产生的静压使得单位时间内进、出的水分子数目渐趋接近,一旦相等时,体系建立渗透平衡。此时为了阻止渗透作用进行,阻止溶剂进入溶液而必须向溶液施加的最小压力称为**渗透压**,用符号 Π 表示。这里的渗透压是用膜两侧的液面高度差所产生的压力($F=\rho g h$)来量度,其数值等于渗透达到平衡时液面高度所产生的静压。

1866 年,荷兰物理学家 van't Hoff 总结大量实验后指出,在一定温度下,难挥发非电解质溶液的渗透压与溶质 B 的物质的量浓度成正比;当浓度不变时,稀溶液的渗透压 Π 和热力学温度 T 成正比,比例系数为摩尔气体常数,写成数学式为:

$$\Pi = c(B)RT \tag{3-6}$$

式中:Π 为渗透压,单位为 Pa 或 kPa;$c(B)$ 为溶质 B 的摩尔浓度,单位为 mol·m^{-3} 或 mol·L^{-1};R 为摩尔气体常数,$R=8.314$ J/(mol·K) 或 8.314 kPa·L·mol^{-1}·K^{-1}。此式表明,稀溶液渗透压也和溶质粒子数有关,而和溶质本性无关。

溶液的渗透压在生物学中有很重要的作用。鲜花插在水中,可以数日不萎缩;海水中的鱼不能在淡水中生活,淡水鱼不能在海水中养殖,都与渗透压有关。农业生产上改造盐碱地、合理施肥和施肥后及时灌水就是这个道理。另外,人体组织内部的细胞膜、血球膜和毛细管壁都具有半透膜的性质,而人体的体液,如血液、细胞液和组织液等都具有一定的渗透压,对病员人体静脉输液时,必须使用与人体血液渗透压相等的溶液。

工业上常常利用渗透的对立面——反渗透来为人类服务。在溶液上加一个额外的压力,如果这个压力超过了溶液的渗透压,那么溶液中的溶剂分子就会透过半透膜向纯溶剂一方渗透,使溶剂体积增加,这一过程叫做**反渗透**。反渗透原理在工业废水处理、海水淡化、浓缩溶液等方面都有广泛应用。

3.2 单相离子平衡

3.2.1 酸碱质子理论

1923 年,丹麦化学家 J. N. Brønsted 和英国化学家 T. M. Lowry 同时独立地提出了酸碱质子理论,又称为酸碱理论。

根据酸碱的电离理论,水溶液中酸电离出来的质子 H^+ 实际上在水中不能独立存在,而是以水合质子的形式存在。其组成为 $H_9O_4^+$,一般简写为 H_3O^+,再简化才写成 H^+(aq)。

酸碱质子理论认为:凡是能释放出质子的任何含氢原子的分子或离子都是酸;任何能与质子结合的分子或离子都是碱。简而言之,酸是质子(H^+)的给予体,碱是质子(H^+)的接受体。例如:

HCl 能解离为 H^+ 和 Cl^-:

$$HCl \longrightarrow H^+ + Cl^-$$

$H_2PO_4^-$ 可以解离为 H^+ 和 HPO_4^{2-}:

$$H_2PO_4^- \Longleftrightarrow H^+ + HPO_4^{2-}$$

NH_4^+ 也可解离出 H^+ 和 NH_3:

$$NH_4^+ \Longleftrightarrow H^+ + NH_3$$

水合金属离子$[Fe(H_2O)_6]^{3+}$ 也能解离出 H^+:

$$[Fe(H_2O)_6]^{3+} \Longleftrightarrow H^+ + [Fe(OH)(H_2O)_5]^{2+}$$

上述物质都能给出质子,它们都是酸。酸可以是分子、阴离子或阳离子。酸失去质子后,余下部分就是相应酸的碱,简称为碱。碱也可以是分子、阴离子或阳离子。

酸碱质子理论强调酸与碱之间的相互依赖关系。酸给出质子后生成相应的碱,而碱结合质子后又生成相应的酸;酸与碱之间的这种依赖关系称为共轭关系。相应的一对酸碱被称为共轭酸碱对。这一关系可以通式表示:

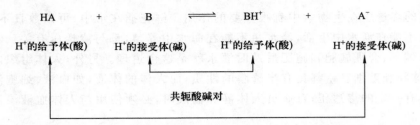

这就是说,酸给出质子后生成的碱为这种酸的共轭碱;碱接受质子后所生成的酸为这种碱的共轭酸。

酸碱质子理论认为:酸碱解离反应是质子转移的反应。在水溶液中酸碱的电离(或称之为酸碱解离)是质子转移反应。

例如 HF 在水溶液中的解离,HF 给出 H^+ 后,成为其共轭碱 F^-;而 H_2O 接受 H^+ 生成其共轭酸 H_3O^+。实际上 HF 在水溶液中的解离反应是由给出质子的半反应和接受质子的半反应组成的,每一个酸碱半反应中就有一对共轭酸碱对,可分别以侧标(1)和(2)表示:

$$HF \Longrightarrow H^+ + F^-$$
$$+)\quad H^+ + H_2O(l) \Longrightarrow H_3O^+ (aq)$$

$$HF(aq) + H_2O(l) \Longrightarrow H_3O^+ (aq) + F^- (aq)$$
$$\text{酸(1)} \quad \text{碱(2)} \qquad \text{酸(2)} \qquad \text{碱(1)}$$

同样,NH_3 在水溶液中的解离反应是由下列两个酸碱半反应组成的:

$$H_2O(l) \Longrightarrow OH^- (aq) + H^+$$
$$+)\quad NH_3(aq) + H^+ \Longrightarrow NH_4^+ (aq)$$

$$NH_3(aq) + H_2O(l) \Longrightarrow OH^- (aq) + NH_4^+ (aq)$$
$$\text{碱(1)} \quad \text{酸(2)} \qquad \text{碱(2)} \qquad \text{酸(1)}$$

在这里,H_2O 给出质子而产生 OH^-,H_2O 是酸,H_2O 与 OH^- 是一对共轭酸碱对;而 NH_3 接受了 H_2O 给出的质子成为 NH_4^+,NH_3 是碱,NH_4^+ 是 NH_3 的共轭酸,NH_4^+ 与 NH_3 是另一对共轭酸碱对。

由上可见,在酸的解离反应中,H_2O 是质子的接受体,H_2O 是碱;在碱的解离反应中,H_2O 是质子的给予体,H_2O 又是酸。这种既能给出质子又能接受质子的物质被称为两性物质。水就是两性物质之一,这一点在水的自身解离反应中也可以看出:

$$\overset{\displaystyle H^+}{\overbrace{H_2O(l) + H_2O(l)}} \Longrightarrow H_3O^+ + OH^-$$
$$\text{酸(1)} \qquad \text{碱(2)} \qquad \text{酸(2)} \quad \text{碱(1)}$$

其他常见的两性物质还有 HSO_4^-、$H_2PO_4^-$、HPO_4^{2-}、HCO_3^- 等。

盐类水解反应实际上也是酸碱的质子转移反应。例如,NaAc 的水解反应:

$$\overset{\displaystyle H^+}{\overbrace{Ac^- + H_2O(l)}} \Longrightarrow OH^- + HAc$$
$$\text{碱(1)} \quad \text{酸(2)} \qquad \text{碱(2)} \quad \text{酸(1)}$$

酸碱中和反应也是质子转移反应。可自行举例说明。

酸碱质子理论不仅适用于水溶液的酸碱反应,同样适用于气相和非水溶液中的酸碱反应。如 HCl 与 NH$_3$ 的反应,无论在水溶液中,还是在气相中或苯溶液中,其实质都是质子转移反应,最终生成氯化铵。

酸、碱的强度首先取决于其本身的性质,其次与溶剂的性质等因素有关。酸和碱的强度是指酸给出质子的能力和碱接受质子的能力的强弱。给出质子能力强的物质是强酸,接受质子能力强的是强碱;反之,便是弱酸和弱碱。在水溶液中,比较酸的强弱,以溶剂水作标准。如 HAc 水溶液中,HAc 与 H$_2$O 作用,HAc 给出 H$^+$(或者水夺取了醋酸中的 H$^+$),生成了 H$_3$O$^+$ 和 Ac$^-$:

$$HAc + H_2O \Longrightarrow H_3O^+ + Ac^-$$

同样,在 HCN 水溶液中有下列反应:

$$HCN + H_2O \Longrightarrow H_3O^+ + CN^-$$

在这些反应中,HAc、HCN 给出 H$^+$,是酸;H$_2$O 接受 H$^+$,是碱。通过比较 HAc 和 HCN 在水溶液中的解离常数,可以确定 HAc 是比 HCN 较强的酸(见附表 3)。以 H$_2$O 这个碱作为溶剂,可以区分 HAc 和 HCN 给出质子能力的差别,这就是溶剂水的"区分效应"。然而强酸与水之间的酸碱反应几乎都是不可逆的,强酸在水中"百分之百"地解离。例如:

$$HClO_4 + H_2O \longrightarrow H_3O^+ + ClO_4^-$$

$$HCl + H_2O \longrightarrow H_3O^+ + Cl^-$$

$$HNO_3 + H_2O \longrightarrow H_3O^+ + NO_3^-$$

HClO$_4$、HCl、HNO$_3$ 的水溶液中几乎不存在酸分子,它们的质子全部被水夺去了。因此,水中能够稳定存在的最强酸是 H$_3$O$^+$,比 H$_3$O$^+$ 强的酸(HClO$_4$、HNO$_3$ 等)不能以分子形式存在。水能够同等程度地将 HClO$_4$、HCl、HNO$_3$ 等这些强酸的质子全部夺取过来。如果要区分这些强酸的真实强弱,必须选取比水的碱性更弱的碱作为溶剂。如以冰醋酸为溶剂,HClO$_4$ 就不是完全解离,它与 HAc 发生如下反应:

$$HClO_4 + CH_3COOH \Longrightarrow [CH_3C(OH)_2]^+ + ClO_4^-$$

其他强酸也能发生类似的反应,冰醋酸作溶剂对水中的强酸体现了区分效应。HNO$_3$ 以上的强酸之 $K_a^\ominus$ 值是在非水溶剂中测定的或者由热力学数据计算出来的。

确定了酸、碱的相对强弱之后,可用其判断酸碱反应的方向。酸碱反应是争夺质子的过程,酸碱反应主要是由强酸与强碱向生成相应的弱碱和弱酸的方向进行。例如:

$$HF + CN^- \Longrightarrow F^- + HCN \qquad K^\ominus = 10^6$$

强酸与强碱反应,生成弱酸和弱碱。酸碱质子理论扩大了酸和碱的范畴,使人们加深了对酸、碱的认识。但是,酸碱质子理论也有局限性。它只限于质子的给予和接受,对于无质子参与的酸碱反应就无能为力了。

3.2.2 水的解离平衡和溶液的 pH

水是生命之源,水是最重要的溶剂。许多生物、地质和环境化学反应以及多数化工产品的生产都是在水溶液中进行的。

1. 水的解离平衡

在纯水中,水分子、水合氢离子和氢氧根离子总是处于平衡状态。按照酸碱质子理论,水的自身解离平衡可表示为:

$$H_2O(l) + H_2O(l) \rightleftharpoons H_3O^+ + OH^-$$

该解离反应很快达到平衡。平衡时,水中的 H_3O^+ 与 OH^- 的浓度很小。根据水的电导率的测定,一定温度下,$c(H_3O^+)$ 与 $c(OH^-)$ 的乘积是恒定的。根据热力学中对溶质和溶剂标准状态的规定,水解离反应的标准平衡常数表达式为:

$$K_w^\ominus = \left[\frac{c(H_3O^+)}{c^\ominus} \right]\left[\frac{c(OH^-)}{c^\ominus} \right] \tag{3-7a}$$

通常简写为:

$$K_w^\ominus = [c(H_3O^+)][c(OH^-)]^① \tag{3-7b}$$

或写做:

$$H_2O(l) \rightleftharpoons H^+(aq) + OH^-(aq)$$

$$K_w^\ominus = c(H^+)c(OH^-) \tag{3-7c}$$

$K_w^\ominus$ 被称为水的离子积常数,下标 w 表示水。25 ℃时,$K_w^\ominus = 1.0 \times 10^{-14}$。

在稀溶液中,水的离子积常数不受溶质浓度的影响,但随温度的升高而增大。这一点很容易从反应热作出判断。实际上,水的解离反应是强酸强碱中和反应的逆反应,该中和反应放出的热量为 -55.84 kJ·mol^{-1},是比较强烈的放热反应,因此水的解离反应是比较强烈的吸热反应。根据平衡移动原理,不难理解水的离子积 $K_w^\ominus$ 随着温度的升高会明显地增大。

2. 溶液的 pH

氢离子或氢氧根离子浓度的改变能引起水的解离平衡的移动。在纯水中,$c(H_3O^+) = c(OH^-)$;如果在纯水中加入少量的 HCl 或 NaOH 形成稀溶液,$c(H_3O^+)$ 和 $c(OH^-)$ 将发生改变。但是,只要温度保持恒定,$c(H_3O^+)c(OH^-) = K_w^\ominus$ 仍然保持不变。

溶液中 $c(H_3O^+)$ 或 $c(OH^-)$ 的大小反映了溶液酸碱性的强弱。一般稀溶液中,$c(H_3O^+)$ 的范围在 $(10^0 \sim 10^{-14})$ mol·L^{-1} 之间。$c(H_3O^+)$ 与 $c(OH^-)$ 是相互联系的,水的离子积常数正表明了二者间的数量关系。根据它们的相互联系可以用一个统一的标准来表示溶液的酸碱性。在化学科学中,通常习惯于以 $c(H_3O^+)$ 的负对数来表示其很小的数量级。即:

$$pH = -\lg c(H_3O^+) \tag{3-8}$$

与 pH 对应的还有 pOH,即:

$$pOH = -\lg c(OH^-) \tag{3-9}$$

25 ℃,在水溶液中:

$$K_w^\ominus = c(H_3O^+)c(OH^-) = 1.0 \times 10^{-14}$$

---

① c 是 $c/c^\ominus$ 的简写形式,以下同。

将等式两边分别取负对数,得:

$$-\lg K_w^\ominus = -\lg c(H_3O^+) - \lg c(OH^-) = 14.00$$

令:

$$pK_w^\ominus = -\lg K_w^\ominus$$

则:

$$pK_w^\ominus = pH + pOH = 14.00 \tag{3-10}$$

pH 是用来表示水溶液酸碱性的一种标度。pH 愈小,$c(H_3O^+)$愈大,溶液的酸性愈强,碱性愈弱。溶液的酸碱性与 $c(H_3O^+)$、pH 的关系可概括如下:

酸性溶液,$c(H_3O^+) > 10^{-7} \text{mol} \cdot L^{-1} > c(OH^-)$,pH < 7 < pOH;

中性溶液,$c(H_3O^+) = 10^{-7} \text{mol} \cdot L^{-1} = c(OH^-)$,pH = 7 = pOH;

碱性溶液,$c(H_3O^+) < 10^{-7} \text{mol} \cdot L^{-1} < c(OH^-)$,pH > 7 > pOH。

pH 仅适用于表示 $c(H_3O^+)$ 或 $c(OH^-)$ 在 1 mol·L^{-1} 以下的溶液的酸碱性。如果 $c(H_3O^+) > 1 \text{ mol} \cdot L^{-1}$,则 pH < 0。在这种情况下,就直接写出 $c(H_3O^+)$,而不用 pH 表示这类溶液的酸碱性。

只要确定了溶液中的 $c(H_3O^+)$,就能很容易地计算 pH。实际应用中是用 pH 试纸和 pH 计测定溶液的 pH,再计算 $c(H_3O^+)$。

【例 3-1】 胃酸的主要成分是 HCl(aq),某成年人的胃酸 pH = 1.50(25 ℃)。试计算其中的 $c(H_3O^+)$、$c(OH^-)$ 和 pOH。该胃酸中的盐酸浓度是多少?

解
$$c(H_3O^+) = 10^{-pH} \text{ mol} \cdot L^{-1}$$
$$= 10^{-1.50} \text{ mol} \cdot L^{-1} = 0.032 \text{ mol} \cdot L^{-1}$$
$$c(OH^-) = \frac{K_w^\ominus}{c(H_3O^+)} = \frac{1.0 \times 10^{-14}}{0.032} \text{ mol} \cdot L^{-1}$$
$$= 3.1 \times 10^{-13} \text{ mol} \cdot L^{-1}$$
$$pOH = 14.00 - pH = 12.50$$

由于盐酸是强酸,其在水溶液中完全解离。因此,该胃酸中盐酸的浓度,即 $c(H_3O^+)$ 为 0.032 mol·L^{-1}。

3.2.3 弱酸、弱碱的解离平衡

1. 一元弱酸的解离平衡

在一元弱酸 HA 的水溶液中存在着下列质子转移反应:

$$HA(aq) + H_2O(l) \Longrightarrow H_3O^+(aq) + A^-(aq)$$

这类反应一般都能很快达到平衡,称其为解离平衡(或电离平衡)。在稀溶液中水的量基本保持恒定,平衡时 $c(HA)$、$c(H_3O^+)$ 和 $c(A^-)$ 之间有下列关系:

$$K_a^\ominus(HA) = \frac{[c(H_3O^+)/c^\ominus][c(A^-)/c^\ominus]}{c(HA)/c^\ominus} \tag{3-11a}$$

或简写为:

$$K_a^\ominus(HA) = \frac{c(H_3O^+)c(A^-)}{c(HA)} \tag{3-11b}$$

式中 $K_a^\ominus(HA)$ 被称为弱酸 HA 的解离常数。弱酸解离常数的数值表明了酸的相对强弱。

在相同温度下,解离常数大的酸是较强的酸,其给出质子的能力强。例如,25 ℃时,$K_a^\ominus(\text{HCOOH}) = 1.8 \times 10^{-4}$,$K_a^\ominus(\text{H}_3\text{CCOOH}) = 1.8 \times 10^{-5}$。当浓度相同时,甲酸溶液的酸性强,pH 小;甲酸是比乙酸强的酸。不仅在水溶液中,就是在非水溶液中,也可以用 $K_a^\ominus$ 的相对大小来判断酸的相对强弱。$K_a^\ominus$ 受温度影响,但变化不大。

可以借助 pH 计测定溶液的 pH,然后通过计算来确定弱酸的解离常数。已知弱酸的解离常数 $K_a^\ominus$,就可以计算出一定浓度的弱酸溶液的平衡组成。实际上,在弱酸溶液中同时存在着弱酸和水的两种解离平衡:

$$\text{HA(aq)} + \text{H}_2\text{O(l)} \rightleftharpoons \text{H}_3\text{O}^+ \text{(aq)} + \text{A}^- \text{(aq)}$$

$$\text{H}_2\text{O(l)} + \text{H}_2\text{O(l)} \rightleftharpoons \text{H}_3\text{O}^+ \text{(aq)} + \text{OH}^- \text{(aq)}$$

它们都能解离出 H_3O^+。二者之间相互联系,相互影响。通常情况下,$K_a \gg K_w$,只要 $c(\text{HA})$ 不是很小,H_3O^+ 主要都是由 HA 解离产生的。因此,计算 HA 溶液中的 $c(\text{H}_3\text{O}^+)$ 时,就可以不考虑水的解离平衡。

【例 3-2】 计算 25 ℃时,$0.10 \text{ mol} \cdot \text{L}^{-1}$ HAc(醋酸)溶液中的 H_3O^+、Ac^-、HAc、OH^- 的浓度及溶液的 pH。

解 查附表可知,$K_a^\ominus(\text{HAc}) = 1.8 \times 10^{-5}$

	HAc(aq)	+	H₂O(l)	⇌	H₃O⁺(aq)	+	Ac⁻(aq)

开始浓度 /(mol·L⁻¹)　　　　0.10　　　　　　　　　0　　　　　0

平衡浓度 /(mol·L⁻¹)　　　0.10 − x　　　　　　　x　　　　　x

$$K_a^\ominus(\text{HAc}) = \frac{c(\text{H}_3\text{O}^+)c(\text{Ac}^-)}{c(\text{HAc})}$$

$$1.8 \times 10^{-5} = \frac{x^2}{0.10 - x}, \quad x = 1.3 \times 10^{-3}$$

$$c(\text{H}_3\text{O}^+) = c(\text{Ac}^-) = 1.3 \times 10^{-3} \text{ mol} \cdot \text{L}^{-1}$$

$$c(\text{HAc}) = (0.10 - 1.3 \times 10^{-3}) \text{ mol} \cdot \text{L}^{-1} \approx 0.10 \text{ mol} \cdot \text{L}^{-1}$$

溶液中的 OH^- 来自水的解离。

$$K_w^\ominus = c(\text{H}_3\text{O}^+)c(\text{OH}^-)$$

$$c(\text{OH}^-) = 7.7 \times 10^{-12} \text{ mol} \cdot \text{L}^{-1}$$

由 H_2O 本身解离出来的 $c(\text{H}_3\text{O}^+) = c(\text{OH}^-) = 7.7 \times 10^{-12} \text{ mol} \cdot \text{L}^{-1}$。将 $7.7 \times 10^{-12} \text{ mol} \cdot \text{L}^{-1}$ 与 $1.3 \times 10^{-3} \text{ mol} \cdot \text{L}^{-1}$ 比较,可以看出,忽略水解离所产生的 H_3O^+ 是完全合理的。

该溶液的　　　　　　　　　　　$\text{pH} = -\lg(1.3 \times 10^{-3}) = 2.89$

在弱酸、弱碱的解离平衡组成计算中常用到解离度的概念,以 α 表示之。解离度 α 是这样定义的:解离的分子数与分子总数之比。在定容反应中,已解离的弱酸(或弱碱)的浓度与原始浓度之比等于其解离度。弱酸的解离度可表示为:

$$\alpha = \frac{c_0(\text{HA}) - c(\text{HA})}{c_0(\text{HA})} \times 100\% \tag{3-12}$$

例 3-2 中,醋酸的解离度 $\alpha = \dfrac{1.3 \times 10^{-3}}{0.10} \times 100\% = 1.3\%$。

2. 一元弱碱溶液的解离平衡

应该说,一元弱碱的解离平衡组成的计算与一元弱酸的解离平衡组成的计算没有本质上的差别。在弱碱 B 的溶液中:

$$B(aq) + H_2O(l) \rightleftharpoons BH^+(aq) + OH^-(aq)$$

$$K_b^\ominus(B) = \frac{c(BH^+)c(OH^-)}{c(B)}$$

$K_b^\ominus$ 称为一元弱碱的解离常数。

3.2.4　同离子效应及缓冲溶液

1. 同离子效应

在 HAc 溶液中:

$$HAc(aq) + H_2O(l) \rightleftharpoons H_3O^+(aq) + Ac^-(aq)$$

加入 NaAc(s)后,$c(Ac^-)$ 增大,HAc 的解离平衡向左移动,HAc 的解离度降低,酸性减弱。

【例 3-3】　在 0.10 mol·L^{-1} 的 HAc 溶液中,加入 NaAc 晶体,使 NaAc 浓度为 0.10 mol·L^{-1}。计算该溶液的 pH 和 HAc 的解离度 α。

解

	NaAc(aq) $\longrightarrow$	Na$^+$(aq)	+	Ac$^-$(aq)
开始浓度 /(mol·L^{-1})		0.10		0.10

	HAc(aq)	+	H$_2$O(l) $\rightleftharpoons$	H$_3$O$^+$(aq)	+	Ac$^-$(aq)
平衡浓度 /(mol·L^{-1})	0.10 − x			x		0.10 + x

$$K_a^\ominus(HAc) = \frac{c(H_3O^+)c(Ac^-)}{c(HAc)}$$

$$1.8 \times 10^{-5} = \frac{x(0.10 + x)}{0.10 - x}$$

$$0.10 \pm x \approx 0.10, \quad x = 1.8 \times 10^{-5}$$

$$c(H_3O^+) = 1.8 \times 10^{-5} \text{ mol·L}^{-1}, \quad pH = 4.74$$

$$\alpha = \frac{1.8 \times 10^{-5}}{0.10} \times 100\% = 0.018\%$$

在 0.10 mol·L^{-1} HAc 溶液中,$\alpha(HAc) = 1.3\%$,pH = 2.89,而在 0.10 mol·L^{-1} HAc-0.10 mol·L^{-1} NaAc 混合溶液中,pH = 4.74,$\alpha(HAc)$ 只有 0.018%,HAc 的解离度降低到原来的 1/72。

同样,在弱碱溶液中,加入与弱碱溶液含有相同离子的强电解质,使弱碱的解离平衡向生成弱碱的方向移动,弱碱的解离度降低。由此可以得出结论:在弱酸或弱碱溶液中,加入与这种酸或碱含有相同离子的易溶强电解质,使弱酸或弱碱的解离度降低,这种作用被称为**同离子效应**。

2. 缓冲溶液

（1）缓冲溶液的概念

在水溶液中，加入少量酸或碱，pH 有较明显的变化，即不具有保持 pH 相对稳定的性能。但是在 HAc-NaAc 这对共轭酸碱对组成的溶液中，加入少量的强酸或强碱，溶液的 pH 改变很小。这类溶液具有缓解改变氢离子浓度而能保持 pH 基本不变的性能。同样，酸 NH$_4$Cl 与其共轭碱 NH$_3$ 的混合溶液以及 NaHCO$_3$-Na$_2$CO$_3$ 溶液等都具有这种性质。这种具有能保持 pH 相对稳定性能的溶液（也就是不因加入少量强酸或强碱而显著改变 pH 的溶液）叫做**缓冲溶液**。从组成上来看，通常缓冲溶液是由弱酸和它的共轭碱组成的。

（2）缓冲原理

缓冲溶液为什么能保持 pH 相对稳定，而不因加入少量强酸或强碱引起 pH 有较大的变化？假定缓冲溶液含有浓度相对较大的弱酸 HA 和它的共轭碱 A$^-$，在溶液中发生的质子转移反应为：

$$HA(aq) + H_2O(l) \rightleftharpoons H_3O^+(aq) + A^-(aq)$$

$$c(H_3O^+) = \frac{K_a^\ominus(HA)c(HA)}{c(A^-)}$$

$c(H_3O^+)$ 取决于 $c(HA)/c(A^-)$。当加入 NaOH 时（不考虑所引起溶液体积的变化），发生了强碱与酸的中和反应：

$$OH^-(aq) + HA(aq) \rightleftharpoons A^-(aq) + H_2O(l)$$

$$K^\ominus = \frac{K_a^\ominus(HA)}{K_w^\ominus} \gg 1$$

反应进行得很完全，净结果是 OH$^-$ 在溶液中很少累积，取而代之的是 $c(A^-)$ 增大、$c(HA)$ 减小，其数量变化可按化学计量方程式计算。

同样，当加入少量强酸时，发生了如下的中和反应：

$$H_3O^+(aq) + A^-(aq) \rightleftharpoons HA(aq) + H_2O(l)$$

$$K^\ominus = \frac{K_b^\ominus(A^-)}{K_w^\ominus} = \frac{1}{K_a^\ominus(HA)} \gg 1$$

这一中和反应同样进行得很完全，$c(A^-)$ 减小，$c(HA)$ 增大。

总之，在弱酸与其共轭碱组成的缓冲溶液中，因 $c(HA)$、$c(A^-)$ 较大，加入少量强酸或强碱时溶液中的 $c(HA)$、$c(A^-)$ 仅稍有变化，$c(HA)/c(A^-)$ 改变不大，改变 $c(H_3O^+)$ 也很小，故 pH 基本保持不变。正如有两个分别装有 HA 和 A$^-$ 的大仓库，加入少量强碱或强酸，库中 HA 和 A$^-$ 基本不变，由两者比值决定的 $c(H_3O^+)$ 当然也不会有大的变化。

3. 缓冲溶液 pH 的计算

在讨论缓冲溶液的缓冲原理时已经知道，缓冲溶液中的 H$_3$O$^+$ 浓度取决于弱酸的解离常数和共轭酸、碱浓度的比值。即：

$$c(H_3O^+) = K_a^\ominus(HA) \frac{c(HA)}{c(A^-)}$$

这一关系式实际上来源于弱酸 HA 的平衡组成的计算，与处理同离子效应的情况完全一样。如果将等式两边分别取负对数：

$$-\lg c(H_3O^+) = -\lg K_a^{\ominus}(HA) - \lg \frac{c(HA)}{c(A^-)}$$

$$pH = pK_a^{\ominus}(HA) - \lg \frac{c(HA)}{c(A^-)}$$

或者：

$$pH = pK_a^{\ominus}(HA) + \lg \frac{c(A^-)}{c(HA)} \tag{3-13a}$$

式(3-13a)被称为 Henderson-Hasselbalch 方程。

对共轭酸碱对来说，25 ℃时，$pK_a^{\ominus} + pK_b^{\ominus} = 14.0$，则：

$$pH = 14.00 - pK_b^{\ominus}(A^-) + \lg \frac{c(A^-)}{c(HA)} \tag{3-13b}$$

人们常习惯于用式(3-13b)计算 NH_3-NH_4Cl 这类碱性缓冲溶液的 pH。应当指出的是，式(3-13)中共轭酸、碱的浓度是平衡时的 $c(HA)$ 和 $c(A^-)$，除了 $pK_a^{\ominus}$（或者 $pK_b^{\ominus}$）<2 的情况外，由于同离子效应的存在，将平衡时的 $c(HA)$ 和 $c(A^-)$ 看做等于最初浓度 $c_0(HA)$ 和 $c_0(A^-)$，利用式(3-13)计算缓冲溶液的 pH 一般是可行的，不会产生较大的误差。

【例 3-4】 若在 50.00 mL 的 0.150 mol·L^{-1} NH_3(aq)和 0.200 mol·L^{-1} NH_4Cl 缓冲溶液中，加入 1.00 mL 0.100 mol·L^{-1} 的 HCl 溶液。计算加入 HCl 溶液前后溶液的 pH 各为多少？

解 加盐酸之前：

$$pH = 14.00 - pK_b^{\ominus}(NH_3) + \lg \frac{c(NH_3)}{c(NH_4^+)}$$

$$= 14.00 + \lg(1.8 \times 10^{-5}) + \lg \frac{0.150}{0.200}$$

$$= 14.00 - 4.74 - 0.12 = 9.14$$

加入 1.00 mL 0.100 mol·L^{-1}的 HCl 溶液之后，可认为这时溶液的体积为 51.00 mL。HCl、NH_3 与 NH_4^+ 在该溶液中未反应前的浓度分别是：

$$c(HCl) = \frac{1.00 \times 0.100}{51.00} \text{ mol·L}^{-1} = 0.00196 \text{ mol·L}^{-1}$$

$$c(NH_3) = \frac{50.00 \times 0.150}{51.00} \text{ mol·L}^{-1} = 0.147 \text{ mol·L}^{-1}$$

$$c(NH_4^+) = \frac{50.00 \times 0.200}{51.00} \text{ mol·L}^{-1} = 0.196 \text{ mol·L}^{-1}$$

由于加入 HCl，它全部解离产生的 H_3O^+ 与缓冲溶液中的 NH_3 反应生成了 NH_4^+，这样使 NH_3 的浓度减少了 0.00196 mol·L^{-1}，而 NH_4^+ 浓度增加了 0.00196 mol·L^{-1}。

	NH_3(aq)	+	H_2O	$\rightleftharpoons$	NH_4^+(aq)	+	OH^-(aq)
加 HCl 前浓度 /(mol·L^{-1})	0.150				0.200		
加入 HCl 后变化了的 浓度 /(mol·L^{-1})	-0.00196				$+0.00196$		
平衡浓度 /(mol·L^{-1})	$(0.147-0.00196)-x$ $= 0.145-x$				$(0.196+0.00196)+x$ $= 0.198+x$		x

$$\frac{x(0.198+x)}{0.145-x} = 1.8 \times 10^{-5}, \quad x = 1.3 \times 10^{-5}$$

$$c(\text{OH}^-) = 1.3 \times 10^{-5} \text{mol} \cdot \text{L}^{-1}, \quad \text{pH} = 14.00 + \lg(1.3 \times 10^{-5}) = 9.11$$

3.3 多相离子平衡

水溶液中的酸碱平衡是均相反应,除此之外,另一类重要的离子反应是难溶电解质在水中的溶解,即在含有固体难溶电解质的饱和溶液中,存在着电解质与由它解离产生的离子之间的平衡,叫做**沉淀-溶解平衡**。这是一种**多相离子平衡**。沉淀的生成和溶解现象在我们的周围经常发生。例如,肾结石通常是生成难溶盐草酸钙 CaC_2O_4 和磷酸钙 $\text{Ca}_3(\text{PO}_4)_2$ 所致;自然界中石笋和钟乳石的形成与碳酸钙 CaCO_3 沉淀的生成和溶解反应有关;工业上可用碳酸钠与消石灰制取烧碱等。这些实例说明,沉淀-溶解平衡对生物化学、医学、工业生产以及生态学有着深远影响。

在这一节中,将对沉淀溶解平衡进行定量讨论。首先对物质的溶解性作一般介绍,再对溶度积常数以及溶液的 pH、配合物的形成等对难溶物质溶解度的影响加以讨论。

3.3.1 溶解度和溶度积

溶解性是物质的重要性质之一。常以溶解度来定量标明物质的溶解性。**溶解度**被定义为:在一定温度下,达到溶解平衡时,一定量的溶剂中含有溶质的质量。物质的溶解度有多种表示方法。对水溶液来说,通常以饱和溶液中每 100 g 水所含溶质的质量来表示。许多无机化合物在水中溶解时,能形成水合阳离子和阴离子,称其为电解质。电解质的溶解度往往有很大的差异,习惯上常将其划分为可溶、微溶和难溶等不同等级。如果在 100 g 水中能溶解 1 g 以上的溶质,这种溶质被称为可溶的;物质的溶解度小于 0.1 g/100 g H_2O 时,称为难溶的;溶解度介于可溶与难溶之间的,称为微溶。

在一定条件下,当溶解和沉淀速率相等时,便建立了一种动态的多相离子平衡,如:

$$\text{BaSO}_4(\text{s}) \rightleftharpoons \text{Ba}^{2+}(\text{aq}) + \text{SO}_4^{2-}(\text{aq})$$

该动态平衡的标准平衡常数表达式为:

$$K_{\text{sp}}^{\ominus} = [c(\text{Ba}^{2+})/c^{\ominus}][c(\text{SO}_4^{2-})/c^{\ominus}]$$

或简写为:

$$K_{\text{sp}}^{\ominus} = c(\text{Ba}^{2+})c(\text{SO}_4^{2-}) \tag{3-14}$$

$K_{\text{sp}}^{\ominus}$ 是沉淀-溶解平衡的标准平衡常数,叫做溶度积常数,简称**溶度积**。$c(\text{Ba}^{2+})$ 和 $c(\text{SO}_4^{2-})$ 是饱和溶液中 Ba^{2+} 和 SO_4^{2-} 的浓度。

对于一般的沉淀反应来说:

$$\text{A}_n\text{B}_m(\text{s}) \rightleftharpoons n\text{A}^{m+}(\text{aq}) + m\text{B}^{n-}(\text{aq})$$

则溶度积的通式为:

$$K_{\text{sp}}^{\ominus}(\text{A}_n\text{B}_m) = [c(\text{A}^{m+})]^n[c(\text{B}^{n-})]^m \tag{3-15}$$

溶度积等于沉淀-溶解平衡时离子浓度幂的乘积,每种离子浓度的幂指数与化学计量式中的计量数相等。要特别指出的是,在多相离子平衡系统中,必须有未溶解的固相存在,否则就不能保证系统处于平衡状态。有时,这种动态平衡需要有足够的时间(甚至几天或更长)才能达到。

难溶电解质的溶度积常数的数值在稀溶液中不受其他离子存在的影响,只取决于温度。温度升高,多数难溶化合物的溶度积增大。

另外,溶度积常数也与固体的晶型有关。

溶度积和溶解度都可以用来表示难溶电解质的溶解性。两者既有联系,又有区别。从相互联系考虑,它们之间可以互相换算,既可以从溶解度求得溶度积,也可以从溶度积求得溶解度。溶解度不仅与温度有关,还与系统的组成、pH 的改变、配合物的生成等因素有关。对难溶电解质溶液来说,其饱和溶液是极稀的溶液,可将溶剂水的质量看做与溶液的质量相等,这样就能很便捷地计算出饱和溶液浓度,进而得出溶度积。

AgCl 等是 AB 型的难溶电解质,这类化合物的化学式中阳、阴离子数之比为 1∶1。Ag_2CrO_4 或 CaF_2 是 A_2B 或 AB_2 型的难溶电解质,阳、阴离子数之比为 2∶1 或 1∶2。比较二者的溶度积和溶解度(见表 3-1),可以看出,$K_{sp}^{\ominus}(AgCl) > K_{sp}^{\ominus}(AgBr)$,AgCl 在水中的溶解度 s 也大;然而,$K_{sp}^{\ominus}(AgCl) > K_{sp}^{\ominus}(Ag_2CrO_4)$,AgCl 的溶解度反而比 Ag_2CrO_4 的小。这是由于二者的表达式不同,两者的 $K_{sp}^{\ominus}$ 与 s 的换算关系不同所致。只有同一类型的难溶电解质才可以通过溶度积来比较它们的溶解度($mol \cdot L^{-1}$)的相对大小,溶度积大的溶解度就大。对于不同类型的难溶电解质,则不能直接由它们的溶度积来比较其溶解度的相对大小。

表 3-1　难溶电解质的类型与其溶度积及溶解度的关系

类型	化学式	溶度积 $K_{sp}^{\ominus}$	溶解度 $s/(mol \cdot L^{-1})$	换算公式
AB	AgCl	1.8×10^{-10}	1.3×10^{-5}	$K_{sp}^{\ominus} = s^2$
AB	AgBr	5.3×10^{-13}	7.3×10^{-7}	$K_{sp}^{\ominus} = s^2$
A_2B	Ag_2CrO_4	1.1×10^{-12}	6.5×10^{-5}	$K_{sp}^{\ominus} = 4s^3$

3.3.2　沉淀的生成和溶解

难溶电解质的沉淀-溶解平衡与其他动态平衡一样,完全遵循 Le Châtelier 原理。如果条件改变,可以使溶液中的离子转化为固相——沉淀生成;或者使固相转化为溶液中的离子——沉淀溶解。

1. 溶度积规则

对于难溶电解质的多相离子平衡来说:
$$A_nB_m(s) \rightleftharpoons nA^{m+}(aq) + mB^{n-}(aq)$$
其反应商(又被称为难溶电解质的离子积)J 的表达式可写做:
$$J = [c(A^{m+})]^n [c(B^{n-})]^m$$
依据平衡移动原理,将 J 与 $K_{sp}^{\ominus}$ 比较,可以得出:

（1）$J > K_{sp}^{\ominus}$，平衡向左移动，沉淀从溶液中析出。

（2）$J = K_{sp}^{\ominus}$，溶液为饱和溶液，溶液中的离子与沉淀之间处于平衡状态。

（3）$J < K_{sp}^{\ominus}$，溶液为不饱和溶液，无沉淀析出；若原来系统中有沉淀，平衡向右移动，沉淀溶解。

这就是沉淀-溶解平衡的反应商判据，称其为**溶度积规则**，常用来判断沉淀的生成与溶解能否发生。

【例 3-5】 25℃下，在 1.00 L 0.030 mol·L^{-1} AgNO$_3$ 溶液中，加入 0.50 L 0.060 mol·L^{-1} CaCl$_2$ 溶液，能否生成 AgCl 沉淀？如果有沉淀生成，生成 AgCl 的质量是多少？最后溶液中 $c(Ag^+)$ 是多少？

解 由附表 4 中查得 $K_{sp}^{\ominus}(AgCl) = 1.8 \times 10^{-10}$。将 1.00 L AgNO$_3$ 溶液与 0.50 L CaCl$_2$ 溶液混合后，认定混合溶液的总体积为 1.50 L。两种溶液混合，Ca(NO$_3$)$_2$ 是可溶的，如有沉淀生成，只可能是 AgCl 沉淀。反应前，Ag$^+$ 与 Cl$^-$ 浓度分别为：

$$c_0(Ag^+) = \frac{0.030 \times 1.00}{1.50} \text{ mol·L}^{-1} = 0.020 \text{ mol·L}^{-1}$$

$$c_0(Cl^-) = \frac{0.060 \times 0.50 \times 2}{1.50} \text{ mol·L}^{-1} = 0.040 \text{ mol·L}^{-1}$$

$$J = c(Ag^+)c(Cl^-) = 0.020 \times 0.040 = 8.0 \times 10^{-4}$$

$J > K_{sp}^{\ominus}(AgCl)$，应有 AgCl 沉淀析出。

为计算 AgCl 沉淀的质量和最后溶液中的 $c(Ag^+)$，就必须确定反应前后 Ag$^+$ 和 Cl$^-$ 浓度的变化量。因为 $c_0(Cl^-) > c_0(Ag^+)$，生成 AgCl 沉淀时，Cl$^-$ 是过量的。设平衡时 $c(Ag^+) = x$ mol·L^{-1}。

	AgCl(s) $\rightleftharpoons$	Ag$^+$ (aq) +	Cl$^-$ (aq)
开始浓度 /(mol·L^{-1})		0.020	0.040
变化浓度 /(mol·L^{-1})		$0.020 - x$	$0.020 - x$
平衡浓度 /(mol·L^{-1})		x	$0.040 - (0.020 - x)$

平衡时：

$$K_{sp}^{\ominus}(AgCl) = c(Ag^+)c(Cl^-)$$

$$1.80 \times 10^{-10} = x[0.040 - (0.020 - x)]$$

$$x = \frac{1.80 \times 10^{-10}}{0.020} = 9.0 \times 10^{-9}$$

$$c(Ag^+) = 9.0 \times 10^{-9} \text{ mol·L}^{-1}$$

$M_r(AgCl) = 143.3$，析出 AgCl 的质量：

$$m(AgCl) = 0.020 \text{ mol·L}^{-1} \times 1.50 \text{ L} \times 143.3 \text{ g·mol}^{-1} = 4.3 \text{ g}$$

2. pH 对沉淀-溶解平衡的影响

如果难溶电解质 MA 的阴离子是某弱酸（H$_n$A）的共轭碱（A^{n-}），由于 A^{n-} 对质子 H$^+$ 具有较强的亲和能力，则它们的溶解度将随溶液的 pH 减小而增大。这类难溶电解质就是通常所说的难溶弱酸盐和难溶金属氢氧化物。氢氧根离子 OH$^-$ 是水中能够存在的最强碱，它是弱酸水的共轭碱，从这个意义上讲，金属氢氧化物也是弱酸盐。利用弱酸盐在酸中溶解度的差异，控制溶液的 pH，可以达到分离金属离子的目的。

图 3-5 表明了 Fe(OH)$_3$、Co(OH)$_2$、Ni(OH)$_2$ 和 Cu(OH)$_2$ 的 s-pH 关系。图中每

条线的右方区域内任何一点所对应的离子积 $J>K_{sp}^{\ominus}$，是沉淀生成区；每条线的左方区域内 $J<K_{sp}^{\ominus}$，是沉淀的溶解区；线上任何一点表示的状态均为 M^{n+}、OH^- 和氢氧化物 $M(OH)_n(s)$ 的平衡状态。由于 $K_{sp}^{\ominus}(Fe(OH)_3)=2.8\times10^{-39}$，比其他常见难溶金属氢氧化物溶度积小得多，在含铁杂质的金属离子混合溶液中，为了除掉 Fe^{3+}，一般控制 pH 在 4 左右，就能将铁杂质除去。在图 3-5 中，可以看出 $Co(OH)_2$、$Ni(OH)_2$ 的 s-pH 曲线相距很近，不能利用生成难溶氢氧化物的方法将两者分开。

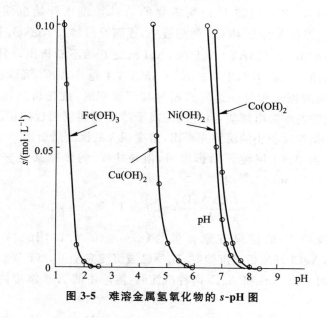

图 3-5　难溶金属氢氧化物的 s-pH 图

另外，很多金属硫化物在水中都是难溶的，而且它们的溶度积常数彼此有一定的差异，并各有特定的颜色。因此，在实际应用中，常利用硫化物的这些性质来分离或鉴定某些金属离子。此外，溶解度还受其他因素的影响，如生成配合物等，在此不作赘述。

3.3.3　两种沉淀之间的平衡

1. 分步沉淀

在 1.0 L 含有相同浓度 1×10^{-3} mol·L^{-1} 的 I^- 和 Cl^- 的混合溶液中，先加 1 滴（0.05 mL）1×10^{-3} mol·L^{-1} 的 $AgNO_3$ 溶液，此时只有黄色的 AgI 沉淀析出；如果继续滴加 $AgNO_3$ 溶液（要特别强调的是慢慢滴加并不断搅拌或振荡），才有白色的 AgCl 沉淀析出。这种先后沉淀的现象，叫做**分步沉淀**或分级沉淀。

根据溶度积规则，可以说明上述实验事实。

$$AgI(s) \rightleftharpoons Ag^+(aq)+I^-(aq)$$
$$c(Ag^+)c(I^-)=K_{sp}^{\ominus}(AgI)$$

当 $c(I^-)=1\times10^{-3}$ mol·L^{-1} 时，析出 AgI(s) 的最低 Ag^+ 浓度为：

$$c_1(Ag^+)=\frac{K_{sp}^{\ominus}(AgI)}{c(I^-)}=\frac{8.3\times10^{-17}}{1.0\times10^{-3}} \text{ mol·L}^{-1}$$

$$= 8.3 \times 10^{-14} \, \mathrm{mol \cdot L^{-1}}$$

$$\mathrm{AgCl(s)} \rightleftharpoons \mathrm{Ag^+(aq) + Cl^-(aq)}$$

$$c(\mathrm{Ag^+})c(\mathrm{Cl^-}) = K_{sp}^{\ominus}(\mathrm{AgCl})$$

当 $c(\mathrm{Cl^-}) = 1 \times 10^{-3} \, \mathrm{mol \cdot L^{-1}}$ 时，析出 $\mathrm{AgCl(s)}$ 的最低 $\mathrm{Ag^+}$ 浓度为：

$$c_2(\mathrm{Ag^+}) = \frac{K_{sp}^{\ominus}(\mathrm{AgCl})}{c(\mathrm{Cl^-})} = \frac{1.8 \times 10^{-10}}{1.0 \times 10^{-3}} \, \mathrm{mol \cdot L^{-1}} = 1.8 \times 10^{-7} \, \mathrm{mol \cdot L^{-1}}$$

由计算结果可知，开始沉淀 $\mathrm{I^-}$ 时所需要的 $\mathrm{Ag^+}$ 浓度比开始沉淀 $\mathrm{Cl^-}$ 时所需要的 $\mathrm{Ag^+}$ 浓度小得多。当在含有 $\mathrm{I^-}$ 和 $\mathrm{Cl^-}$ 的溶液中，逐滴慢慢加入 $\mathrm{AgNO_3}$ 稀溶液，$\mathrm{Ag^+}$ 浓度渐渐增加，当 $c(\mathrm{Ag^+})c(\mathrm{I^-}) \geqslant K_{sp}^{\ominus}(\mathrm{AgI})$ 时，AgI 沉淀开始不断析出。只有当 $c(\mathrm{Ag^+})$ 增大到一定程度时，使 $c(\mathrm{Ag^+})c(\mathrm{Cl^-}) \geqslant K_{sp}^{\ominus}(\mathrm{AgCl})$，才能有 AgCl 沉淀析出。总之，在溶液中某种沉淀对应的离子积首先达到或超过其溶度积时，就先析出这种沉淀。必须指出：只有对同一类型的难溶电解质，且被沉淀离子浓度相同或相近的情况下，逐滴慢慢加入沉淀试剂时，才是溶度积小的沉淀先析出，溶度积大的沉淀后析出。

上述实例中，当 AgCl 沉淀开始析出时，溶液中 $\mathrm{I^-}$ 的浓度又是多少呢？即溶液中 $c_2(\mathrm{Ag^+}) = 1.8 \times 10^{-7} \, \mathrm{mol \cdot L^{-1}}$ 时：

$$c(\mathrm{I^-}) = \frac{K_{sp}^{\ominus}(\mathrm{AgI})}{c_2(\mathrm{Ag^+})} = 4.6 \times 10^{-10} \, \mathrm{mol \cdot L^{-1}}$$

此时，残留在溶液中 $\mathrm{I^-}$ 的量只有原含量的 $(4.6 \times 10^{-10}/1 \times 10^{-3}) \times 100\% = 4.6 \times 10^{-5}\%$。就是说，$\mathrm{AgCl}$ 开始析出沉淀时，$\mathrm{I^-}$ 早已被沉淀完全了，$c(\mathrm{I^-}) \ll 10^{-5} \, \mathrm{mol \cdot L^{-1}}$。

当系统中同时析出 AgI 和 AgCl 两种沉淀时，溶液中的 $\mathrm{Ag^+}$ 浓度同时满足两个多相离子平衡。即：

$$c(\mathrm{Ag^+})c(\mathrm{I^-}) = K_{sp}^{\ominus}(\mathrm{AgI})$$

$$c(\mathrm{Ag^+})c(\mathrm{Cl^-}) = K_{sp}^{\ominus}(\mathrm{AgCl})$$

$$c(\mathrm{Ag^+}) = \frac{K_{sp}^{\ominus}(\mathrm{AgI})}{c(\mathrm{I^-})} = \frac{K_{sp}^{\ominus}(\mathrm{AgCl})}{c(\mathrm{Cl^-})}$$

$$\frac{c(\mathrm{I^-})}{c(\mathrm{Cl^-})} = \frac{K_{sp}^{\ominus}(\mathrm{AgI})}{K_{sp}^{\ominus}(\mathrm{AgCl})} = \frac{8.3 \times 10^{-17}}{1.8 \times 10^{-10}} = 4.6 \times 10^{-7}$$

由此式可以推知，两种沉淀的溶度积差别愈大，就愈有可能利用分步沉淀的方法将它们分离开。

2. 沉淀的转化

有些沉淀既不溶于水也不溶于酸，还无法用配位溶解和氧化还原溶解的方法将其直接溶解。这时，可以把一种难溶电解质转化为另一种难溶电解质，然后再使其溶解。例如，在用焰色反应鉴定 $\mathrm{SrSO_4}$ 中的 $\mathrm{Sr^{2+}}$ 时，由于 $\mathrm{SrSO_4}$ 不挥发，不宜用于焰色反应，必须将其转化为易挥发的 $\mathrm{SrCl_2}$。但是 $\mathrm{SrSO_4(s)}$ 并不溶解于盐酸中。为了制得 $\mathrm{SrCl_2}$，可先将 $\mathrm{SrSO_4(s)}$ 转化为可溶于酸的 $\mathrm{SrCO_3(s)}$，再将 $\mathrm{SrCO_3}$ 溶解于盐酸中。把一种沉淀转化为另一种沉淀的过程，叫做**沉淀的转化**。

【例 3-6】　将 $SrSO_4(s)$ 转化为 $SrCO_3$，可用 Na_2CO_3 溶液与 $SrSO_4$ 反应。如果在 1.0 L Na_2CO_3 溶液中溶解 0.010 mol 的 $SrSO_4$，Na_2CO_3 的开始浓度最低应为多少？

解　$SrSO_4(s)$ 与 Na_2CO_3 之间发生的离子反应为：

$$SrSO_4(s) + CO_3^{2-}(aq) \rightleftharpoons SrCO_3(s) + SO_4^{2-}(aq)$$

$$K = \frac{c(SO_4^{2-})}{c(CO_3^{2-})} = \frac{K_{sp}^{\ominus}(SrSO_4)}{K_{sp}^{\ominus}(SrCO_3)} = \frac{3.4 \times 10^{-7}}{5.6 \times 10^{-10}} = 6.1 \times 10^2$$

平衡时，$c(SO_4^{2-}) = 0.010$ mol $\cdot$ L^{-1}，则：

$$c(CO_3^{2-}) = \frac{0.010}{6.1 \times 10^2} \text{ mol} \cdot L^{-1} = 1.6 \times 10^{-5} \text{ mol} \cdot L^{-1}$$

因为溶解 1 mol $SrSO_4$ 需要消耗 1 mol Na_2CO_3。所以在 1.0 L 溶液中要溶解 0.010 mol $SrSO_4$(s)，所需 Na_2CO_3 的最初浓度至少应为：

$$c_0(Na_2CO_3) = (0.010 + 1.6 \times 10^{-5}) \text{ mol} \cdot L^{-1} = 0.010 \text{ mol} \cdot L^{-1}$$

此例说明，溶解度较大的沉淀转化为溶解度较小的沉淀时，沉淀转化的平衡常数一般比较大（$K^{\ominus} > 1$），因此转化比较容易实现。如果是溶解度较小的沉淀转化为溶解度较大的沉淀，标准平衡常数 $K^{\ominus} < 1$，这种转化往往比较困难，但在一定条件下也是能够实现的。

3.4　水质评价及水污染治理

水是一种宝贵的自然资源，对人类生活、动植物生长和工农业物产都至关重要。水是一种很好的溶剂，即使未被污染的天然水也不是纯水，总溶解有一些其他物质。

水有一定的自净能力。当排入天然水体中的污染物超过水的自净能力时，水的组成及性质发生恶化，这种现象叫做水污染。

水污染主要是人为造成的。近几十年来，由于人口、工农业物产和消费水平的迅速增长，产生的大量未经处理的有毒、有害物质以废水的形式排入江河、湖泊和海洋，造成严重的水污染。水污染已经成为当今世界最突出的环境问题之一。

3.4.1　水中的污染物

水中的污染物成分复杂，种类繁多，下面介绍几种主要污染物。

1. 无机污染物

无机污染物主要有重金属离子、氰化物、砷化物、酸、碱、盐等。

污染水体的重金属离子主要有 Hg、Cd、Pb、Cr、V、Co、Cu、Ni 和 Mo 等。其中毒性最大的有 Hg、Cd、Pb 和 Cr 等重金属离子。非金属砷化物的毒性与重金属离子相似，常和重金属离子一起讨论。重金属离子不能被微生物降解，具有化学性质稳定并能在生物体中积累的特点。重金属通过食物和饮水进入人体，且不易排除，使人慢性中毒。20 世纪50 年代日本的水俣病是汞污染引起的。骨痛病是镉污染所致。因此，水中重金属离子含量是环境监测的重要指标。

氰化物毒性很强且毒效很快,在水中以 CN⁻ 存在,在酸性条件下以 HCN 存在。CN⁻ 的毒性在于它与人体中的氧化酶结合,使氧化酶失去传递氧的作用。

酸碱污染主要是改变水的 pH(使 pH 过低或者过高),杀死或者抑制某些细菌或者微生物的生长,影响水的自净能力,水中动植物的生存也受到严重影响。

现将主要的无机污染物的来源、危害、工业废水排放最大允许含量(GB 8978-1996)归纳如表 3-2 所示。

表 3-2　常见无机污染物及其危害

污染物	废水来源	症状及危害	工业废水排放最大允许含量/$(mg \cdot L^{-1})$
汞	汞极电解食盐厂,用汞制药厂,用汞仪表厂,矿山等	神经损害,精神错乱,瘫痪,失明等	0.05(以 Hg 计)
镉	金属矿山,冶炼厂,电镀厂,化工厂,电池厂,特种玻璃厂等	贫血,肾脏损害,骨质疏松	0.1(以 Cd 计)
铅	金属矿山,冶炼厂,电池厂,油漆厂等	痉挛,精神迟钝,贫血等	1.0(以 Pb 计)
铬	冶炼厂,电镀厂,制革,颜料等工业	皮肤溃疡,贫血,肾炎,可能致癌	0.5(以 Cr^{6+} 计)
砷(AsO_3^{3-} 或 AsO_3^{4-})	制砷,冶炼,玻璃,陶瓷,制革,染料和杀虫剂等工业	细胞代谢紊乱,胃肠道失调,肾衰竭等	0.5(以 As 计)
氰化物(以 CN⁻ 存在)	电镀,煤气和冶金工业等	呼吸困难,全身细胞缺氧而窒息死亡	0.5(以 CN⁻ 计)
酸	冶炼,金属加工,酸洗工序,人造纤维,酸法造纸等	抑制微生物生长,腐蚀设备,水中动植物生长受到影响	pH>6
碱	造纸,印染,化学纤维,制碱,制革,炼油等工业		pH<9

2. 有机污染物

有机污染物种类很多,其中不少是有毒物质。主要的有机污染物有碳氢化合物、蛋白质、脂肪、酚类、农药(包括除草剂、杀虫剂、杀菌剂等)、多卤联苯化合物和合成洗涤剂等。

食品工业废水、造纸废水及城市生活污水等都含有大量的有机物质,这些未经处理的废水排入江河、湖泊中,在水中的好氧微生物(指生活需要氧气的微生物)参与下,有机物与氧作用分解成结构简单的物质时,要消耗水中的氧。其分解过程可简单表示如下:

$$碳氢化合物 + O_2 \longrightarrow CO_2 + H_2O$$

$$碳硫化合物 + O_2 \longrightarrow CO_2 + H_2O + SO_4^{2-}$$
$$碳氮化合物 + O_2 \longrightarrow CO_2 + H_2O + NO_3^-$$

这些过程都要消耗大量的氧,使水中的溶解氧急剧下降。当水中的氧降至 4 mg·L^{-1} 以下时,鱼就难以生存。如果水中的溶解氧含量太低,有机物又会被厌氧微生物分解,产生甲烷及硫化氢、氨等恶臭物质,使水质发臭。其分解过程简单表示如下:

$$含有硫和氮的化合物 + O_2 \longrightarrow CO_2 + H_2S + CH_4 + NH_3$$

酚类主要来自焦化、煤气、有机合成等工业废水。酚具有特殊的臭味,可被微生物分解。酚类毒害机理主要是能与细胞原浆中的蛋白质发生化学反应,形成不溶性蛋白质使细胞失去活性。低浓度的酚可使细胞变性,高浓度的酚甚至可导致细胞死亡。

有机氯农药、多卤联苯化合物及合成洗涤剂等,它们的化学性质一般比较稳定,不易被微生物分解。这些有机物被微生物吸收后导致积累中毒,通过食物链逐渐被浓缩而对人体和其他生物造成很大的危害。因此,这类难降解的有机污染物是环境保护中重点控制的对象。

油类主要来自石油工业,机械加工,飞机和汽车的保养、维修,煤气和油脂加工等工业废水。油类也是目前最严重的海洋污染物。油比水轻,又不溶于水,因此覆盖在水面上形成油膜,阻碍了空气中氧的溶解,使水中的生物因缺氧而死亡。油膜还可以降低海水蒸发量,吸收更多的太阳辐射,能使海洋表面水温升高,导致海洋气候异常。用含油的污水灌田,油膜面黏附会使农作物枯死。

此外,还有热污染。发电厂、工业冷却水是热污染的主要来源。热污染使水温升高,一方面使水中溶解的氧减少,另一方面使水中微生物大量繁殖,鱼类等水生生物生存条件变坏。

3.4.2　污水处理方法

为了防止江河、湖泊、海洋的污染,改善环境质量,保护人民健康,促进生产发展,充分利用宝贵的水资源,必须对工业废水和生活污水进行处理,使其达到国家排放标准。

处理废水的方法很多,各种方法都有自身的特点和使用范围。由于废水种类很多,成分复杂,因此处理废水的方法也因水质不同而异。下面介绍部分常用的水处理方法。

1. 物理法

物理法适合于废水中含有较大颗粒悬浮物、夹杂物的分离。采用沉淀过滤、重力分离和离心分离等方法,使废水得到初步净化。

2. 混凝法

若废水中含有细小的淤泥和其他污染物颗粒物质,它们往往形成不易沉降的胶态物质悬浮于水中,用一般的沉降法不能去除,此时可向废水中加入混凝剂。常用的混凝剂有:硫酸铝、硫酸铁、聚氯化铝等无机混凝剂,以及有机高分子絮凝剂,如聚丙烯酰胺絮凝剂等。无机混凝剂水解产生水合配离子及氢氧化物胶体。例如,铝盐与水的反应可表示如下:

$$Al^{3+}(aq) + H_2O(l) \Longrightarrow Al(OH)^{2+}(aq) + H^+(aq)$$

$$Al(OH)^{2+}(aq) + H_2O(l) \Longrightarrow Al(OH)_2^+(aq) + H^+(aq)$$

$$Al(OH)_2^+(aq) + H_2O(l) \Longrightarrow Al(OH)_3(s) + H^+(aq)$$

在上述三步水解平衡中,随 pH 的不同,它们从三个方面发挥混凝作用:第一,中和废水中胶体的异性电荷;第二,在胶体杂质微粒之间起黏结作用;第三,自身形成氢氧化物絮状体,在沉淀时对水中胶体杂质起吸附卷带作用。通过这些作用,原来的胶体悬浮物颗粒变粗、变大,有利于进一步除去(沉淀或过滤等)。

3. 化学法

处理废水和污水的化学方法很多,在此主要介绍中和沉淀法和氧化还原法。

(1) 中和沉淀法

对酸性废水,可加入石灰石、电石渣[主要成分为 $Ca(OH)_2$]、石灰、碳酸钠、氢氧化钠、氧化镁等中和剂来调节 pH。对于碱性废水,可加入废酸或通入烟道气(含 SO_2 和 CO_2)等调节 pH。也可将酸性废水和碱性废水相互混合,达到排放标准。

对于废水中各种有害有毒离子,可加入沉淀剂,使其生成氢氧化物、硫化物、碳酸盐等难溶物而除去。常用的沉淀剂有碳酸钠、石灰、硫化钠等。例如,除去酸性废水中的 Pb^{2+},可加入适量的石灰水,调节一定的 pH,使 Pb^{2+} 生成 $Pb(OH)_2$ 沉淀。又如,硬水中的 Ca^{2+} 和 Mg^{2+} 可用石灰-苏打(CaO-Na_2CO_3)水,使其转变成 $Mg(OH)_2$ 和 $CaCO_3$ 而除去。酸性废水中的 Cd^{2+} 可加消石灰或者苏打,调节 pH 至 $10 \sim 11$ 时生成 $Cd(OH)_2$ 沉淀而除去。利用沉淀转化法也可除去废水中的 Cu^{2+} 和 Hg^{2+} 等离子,如用 FeS 处理含 Cu^{2+} 废水。

$$Cu^{2+}(aq) + FeS(s) \Longrightarrow Fe^{2+}(aq) + CuS(s)$$

该反应的平衡常数很大($K^\ominus = 1.25 \times 10^{25}$),因此,沉淀转化程度很高。

近年来还发展起来一种称为吸附胶体浮选处理含重金属废水的新技术。

(2) 氧化还原法

向废水中加入适量的氧化剂或还原剂,使有害有毒物质被氧化还原后转变成无毒物或者低毒物或易于分离的难溶物,达到净化水的目的。

常用的氧化剂有空气、氧气、漂白粉、双氧水、臭氧等。常用的还原剂有铁粉、硫酸亚铁、二氧化硫、亚硫酸钠等。例如,向含氰废水中加氢氧化钠,维持 $pH = 10.5$ 左右,通入氯气,使其转化为氰酸钠,反应为:

$$NaCN(aq) + Cl_2(g) + 2NaOH(aq) \longrightarrow NaCNO(aq) + 2NaCl(aq) + H_2O(l)$$

又如,含 $Cr_2O_7^{2-}$ 的废水,加入还原剂 $FeSO_4$,发生下列反应:

$$Cr_2O_7^{2-}(aq) + 6Fe^{2+}(aq) + 14H^+(aq) \longrightarrow 2Cr^{3+}(aq) + 6Fe^{3+}(aq) + 7H_2O(l)$$

然后加入 NaOH 调节 $pH = 6 \sim 8$,Cr^{3+} 变成 $Cr(OH)_3$,Fe^{3+} 变成 $Fe(OH)_3$ 沉淀一同除去。

4. 离子交换法

利用离子交换树脂的交换作用来交换废水中的有害离子,达到净化水的目的。这种方法广泛用于给水处理及回收有价值的稀贵金属等。

5. 生物处理法

利用微生物的化学作用,将复杂的有机物分解成简单的物质,将有毒物转化为无毒物,从而使废水得到净化。生物处理法分为好氧处理法和厌氧处理法两大类。

好氧处理法是在充分供氧和适当的温度、营养条件下,使好氧微生物大量繁殖,利用它的特有的生命活动,将废水中的有机物氧化分解成为二氧化碳、水、硝酸盐、磷酸盐、硫酸盐等物质,使废水净化。厌氧处理法是在缺氧的条件下,利用水中的厌氧微生物的生命活动,把有机物分解为甲烷、二氧化碳、氨、硫化氢、氮气等,使废水得到净化。

除上述方法外,还有吸附法、萃取法、反渗透法、电渗法等,这些方法都已用于废水处理的净化实践中。

3.4.3　水质评价方法

我国的水环境质量评价工作开始于 1973 年,大体上经过了 4 个阶段:初步尝试阶段、广泛探索阶段、全面发展阶段和环境影响评价阶段。初期仅限于城市或小范围区域的现状评价,如官厅水库环境质量评价、北京西郊环境质量评价等;之后开展了松花江、白洋淀、武昌东湖、昆明滇池、太湖等水环境的专题质量评价工作。

20 世纪 90 年代后,各种数学方法和模型的广泛应用使得水质评价方法得到进一步扩展。常见的有神经网络法、投影寻踪方法、灰色指数法、物元分析法等。现在,水质评价几乎成为所有综合环境质量评价中不可缺少的重要内容。

水质评价是确保水质安全、合理利用水资源的前提。为使水质评价合理、有效,应对水质评价方法进行系统性的分析和总结,从而确保在水质评价中选择合理的方法。下面介绍水质评价的主要评价方法。

1. 单因子污染指数法

单因子污染指数法是将评价因子与评价标准进行比较,确定各个评价因子的水质类别,在所有项目的水质类别中选取水质最差类别作为水体的水质类别。该方法可确定水体中的主要污染因子,是目前使用最多的水质评价法,尤其在建设项目的环境影响评价中较为常见,该方法的特征值包括各评价因子的达标率、超标率和超标倍数。

2. Horton 水质指数法

Horton 水质指数法由美国 Horton 等人于 1965 年首次提出。Horton 水质指数是综合污染指数法的一种,包括 10 个参数,计算公式如式(3-16)所示。潘峰等人应用 Horton 水质指数法对官厅水库水质进行评价,取得了较好的成效。

$$WQI = \left| \frac{\sum\limits_{i=1}^{m} C_i W_i}{\sum\limits_{i=1}^{m} W_i} \right| M_1 M_2 \tag{3-16}$$

式中:C_i 是根据各实测浓度查得的水质评分（0～100），W_i 是各参数权重，M_1 为温度系数（1 或 0.5），M_2 为感官明显污染系数（1 或 0.5）。

3. Brown 水质指数法

Brown 水质指数是由美国 Brown 于 1970 年提出的。该法选取溶解氧、BOD$_5$、混浊度、硝酸盐、总固体、磷酸盐、温度、pH、大肠菌群、杀虫剂、有毒元素共 11 种参数，并确定了各参数的质量评分和权重，公式如下：

$$WQI = \sum_{i=1}^{n} W_i P_i \tag{3-17}$$

式中:W_i 为参数权重（0～1 之间），P_i 为参数的质量评分（0～100）。其中：

$$\sum_{i=1}^{n} W_i = 1 \tag{3-18}$$

式中:n 为参数的个数。

4. Nemrow 水污染指数法

Nemrow 水污染指数由美国学者 Nemrow 提出，是当前常用的综合污染指数评价方法。Nemrow 水质指数着重考虑了污染最严重的因子。计算公式如下所示：

$$PI = \sqrt{\frac{\left(\dfrac{C_i}{L_{ij}}\right)^2 + \dfrac{C_i^2}{L_{ij,\text{Avg}}}}{2}} \tag{3-19}$$

式中:PI 为某种用途的水质指数;C_i 为水中某种污染物实测浓度（i 代表水质项目数），mg/L;L_{ij} 为某污染物的水质标准（j 代表水的用途），mg/L。

Nemrow 指数法在水质评价中的应用也较广泛，如利用改进的 Nemrow 指数法对地下水质进行评价，采用 Nemrow 指数法分析了黄河兰州段水质污染状况。

5. 主成分分析法

主成分分析法是一种成熟的数据降维或特征提取的方法，属于数理统计的应用范畴。它把给定的一组相关变量通过线性变换转成另一组不相关的变量，且保持总方差不变。因为线性变换保持变量的总方差不变，所以这些新的变量可以按照方差依次递减的顺序排列，形成所谓的主成分，使第一主成分具有最大的方差，第二主成分的方差次之，并且和第一变量不相关，以此类推。由于每个主成分都是原始变量的线性组合，而且各个主成分之间又互不相关，这使得主成分比原始变量具有一些更优越的性能。这样在研究复杂问题时就可以只考虑少数几个主成分而不至于损失太多信息，使问题得到简化，提高分析和处理的效率。由于主成分分析的基本思想是通过线性变换来构造原变量的一系列线性组合，因此运用主成分分析法的前提是各指标之间具有较好的线性关系。主成分分析法在水质上已经有较多的应用，李经伟等运用改进的主成分分析法评价了白洋淀水质状况。

主成分分析法能够较为合理地对评价因子进行赋值，在水质评价因子赋值中具有广阔的应用前景。

6. 评分法

评分法作为基本的评价模型应用方便、简单,广泛用于富营养化评价。其评价表达式为:

$$M = \frac{1}{n} \sum_{i=1}^{n} M_i \qquad (3-20)$$

式中:M 为湖库富营养化评分值,M_i 为第 i 项指标的评分值,n 为评价指标的个数。

根据相应的标准在 $0 \sim 100$ 的范围内分别赋予每个评价参数相应的分值,总评分值越高,表明湖库富营养化程度越高。

思考与练习

1. 写出下列各酸的共轭碱:
   HCN,H_3AsO_3,HNO_2,HF,H_3PO_4,HIO_3,H_5IO_6,$[Al(OH)(H_2O)_5]^{2+}$,$[Zn(H_2O)_6]^{2+}$

2. 写出下列各碱的共轭酸:
   $HCOO^-$,PH_3,ClO^-,S^{2-},CO_3^{2-},HSO_3^-,$P_2O_7^{4-}$,$C_2O_4^{2-}$,$C_2H_4(NH_2)_2$,CH_3NH_2

3. 根据酸碱质子理论,确定以水为溶剂时下列物种哪些是酸,哪些是碱,哪些是两性物质?
   SO_3^{2-},H_3AsO_3,$Cr_2O_7^{2-}$,$HC_2O_4^-$,HCO_3^-,NH_2—NH_2(联氨),BrO^-,$H_2PO_4^-$,HS^-,H_3PO_4

4. 计算下列液体或溶液的 pH:
   (1) $50\ ℃$纯水和 $100\ ℃$纯水;
   (2) $0.20\ mol \cdot L^{-1}$ $HClO_4$ 溶液;
   (3) $4.0 \times 10^{-3}\ mol \cdot L^{-1}$ $Ba(OH)_2$ 溶液;
   (4) 将 $50\ mL$ $0.10\ mol \cdot L^{-1}$ HI 溶液稀释至 $1.0\ L$;
   (5) 将 $100\ mL$ $2.0 \times 10^{-3}\ mol \cdot L^{-1}$ HCl 溶液和 $400\ mL$ $1.0 \times 10^{-3}\ mol \cdot L^{-1}$ $HClO_4$ 溶液混合;
   (6) 混合等体积的 $0.20\ mol \cdot L^{-1}$ HCl 溶液和 $0.10\ mol \cdot L^{-1}$ $NaOH$ 溶液;
   (7) 将 pH 为 8.00 和 10.00 的 $NaOH$ 溶液等体积混合;
   (8) 将 pH 为 2.00 的强酸和 pH 为 13.00 的强碱溶液等体积混合。

5. 阿司匹林的有效成分是乙酰水杨酸 $HC_9H_7O_4$,其 $K_a^\ominus = 3.0 \times 10^{-4}$。在水中溶解 $0.65\ g$ 乙酰水杨酸,最后稀释至 $65\ mL$。计算该溶液的 pH。

6. 麻黄素($C_{10}H_{15}ON$)是一种碱,被用于鼻喷雾剂,以减轻充血。$K_b^\ominus(C_{10}H_{15}ON) = 1.4 \times 10^{-4}$。
   (1) 写出麻黄素与水反应的离子方程式,即麻黄素这种弱碱的解离反应方程式;
   (2) 写出麻黄素的共轭酸,并计算其 $K_a^\ominus$ 值。

7. 水杨酸(邻羟基苯甲酸)$C_7H_4O_3H_2$ 是二元酸。25 ℃下，$K_{a_1}^\ominus = 1.06 \times 10^{-3}$，$K_{a_2}^\ominus = 3.6 \times 10^{-14}$。有时可用它作为止痛药而代替阿司匹林，但它有较强的酸性，能引起胃出血。计算 0.065 mol·L^{-1} 的 $C_7H_4O_3H_2$ 溶液中平衡时各物种的浓度和 pH。

8. 确定下列反应中的共轭酸碱对，计算反应的标准平衡常数并判断在标准状态下反应进行的方向。

   (1) $HClO_2(aq) + NO_2^-(aq) \Longleftrightarrow HNO_2(aq) + ClO_2^-(aq)$

   (2) $HPO_4^{2-}(aq) + HCO_3^-(aq) \Longleftrightarrow PO_4^{3-}(aq) + H_2CO_3(aq)$

   (3) $NH_4^+(aq) + CO_3^{2-}(aq) \Longleftrightarrow NH_3(aq) + HCO_3^-(aq)$

   (4) $HAc(aq) + OH^-(aq) \Longleftrightarrow Ac^-(aq) + H_2O(l)$

   (5) $HAc(aq) + NH_3(aq) \Longleftrightarrow NH_4^+(aq) + Ac^-(aq)$

   (6) $H_2PO_4^-(aq) + PO_4^{3-}(aq) \Longleftrightarrow 2HPO_4^{2-}(aq)$

9. 在 298 K 时，已知 0.10 mol·L^{-1} 的某一元弱酸水溶液的 pH 为 3.00，试计算：

   (1) 该酸的解离常数 $K_a^\ominus$；

   (2) 该酸的解离度 α；

   (3) 将该酸溶液稀释一倍后的 $K_a^\ominus$、α 及 pH。

10. 指出下列化合物中，哪些是可溶于水的？

    $Ba(NO_3)_2$，$Ca(NO_3)_2$，PbI_2，$PbCl_2$，AgF，LiF，H_2SiO_3，$Ca(OH)_2$，Hg_2Cl_2，$HgCl_2$，$CaSO_4$，$KClO_4$，$Na[Sb(OH)_6]$，$K_2Na[Co(NO_2)_6]$。

11. 写出下列难溶化合物的沉淀-溶解反应方程式及其溶度积常数表达式。

    (1) CaC_2O_4；(2) $Mn_3(PO_4)_2$；(3) $Al(OH)_3$；(4) Ag_3PO_4；(5) PbI_2；(6) $MgNH_4PO_4$。

12. 计算下列盐溶液的 pH：

    (1) 0.10 mol·L^{-1} NaCN；(2) 0.10 mol·L^{-1} NaH_2PO_4；(3) 0.10 mol·L^{-1} Na_2HPO_4。

13. 硼砂($Na_2B_4O_7 \cdot 10H_2O$)在水中溶解，并发生如下反应：

    $$Na_2B_4O_7 \cdot 10H_2O(s) \longrightarrow 2Na^+(aq) + 2B(OH)_3(aq) + 2B(OH)_4^-(aq) + 3H_2O(l)$$

    硼酸与水的反应为：

    $$B(OH)_3(aq) + 2H_2O(l) \Longleftrightarrow B(OH)_4^-(aq) + H_3O^+(aq)$$

    (1) 将 28.6 g 硼砂溶解在水中，配制成 1.0 L 溶液，计算该溶液的 pH；

    (2) 在(1)的溶液中加入 100 mL 的 0.10 mol·L^{-1} HCl 溶液，其 pH 又是多少？

14. 欲配制 250 mL pH 为 5.00 的缓冲溶液，问在 125 mL 1.0 mol·L^{-1} NaAc 溶液中应加入多少毫升 6.0 mol·L^{-1} 的 HAc 溶液？

第四章 界面化学与日化用品

4.1 界面能与界面现象

4.1.1 界面能

在不同相共存的系统中,相与相之间存在着**界面**,如固-气(s-g)、液-气(l-g)、固-固(s-s)(合金中不同晶粒的交界也属于此类)、液-液(l-l)、液-固(l-s),其中固-气、液-气之间的界面国内已经习惯称之为**表面**。

在上面所讲的几类界面中,固-气、液-气之间的界面两边的性质差异更大,从而对应的界面能也就更大。下面以液-气之间的界面来分析界面能现象。

从图 4-1 可以看到:液-气界面的分子和液体内部分子所处的环境明显不同,因而它们的能量自然也不同。液体内部的分子,受到四面八方分子的引力是均衡的,处于均匀的力场中,其合力为零;而处于界面的分子则不同,其一边为气体,另一边是液体,界面的分子受液体内部分子的作用力明显大于气体对它的作用力,使其处于不平衡状态,合力的方向指向液体的内部。

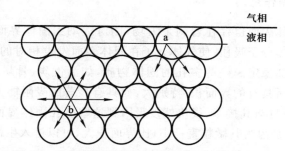

图 4-1 液体内部的分子和界面分子受力情况分析

界面的分子受到一个指向液体内部的合力作用,因此,液体界面有自动收缩的趋势。同样的道理,固-液界面、固-气界面、固-固界面、液-液界面都有界面的分子与内部分子的能量不同的情形存在。

界面能就是界面的分子比内部分子多出的这部分能量,也称为界面自由能。界面积越大,界面能自然也越大。

根据热力学原理,体系的界面积增加 ΔA 时,体系获得的功为:

$$W = \sigma \Delta A \tag{4-1}$$

在等温、等压和组分不变的可逆条件下,体系总能量的增加量等于界面能的增

量,即:

$$\Delta G = W = \sigma \Delta A \qquad (4\text{-}2)$$

式中 σ 称为**比界面自由能**(或称比界面能),其物理意义是:在温度、压力和组成一定的条件下,增加一个单位的界面积时,体系自由能的增加量,单位为 $J \cdot m^{-2}$。我们接触最多的液体——纯水,其比界面自由能在 20 ℃时为 0.0728 $J \cdot m^{-2}$。

使单位长度液体界面自动收缩的力,称为**界面张力**,以 γ 表示,单位为 $N \cdot m^{-1}$。纯水的界面张力在 20 ℃时为 0.0728 $N \cdot m^{-1}$。界面张力和比界面能在数值上是完全相等的,这可以从在此界面张力作用下,界面积增加和移动距离联系起来后,得到它们相等的结论。雨滴、油滴呈现球形就是界面张力作用的结果。

4.1.2　界面现象

液体的界面可以通过收缩来减少体系的界面能,固体的界面就没有自动收缩的能力了,因此,固体就少一项减低总界面能的技能。界面能高,常常是危险的事情。例如,小麦或米粒等磨成面粉后,其界面积就大大增加了,因而界面能也随之增高,若有不慎,就可能发生面粉爆炸。为了使体系更稳定,液体和固体的界面都有与其他物质作用以降低它们的界面能的需求。

吸附即把周围介质中的分子或离子拉在其近处,是降低界面能的方法之一。具有吸附能力的物质称为吸附剂,被吸附的分子或离子称为吸附质。

吸附剂主要是固体物质,而吸附质通常是气体分子或溶液中的分子或离子,也就是说,吸附作用主要发生在气-固界面和溶液中的固-液界面上。

1. 固体对气体的吸附作用

同液体一样,固体表面也存在着剩余力场,能对运动到固体界面近处的气体分子产生吸引力,最终把气体分子吸住,使气体分子在固体表面发生相对的聚集,从而降低固体的界面能,使体系更加稳定。一些多孔的固体物质,如活性炭、骨炭和硅胶等,因它们的比界面积(单位体积所具有的界面积)特别大,而具有显著的吸附能力,气体如氯气、二氧化碳、氮气、甲醛等一旦与其接触,很快就被吸附到这些多孔固体界面上了。空气污染的指标之一 PM2.5,也是因为其微粒直径小,比界面积大,可以进入生命体肺部等因素而受到关注。

气体在固体界面的吸附过程是系统能量降低的过程,因而是放热的,而其逆反应解吸是吸热的。当吸附与解吸的速率相等时,吸附系统就达到了平衡。与其他平衡一样,吸附平衡时,吸附质的吸附量不再发生变化,即吸附达到饱和,此时每克吸附剂所吸附的吸附质的物质的量称为吸附量。比界面积大,吸附量就大,只是要注意防止粉尘爆炸,否则就损失大了。

固体吸附气体的应用很广。例如比界面积很大的活性炭,在防毒面具和废气处理上就有应用,还可以放在冰箱中除异味。硅胶在实验室用做空气干燥剂。化工生产中,许多反应过程必须借助固体催化剂才能完成,如由二氧化硫制三氧化硫再制硫酸,前面的气体反应就要用固体 V_2O_5 作催化剂;这几年经常见到的汽车尾气的处理也是借助固体催化剂把有害气体转化为无害气体的。

2. 液体对固体的润湿作用

固体表面和液体接触时,原来的固-气界面消失,液体被吸附在固体上,形成了固-液界面,这种现象称为润湿。润湿是系统 Gibbs 自由能降低的结果,系统 Gibbs 自由能降低值越大,润湿的程度就越大。润湿程度与温度有关;与系统中的液体和固体的种类有关;非纯液体时,还与溶液中的润湿剂的种类有关。雨衣和伞上不容易挂水珠,也不吸水;而棉衬衣和毛巾则很容易被水浸湿,也吸水;厚毛毯在冷水中很难浸透,而在温水和加有洗衣液的水中就很容易浸透了。

能被水润湿的固体称为亲水固体,否则为憎水固体。憎水固体周围气体多,亲水固体周围气体少,当这些固体颗粒较小时,就可以通过鼓气到混有这些固体的液体中,把憎水固体带到液面溢出,亲水固体到不了液面而与憎水固体分离。泡沫选矿就是利用一些药剂使有用矿物和其他矿物具有了不同润湿性质后,鼓气到混有这些固体的液体中把它们分离开来的。

3. 溶液内固-液界面上的吸附作用

固体与溶液接触时也会发生吸附,在溶液中的吸附比较复杂,被吸附的物质有时是溶质,有时是溶剂,或者两者同时发生。此外,被吸附的物质可能是分子,也可能是离子,因此,溶液内固-液界面上的吸附就被分为两个类型:分子吸附和离子吸附。

分子吸附是固体对非电解质或弱电解质的吸附,整个分子被吸附在固-液界面上。这类吸附与溶质、溶剂和吸附剂固体三者都有关系,所遵循的规律是"相似相吸"的原则。例如活性炭可以很有效地把色素水溶液脱色;而假如此色素溶解在苯中,则活性炭的脱色效果就不佳了。这是因为活性炭是非极性的,水是极性很大的,而色素极性则较小,所以活性炭在此环境中更多地吸附色素而使溶液脱色;而在色素苯溶液中,活性炭更多地吸附非极性的物质溶剂苯,溶液颜色反而可能更深了,自然就没有脱色效果了。

离子吸附可分为离子选择吸附和离子交换吸附。吸附剂与电解质溶液接触时选择吸附其中的某种离子,称为离子选择吸附。一般认为,固体吸附剂优先吸附与其组分相似的离子。例如把 $AgBr$ 固体放到 $AgNO_3$ 溶液中后,$AgBr$ 就优先吸附 Ag^+(带正电),NO_3^- 则基本没有被吸附;而把 $AgBr$ 固体放到 KBr 溶液中后,$AgBr$ 就优先吸附 Br^-(带负电),K^+ 则基本没有被吸附。这是因为当溶液中有与其组分相同和相似的离子存在时,吸附剂会优先吸附这些相同和相似的离子——这些事实证明:"相似相吸"的原则是正确的。

吸附剂从溶液中吸附某种离子时,根据吸附平衡方程式,按计量关系对符号相同的离子进行交换吸附,这种吸附称为离子交换吸附。离子交换吸附是个可逆过程,进行离子交换的吸附剂称为离子交换剂。具有离子交换性质的物质很多,有天然的,也有人工合成的。土壤、植物根系、生物细胞都具有离子交换的能力。人工合成的一些交换能力很强的高分子化合物,称为离子交换树脂。离子交换树脂在离子分离,水的净化、软化,工业废水的处理和金属回收等领域都有广泛的应用。

4.2　界面活性剂

液-气界面存在着界面能,在界面能的作用下,界面会自发地进行收缩——液体上表面(液-气界面)很平就是收缩的结果。如果加入少量某物质,能使此液体界面能明显下降,则称此物质为界面活性剂或界面活性物质(也称表面活性剂)。

图 4-2 中的试剂(3)在很低的浓度下就可以明显降低液体的界(表)面张力,所以称为界(表)面活性剂。

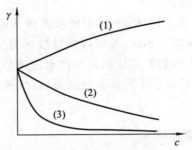

图 4-2　界面张力与浓度关系示意图

4.2.1　界面活性剂的组成与分类

界面活性剂分子一般有两个部分:一个部分是易溶于非极性溶剂的亲油基(也称憎水基),它们通常是由一定长度的脂肪族烃基、芳香族烃基等构成,可以用 R 或"——"表示。另一个部分是易溶于水或极性溶剂中的亲水基(也称疏油基),可以用"○"表示,它们通常是由较大极性的基团,如羟基、羧基、磺酸根等构成。由于亲水基的最长的长度比亲油基的长度小很多,而最小截面积则亲水基的更大,所以示意符号就用一长线"——"代表亲油基,而用"○"代表亲水基。也就是说,用"——○"来表示界面活性剂。

界面活性剂是"双亲结构",它把油和水两相连接起来,消除或减少了油和水的相互排斥,使润湿、乳化、分散、发泡等过程能更容易地进行。

界面活性剂可以从用途、物理性质和化学结构等方面进行分类。

按化学结构分时,主要以亲水基的结构和它们在水溶液中是否带电来分,总共分为四类,分别是:阴离子型、阳离子型、两性型和非离子型。这 4 个类型中,最简单的都是一亲油基和一亲水基的界面活性剂。

通过化学键将两个或两个以上的同一或几乎相同的界面活性剂单体,在亲水头基或靠近亲水头基附近用连接基团将这两亲成分连接在一起,形成的一类界面活性剂称为双子界面活性剂。该类界面活性剂也有阴离子型、非离子型、阳离子型、两性离子型及阴-非离子型、阳-非离子型等类型。

双子界面活性剂的相关知识已经超出大学化学的大纲要求,这里就不深入探讨了。

下面只讨论最简单的 4 个类型的界面活性剂。

1. 阴离子界面活性剂

阴离子界面活性剂溶于水后,其亲水基是阴离子,本身带负电荷。例如,肥皂(主要成分为脂肪酸钠盐,香皂只是肥皂中加了香料等辅料后的产物)溶于水后,离解的产物之一为具有长链脂肪酸基的阴离子 R—COO⁻ 基:

$$CH_3CH_2\cdots CH_2CH_2COO^-\ Na^+ \xrightarrow{溶于水} CH_3CH_2\cdots CH_2CH_2-COO^- + Na^+$$

十二烷基硫酸酯钠(亦称十二烷基硫酸钠)、十二烷基磺酸钠、对十二烷基苯磺酸钠等也都是常用的阴离子界面活性剂。阴离子界面活性剂润湿性好,去污力强,常用做洗涤剂、乳化剂等。如对十二烷基苯磺酸钠作为洗衣粉的主要成分已经许多年了。

2. 阳离子界面活性剂

阳离子界面活性剂溶于水后,其亲水基是阳离子,本身带正电荷。例如,十二烷基-N-三甲基氯化铵在水中发生如下解离:

$$C_{12}H_{25}N(CH_3)_3\ Cl \xrightarrow{溶于水} C_{12}H_{25}N^+\ (CH_3)_3 + Cl^-$$

十二烷基部分为亲油基,此阳离子界面活性剂是最简单的阳离子界面活性剂,与氮连接的三个甲基之一被稍复杂基团取代后,性能会有很大的提高。

阳离子界面活性剂中最常见的就是与十二烷基-N-三甲基氯化铵类似的含氮化合物,即有机胺的衍生物。这类界面活性剂没有好的洗涤性能,但杀菌能力强,常作为消毒剂用于外科手术器具等的消毒处理。

从上面的介绍可以看出,它们与离子交换树脂很相似,只是界面活性剂里的亲油基要短许多,所以,还可以在许多溶液里溶解,而离子交换树脂就只能溶胀不能溶解。

3. 两性界面活性剂

两性界面活性剂是指同时具有阴、阳两种类型亲水基团的界面活性剂。通常两性界面活性剂的亲水基是由阴离子和阳离子结合在一起组成的。例如,十二烷基二甲基乙酸内铵盐,在酸性介质中呈阳离子界面活性剂的特性,而在碱性介质中呈阴离子界面活性剂的特性。

$$C_{12}H_{25}N^+\ (CH_3)_2CH_2COO^- + H^+ \xrightarrow{溶于酸} C_{12}H_{25}N^+\ (CH_3)_2CH_2COOH$$

溶于碱时,氮与羧基之间的亚甲基可以失去一氢离子而整体表现为具有阴离子界面活性剂的特性,不过此时碱的浓度要够大,否则,碳负离子是很难生成的。

$$C_{12}H_{25}N^+\ (CH_3)_2CH_2COO^- + OH^- \xrightarrow{溶于碱} C_{12}H_{25}N^+\ (CH_3)_2HC^-\ COO^- + H_2O$$

十二烷基氨基丙酸钠,在酸性介质中的双亲离子如下:

$$C_{12}H_{25}NHCH_2CH_2COONa + 2H^+ \xrightarrow{溶于酸} C_{12}H_{25}N^+\ (H)_2CH_2CH_2COOH + Na^+$$

十二烷基氨基丙酸钠,在碱性介质中的双亲离子如下:

$$C_{12}H_{25}NHCH_2CH_2COONa \xrightarrow{溶于碱} C_{12}H_{25}NHCH_2CH_2COO^- + Na^+$$

两性界面活性剂在酸性介质中呈阳离子界面活性剂的特性,而在碱性介质中呈阴离子界面活性剂的特性,这使它们具有了良好的润湿性、乳化性、洗涤性,也具有优良的杀菌性,对皮肤刺激作用小,毒性轻微。相比而言,氨基酸型两性界面活性剂更方便使用。

4. 非离子界面活性剂

非离子界面活性剂在水中不发生解离,其活性部分不带电。例如,脂肪族高级醇与环氧乙烷的加成物聚乙二醇醚(也有称成聚氧乙烯醚)$R—O(CH_2CH_2O)_nH(n=5\sim10)$。这类界面活性剂的亲水基团不是依靠正负电荷的作用,而是靠其中的多个氧原子与水分子生成氢键形成了良好的亲水性。这里能提供氧原子的最常见的是醇羟基(—OH)(羧基与水分子也可以形成氢键,但作用力与阴离子相比时太小,被忽略了)和醚氧链(C—O—C)。亲水基是酯类的非离子界面活性剂,也有,但不多。水分子与醇羟基或醚氧链的作用力比与阴、阳离子的作用力弱很多,所以这类界面活性剂不受强电解质的影响,稳定性好,与其他类型的界面活性剂相容性好,可以混合使用,是一类性能优良的界面活性剂。

聚乙烯吡咯烷酮(polyvinyl pyrrolidone)简称 PVP,也是一种非离子型高分子化合物,是 N-乙烯基酰胺类聚合物中最具特色,且被研究得最深入、广泛的精细化学品。

4.2.2　界面活性剂的功能与应用

1. 乳化作用

乳化是液-液界面现象。两种互不相溶的液体如植物油和水,在容器内会自然分层。剧烈搅拌后,这两种液体也不一定能形成稳定的乳状液,因为分散成液滴,会使界面能大大增加,它们相互碰撞的结果是两个相同的小颗粒的液滴自动结合在一起,使乳状液很快分层。假如在系统中加了一些界面活性剂,然后再剧烈搅拌,则可使油分散到水中(在水体积大于 50%时)形成水包油型(O/W)乳状液,或使水分散到油中(在油体积大于50%时)形成油包水型(W/O)乳状液,如图 4-3 所示。

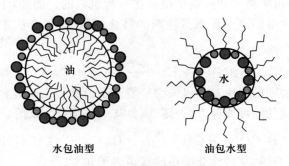

水包油型　　　　　　　　油包水型

图 4-3　乳化作用示意图

在乳化液中,亲水基一端在界面的水相一侧,亲油基则在界面的油相一侧,如此的排列有效地降低了油-水界面的界面自由能,从而可以得到比较稳定的乳状液。界面活性剂的这一作用称为乳化作用。

乳化剂在工程技术和日常生活中应用很广泛。例如，金属切削加工时用的起冷却和润滑作用的液体就是乳化油。乳化油通常用矿物油、除锈油、防腐剂、耐磨剂和乳化剂等配制而成，所用乳化剂一般为阴离子型（如烷基磺酸盐）和非离子型的界面活性剂。在公路上铺展沥青时，即使我们加热到很高温度，铺平和提高沥青与其下面石块路基的结合度都不容易。通过将沥青制成乳状液，降低了沥青的黏度，这使它易于渗入和润湿石块，又容易铺展平整，如此方能达到或超过道路的质量要求。能使沥青乳化的乳化剂是阳离子界面活性剂。

乳化剂在纺织、食品、日化等行业都有广泛应用，在提高人民的生活质量方面，乳化剂的作用不可小觑。

2. 分散作用

将磨细的固体微粒分散到液体中，可能会出现固体微粒相互黏结形成凝聚体的现象。加入适当的界面活性剂后，则使固体微粒界面被液体润湿，阻止了固体微粒间的凝聚。这种作用称为分散作用，起分散作用的界面活性剂称为分散剂。例如，水泥在与水拌和时，因水泥的小颗粒在水中的分散性差，总有部分水泥颗粒凝聚成小团，很难拌和均匀（藕粉、芝麻糊等也如此，很难拌和均匀）。通常这种结块的部分占总量的 20% 左右，如果加入少量的界面活性剂作分散剂，则能明显地改善水泥的拌和性能，减少浪费。这几年迅速发展的超细粉末材料制备中，分散剂的使用就更多了。

3. 起泡作用

一透明茶杯装点水，再用筷子快速搅拌后，会看到水里有许多气泡，但在停止搅拌后，气泡会很快上升并破灭。而肥皂水搅拌后，就会有许多气泡能在水里稳定存在（图 4-4）。泡沫是不溶性气体分散在液体中的产物，而当此类液体在常温是固体时，产物实际上就是泡沫固体了（如泡沫玻璃等）。能够稳定泡沫的物质叫起泡剂，现在作起泡剂的一般为多碳（12～18 个碳）的脂肪酸盐、十二烷基苯磺酸盐和非离子型界面活性剂。

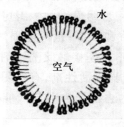
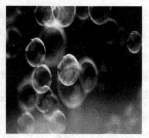

气泡示意图　　　　　　　　空中的肥皂泡

图 4-4　起泡作用示意图

气体进入溶液后被溶液包围形成气泡。当有界面活性剂存在时，溶液膜中的界面活性剂的亲水基深入溶液中，而亲油基则伸向气泡内。这层单分子膜降低了界面张力，假如此时的界面活性剂是阴离子型的，则气泡膜带电，减少气泡的碰撞，从而使气泡处于比较稳定的状态。溶液与空气的界面处,界面活性剂很多,当气泡由于气体浮力上升达到溶液的界面时,单分子气泡膜与液面的界面活性剂继续作用生成加厚的双分子膜,而后溢出液面,此时的气泡膜已经是更不容易破裂的双层膜了。

　　泡沫有许多用途。泡沫灭火器就是根据此原理工作的。泡沫灭火器工作时,其中的碳酸氢钠和酸性物质(有时是硫酸铝)反应时生成大量的 CO_2 气体,在灭火器中预先加的少量发泡剂使生成的 CO_2 气体变成大量的泡沫。此泡沫密度比 CO_2 气体大许多,更容易覆盖在燃烧物的上界面,从而隔绝空气,使燃烧难以继续进行,而泡沫中的水分也可以冷却燃烧物,进一步使燃烧无法进行,因此就更好地达到了灭火的目的。又如,在利用泡沫浮选矿物时,就是利用较稳定的泡沫将有用的矿物从(搅拌而成的)悬浮液中带到液面并被捕集和分离的。

　　泡沫也不是只有好处没有坏处,它也经常给我们带来不便。例如,洗涤衣物时,大量的泡沫使漂洗变得很困难,还会浪费水。因此,在这种场合就需要加消泡剂,使其与泡沫中的起泡剂作用,而减少气泡膜的稳定性,最终使泡沫破裂。

4. 洗涤作用

　　从固体界面除掉污物的过程叫洗涤。肥皂、洗衣粉和各种洗涤液都具有去污功能,原因就是它们本身是界面活性剂或主要成分为界面活性剂。洗涤衣物时先将待洗物放入洗涤溶液中,充分润湿、渗透,溶液进入待洗物内部使污染物与固体的结合力大降,再经搓洗和棒击,污染物就脱落下来了。脱落下来的污垢与洗涤剂作用而乳化(液体污物被乳化)或分散(固体小污物被分散)到溶液中,再经清水反复漂洗,最终达到洗净的效果。

　　去污效果与界面活性剂的综合性能有关。用做洗涤衣物的界面活性剂大多为阴离子型[如直链烷基苯磺酸盐(LAS)]和非离子型[如烷基聚乙二醇醚(APE)等]两类。非离子界面活性剂不会受水质软硬的影响,对油脂污垢的去污能力良好,对合成纤维防止再污染能力强。许多液体或膏状洗涤用品中的主要成分就是非离子界面活性剂。

　　随着人民生活水平的提高,厨房用洗涤剂的用量明显增加。厨房用洗涤剂除了能够除油污外,还要求不损伤蔬菜、水果的外观、色、香和味等;也不能损坏餐具,且易于冲洗干净,不在被洗物上残留洗涤剂成分;还要无毒,不损伤接触此洗涤剂的手——这点也很重要。能满足这许多要求的界面活性剂是非离子界面活性剂,有些阴离子界面活性剂也勉强能符合这些要求。由于非离子界面活性剂的去污能力和起泡能力较弱,因此,常与阴离子界面活性剂按一定比例混合后使用。

　　温度较低时,阴离子界面活性剂的溶解度一般都较小,只有达到某一温度时,才能形成胶束,表观溶解度突然增大,该温度称为 Krafft 点(T_K)。可以认为,温度低于 Krafft 点时的溶解度与其临界胶束浓度相当。温度高于 Krafft 点时,阴离子界面活性剂因胶束形成而使表观溶解度显著增加;低于 Krafft 点时,则没有增溶作用,量一多,就沉淀了下去。所以要达到良好的去污效果,阴离子界面活性剂一定要在温度高于 Krafft 点时使用。

　　图 4-5 中 K 点即为 Krafft 点,相对应的溶解度即为该离子界面活性剂的临界胶束浓

度（CMC）。当溶液中界面活性剂的浓度未超过 CMC 时（区域 Ⅰ），溶液为真溶液；当继续加入界面活性剂时，则有过量界面活性剂析出（区域 Ⅱ）；此时再升高温度，体系又成为澄明溶液（区域 Ⅲ），但与区域 Ⅰ 不同，区域 Ⅲ 是界面活性剂的胶束溶液。

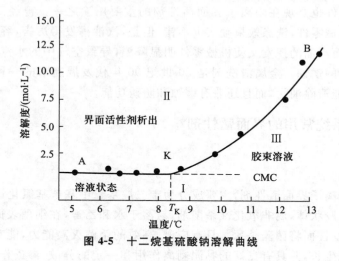

图 4-5 十二烷基硫酸钠溶解曲线

Krafft 点是离子型界面活性剂的特征值，它表示界面活性剂应用时的温度下限。只有当温度高于 Krafft 点时，界面活性剂才能更大限度地发挥作用。

例如十二烷基硫酸钠和十二烷基磺酸钠的 Krafft 点分别约为 8 ℃和 70 ℃，显然，如果后者在室温下使用，其界面活性作用一定不够理想。

非离子界面活性剂存在浊点（cloud point），即一定浓度的界面活性剂溶液在加热过程中，界面活性剂突然析出使溶液混浊的温度。非离子界面活性剂通常在其浊点以下使用（表 4-1）。

表 4-1 常用非离子界面活性剂的浊点

OP/NP 系列（烷基酚聚氧乙烯醚）	OP-9	OP-10	OP-15	OP-20	OP-40
浊点/℃（1%溶液）	60～65	68～78	94～99	>100	>100
O 系列（脂肪醇聚氧乙烯醚）		O-10	O-15	O-20	
浊点/℃（1%溶液）		72～76	81～85	88～91	
EL 系列（氢化蓖麻油聚氧乙烯醚）	EL-20	EL-30	EL-40	EL-60	EL-80
浊点/℃（1%溶液）	≤30	≥45	70～84	85～90	≥91

聚氧乙烯型非离子界面活性剂类型的界面活性剂又称聚乙二醇型，是环氧乙烷与含有活泼氢的化合物进行加成反应的产物。聚乙二醇型非离子界面活性剂一个突出的性质表现为具有浊点，这是由它的结构特点所决定的。在无水状态下，聚乙二醇型非离子界面活性剂中的聚氧乙烯链呈锯齿形状态；溶于水后，醚键上的氧原子与水中的氢原子形成微弱的氢键，分子链呈曲折状，亲水性的氧原子位于链的外侧，而次乙基（—CH₂CH₂—）位于链的内侧，因而链周围恰似一个亲水的整体。形成氢键的反应是放

热的,而且这种氢键结合力较弱,所以聚氧乙烯型非离子界面活性剂水溶液在温度升高时,由于结合的氢键被破坏,其亲水性减弱,因而由原来的透明溶液变成白色混浊的乳浊液。而这种变化是可逆的,当温度降低时溶液又恢复透明。

　　清洗机械零件也是现在阴离子界面活性剂的重要用途之一。曾经工厂的机修车间都用汽油清洗机械零件,洗涤效果确实也不错,但是,汽油挥发得厉害,容易引起火灾,也严重污染环境,而汽油的挥发又使机械零件明显降温,导致空气中的水汽在其上凝结,最终导致金属器件的锈蚀。金属清洗剂是 20 世纪 90 年代发展起来的一种石油溶剂的取代产品,它不仅能清除油污,而且还兼有缓蚀和防锈功能。

4.2.3　医疗系统常用的界面活性剂

1. 洁尔灭

　　它是一种阳离子界面活性剂,主要成分为十二烷基二甲基苄基氯化铵(图 4-6),白色蜡状固体或黄色胶状体,属非氧化性杀菌剂,易溶于水和乙醇,在细菌表面有较强的吸附力,促使蛋白质变性而将菌藻杀死。具有广谱、高效的杀菌灭藻能力,能有效地控制水中菌藻繁殖和黏泥生长,并具有良好的黏泥剥离作用和一定的分散、渗透作用,同时具有一定的去油、除臭能力和缓蚀作用。主要用于工业及医疗消毒。

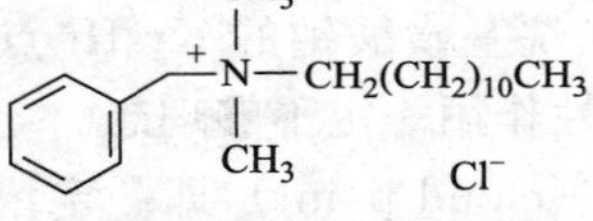

图 4-6　洁尔灭的结构简式

　　它禁止与阴离子界面活性剂混用。

2. 新洁尔灭

　　它是一种阳离子界面活性剂,主要成分为十二烷基二甲基苄基溴化铵,常温下为白色或淡黄色胶状体或粉末,低温时可能逐渐形成蜡状固体,带有芳香气味,但味极苦,是迄今工业循环水处理常用的非氧化性杀菌灭藻剂、黏泥剥离剂和清洗剂之一。洁尔灭和新洁尔灭的差别为阴离子不同,相对人体医药而言,新洁尔灭效果更好。

　　它禁止与阴离子界面活性剂混用。

3. 消毒灵

　　它也是一种阳离子界面活性剂,主要成分为十二烷基-二甲基-2-苯氧基-乙基溴化铵(图 4-7)。与洁尔灭类阳离子界面活性剂比,消毒灵的结构中,用亲水性好一点的 2-苯氧基-乙基取代了苄基。

　　它为白色或微黄色片状结晶,能溶于水及醇。系阳离子界面活性广谱杀菌剂,抗菌谱及抗菌活性与新洁尔灭相似。其作用在碱性中增强,在肥皂、合成洗涤剂、酸性有机物质、脓血存在的情况下则效力下降。适用于口腔、咽喉感染的辅助治疗,以及皮肤、器械

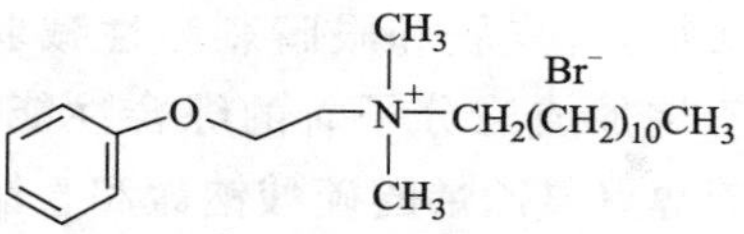

$$\text{图}\ \text{（苯氧基）}\ \overset{\overset{\displaystyle CH_3}{|}}{\underset{\underset{\displaystyle CH_3}{|}}{N^+}}\!-\!CH_2(CH_2)_{10}CH_3 \quad Br^-$$

图 4-7　消毒灵(十二烷基-二甲基-2-苯氧基-乙基溴化铵)的结构简式

消毒等。

它禁止与阴离子界面活性剂混用。

4. 洗必泰

又名氯苯双胍己烷,为双胍类消毒剂。是一种毒性、腐蚀性和刺激性都很低的安全消毒剂。国内生产有双醋酸洗必泰和双盐酸洗必泰,国外用双葡萄糖酸洗必泰。后一种优于前两种。洗必泰为无色或白色粉末,无气味不吸湿、消毒作用好、成本低廉、性质稳定、使用方便、合成简单,属于低效消毒剂,广泛用于皮肤黏膜、创面及泌尿器官的消毒。洗必泰对皮肤、黏膜无刺激性,一般极少出现过敏现象。洗必泰是阳离子界面活性剂,使用时忌与肥皂或其他阴离子界面活性剂配伍,且不能杀灭结核杆菌、病毒和细菌芽孢。

5. 碘伏

碘伏是单质碘与聚乙烯吡咯酮的不定形结合物。聚乙烯吡咯酮可溶解分散 9%～12%的碘,此时呈现紫黑色液体。但医用碘伏通常浓度较低(1%或以下),呈现浅棕色。碘伏具有广谱杀菌作用,可杀灭细菌繁殖体、芽孢、真菌、原虫和部分病毒。在医疗上用做杀菌消毒剂,可用于皮肤、黏膜的消毒,也可处理烫伤,治疗滴虫性阴道炎、霉菌性阴道炎、皮肤霉菌感染等。

上面提到的聚乙烯吡咯酮是高分子界面活性剂,属于非离子型界面活性剂,在不同的分散体系中,可作为分散剂、乳化剂、增稠剂、流平剂、粒度调节剂、抗再沉淀剂、凝聚剂、助溶剂和洗涤剂等。

可以与其他离子型界面活性剂混用。当然,要单独混,不能在体系中同时有阴离子界面活性剂又有阳离子界面活性剂。

4.2.4　日常生活常用的界面活性剂

(1)洗手的肥皂和香皂中,所含界面活性剂一般为多碳(12～18 个碳)的脂肪酸盐。

(2)洗碗用的洗洁精中的界面活性剂大多为非离子界面活性剂。

(3)沐浴液中常见的阴离子界面活性剂有:单十二烷基磷酸酯、烷基醇醚磺基琥珀酸单酯二钠、聚乙二醇、柠檬酸十二醇酯磺基琥珀酸酯二钠盐、N-月桂酰基氨酸盐等性质温和的界面活性剂。而儿童或婴儿用沐浴液则非离子或两性界面活性剂的比例更高。

(4)洗头膏或洗发露:曾经用的十二烷基硫酸钠的去污力好、起泡性也好,但它水溶性差,不易制成高浓度产品。因此,改用十二烷基硫酸的三乙醇铵盐,或先用十二碳醇与环氧乙烷加成,所得产物再进行硫酸化制成脂肪醇聚氧乙烯醚硫酸钠盐(AES)。这类产品随着环氧乙烷加成分子数增加,对皮肤和眼睛刺激性减弱,但它的去污性和起泡性也随之变差。所以一般以环氧乙烷加成三分子时的综合性能最好。现在洗发香波中含有的界面活性剂主要是这种高碳醇聚氧乙烯醚硫酸钠盐和直链烷基硫酸三乙醇铵盐。

4.3　胶体

4.3.1　分散系和分类

　　一种或几种物质被分散成细小的粒子,分布在另一物质中所形成的系统,称为**分散系**。分散系中被分散的物质称为分散相(或分散质),起分散作用的物质称为分散剂(或分散介质,也可称为连续相)。分散系按溶液中分散相粒子大小的分类见表 4-2。

表 4-2　分散系的分类

粒子大小/m	类型	分散相	性质	举例
$<1\times10^{-9}$	低分子分散系统	原子、离子或小分子	均相、热力学稳定系统,扩散快,能穿过合适的半透膜。是真溶液	酒精、氯化钠水溶液
$1\times10^{-9}\sim$ 1×10^{-7}	胶体分散系统 高分子溶液	大分子	均相、热力学稳定系统,扩散慢,不能穿过半透膜。是真溶液	聚乙二醇水溶液
	溶胶	胶粒(原子或胶体的聚集体)	多相、热力学不稳定系统,扩散慢,不能穿过半透膜,能透过滤纸,形成胶体	金溶胶,氢氧化铁溶胶
$>1\times10^{-7}$	粗分散系统	粗颗粒	多相、热力学不稳定系统,扩散慢或不扩散,不能穿过半透膜,不能透过滤纸,形成悬浮体或乳状液	混浊泥水,牛奶,豆浆

　　按分散相和分散介质的聚集态不同,分散系还可如表 4-3 所示分成 9 类。
　　在多相体系中,相与相之间都存在着界面,只有其中一相是气体的我们才把那个界面叫做**表面**。分散相颗粒越小,则界面面积就越大。通常用比表面来表示一个分散系的分散程度。**比表面**就是单位体积所具有的表面积。
　　假如颗粒物为球体,

$$S_0(\text{比表面}) = \frac{4\pi R^2}{\frac{4}{3}\pi R^3} = 3/R$$

假如颗粒物为立方体,则

表 4-3　9 类分散体系

分散相	分散介质	实例
气	气	空气、城市天然气燃料——属单相体系
气	液	泡沫、泡沫乳剂
气	固	浮石、砖、泡沫塑料
液	气	云雾、水雾
液	液	多相的有牛奶、石油、切削液(水基);单相的有白酒、黄酒等
液	固	珍珠(含水的碳酸钙)、凝胶
固	气	烟雾、灰尘、空气中的 PM10 等
固	液	金溶胶、浆糊、泥浆、油漆、墨水
固	固	合金、有色玻璃、有色宝石

$$S_0(比表面) = \frac{6a^2}{a^3} = 6/a$$

这两个式子都说明,体积一定,粒子越小,则比表面就越大,也就是分散程度越高。

胶体的颗粒很小,其比表面自然就很大,分散程度自然就很高。这么大的比表面,自然会在其性质上有所显示。

4.3.2　胶体的特性

胶体与溶液都是分散系统,具有一些相同的性质,如凝固点降低、会有渗透压等。但由于胶体分散相的粒子比常规分子、离子大,形成了新相,所以胶体还有一些特殊的性质。

1. 光学性质——Tyndall 效应

将一束强光射入溶胶,在光束的垂直方向上看溶胶,可以看到一条发亮的"通路"——根据溶胶在光路上的距离和溶胶浓度的不同,有光锥、光台,甚至光锥后反光锥——不过光强是逐渐减弱的。这种现象是 1869 年英国物理学家 Tyndall 首先发现的,因此称为 **Tyndall 效应**(图 4-8)。

Tyndall 效应的产生是由于胶体粒子对光的散射。当光线射到分散粒子上时,可以发生两种情况。如果分散系统中的分散相粒子尺度大于入射光波长,光就从粒子表面按反射定律进行反射,因而系统呈现混浊。如果粒子的尺度小于入射光波长,就会发生光的散射,呈现乳光。溶胶中,分散相粒子的大小在 1～100 nm 之间,而可见光的波长范围在 400～700 nm,故可见光通过溶胶时就会发生散射。如果粒子太小(如小于 1 nm),光的散射很弱,光线通过真溶液时就基本上只发生透射作用,没有 Tyndall 效应。清晨,在茂密的树林中,常常可以看到从枝叶间透过的一道道光柱,这种自然界现象,也是 Tyndall 效应。这是因为云、雾、烟尘也是胶体,只是这些胶体的分散剂是空气,分散质是微小的尘埃或液滴而已。

图 4-8　Tyndall 效应

2. 动力学性质——Brown 运动

用高倍显微镜观察溶胶,可以看到胶体粒子不断地作无规则的运动,这种现象是英国植物学家 Brown 在 1827 年首先发现的,因此被命名为 Brown 运动,如图 4-9 所示。

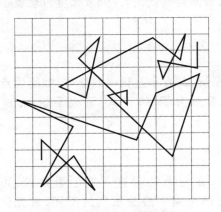

图 4-9　Brown 运动示意图

胶体粒子在介质中受到其周围连续相分子的撞击。由于粒子很小,在任一瞬间所受到的合力基本上都不是 0,粒子就朝着合力方向运动。可见,Brown 运动就是液体分子热运动对胶粒作用的结果,微粒 Brown 运动的运动路线是不规则的。胶粒越小,运动就越激烈。空气中的 PM10 和 PM2.5 等颗粒不能很快落地,就与空气中气体分子的热运动对小颗粒的作用等有关。

3. 电学性质——电泳

在 U 形管的下部放入溶胶,再在溶胶上面放入少许分散介质(不可搅拌或振摇),此时分散介质和溶胶能保持清晰的界面;然后在分散介质中插入电极,接上直流电源后,可以看到 U 形管的一边界面略有下降,而另一边则略有上升。这说明,胶体粒子向着某个电极移动了。在电场中,分散相粒子在分散介质中的定向移动称为**电泳**。溶胶能产生电泳,说明胶体粒子是带电荷的。根据胶体粒子在电泳时移动的方向,可以确定它们所带电荷的正或负。带正电的胶体粒子电泳时移向阴极,而带负电荷的胶体粒子电泳时则移向阳极(图 4-10)。

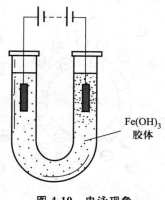

Fe(OH)₃
胶体

图 4-10　电泳现象

4.3.3　胶体的结构

胶体的很多性质都与胶体结构有关。在溶胶中,胶核是某种物质的分子或原子的聚集体,通常具有晶体结构,只是颗粒很小而已。因为胶核的颗粒小,比表面就大,因此它的表面可以选择吸附某种离子而带电荷,也可以因为解离原因而带电荷。这些吸附在胶核表面的离子称为吸附离子,很难离开,所以也叫紧密层。这些吸附离子又能吸附溶液中的过剩异号离子而形成扩散双电层结构。例如,硫化氢和亚砷酸溶液作用生成硫化砷溶胶的反应可用如下简式表示:

$$2H_3AsO_3 + 3H_2S \Longrightarrow As_2S_3 \downarrow + 6H_2O$$

由于刚过饱和度,所以,固体少且小,看起来好像没有沉淀一样。硫化砷溶胶通常由 m 个 As_2S_3 分子聚集成为 $[As_2S_3]_m$ 胶核,胶核按吸附规律优先吸附 HS^-,也夹带着吸附了一定量的 H^+。被吸附的这些离子在胶核外面形成了吸附层,胶粒就是由胶核和其吸附层构成的。胶粒的电荷等于吸附层的所有电荷的和。在胶粒的周围再吸附与其电荷绝对值相等的 H^+ 构成扩散层。整个扩散层及其所包围的胶粒,构成电中性的胶团。以上介绍的硫化砷胶团的结构可简单地以图 4-11 表示。

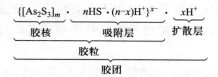

图 4-11　胶核、胶粒和胶团关系示意图

其中,m、n、x 是不定的正整数。As_2S_3 胶粒通常带负电荷。m 为胶核中 As_2S_3 的分子数,n 为胶核优先吸附的离子数,$n-x$ 为吸附层中夹带的相反电荷的离子数,x 为扩散层中带相反电荷的离子数。不同的胶团,m、n、x 基本上是不同的。图 4-12 是 As_2S_3 胶团的结构示意图。

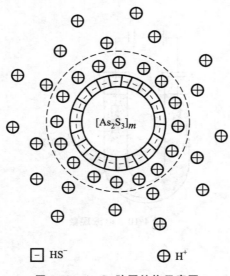

$\boxed{-}$ HS$^-$　　　　　　　$\oplus$ H$^+$

图 4-12　As_2S_3 胶团结构示意图

使胶粒带有电荷的离子称为电位离子,而胶团中符号相反的离子称为反离子。

同一种胶体,胶粒的结构可以因制备方法的不同而不同。这里就不介绍了。

4.3.4　胶体的稳定性和聚沉

1. 胶体的稳定性

在生产、科研和生活中,我们常常需要有一定稳定性的胶体。例如,曾经的照相用的底片就涂了一层含有很细溴化银胶粒的明胶;染色过程中,有机染料大多以胶体状态分散在水中;许多催化剂也是做成稳定的胶体,才具有很高活性的。

溶胶一般都相当稳定,胶粒可以保持数月、数年甚至更长的时间不会有沉降,自然也不会因沉降而无法使用。这不沉降的主要原因就是胶粒表面带电荷。一般情况下,同种胶粒粒子带有同号电荷,这样的胶粒因带有相同电荷而互相排斥,很难聚集成较大粒子而沉降。此外,吸附层中的电位离子和反离子在胶粒周围形成水化层,阻止了胶粒间的聚集,同时也在一定程度上阻止或延缓了胶粒和带相反电荷离子相结合,因而溶胶具有一定的稳定性。

溶胶中胶粒颗粒很小,Brown 运动较强,能克服重力影响不下沉,从而保持均匀分散。这构成溶胶的动力学稳定性。

胶体的稳定性是相对的、有条件的。只要减弱或消除使它稳定的因素,就能使胶粒聚集成较大的颗粒而沉降——该胶粒聚集沉降后,自然就不是胶体分散系统了。

2. 胶体的聚沉

在实践中,也有溶胶的形成对生产或生活带来不利影响的事情发生。例如,待沉淀物如以胶体状态存在,则因胶粒比表面大,吸附总量大,因而吸附许多杂质离子,不易洗涤干净,造成分离的困难;在过滤时,胶粒可以穿过滤纸,使过滤失败。所以生产中也有破坏胶体、促使胶粒聚沉的要求。

促使胶粒聚集成较大的颗粒而沉降的过程叫做**聚沉**。常用的聚沉方法有下列几种:

（1）加入少量电解质

加入电解质增加溶液中离子总浓度,胶粒将吸引更多带相反电荷离子。吸附层中反离子也会增多,这就减少了胶粒所带的电荷;扩散层中反离子减少,扩散层的厚度也减少,这些都会方便胶粒相互碰撞而长大,最终沉降下来。

电解质聚沉能力的大小,主要取决于与胶体粒子带相反电荷的离子的价数,离子电荷的价数越高,则聚沉能力越大,通常＋3 价、＋2 价、＋1 价无机离子的聚沉能力之比为 1：0.013：0.0017。同价离子的聚沉能力也略有不同,例如,对带正电的胶体而言,一价金属离子聚沉能力顺序为 $Cs^+>Rb^+>K^+>Na^+>Li^+$;对带负电的胶体而言,一价负离子聚沉能力顺序为 $Cl^->Br^->NO_3^->I^-$。

（2）溶胶的相互聚沉

溶胶的粒子也可以看成一个巨大的离子,当两种电性相反的溶胶以适当比例混合后,就会发生聚沉。例如,As_2S_3 溶胶和 $Fe(OH)_3$ 溶胶适量混合,两种带相反电荷的胶粒能相互吸引、结合而聚沉。

实际生活中,常用明矾$[KAl(SO_4)_2 \cdot 12H_2O]$净化水。这是因为天然水中的悬浮粒子(硅酸等)一般带负电荷,加入明矾后,生成带正电荷的 $Al(OH)_3$ 胶粒,两者一碰撞就立刻发生聚沉,同时,水中的许多杂质也因 $Al(OH)_3$ 的吸附作用而一起下沉,从而上清液就是我们可以使用的净化水了。

（3）加热

加热增大了胶粒的运动速率,因而增加胶粒互相碰撞的机会,同时也降低胶核对离子的吸附能力,致使胶粒所带的电荷有所下降,因而有利于胶粒在碰撞时聚集起来。

4.3.5　胶体的保护

有些胶体稳定性不够,而生产生活中又需要它能稳定,此时可加界面活性剂或高分子化合物进行保护,能使胶体更加稳定。肥皂、洗涤剂等界面活性剂可以被吸附在被保护胶体的胶粒界面,形成网状和凝胶状结构的吸附层,这种吸附层具有一定的弹性和强度,能阻碍胶体粒子的相互结合和聚沉,因而对胶体具有保护作用。血液中的难溶盐,如 $CaCO_3$、$Ca_3(PO_4)_2$ 等也是靠血液中的蛋白质的保护而以胶体状态存在的。这种保护作用对悬浊液、乳浊液和泡沫也都有效。例如,制造墨汁时利用动物胶做保护,使碳墨稳定地悬浮在水中而可以长期使用;石油钻井中使用的泥浆也是借助加入的淀粉等高分子化合物的保护而不聚沉的。

4.4　涂料及其应用

涂于固体表面形成具有保护、装饰等特定功能的固化膜的液体或固体材料统称为涂料。从化学成分来看，涂料可分为无机涂料和有机涂料两大类。金属表面的搪瓷涂层，或者建筑物上的灰泥涂层等，就是以硅酸盐、磷酸盐等为基础的无机涂料。本节所讨论的涂料，是指有机涂料。

涂料是一种多组分混合物，一般指由成膜物质、颜料、分散介质（溶剂）和辅助材料组成的稳定性很强的胶体分散系统。在这个系统中，要求分散介质与成膜物质、颜料、辅料间彼此具有良好的分散度，否则，涂料的储存稳定性就下降，致使有效期短而很快失去使用价值。涂料的辅料大多数是各种界面活性剂，因此，不仅在涂料涂于物体表面时具有润湿和附着等表面作用，而且涂料本身也是组分更多、稳定性更强的胶体分散系统。

界面现象与胶体性质的相关理论也是涂料化学的基础。

随着科学技术的发展，作为应用化学的一个分支，涂料化学的内容已经相当丰富。本节只简单介绍涂料的一般组成、主要作用以及某些涂料的特点与应用。

4.4.1　涂料的组成与作用

1. 成膜物质

成膜物质是一些涂于固体表面能够干结成膜的材料。成膜物质是涂料的主要成分，是涂料的基础材料，因此也常称为基料，它决定涂膜的性能。成膜物质可以单独成膜，也可以与颜料等共同成膜，作为固着剂和黏结剂将各组分黏结成一个整体，牢固地附着在被涂固体的界面，形成均匀、连续、坚韧的涂膜。

涂料工业中用做成膜物质的原料主要是植物油和树脂，所以涂料旧称"油漆"。常用的植物油有桐油、亚麻油、豆油等，天然树脂有虫胶、松香等，用天然高分子化合物加工制得的人造树脂有硝化棉、改性松香等。近代涂料工业越来越多地使用各种合成树脂制漆，用化工原料生产的合成树脂有醇酸树脂、聚酯树脂、丙烯酸树脂以及环氧树脂等。

2. 颜料

颜料在涂料中通过显现颜色赋予涂膜以遮盖力，其作用不仅是色彩的装饰效果，同时还能增加漆膜的强度，阻止紫外线的穿透，延缓涂膜的老化进程，提高涂膜的耐久性、耐候性与耐磨性。另外，一些功能颜料具有特殊的物理和化学特性，如防蚀颜料、防污颜料、阻燃颜料、导电颜料等。

常用颜料是一些细微的粉末状有色物质，一般不溶于水和油等介质中，而是在分散剂的作用下均匀地分散在其中。

3. 溶剂

溶剂是一些易挥发的液体，是液体涂料的重要组成部分，主要用于溶解成膜物质，使其达到施工黏度。溶剂在液体涂料中常占很大比重,一般为50％左右(如醇酸漆、聚氨酯漆等),有些可达70％～80％(如虫胶漆、硝基漆等),因此也被称为稀释剂。溶剂可防止涂料在储存过程中生成凝胶,增加涂料的储存稳定性;在施工过程中能增加涂饰表面的润湿性,既使涂料便于渗透和附着,又使其具有良好的流平性,避免漆膜薄厚不匀,消除刷痕和皱起等缺陷。常用的溶剂有石油溶剂(如200号汽油、煤油等)、煤焦溶剂(如苯、甲苯等)、萜烯溶剂(如松节油、双戊烯等)。水性涂料则以水为溶剂,同时加入界面活性剂作为乳化剂,形成乳胶型涂料。前面讲的挥发性涂料不宜用在室内装修中,人们现在正在努力开发无毒无害的溶剂来替代它们。

4. 辅助材料

为了改善涂膜性能,常加入一些辅助材料。在涂料中,除成膜物质、颜料和溶剂外,其余的组分都属于辅助材料。辅助材料的种类很多,每一种各具特长,在涂料中用量很少,但是作用显著。许多辅助材料从其名称就可明显看出它的功用,例如催化剂、增塑剂、固化剂、润湿剂、流平剂、分散剂、消泡剂、稳定剂、防结剂、紫外线吸收剂、乳化剂、防腐剂、阻燃剂、防虫剂、防锈剂等。

4.4.2　涂料的附着与成膜机理

当涂料以液态或熔融态涂布在底材表面时,涂膜对底材的附着力主要是 van der Waals 力。van der Waals 力作用距离极小(小于 0.5 nm),所以,涂料若对底材没有良好的润湿,就不可能进入有效作用距离之内,也就不可能有良好的结合力。有些底材与涂料的组分可以形成氢键或发生化学反应,形成更强的化学键而具有更强的结合力。涂膜对底材的附着力也有机械的结合力。从微观上看,任何底材都是粗糙的——有孔、缝、隙可供涂料渗入。喷砂、打砂和磷化等处理就进一步增加了底材粗糙度,也增加了涂膜与底材的有效接触面积。

按施工要求将涂料涂覆在被涂物表面后,涂料由胶体状变成一层无定形的、附着牢固的固态薄膜的过程称为涂料的成膜过程或固化过程,也称为涂料的干燥。在该过程中,发生了溶剂挥发(干燥)、熔融、缩合、聚合等物理和化学变化。例如,含有亚油酸、桐油酸的干性油涂料,其中的双键可以吸收空气中的氧而被氧化,或不饱和键之间发生聚合反应,这些物质在溶剂挥发后,在被涂物表面形成固态膜。涂料的组成和结构不同,成膜机理也不完全相同。但基本可以归为:非转化型(溶剂挥发、熔融和冷却)、转化型(缩合反应、聚合反应、氧化聚合反应、电子束聚合反应和光聚合反应等)和混合型(非转化型和转化型不同比例的组合)三大类。

4.4.3　常用涂料及其特点介绍

1. 防水涂料

涂刷在建筑物表面上,经溶剂或水分的挥发或两种组分的化学反应形成一层薄膜,使建筑物表面与水隔绝——不被水润湿或渗透。防水涂料经固化后形成的防水薄膜具有一定的延伸性、弹塑性、抗裂性、抗渗性及耐候性,能起到防水、防渗和保护作用,从而起到防水、密封的作用。

2. 防火涂料

防火涂料,又名防火漆、阻燃涂料,是用于可燃性基材表面,能降低被涂材料表面的可燃性、阻滞火灾的迅速蔓延,用以提高被涂材料耐火极限的一种特种涂料。防火涂料种类很多,但是按照防火涂料的使用对象以及防火涂料的涂层厚度来看,一般分为饰面型涂料和钢结构防火涂料。

3. 防腐蚀涂料

防腐蚀涂料在被涂物底材表面干燥固化后形成涂层,它的保护作用主要为屏蔽作用。根据电化学腐蚀原理,钢铁的腐蚀必须要有氧气、水和离子的存在,以及离子流通导电的途径,漆膜阻止了腐蚀介质与材料表面的接触,隔断腐蚀电池的通路,增加了电阻,自然也就减少了腐蚀。

4. 其他特种涂料

(1) 耐高温涂料

耐高温涂料可分为有机耐高温涂料和无机耐高温涂料两大类。磷酸盐铅粉涂料就是一种无机耐高温涂料。它具有耐热、防腐、导电的特点,原料价廉易得,制备工艺极其简单。这种涂料常用来涂刷高压静电除尘器的极板,可以延长电除尘器的使用寿命和改善操作状况。因此,受到水泥、冶金、电业等使用电除尘器部门的广泛重视。

耐高温涂料可以用在铁、钢、铝、陶瓷、玻璃表面,广泛用于冶金、石油工业、天然气开采、航空航天等工业领域,最高可以耐 400 ℃甚至更高的温度。它不仅耐高温,还有耐热冲击和耐磨等性能,通过涂层,可对金属表面、各种耐火材料表面进行表层改性,以提高基体材料的使用性能,同时节省能源,提高金属基体材料使用寿命 1~2 倍以上。耐高温涂料已广泛应用于高温电熨斗、电饭锅、微波炉、烤盘等产品上,与金属的附着力非常好,非常坚硬,高温煅烧后强度更加显著,而且不开裂,具有良好的耐油性能和耐酸耐碱性。

(2) 绝缘涂料

具有优良电绝缘性的涂料,需有良好的电性能、热性能、机械性能和化学性能。多为清漆,也有色漆。根据工作温度的不同,按耐热指数可分为 90、105、120、130、155、180 和 180 以上 7 个等级。根据用途可分为:① 浸渍绝缘漆,用于绕组的浸渍绝缘处理;② 漆包线漆,用做导线的绝缘层;③ 硅钢片漆,用做硅钢片的绝缘层;④ 覆盖绝缘漆,用做已经浸渍绝缘处理的绕组等的保护层,以防机械损伤或装配方便之用;⑤ 黏合绝缘漆,用来黏合云母、层压板等绝缘材料;⑥ 特种绝缘漆,如电阻、电容和电位器等的绝缘层用漆。

(3) 不除锈涂料

它的特点是涂料转化液可以把铁锈转化为具有保护作用的颜料,从而不要除锈就可以直接刷涂料,减少了一道工序,形成的涂层也很完整,对铁也有很好的保护作用。

（4）防锈蚀涂料

它与防腐蚀涂料的不同点是，它能与金属发生化学反应，使金属表面形成一层钝化膜，从而使金属进一步腐蚀的速率大大降低，而达到防锈蚀的目的。

（5）防污染涂料

防污染涂料的特点是可以防止对污染物的吸附。例如，放射性实验室的墙壁和地面上涂的环氧树脂和过氧乙烯涂料等，就不会吸附放射性污染物，从而室内清洁也就比较容易做了。

4.4.4　最新无苯涂料简介

许多有机涂料都用苯、甲苯或二甲苯（俗称"三苯"）作稀释剂，而苯、甲苯或二甲苯对生命体是有毒有害的，所以，人们一直在寻找合适的替代稀释剂。用新溶剂 122 和 120 号汽油取代"三苯"制备无苯稀释剂，效果就不错。

"三棵树"涂料公司是国内健康漆领军品牌，主要从事建筑涂料、装修漆、家具漆、工业涂料、胶黏剂和树脂等健康产品的研制和销售。它首家提出"健康漆"概念，短短几年在竞争激烈的涂料市场异军突起，营销网络已基本覆盖全国，并在北京、上海、浙江、四川、福建等地设有分公司和办事处，获得了"中国驰名商标"等国家级荣誉，成为"神舟六号、神舟七号唯一搭载涂料品牌"。其涂料中已经不用"三苯"作稀释剂了，不过价格也是比较高的。

思考与练习

1. 是非题（对的在括号内填"√"，错的填"×"）：
   （1）氯化铝可用于水的净化。（　　）
   （2）涂料一定是有颜色的。（　　）
   （3）不同界面活性剂降低或升高水溶液表面张力的能力不同。（　　）
   （4）洗碗筷用的洗涤剂中，界面活性剂以非离子界面活性剂为主。（　　）
   （5）氨基酸界面活性剂在碱性介质中表现为阴离子界面活性剂，在酸性介质中表现为阳离子界面活性剂。（　　）
   （6）在胶体分散系中加入强电解质，由于盐效应使溶胶不易聚沉。（　　）
2. 界面活性剂的分子结构有何特点？通常可分为哪几类？各自有何优缺点？
3. 界面活性剂有哪些主要性能？
4. 涂料由哪几部分组成？各有何作用？
5. 不除锈涂料的组成是什么？试解释其防腐蚀作用原理。
6. 防锈蚀涂料的组成是什么？试解释其防锈原理。
7. 溶胶为什么能稳定存在？如何使溶胶聚沉？如何防止溶胶聚沉？
8. 为什么在江河流入海洋处，流水所携带的大量泥沙会在入海口形成三角洲？此洲是如何成为岛的？
9. 将 $AgNO_3$ 溶液和 $NaCl$ 溶液混合制得 $AgCl$ 溶胶，电泳时胶粒向正极还是向负极移动？试写出胶团结构式。

10. 我们最常见的 Tyndall 效应现象的分散介质是水还是空气？

11. Brown 运动的实质是什么？它对胶体的稳定性有什么影响？

12. 乳化液 W/O 代表什么？O/W 又代表什么？

13. 哪类界面活性剂使用温度不能太低？哪类界面活性剂使用温度不能太高？

14. 网上说，不同类型的界面活性剂不能混合使用，准确吗？应该怎样说才准确？

第五章 化学热力学与能源

化学热力学是研究化学反应和相变等过程的方向和限度以及伴随的能量转换所遵循规律的科学,利用热力学的基本原理来研究化学现象以及和化学有关的物理现象。化学热力学是一门宏观科学,研究方法是热力学状态函数的方法,不涉及物质的微观结构。

5.1 热力学的基本概念

5.1.1 系统

热力学把所研究的对象称为**系统**,在系统以外与系统有互相影响的其他部分称为**环境**。与环境之间既有物质交换又有能量交换的系统称为**敞开系统**;与环境之间只有能量交换而没有物质交换的系统称为**封闭系统**;与环境之间既没有物质交换也没有能量交换的系统称为**孤立系统**。

生命系统可以认为是复杂的化学敞开系统,能与外界进行物质、能量、信息的交换,结构整齐有序。通常把化学反应中所有的反应物和生成物选做系统,所以化学反应系统通常是封闭系统。

5.1.2 热力学状态函数

系统的**状态**是系统的各种物理性质和化学性质的综合表现。系统的状态可以用压力、温度、体积、物质的量等宏观性质进行描述,当系统的这些性质都具有确定的数值时,系统就处于一定的状态,这些性质中有一个或几个发生变化,系统的状态也就可能发生变化。在热力学中,把这些用来确定系统状态的物理量称为**状态函数**,主要有内能、焓、熵、Gibbs自由能等。它们具有下列特性:①状态函数是系统状态的单值函数,状态一经确定,状态函数就有唯一确定的数值,此数值与系统到达此状态前的历史无关。②系统的状态发生变化,状态函数的数值随之发生变化,变化的多少仅取决于系统的终态与始态,与所经历的途径无关。无论系统发生多么复杂的变化,只要系统恢复原态,则状态函数必定恢复原值,即状态函数经循环过程,其变化必定为零。

5.1.3 热和功

系统状态所发生的任何变化称为**过程**。常见的过程有:

等温过程:系统的始态温度与终态温度相同并等于环境温度的过程。在人体内发生的各种变化过程可以认为是等温过程,人体具有温度调节系统,从而保持一定的温度。

等压过程:系统的始态压力与终态压力相同并等于环境压力的过程。

等容过程：系统的体积不发生变化的过程。

封闭系统经历一个热力学过程，常常伴有系统与环境之间能量的传递。热和功是能量传递的两种形式。由于系统与环境的温度不同而在系统和环境之间传递的能量称为热，用符号 Q 表示。系统吸热，Q 值为正（$Q>0$）；系统放热，Q 值为负（$Q<0$）。除热以外，系统与环境之间的其他一切形式传递的能量称为功，用符号 W 来表示。系统对环境做功，W 值为负（$W<0$）；环境对系统做功，W 值为正（$W>0$）。功有体积功、电功、机械功等。例如，机械功等于外力 F 乘以力方向上的位移 dl；电功等于电动势 E 乘以通过的电量 dq；体积功等于外压 $p_{外}$ 乘以体积的改变 dV，体积功也称为膨胀功，常用符号 W_e 表示，它是因系统在反抗外界压力发生体积变化而引起的系统与环境之间所传递的能量，在本质上是机械功，当外压恒定时，$W_e = -p_{外}\Delta V$。除体积功以外的其他功称为非体积功，用符号 W_f 表示。热和功的国际（SI）单位是焦耳，符号表示为 J。热和功不是状态函数，不能说"系统具有多少热和功"，只能说"系统与环境交换了多少热和功"。热和功总是与系统所经历的具体过程联系着的，没有过程，就没有热与功。即使系统的始态与终态相同，过程不同，热与功也往往不同。

5.1.4　热力学第一定律和热力学能

热力学第一定律就是能量守恒定律：能量具有各种不同形式，它能从一种形式转化为另一种形式，从一个物体传递给另一个物体，但在转化和传递的过程中能量的总值不变。热力学能也称**内能**（用符号 U 表示）。它是系统中物质所有能量的总和，包括分子的动能、分子之间作用的势能、分子内各种微粒（原子、原子核、电子等）相互作用的能量。内能的绝对值目前尚无法确定。热力学能是状态函数。对于一个封闭系统，如果用 U_1 代表系统在始态时的热力学能，当系统由环境吸收了热量 Q，同时环境对系统做功 W，此时系统的状态为终态，其热力学能为 U_2，有：

$$U_1 + Q + W = U_2$$
$$U_2 - U_1 = Q + W$$

即
$$\Delta U = Q + W \tag{5-1}$$

式（5-1）是热力学第一定律的数学表达式。

【例 5-1】　373 K，$p^{\ominus}$ 下，1 mol 液态水全部蒸发成为水蒸气需要吸热 40.70 kJ，求此过程体系内能的改变。

解　373 K，$1p^{\ominus}$ 下 $H_2O(l)$-$H_2O(g)$

$$Q = 40.70 \text{ kJ}, \quad W = -p_{外}\Delta V = -p_{外}(V_g - V_l)$$

忽略液体体积且水蒸气压力与外压相等：

$$W \approx -p_{外}V_g = nRT = -1 \text{ mol} \times 8.314 \text{ J/(K·mol)} \times 373 \text{ K} = -3.10 \text{ kJ}$$

$$\Delta U = Q + W = (40.70 - 3.10) \text{ kJ} = 37.60 \text{ kJ}$$

利用热力学第一定律，可由过程热效应和功的计算求体系内能的改变。

5.1.5　焓

对于某封闭系统，在非体积功 W_f 为零的条件下经历某一等容过程，因为 $\Delta V = 0$，所

以体积功为零。此时,热力学第一定律的具体形式为:

$$\Delta U = Q_V \tag{5-2}$$

Q_V 为等容过程的热效应。即式(5-2)表明,在非体积功为零的条件下,封闭系统经一等容过程,系统所吸收的热全部用于增加体系的内能。

对于封闭系统,在非体积功 W_f 为零且等温等压($p_1 = p_2 = p$)的条件下的化学反应,热力学第一定律的具体形式为:

$$\Delta U = U_2 - U_1 = Q_p - p(V_2 - V_1)$$

Q_p 为化学反应的等压热效应,整理上式得:

$$U_2 - U_1 = Q_p - p_2 V_2 + p_1 V_1$$

$$Q_p = (U_2 + p_2 V_2) - (U_1 + p_1 V_1)$$

$$H \xlongequal{\text{def}} U + pV \tag{5-3}$$

H 称为焓,是热力学中一个非常重要的状态函数。从上式可得:

$$\Delta H = H_2 - H_1 = (U_2 + p_2 V_2) - (U_1 + p_1 V_1) = Q_p$$

即

$$\Delta H = Q_p \tag{5-4}$$

式(5-4)表明,在非体积功为零的条件下,封闭系统经一等压过程,系统所吸收的热全部用于增加体系的焓,即化学反应的等压热效应等于系统的焓的变化。由于无法确定内能 U 的绝对值,因而也不能确定焓的绝对值。由式(5-3)可知,焓 H 仅为 U、p、V 的函数,因为 U、p、V 均为状态函数,而状态函数的函数仍为状态函数,所以焓 H 也为状态函数。它具有能量的量纲。但是,焓没有确切的物理意义。由于化学变化大都是在等压条件下进行的,在处理热化学问题时,状态函数焓的变化值更有实用价值。对于理想气体的化学反应,等压热效应 Q_p 与等容热效应 Q_V 具有式(5-5)所示的关系:

$$Q_p = Q_V + \Delta n_g RT \tag{5-5}$$

式中,Δn_g 为气体生成物的物质的量的总和与气体反应物的物质的量的总和之差。对反应物和产物都是凝聚相的反应,由于在反应过程中系统的体积变化很小,$\Delta(pV)$ 值与反应热相比可以忽略不计,因此:

$$Q_p = Q_V \tag{5-6}$$

绝大多数生物化学过程发生在固体或液体中,因此,在生物系统中常常忽略 ΔH 与 ΔU（即 Q_p 和 Q_V）的差别,统称为生物化学反应的"能量变化"。

5.2 化学反应热效应

发生化学反应时总是伴随着能量变化。在等温、非体积功为零的条件下,封闭体系中发生某化学反应,系统与环境之间所交换的热量称为该化学反应的热效应,亦称为**反应热**。在通常情况下,化学反应是以热效应的形式表现出来的,有些反应放热,被称为放热反应;有些反应吸热,被称为吸热反应。

5.2.1 恒容反应热效应和恒压反应热效应

化学反应热效应是指反应的过程中体系吸收或者放出的热量,要求在反应进行中反应物和生成物的温度相同,并且整个过程中只有膨胀功,而无其他功。在实验室或者实际生产过程中遇到的化学反应一般在恒容条件(封闭体系)或者恒压条件(敞开体系)下进行,此时的化学反应热效应分别被称为恒容热效应 Q_V 和恒压热效应 Q_p。恒容热效应 Q_V 与系统的 U 有关,如式(5-7)所示:

$$Q_V = U_2 - U_1 = \Delta U \tag{5-7}$$

恒压热效应 Q_p 更为常见,并与系统的另外一个物理量焓 H 有关,如式(5-8)所示:

$$Q_p = H_2 - H_1 = \Delta H \tag{5-8}$$

以上两式中,U_1 和 H_1 均为反应起始状态时反应物的内能和焓,U_2 和 H_2 均为反应终止状态时的内能和焓。若生成物的焓小于反应物的焓,反应过程中多余的焓将以热能的形式释放出来,该反应就为放热反应,$\Delta H < 0$;反之,若生成物的焓大于反应物的焓,则反应需要吸收热量才能进行,该反应就为吸热反应,$\Delta H > 0$。

5.2.2　反应进度

任一化学反应的计量方程式为:

$$a\text{A} + d\text{D} \longrightarrow g\text{G} + h\text{H}$$
$$0 = -a\text{A} - d\text{D} + g\text{G} + h\text{H}$$
$$\sum_{\text{B}} \nu_{\text{B}}\text{B} = 0$$

式中,B 为反应系统中任意物质,ν_{B} 为 B 的化学计量数,在物理化学中常设定 ν_{B} 对反应物为负值,对产物为正值。显然,在化学反应中,各种物质量的变化是彼此相关联的,受各物质的化学计量数的制约。设上述反应在反应起始时和反应进行到 t 时刻各物质的量为:

$$
\begin{array}{ccccc}
a\text{A} & + & d\text{D} & \longrightarrow & g\text{G} & + & h\text{H} \\
t=0 \quad n_{\text{A}}(0) & & n_{\text{D}}(0) & & n_{\text{G}}(0) & & n_{\text{H}}(0) \\
t=t \quad n_{\text{A}} & & n_{\text{D}} & & n_{\text{G}} & & n_{\text{H}}
\end{array}
$$

则反应进行到 t 时刻的反应进度 ξ 定义为:

$$\xi = \frac{\Delta n_{\text{B}}}{\nu_{\text{B}}} = \frac{n_{\text{B}} - n_{\text{B}}(0)}{\nu_{\text{B}}}$$
$$= \frac{n_{\text{A}} - n_{\text{A}}(0)}{-a} = \frac{n_{\text{D}} - n_{\text{D}}(0)}{-d} = \frac{n_{\text{G}} - n_{\text{G}}(0)}{g} = \frac{n_{\text{H}} - n_{\text{H}}(0)}{h} \tag{5-9}$$

ξ 是一个衡量化学反应进行程度的物理量,单位为 mol。从式(5-9)可以看出,在反应的任何时刻,用任一反应物或产物表示的反应进度总是相等的。当 $\Delta n_{\text{B}} = \nu_{\text{B}}$ 时,反应进度 ξ 为 1 mol,表示 a mol 的 A 与 d mol 的 D 完全反应生成 g mol 的 G 和 h mol 的 H,即化学反应按化学计量方程式进行了 1 mol 的反应。

　　【例 5-2】　向洁净的氨合成塔中加入 3 mol N_2 和 8 mol H_2 的混合气体,一段时间后反应生成了 2 mol NH_3,试分别计算下列两式的反应进度。

$$(1)\ N_2(g) + 3H_2(g) \longrightarrow 2NH_3(g)$$

$$(2)\ \frac{1}{2}N_2(g) + \frac{3}{2}H_2(g) \longrightarrow NH_3(g)$$

解　根据化学反应方程式,生成 2 mol NH_3 需消耗 1 mol N_2 和 3 mol H_2,此时体系中还有 2 mol N_2 和 5 mol H_2。故反应在不同时刻时各物质的量为:

$$n(N_2)/mol \quad n(H_2)/mol \quad n(NH_3)/mol$$
$$t = 0 \qquad 3 \qquad\qquad 8 \qquad\qquad 0$$
$$t = t \qquad 2 \qquad\qquad 5 \qquad\qquad 2$$

方程写法不同,同一物质反应前后 Δn_B 相同,但化学计量数不同。故按照(1)式计算:

$$\xi = \frac{\Delta n(NH_3)}{\nu(NH_3)} = \frac{2\ mol - 0\ mol}{2} = 1\ mol$$

$$\xi = \frac{\Delta n(N_2)}{\nu(N_2)} = \frac{2\ mol - 3\ mol}{-1} = 1\ mol$$

$$\xi = \frac{\Delta n(H_2)}{\nu(H_2)} = \frac{5\ mol - 8\ mol}{-3} = 1\ mol$$

按照(2)式计算:

$$\xi = \frac{\Delta n(NH_3)}{\nu(NH_3)} = \frac{2\ mol - 0\ mol}{1} = 2\ mol$$

$$\xi = \frac{\Delta n(N_2)}{\nu(N_2)} = \frac{2\ mol - 3\ mol}{-\dfrac{1}{2}} = 2\ mol$$

$$\xi = \frac{\Delta n(H_2)}{\nu(H_2)} = \frac{5\ mol - 8\ mol}{-\dfrac{3}{2}} = 2\ mol$$

因此,对于(1)式,$\xi = 1$ mol,表示发生了一个单位反应;对于(2)式,$\xi = 2$ mol,表示发生了两个单位反应。由以上计算可得出如下结论:① 对于同一反应方程式,无论反应进行到任何时刻,都可以用任一反应物或任一产物表示反应进度 ξ,与物质的选择没有关系。即尽管反应方程式中各物质的化学计量数可能不同,但反应进度是相同的数值;在不同时刻 ξ 值不同,ξ 值越大,反应完成程度越大。② 当化学反应方程式的写法不同时,反应进度 ξ 的数值不同。因此,在涉及反应进度时,必须同时指明化学反应方程式。

一个化学反应的热力学能变 $\Delta_r U$ 和焓变 $\Delta_r H$ 与反应进度成正比,当反应进度不同时,显然有不同的 $\Delta_r U$ 和 $\Delta_r H$。当反应进度为 1 mol 时的热力学能变和焓变称为摩尔热力学能变和摩尔焓变,分别用 $\Delta_r U_m$ 和 $\Delta_r H_m$ 表示,分别如式(5-10)和式(5-11)所示。

$$\Delta_r U_m = \frac{\Delta_r U}{\xi} = \frac{Q_V}{\xi} \tag{5-10}$$

$$\Delta_r H_m = \frac{\Delta_r H}{\xi} = \frac{Q_p}{\xi} \tag{5-11}$$

式中:$\Delta_r U_m$ 和 $\Delta_r H_m$ 的 SI 单位均为 J/mol,常用单位是 kJ/mol;下标"r""m"分别表示"化学反应"和"进度 $\xi = 1$ mol"。

5.2.3　热化学方程式

既能表示化学反应又能表示其反应热效应的化学方程式称为**热化学方程式**。热化学方程式的书写一般是在配平的化学反应方程式后边加上反应的热效应。

书写热化学方程式要注意以下几点:

(1) 注明反应的压力及温度,如果反应是在 298.15 K 及标准状态下进行,则习惯上可不注明。

（2）要注明反应物和生成物的存在状态。可分别用 s、l 和 g 代表固态、液态和气态；用 aq 代表水溶液，表示进一步稀释时不再有热效应。如果固体的晶型不同，也要加以注明，如 C（石墨）为石墨，C（金刚石）为金刚石。

（3）用 $\Delta_r H_m$ 代表等压反应热，注明具体数值。

（4）化学方程式前的系数是化学计量数，它可以是整数或分数。但是，同一化学反应的化学计量数不同时，反应热效应的数值也不同。例如：

$$2H_2(g) + O_2(g) \longrightarrow 2H_2O(g) \qquad \Delta_r H_m^\ominus(298.15 \text{ K}) = -483.6 \text{ kJ/mol}$$

$$H_2(g) + \frac{1}{2}O_2(g) \longrightarrow H_2O(g) \qquad \Delta_r H_m^\ominus(298.15 \text{ K}) = -241.8 \text{ kJ/mol}$$

（5）在相同温度和压力下，正逆反应的数值相等，符号相反。如：

$$H_2O(g) \longrightarrow H_2(g) + \frac{1}{2}O_2(g) \qquad \Delta_r H_m^\ominus(298.15 \text{ K}) = 241.8 \text{ kJ/mol}$$

应该强调指出：热化学方程式表示一个已经完成的反应，即反应进度 $\xi = 1 \text{ mol}$ 时的反应。例如：

$$H_2(g) + I_2(g) \longrightarrow 2HI(g) \qquad \Delta_r H_m^\ominus(298.15 \text{ K}) = -51.8 \text{ kJ/mol}$$

该热化学方程式表明，在 298.15 K 和标准状态下，当反应进度 $\xi = 1 \text{ mol}$，即 1 mol $H_2(g)$ 与 1 mol $I_2(g)$ 完全反应生成 2 mol HI(g) 时，放出 51.8 kJ 热。

5.2.4　Hess 定律和化学反应热的计算

1840 年，瑞士籍俄国科学家 G. H. Hess 在总结大量反应热效应的数据后提出了一条规律：一个化学反应不论是一步完成还是分几步完成，其热效应总是相同的。这就是 **Hess 定律**（Hess's law），是热力学第一定律的必然结果，它只对等容反应或等压反应才是完全正确的。Hess 定律揭示了在条件不变的情况下，化学反应的热效应只与起始和终止状态有关，而与变化途径无关。

对于等压反应：$\qquad\qquad\qquad Q_p = \Delta_r H$

对于等容反应：$\qquad\qquad\qquad Q_V = \Delta_r U$

由于 $\Delta_r H$ 和 $\Delta_r U$ 都是状态函数的改变量，它们只取决于系统的始态和终态，与反应的途径无关。因此，只要化学反应的始态和终态确定了，热效应 Q_p 和 Q_V 便是定值，与反应进行的途径无关。Hess 定律的重要意义在于能使热化学方程式像普通代数方程式一样进行运算，从而可以根据一些已经准确测定的反应热效应来计算另一些很难测定或不能直接用实验进行测定的反应的热效应。

1. 由已知的热化学方程式计算反应热

【例 5-3】 碳和氧气生成一氧化碳的反应的反应热 Q_p 不能由实验直接测得，因产物中不可避免地会有二氧化碳。

已知：

$$(1) \ C(s) + O_2(g) \longrightarrow CO_2(g) \qquad \Delta_r H_m^{\ominus}(1) = -393.509 \ kJ/mol$$

$$(2) \ CO(g) + \frac{1}{2}O_2(g) \longrightarrow CO_2(g) \qquad \Delta_r H_m^{\ominus}(2) = -282.984 \ kJ/mol$$

求反应(3)C(s)$+\frac{1}{2}$O$_2$(g)$\longrightarrow$CO(g)的 $\Delta_r H_m^{\ominus}(3)$。

解　由题可知：反应(1)-反应(2)=反应(3)，则由 Hess 定律得

$$\Delta_r H_m^{\ominus}(3) = \Delta_r H_m^{\ominus}(1) - \Delta_r H_m^{\ominus}(2)$$
$$= -393.509 \ kJ/mol - (-282.984 \ kJ/mol)$$
$$= -110.525 \ kJ/mol$$

由此可见，利用 Hess 定律，可以很容易地从已知的热化学方程式求算出它的反应热。Hess 定律是"热化学方程式的代数加减法"。"同类项"（即物质和它的状态均相同）可以合并、消去，移项后要改变相应物质的化学计量数符号。若运算中反应式要乘以系数，则反应热 $\Delta_r H_m^{\ominus}$ 也要乘以相应的系数。

2. 由标准摩尔生成焓计算反应热

热力学中规定：在指定温度下，由稳定单质生成 1 mol 物质 B 时的焓变称为物质 B 的摩尔生成焓，用符号 $\Delta_f H_m$ 表示，单位为 kJ/mol。如果生成物质 B 的反应是在标准状态下进行，这时的生成焓称为物质 B 的**标准摩尔生成焓**，简称**标准生成焓**，记为 $\Delta_f H_m^{\ominus}$，其 SI 单位为 J/mol，常用单位为 kJ/mol。一种物质的标准生成焓并不是这种物质的焓的绝对值，它是相对于合成它的最稳定的单质的相对焓值。标准生成焓的定义实际上已经规定了稳定单质在指定温度下的标准生成焓为零。应该注意的是，碳的稳定单质指定是石墨而不是金刚石。附录 2 中列出了一些物质在 298.15 K 时的标准摩尔生成焓。

$H_2O(l)$的标准生成焓 $\Delta_f H_m^{\ominus}(H_2O, l, 298.15 \ K)$是下列生成反应的标准摩尔焓变：

$$H_2(g, 298.15 \ K, p^{\ominus}) + \frac{1}{2}O_2(g, 298.15 \ K, p^{\ominus}) \longrightarrow H_2O(l, 298.15 \ K, p^{\ominus})$$

$$\Delta_f H_m^{\ominus}(H_2O, l, 298.15 \ K, p^{\ominus}) = -285.8 \ kJ/mol$$

而 $H_2O(g)$的标准摩尔生成焓 $\Delta_f H_m^{\ominus}(H_2O, g, 298.15 \ K)$却是下列生成反应的标准摩尔焓变：

$$H_2(g, 298.15 \ K, p^{\ominus}) + \frac{1}{2}O_2(g, 298.15 \ K, p^{\ominus}) \longrightarrow H_2O(g, 298.15 \ K, p^{\ominus})$$

$$\Delta_f H_m^{\ominus}(H_2O, g, 298.15 \ K, p^{\ominus}) = -241.8 \ kJ/mol$$

因此，在书写标准状态下由稳定单质形成物质 B 的反应式时，要使 B 的化学计量数 $\nu_B = 1$，如上式中的 H_2O 的 $\nu_{H_2O} = 1$。并且要注意生成物 B 是哪一种标准状态。利用参加反应的各种物质的标准生成焓可以方便地计算出反应在标准状态下的等压热效应。

设想化学反应从最稳定单质出发，经不同途径形成产物，如下所示：

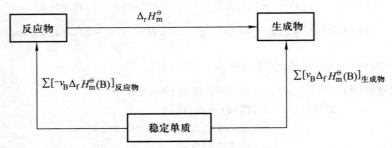

根据 Hess 定律：

$$\Delta_r H_m^\ominus = \sum [\nu_B \Delta_f H_m^\ominus(B)]_{生成物} - \sum [-\nu_B \Delta_f H_m^\ominus(B)]_{反应物}$$

简写为：

$$\Delta_r H_m^\ominus = \sum_B \nu_B \Delta_f H_m^\ominus(B) \qquad (5\text{-}12)$$

即在指定温度和标准状态条件下，化学反应的热效应等于同温度下参加反应的各物质的标准摩尔生成热与其化学计量数乘积的总和。只要知道参加反应的各种物质的标准摩尔生成焓，就可以利用式(5-12)计算出反应的等压热效应。

【例 5-4】 有反应 $C_6H_{12}O_6(s) \longrightarrow 2C_2H_5OH(l) + 2CO_2(g)$：

物质	$C_6H_{12}O_6(s)$	$C_2H_5OH(l)$	$CO_2(g)$
各物质的标准摩尔生成焓 $\Delta_f H_m^\ominus/(kJ \cdot mol^{-1})$	-1273.31	-277.63	-393.51

该反应是生物系统中十分重要的生物化学反应，即 α-D-葡萄糖在酶作用下转变成醇，求该反应的标准反应热。

解 按式(5-12)，用各物质的标准摩尔生成焓数据求出反应的热效应：

$$\Delta_r H_m^\ominus = \sum_B \nu_B \Delta_f H_m^\ominus(B)$$

$$= 2 \times (-393.51 \ kJ/mol) + 2 \times (-277.63 \ kJ/mol) - (-1273.31 \ kJ/mol)$$

$$= -68.97 \ kJ/mol$$

3. 由标准摩尔燃烧热计算反应热

有机化合物的分子比较庞大和复杂，它们很容易燃烧或氧化，几乎所有的有机化合物都容易燃烧生成 CO_2、H_2O 等，其燃烧热很容易由实验测定。因此，利用燃烧热的数据计算有机化学反应的热效应就显得十分方便。在标准状态和指定温度下，1 mol 某物质 B 完全燃烧（或完全氧化）生成指定的稳定物时的等压热效应称为此温度下该物质的**标准摩尔燃烧热**，简称**标准燃烧热**。这里"完全燃烧（或完全氧化）"是指将化合物中的 C、H、S、N 及 X(卤素)等元素分别氧化为 $CO_2(g)$、$H_2O(l)$、$SO_2(g)$、$N_2(g)$ 及 $HX(g)$。由于反应物已"完全燃烧"或"完全氧化"，上述这些指定的稳定产物意味着不能再燃烧，实际上规定这些产物的燃烧值为零。标准摩尔燃烧热用符号 $\Delta_c H_m^{\ominus}$ 表示,其 SI 单位是 J/mol,常用单位是 kJ/mol。附录 6 列出了 298.15 K 时一些有机物的标准燃烧热。标准燃烧热也是一种相对焓,利用标准燃烧热可以方便地计算出标准状态下的等压热效应。等压热效应 $\Delta_r H_m^{\ominus}$ 与燃烧热 $\Delta_c H_m^{\ominus}$ 关系如下所示:

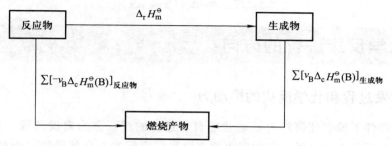

根据 Hess 定律:

$$\Delta_r H_m^{\ominus} = \sum [-\nu_B \Delta_c H_m^{\ominus}(B)]_{反应物} - \sum [\nu_B \Delta_c H_m^{\ominus}(B)]_{生成物}$$

简写为:

$$\Delta_r H_m^{\ominus} = -\sum_B \nu_B \Delta_c H_m^{\ominus}(B) \tag{5-13}$$

注意,式(5-13)中减数与被减数的关系正好与式(5-12)相反。在计算中还应注意 $\Delta_c H_m^{\ominus}$ 乘以反应式中相应物质的化学计量数。

【例 5-5】 弱氧化醋酸杆菌把乙醇先氧化成乙醛,然后再氧化成乙酸,试计算 298.15 K 和标准压力下分步氧化的反应热。已知 298.15 K 时下列各物质的 $\Delta_c H_m^{\ominus}$ 为:

$$C_2H_5OH(l) \quad CH_3CHO(g) \quad CH_3COOH(l)$$

$$\Delta_c H_m^{\ominus}/(kJ \cdot mol^{-1}) \quad -1366.75 \quad -1192.4 \quad -871.5$$

解 此题已知各有关物质的 $\Delta_c H_m^{\ominus}$,所以可以用标准摩尔燃烧热计算反应热。

$$C_2H_5OH(l) + \frac{1}{2}O_2(g) \longrightarrow CH_3CHO(g) + H_2O(l)$$

$$\Delta_r H_{m,1}^{\ominus} = -\sum_B \nu_B \Delta_c H_m^{\ominus}(B)$$

$$= -1366.75 \text{ kJ/mol} - (-1192.4 \text{ kJ/mol})$$

$$= -174.35 \text{ kJ/mol}$$

$$CH_3CHO(g) + \frac{1}{2}O_2(g) \longrightarrow CH_3COOH(l)$$

$$\Delta_r H_{m,2}^{\ominus} = -\sum_B \nu_B \Delta_c H_m^{\ominus}(B)$$

$$= -1192.4 \text{ kJ/mol} - (-871.5 \text{ kJ/mol})$$

$$= -320.9 \text{ kJ/mol}$$

在计算具体问题时要注意两个问题:一个是 $O_2(g)$ 和 $H_2O(l)$ 标准摩尔燃烧热均为零,另一个是各系数的符号与由标准摩尔生成焓计算反应热时恰好相反。稳定单质的燃烧热与其完全燃烧的稳定产物的生成热是相等的。如:

$$\Delta_c H_m^\ominus(H_2,g) = \Delta_f H_m^\ominus(H_2O,l)$$

$$\Delta_c H_m^\ominus(C,石墨) = \Delta_f H_m^\ominus(CO_2,g)$$

标准状态下,同一反应在温度变化范围较小时的反应热效应 $\Delta_r H_{m,T}^\ominus$ 受温度影响较小,在较粗略的近似计算中可以认为:

$$\Delta_r H_{m,T}^\ominus \approx \Delta_r H_{m,298.15\ K}^\ominus$$

5.3　化学反应进行的方向

5.3.1　自发过程和化学反应的推动力

在一定条件下没有任何外力推动就能自动进行的过程称为**自发过程**。自然界中的一切宏观过程都是自发过程。自发变化的方向和限度问题是自然界的一个根本性问题。自发过程的共同特点是:① 一切自发变化都具有方向性,其逆过程在无外界干涉下是不能自动进行的。② 自发过程都具有做功的能力。③ 自发过程总是趋向平衡状态,即有限度。综上所述,自发过程总是单方向地向平衡状态进行,在进行过程中可以做功,平衡状态就是该条件下自发过程的极限。这就是**热力学第二定律**。为了回答化学反应自发性问题,在 19 世纪 70 年代,法国化学家 Berthelot 和丹麦化学家 Thomson 提出,只有放热反应才能自发进行。例如:

$$Ag^+(aq) + Br^-(aq) \longrightarrow AgBr(s) \qquad \Delta_r H_m^\ominus = -38.8\ kJ/mol$$

但是,煅烧石灰石制取石灰的吸热反应:

$$CaCO_3(s) \longrightarrow CaO(s) + CO_2(g) \qquad \Delta_r H_m^\ominus = 177.8\ kJ/mol$$

在常温下不能自发进行,但温度升高到 1123 K 也能自发进行。由此可见,反应放热(焓值降低)虽然是推动化学反应自发进行的一个重要因素,但不是唯一的因素。反应系统的混乱度——熵的增加是推动化学反应自发进行的另一个重要因素。

5.3.2　孤立系统的熵增原理

"熵"是 Clausius 提出的。1872 年 Boltzmann 给出了熵的微观解释:在大量分子、原子或离子微粒系统中,**熵**是这些微粒之间无规则排列的程度,即系统的混乱度,用符号 S 表示,单位是 J/K,熵是系统的状态函数。影响系统熵值的主要因素有:

(1) 同一物质:

$$S(高温) > S(低温),$$
$$S(低压) > S(高压),$$
$$S(g) > S(l) > S(s)。$$

例如,$S(H_2O,g) > S(H_2O,l) > S(H_2O,s)$。

(2) 相同条件下的不同物质:分子结构越复杂,熵值越大。

(3) $S(混合物) > S(纯净物)$。

(4) 在化学反应中,由固态物质变为液态物质或由液态物质变为气态物质(或气体的物质的量增加),熵值增加。

热力学第三定律指出：在温度为 0 K 时，任何纯物质的完整晶体（原子或分子的排列只有一种方式的晶体）的熵值均为零。即：

$$\lim_{T \to 0} S = 0$$

物质在其他温度时相对于 0 K 时的熵值，称为**规定熵**。1 mol 某纯物质在标准状态下的规定熵称为该物质的**标准摩尔熵**，用符号 $S_m^{\ominus}$ 表示，其 SI 单位是 J/(mol·K)。

附录 2 列出了一些物质在 298.15 K 时的标准摩尔熵。利用各种物质 298.15 K 时的标准摩尔熵，可以方便地计算 298.15 K 时化学反应的 $\Delta_r S_m^{\ominus}$，计算公式为：

$$\Delta_r S_m^{\ominus} = \sum_B \nu_B S_m^{\ominus}(B) \tag{5-14}$$

【**例 5-6**】 利用 298.15 K 时的标准摩尔熵，计算下列反应在 298.15 K 时的标准摩尔熵变。

$$C_6H_{12}O_6(s) + 6O_2(g) \longrightarrow 6CO_2(g) + 6H_2O(l)$$

解 直接利用式(5-14)代入数据计算即可，但要注意单质的熵不为零，熵的单位是 J/(mol·K)。由附录 2 查得 298.15 K 时：

$$S_m^{\ominus}(C_6H_{12}O_6,s) = 212.1 \text{ J/(mol·K)}, \qquad S_m^{\ominus}(O_2,g) = 205.2 \text{ J/(mol·K)},$$

$$S_m^{\ominus}(CO_2,g) = 213.8 \text{ J/(mol·K)}, \qquad S_m^{\ominus}(H_2O,l) = 70.0 \text{ J/(mol·K)}$$

根据式(5-14)，反应的标准摩尔熵变为：

$$\Delta_r S_m^{\ominus} = 6S_m^{\ominus}(CO_2,g) + 6S_m^{\ominus}(H_2O,l) - S_m^{\ominus}(C_6H_{12}O_6,s) - 6S_m^{\ominus}(O_2,g)$$
$$= (6 \times 213.8 + 6 \times 70.0 - 212.1 - 6 \times 205.2) \text{ J/(mol·K)}$$
$$= 259.5 \text{ J/(mol·K)}$$

由此可知，反应前后气体的物质的量不变，但有固体变为液体，所以熵值增加。当温度变化时，生成物的熵的改变值与反应物的熵的改变值相近。当温度变化范围较小时，大致可以忽略温度的影响，一般认为：

$$\Delta_r S_{m,T}^{\ominus} \approx \Delta_r S_{m,298.15\,K}^{\ominus}$$

如果是孤立系统，系统和环境之间既无物质的交换，也无能量（热量）的交换，推动系统内化学反应自发进行的因素就只有一个，那就是熵增加。这就是著名的**熵增加原理**，用数学式表达为：

$$\Delta S_{孤立} \geqslant 0 \tag{5-15}$$

式中 $\Delta S_{孤立}$ 表示孤立系统的熵变。$\Delta S_{孤立} > 0$ 表示自发过程，$\Delta S_{孤立} = 0$ 表示系统达到平衡。孤立系统中不可能发生熵变小于零，即熵减小的过程。真正的孤立系统是不存在的，因为系统和环境之间总会存在或多或少的能量交换。如果把与系统有物质或能量交换的那一部分环境也包括进去，从而构成一个新的系统，这个新系统可以看成孤立系统，其熵变为 $\Delta S_{总}$。式(5-15)可改写为式(5-16)：

$$\Delta S_{总} = \Delta S_{系统} + \Delta S_{环境} \geqslant 0 \tag{5-16}$$

式中，$\Delta S_{环境} = Q_{环境}/T$。$Q_{环境}$ 为环境所吸收的热，$Q_{环境} = -\Delta H_{系统}$；T 为系统和环境的温度。

用式(5-16)可以判断化学反应自发进行的方向，但是，既要求出系统的熵变又要求出环境的熵变，非常不方便。为此，我们引进一个新的状态函数 ——Gibbs 自由能。

5.3.3 Gibbs 自由能和反应方向

1. Gibbs 自由能减少原理

为了判断等温等压化学反应的方向性,1876 年,美国科学家 Gibbs 综合考虑了焓和熵两个因素,提出一个新的状态函数 G——Gibbs 自由能,其数学表达式如式(5-17)所示:

$$G \xlongequal{\text{def}} H - TS \qquad (5\text{-}17)$$

Gibbs 证明了系统 Gibbs 自由能变可以用系统在等温等压的可逆过程中对外做的最大非体积功来量度,如式(5-18)所示:

$$-\Delta G = W_{\text{f,最大}} \qquad (5\text{-}18)$$

等温等压自发的化学反应则可做非体积功,所以当 $W_{\text{f,最大}} > 0$,即 $\Delta G < 0$ 时,反应自发;反之,是非自发的。由此可得,等温等压条件下化学反应方向的判据为:$\Delta G < 0$,正向反应自发进行;$\Delta G = 0$,化学反应达到平衡;$\Delta G > 0$,逆向反应自发进行。这就是 **Gibbs 自由能减少原理**,即自发变化总是朝 Gibbs 自由能减少的方向进行。

2. Gibbs 方程及其应用

根据 Gibbs 自由能的定义式(5-17),在等温等压下可推导出著名的 **Gibbs 方程**,如式(5-19)所示:

$$\Delta G = \Delta H - T\Delta S \qquad (5\text{-}19)$$

它把影响化学反应自发进行方向的两个因素(ΔH 和 ΔS)统一起来。Gibbs 方程还表明,温度对反应方向有影响,现分别将几种情况归纳于表 5-1。

表 5-1   温度对等温等压反应自发性的影响

情况	ΔH	ΔS	$\Delta G = \Delta H - T\Delta S$	自发方向
1	<0	>0	永远<0	放热、熵增,任何温度下反应正向自发
2	>0	<0	永远>0	吸热、熵减,任何温度下反应正向不自发
3	>0	>0	低温>0,高温<0	低温正向不自发,高温正向自发
4	<0	<0	低温<0,高温>0	低温正向自发,高温正向不自发

$C_6H_{12}O_6(s) + 6O_2(g) \longrightarrow 6CO_2(g) + 6H_2O(l)$ 的 $\Delta H < 0$,$\Delta S > 0$,则在任意温度下,$\Delta G < 0$,反应都能自发进行。

$6CO_2(g) + 6H_2O(l) \longrightarrow C_6H_{12}O_6(s) + 6O_2(g)$ 的 $\Delta H > 0$,$\Delta S < 0$,则在任意温度下,$\Delta G > 0$,反应不能自发进行。要使这类反应正向进行,环境必须给系统提供足够的能量(如光照辐射等)。

$CaCO_3(s) \longrightarrow CaO(s) + CO_2(g)$ 的 $\Delta H > 0$,$\Delta S > 0$,在低温时,$\Delta H > T\Delta S$,则 $\Delta G > 0$,反应不能自发进行;在高温($T > 1120$ K)时,$\Delta H < T\Delta S$,则 $\Delta G < 0$,反应可以自发

进行。

$N_2(g) + 3H_2(g) \longrightarrow 2NH_3(g)$ 的 $\Delta H < 0$，$\Delta S < 0$，在低温时，$\Delta H < T\Delta S$，$\Delta G < 0$，反应可以自发进行；在高温（$T > 500$ K）时，$\Delta H > T\Delta S$，$\Delta G > 0$，反应不能自发进行。

从上面的讨论可以看出，对于 ΔH 和 ΔS 符号相同的情况，当改变反应温度时，存在从自发到非自发（或从非自发到自发）的转变，我们把这个转变温度叫转向温度 $T_{转}$，计算公式如式（5-20）所示：

$$T_{转} = \frac{\Delta H}{\Delta S} \tag{5-20}$$

3. 标准摩尔生成 Gibbs 自由能

在标准状态下由最稳定单质生成 1 mol 物质 B 的 Gibbs 自由能变称为该温度下 B 物质的标准摩尔生成 Gibbs 自由能，用符号 $\Delta_f G_m^\ominus(B)$ 表示，单位是 kJ/mol。

例如，298.15 K 时化学反应：

$$\frac{1}{2}N_2(g, p^\ominus) + \frac{3}{2}H_2(g, p^\ominus) \longrightarrow NH_3(g, p^\ominus)$$

$\Delta_r G_m^\ominus = -16.4$ kJ/mol，而 $N_2(g)$ 与 $H_2(g)$ 为最稳定单质，所以 298.15 K 时 $NH_3(g)$ 的标准摩尔生成 Gibbs 自由能 $\Delta_f G_m^\ominus = -16.4$ kJ/mol。附录 2 中列出了一些物质在 298.15 K 下的标准摩尔生成 Gibbs 自由能。由 $\Delta_f G_m^\ominus$ 计算化学反应的 $\Delta_r G_m^\ominus$ 的计算公式如式（5-21）所示：

$$\Delta_r G_m^\ominus = \sum_B \nu_B \Delta_f G_m^\ominus(B) \tag{5-21}$$

温度对 $\Delta_r G_m^\ominus$ 有影响，一定温度 T 下化学反应的标准摩尔 Gibbs 自由能变 $\Delta_r G_{m,T}^\ominus$ 可按式（5-22）计算：

$$\Delta_r G_{m,T}^\ominus = \Delta_r H_{m,T}^\ominus - T\Delta_r S_{m,T}^\ominus \tag{5-22}$$

【例 5-7】 光合作用是将 $CO_2(g)$ 和 $H_2O(l)$ 转化为葡萄糖的复杂过程，总反应为：

$$6CO_2(g) + 6H_2O(l) \longrightarrow C_6H_{12}O_6(s) + 6O_2$$

求此反应在 298.15 K、100 kPa 时的 $\Delta_r G_m^\ominus$，并判断此条件下反应是否自发。

解　由附录 2 查得 298.15 K 和标准状态下有关热力学数据如下：

	$6CO_2(g)$	$6H_2O(l)$	$\longrightarrow$	$C_6H_{12}O_6(s)$	$6O_2(g)$
$\Delta_f G_m^\ominus/(kJ \cdot mol^{-1})$	-394.4	-237.1		-910.6	0
$\Delta_f H_m^\ominus/(kJ \cdot mol^{-1})$	-393.5	-285.8		-1273.3	0
$S_m^\ominus/(J \cdot mol^{-1} \cdot K^{-1})$	213.8	70.0		212.1	205.2

方法一

$$\Delta_r G_m^\ominus = \sum_B \nu_B \Delta_f G_m^\ominus(B)$$
$$= -910.6 \text{ kJ/mol} - 6 \times (-237.1 \text{ kJ/mol}) - 6 \times (-394.4 \text{ kJ/mol})$$
$$= 2878.43 \text{ kJ/mol}$$

方法二

$$\Delta_r H_m^\ominus = \sum_B \nu_B \Delta_f H_m^\ominus(B)$$

$$= -1273.3 \text{ kJ/mol} - 6 \times (-285.8 \text{ kJ/mol}) - 6 \times (-393.5 \text{ kJ/mol})$$

$$= 2802.5 \text{ kJ/mol}$$

$$\Delta_r S_m^\ominus = \sum_B \nu_B S_m^\ominus(B)$$

$$= (6 \times 205.2 + 212.1 - 6 \times 70.0 - 6 \times 213.8) \text{ J/(mol·K)}$$

$$= -259.5 \text{ J/(mol·K)}$$

$$\Delta_r G_m^\ominus = \Delta_r H_{m,298.15K}^\ominus - T \Delta_r S_{m,298.15K}^\ominus$$

$$= 2802.5 \text{ kJ/mol} - 298.15 \text{ K} \times [-0.2595 \text{ kJ/(mol·K)}]$$

$$= 2879.87 \text{ kJ/mol}$$

归纳：① 由于采用不同的方法计算，所得结果略有差异。② 计算结果 $\Delta_r G_m^\ominus > 0$，说明在 298.15 K 和标准状态下，反应不能自发进行。实际上，此反应是在叶绿素和阳光下进行的，靠叶绿素吸收光能，然后转化成系统的 Gibbs 自由能变，使光合反应得以实现。

4. 非标准状态下 Gibbs 自由能变的计算

非标准状态下化学反应的 Gibbs 自由能变可由 van't Hoff 等温方程式求得，如式 (5-23) 所示：

$$\Delta_r G_{m,T} = \Delta_r G_{m,T}^\ominus + RT \ln J$$
$$= \Delta_r G_{m,T}^\ominus + 2.303 RT \lg J \tag{5-23}$$

式中，J 为反应商，它是各生成物相对分压（对气体，$p/p^\ominus$）或相对浓度（对溶液，$c/c^\ominus$）幂的乘积与各反应物的相对分压或相对浓度幂的乘积之比。若反应中有纯固体或纯液体，则其浓度以常数 1 表示。

例如，对任意化学反应：

$$a A(aq) + b B(l) \longrightarrow d D(g) + e E(s)$$

$$J = \frac{(p_D/p^\ominus)^d \times 1}{(c_A/c^\ominus)^a \times 1}$$

在稀溶液中进行的反应，如果溶剂参与反应，因溶剂的量很大，浓度基本不变，可以当做常数 1。由表达式可知 J 的量纲为 1。

当反应达到平衡时，$\Delta_r G_{m,T} = 0$，$J = K^\ominus$，则：

$$\Delta_r G_{m,T}^\ominus = -RT \ln K^\ominus \tag{5-24}$$

根据此式可以计算反应的标准平衡常数。将式 (5-24) 代入式 (5-23) 中，得：

$$\Delta_r G_{m,T} = -RT \ln K^\ominus + RT \ln J \tag{5-25}$$

由此可得：

$J < K^\ominus$，$\Delta_r G_{m,T} < 0$，则反应自发正向进行；

$J = K^\ominus$，$\Delta_r G_{m,T} = 0$，则反应处于平衡状态；

$J > K^\ominus$，$\Delta_r G_{m,T} > 0$，则反应逆向进行，即不能自发正向进行。

【例 5-8】 非标准状态下反应方向的判断。$CaCO_3(s)$ 的分解反应如下：

$$CaCO_3(s) \longrightarrow CaO(s) + CO_2(g)$$

(1) 在 298.15 K 及标准状态下，此反应能否自发进行？

（2）若使其在标准状态下进行反应，反应温度应为多少？

解　一个反应在标准状态下能否自发进行，是由 $\Delta_r H_m^\ominus$ 和 $\Delta_r S_m^\ominus$ 及温度 T 决定的。在 $\Delta_r H_m^\ominus$ 和 $\Delta_r S_m^\ominus$ 的符号相同时，温度的高低决定了反应可能性，问题（1）即是求一定温度下反应的可能性。

（1）反应式中有关物质在 298.15 K 和标准状态下的热力学数据如下：

	$CaCO_3(s)$	$\longrightarrow$	$CaO(s)$	$+$	$CO_2(g)$
$\Delta_f H_m^\ominus/(kJ \cdot mol^{-1})$	-1206.9		-634.9		-393.5
$S_m^\ominus/(J \cdot mol^{-1} \cdot K^{-1})$	92.9		38.1		213.8

$$\begin{aligned}
\Delta_r H_m^\ominus &= \sum_B \nu_B \Delta_f H_m^\ominus(B) \\
&= [-634.9 + (-393.5) - (-1206.9)]kJ/mol \\
&= 178.5 \ kJ/mol \\
\Delta_r S_m^\ominus &= \sum_B \nu_B S_m^\ominus(B) \\
&= (38.1 + 213.8 - 92.9)J/(mol \cdot K) \\
&= 159 \ J/(mol \cdot K) \\
\Delta_r G_m^\ominus &= \Delta_r H_m^\ominus - T\Delta_r S_m^\ominus \\
&= 178.5 \ kJ/mol - 298.15 \ K \times 159 \times 10^{-3} \ kJ/(mol \cdot K) \\
&= 131 \ kJ/mol > 0
\end{aligned}$$

因此，在 298.15 K 下，上述反应不能自发进行。

（2）因为是吸热熵增反应，在标准状态下反应自发进行时，所需的最低温度为：

$$T = \frac{\Delta_r H_{m,T}^\ominus}{\Delta_r S_{m,T}^\ominus} \approx \frac{\Delta_r H_{m,298.15K}^\ominus}{\Delta_r S_{m,298.15K}^\ominus} = \frac{178.5 \ kJ/mol}{159 \times 10^{-3} \ kJ/(mol \cdot K)} = 1.12 \times 10^3 \ K(即 847 ℃)$$

根据 Gibbs 方程，将（5-24）代入式（5-22）中得：

$$-RT\ln K^\ominus = \Delta_r H_{m,T}^\ominus - T\Delta_r S_{m,T}^\ominus$$

$$\ln K^\ominus = -\frac{\Delta_r H_{m,T}^\ominus}{RT} + \frac{\Delta_r S_{m,T}^\ominus}{R} \tag{5-26}$$

严格地说，$\Delta_r H_{m,T}^\ominus$ 和 $\Delta_r S_{m,T}^\ominus$ 都与温度有关，但是在温度变化范围不大，物质本身又无相变发生的情况下，可以近似地将 $\Delta_r H_{m,T}^\ominus$ 和 $\Delta_r S_{m,T}^\ominus$ 看做与温度无关，即认为 $\Delta_r H_{m,T}^\ominus \approx \Delta_r H_{m,298.15K}^\ominus$ 和 $\Delta_r S_{m,T}^\ominus \approx \Delta_r S_{m,298.15K}^\ominus$，则式（5-26）可被写做：

$$\ln K^\ominus = -\frac{\Delta_r H_{m,298.15K}^\ominus}{RT} + \frac{\Delta_r S_{m,298.15K}^\ominus}{R} \tag{5-27}$$

由式（5-27）可见，$\ln K^\ominus$ 与 $1/T$ 呈直线关系。该直线的斜率为 $-\dfrac{\Delta_r H_{m,298.15K}^\ominus}{R}$，截距为 $\dfrac{\Delta_r S_{m,298.15K}^\ominus}{R}$。

将温度为 T_1 和 T_2 分别代入式（5-27）中，两式相减，得：

$$\ln \frac{K_2^\ominus}{K_1^\ominus} = \frac{\Delta_r H_{m,298.15K}^\ominus}{R}\left(\frac{1}{T_1} - \frac{1}{T_2}\right) \tag{5-28}$$

式（5-28）为 **van't Hoff 方程**。

5.4　能源概述

5.4.1　传统能源

　　煤炭是储量最丰富的化石燃料。世界煤炭可采储量约 10^{12} t,中国约占 11％,仅次于俄罗斯和美国,处于第三位。煤炭既是重要的能源,也是重要的化工原料。煤炭是一类具有高碳氢比的有机交联聚合物与无机矿物所构成的复杂混合物。煤炭有机大分子由许多结构相似但又不相同的结构单元组成。结构单元的核心是缩合程度不同的稠环芳香烃,及一些脂环烃和杂环化合物。结构单元之间由氧桥及亚甲基桥连接,它们还带有侧链烃基、甲氧基等基团。大分子在三维空间交联成网络结构,一些小分子以氢键或 van der Waals 力与其相连。无机矿物被有机大分子所填充和包埋,形成复杂的天然"杂化"材料。

　　组成煤的主要元素有碳、氢、氧、氮和硫,它们占煤炭有机组成的 99％以上。按其变质程度由低到高可分为泥炭、褐煤、烟煤和无烟煤四大类。煤的无机组成主要包括水分和矿物质(黏土、石英、硫化物、碳酸盐等)。它们在燃烧过程中,转化为灰分和粉尘引起环境恶化,并因分解吸热而降低煤炭发热量。煤在我国能源消费结构中位居榜首(约占 70％),煤的年消费量在 10 亿 t 以上,其中 30％用于发电和炼焦,50％用于各种工业锅炉、窑炉,20％用于人民生活。也就是说,煤的大部分是直接燃烧掉的,其中 C、H、S 及 N 分别变成 CO_2、H_2O、SO_2 及 NO_x,这样热利用效率并不高,如煤球热效率只有 20％～30％;蜂窝煤高一点,可达 50％;而碎煤则不到 20％。至于工业锅炉用煤的热效率,不仅与炉型结构有关,而且与煤的质量、形状、颗粒大小都有关系。煤开采后应该就地进行筛分、破碎,洗选除去一些无用的杂质。随着机械化采煤的发展,煤粉的比例提高,所以还应将煤粉在加压加温条件下成型(球、棒、砖等),然后供应用户,以减少运输量,提高热效率。直接烧煤对环境污染相当严重,二氧化硫(SO_2)、氮的氧化物(NO_x)等是造成酸雨的罪魁,大量 CO_2 的产生是全球气候变暖的祸首。此外,还有煤灰和煤渣等固体垃圾的处理与利用问题等。为了解决这些问题,合理利用和综合利用煤资源的办法不断出现和不断推广,其中最令人关心的一是如何使煤转化为清洁的能源,即煤的洁净;二是如何提取分离煤中所含宝贵的化工原料。

　　石油有"工业的血液""黑色的黄金"等美誉。自 20 世纪 50 年代开始,在世界能源消费结构中,石油跃居首位。我国油气资源丰富,全国石油资源量达到 940 亿 t,但石油资源探明率仅为 24％。石油产品的种类已超过几千种。石油是由远古时代沉积在海底和湖泊中的动植物遗体,经千百万年的漫长转化过程而形成的碳氢化合物的混合物。直接从地壳开采出来的石油称为原油,原油及其加工所得的液体产品总称为石油。石油是碳氢化合物的混合物,为含有 1～50 个左右碳原子的化合物,按质量计,其碳和氢分别占 84％～87％和 12％～14％,主要成分为直链烷烃、支链烷烃、环烷烃和芳香烃。石油中的固态烃类称为蜡。此外,石油中还含有少量由 C、H、O、N 和 S 组成的杂环化合物。原油中硫含量变化很大,大约在 0％～7％ 之间,主要以硫醚、硫酚、二硫化物、硫醇、噻吩、噻唑及其衍生物的形式存在。氮含量远低于硫,约为 $0\% \sim 0.8\%$,以杂环系统的衍生物形式存在,如噻唑类、喹啉类等。此外,石油中还含有其他的微量元素。石油的成分十分复杂,在炼油厂,原油经过蒸馏和分馏,得到不同沸点范围的油品,包括石油气、轻油(溶剂油、汽油、煤油和柴油等)及重油(润滑油、凡士林、石蜡、沥青和渣油等)。将重油经过催化裂化、热裂化或加氢裂化等方法,可生产出轻质油。燃料油在氢气和催化剂(铂系和钯系贵金属)存在下,环烷烃甚至链烃组分进一步转化为辛烷值较高的芳香烃(称之为重整)。轻质油品经加氢精制使含有的杂环化合物脱除硫和氮,可提高油品质量。原油经过一系列炼制和精制,获得了各种半成品和组分,然后再按照用途和质量要求调配得到品种繁多的石油产品。这些产品按用途可分为两类:燃料(如液化石油气、汽油、喷气燃料、煤油和柴油等)和化工原料等。

天然气是蕴藏在地层中的可燃性碳氢化合物气体,其成因和形成历史与石油相同,二者可能伴生,但一般埋藏部位较深。我国天然气资源量达到 38 亿 m^3,但天然气探明率还不到 4%。据国际经验,每吨石油大概伴有 1000 m^3 的天然气,所以能源工作机构及能源结构统计往往把石油和天然气归并在一起。天然气主要成分是甲烷,但也含有相对分子质量较大的烷烃,如乙烷、丙烷、丁烷、戊烷等,碳原子数超过 5 的组分在地下高温环境中,以气态开采出来,但在标准状态下是液体。天然气中各组分的含量常随相对分子质量的增大而下降,其中还含有 SO_2、H_2S 及微量稀有气体。天然气是最"清洁"的燃料,燃烧产物 CO_2 和 H_2O 都是无毒物质,并且热值也很高(56 $kJ \cdot g^{-1}$),管道输送也很方便。我国最早开发使用天然气的是四川盆地,20 世纪末和 21 世纪初,在陕、甘、宁地区的长庆油田和新疆的塔里木盆地发现了特大型气田,目前正在开发建设中。目前,长庆油田的天然气已经输送至北京、西安等地,塔里木盆地的天然气已"西气东输"至上海。除北京、天津、西安等城市的部分居民已经使用管道天然气外,"西气东输"经过的地区也将逐步使用管道天然气。

石油和天然气作为燃料在燃烧过程中也会产生 SO_2 和 NO_x 等有害气体,汽车尾气是 NO_x 的主要来源,对大气造成污染。石油和天然气的脱硫、脱氮一直是石油化学工业的重要研究内容。

中国煤炭工业协会名誉会长、中国工程院院士范维唐指出,目前世界各国能源结构的特点,一般取决于该国资源、经济和科技发展等因素。第一,煤炭资源丰富的发展中国家,在能源消费中往往以煤为主,煤炭消费比重较大,其中南非为 77.1%,中国 72.9%,波兰 68.1%,印度 56.8%;而在发达国家比重较低,澳大利亚 44.5%,美国 24.9%。第二,石油在发达国家消费结构中所占比重均在 35% 以上,其中美国 39.7%,日本 51.1%,德国 40.6%,法国 37.9%,英国 35.4%,加拿大 37.9%,意大利 58.4%,澳大利亚 36.3%。第三,天然气资源丰富的国家,天然气在消费结构中所占比例均在 35% 以上,其中,俄罗斯 55.5%,伊朗 43.8%,沙特阿拉伯 41.2%,英国 35.1%。第四,化石能源缺乏的国家根据自身特点发展核电及水电,其中日本核能在能源消费结构中所占比例为 16.8%,法国核能占 40.1%,韩国核能占 13.8%,乌克兰核能占 13.8%,加拿大水力占 13.0%,巴西水力占 19.8%。第五,世界前 20 个能源消费大国中,煤炭占第一位的有 5 个,占第二位的有 6 个,占第三位的有 9 个。

　　总之,当前就全世界而言,石油在能源消费结构中占第一位,所占比例正在缓慢下降;煤炭占第二位,其所占比例也在下降;目前天然气占第三位,所占比例持续上升,前景良好。

5.4.2　可燃冰

　　可燃冰是天然气的一种存在形式,是天然气的水合物。它是一种白色固体物质,外形像冰雪,有极强的燃烧力,可作为上等能源。天然气水合物由水分子和燃气分子(主要是甲烷分子)组成,此外还有少量的硫化氢、二氧化碳、氮和其他烃类气体。在低温($-10\sim10$ ℃)和高压(10 MPa 以上)条件下,甲烷气体和水分子能够合成类冰固态物质,具有极强的储载气体的能力。这种天然水合物的气体储载量可达其自身体积的 $100\sim200$ 倍,1 m³ 的固态水合物包容有约 180 m³ 的甲烷气体。这意味着,水合物的能量密度是煤和黑色页岩的 10 倍,是传统天然气的 $2\sim5$ 倍。在海洋中,约有 90% 的区域都具备天然气水合物生成的温度和压力条件。目前公认全球的"可燃冰"总能量是所有煤、石油、天然气总和的 $2\sim3$ 倍。天然气水合物是近 20 年来才被人们发现的,由于其能量高、分布广、埋藏规模大等特点,正崭露头角,有可能成为 21 世纪的重要能源。全球天然气水合物中的含碳总量大约是地球上全部化石燃料含碳总量的 2 倍,世界上绝大部分的天然气水合物分布在海洋里,储存在海底之下 $500\sim1000$ m 的水深范围内。海洋里天然气水合物的资源量约为 1.8×10^8 m³,是陆地资源量的 100 倍。目前国际上已经形成了一个天然气水合物研究的热潮。美国、加拿大、德国、英国、日本等发达国家从能源战略角度考虑,纷纷制订了长远发展规划,深入开展了海底天然气水合物物理性质、勘探技术、开发工艺、经济评价、环境影响等方面的研究工作,取得了多方面的成果。

　　我国石油工业在进入 20 世纪 90 年代后,老油区稳产难度增大,新油区生产不到位,故石油资源形势严峻,出现了可采储量入不敷出、增产幅度不大的形势。我国已由石油输出国转变为进口国,到 2010 年我国的石油缺口达近 1 亿 t。随着国民经济持续快速稳定发展,我国能源需求与供应的紧张矛盾将长期存在,同时我国能源储量的人均占有量也远低于世界人均占有量。因此,从保障 21 世纪经济可持续发展的能源战略角度出发,把天然气水合物资源的研究、勘探和开发纳入我国的能源发展和保障计划是十分必要和紧迫的。

　　2017 年,我国在南海北部神狐海域进行的首次可燃冰试采获得圆满成功,经过我国科学工作者的努力拼搏,深入钻研可燃冰勘探与开发技术取得了丰硕成果,不仅摸清了本国陆域和海域可燃冰蕴藏家底,而且在全球率先成功进行了可燃冰试开采,并着手规划商业试开采与大规模开发利用,积极推动本国能源变革,加速向"可燃冰时代"迈进。

　　不过,可燃冰的开采相比于石油难度要大了很多,原因就是可燃冰的主要储量都在深海中,而可燃冰的燃点又非常低,如果没有安全的措施,贸然进行大规模开采,有可能会引发可燃冰泄漏。它一旦在海面燃烧,那危害可就大了,会释放出二氧化碳,加剧温室效应。因此,世界各地现在也只是进行极少量的试探性开采。想要大规模开采实现商业化,可能还需要不短的时间。

　　当然,可燃冰也不是可以无限量使用的,它也是地球在数十亿年的岁月里形成的,也属于不可再生资源。它同煤炭、石油一样,总有被开采完的一天。那个时候地球将面临资源枯竭的风险,人类的科技发展一旦没有了资源,将会陷入停滞。

5.4.3 新能源

新能源指以新技术为基础、系统开发利用的能源,包括核能、氢能、太阳能、生物质能、风能、地热能、海洋能等。其中最引人注目的是太阳能的利用。

1. 核能

核能也称为原子能。原子能的可能释放模式为:原子核的衰变、原子核的裂变和原子核的聚变。

原子能的研究成果,不幸首先被用于战争,危害人类自身。但第二次世界大战结束后,科技人员很快致力于原子能的和平利用。1954 年苏联建成世界上第一座核电站,功率为 5000 kW。至今世界上已有 30 多个国家 400 多座核电站在运行之中,世界能源结构中核能的比例正在逐渐增加。截至 2017 年 12 月 31 日,我国投入商业运行的核电机组共 37 台,装机容量达到 35807.16 MW(额定装机容量)。此外,2011 年 7 月 21 日,中国实验快堆(CEFR)成功实现以 40% 的功率并网发电;2014 年 12 月 15 日 17 时,在国家核安全局现场监督下,CEFR 首次达到 100% 功率。宁德 1 号机组、红沿河 1 号机组也分别于 2012 年 12 月 28 日、2013 年 1 月 17 日成功并网发电。

利用中子激发所引起的核裂变,是迄今为止大量释放原子能的主要形式。如果 1 kg 的 U-235 原子核全部裂变,它放出的能量就相当于 2500 t 优质煤完全燃烧时放出的化学能。U-235 核裂变时,同时放出中子,如果这些中子再引起其他 U-235 核裂变,就可使裂变反应不断地进行下去,这种反应如图 5-1 所示。如果人们设法控制链式反应中中子的增长速度,使其维持在某一数值,链式反应就会连续、缓慢地放出能量,这就是核反应堆或核电站的工作原理。核电站的中心是核燃料和控制棒组成的反应堆,其关键设计是在核燃料中插入一定量的控制棒,它是用能吸收中子的材料制成的,如硼(B)、镉(Cd)、铪(Hf)等是合适的材料。利用它们吸收中子的特性控制链式反应进行的程度。U-235 裂变时所释放的能量可将循环水加热至 300 ℃,高温水蒸气推动发电机发电。由此可见,核

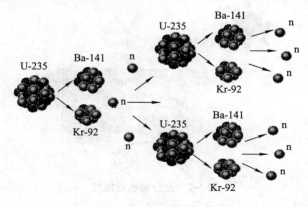

图 5-1   U-235 裂变链式反应

电是一种清洁的能源,它没有废气和煤灰,建设投资虽高,但运行时就没有运送煤炭、石油这样繁重的运输工作,因此还是经济的。所以,发展核电是解决当前电力缺口的一种重要选择。但有两个问题总是令人担忧,一是保证安全运行,二是核废料的处理。

目前,我国已经运行的核电站有浙江秦山核电站和广东大亚湾核电站,它们均采用世界上流行的压水堆技术。近年来我国正致力于 600 MW 压水堆核电机组国产化、标准化和批量生产,快中子增殖反应堆及高温气冷反应堆正处于研制阶段。单纯以裂变能源来计算,包括天然铀和钍,那将是化石燃料(指煤、石油、天然气等)的 20 倍。至于聚变能源的储量,仅仅海水中的氘,至少可供人类利用 10^7 年。所以在原子能利用的问题上,尽管存在着巨大的技术上的困难,但对受控热核反应的研究,仍一直获得极大的关注。因为聚变形式的原子能实际上是一种"取之不尽,用之不竭"的能源。因此,核能将成为今后能源开发利用的一个重要方向。

2. 氢能

氢能是指以氢及其同位素为主体的反应中或氢状态变化过程中所释放的能量。氢能包括氢核能和氢化学能,这里主要讨论由氢与氧化剂发生化学反应而放出的化学能。氢作为二次能源进行开发,与其他能源相比有明显的优势:燃烧产物是水,堪称清洁能源;氢是地球上取之不尽、用之不竭的能量资源而无枯竭之忧;1 kg 氢气燃烧能释放出 42 MJ 的热量,它的热值高,与化石燃料相比,约是汽油的 3 倍、煤的 5 倍;氢氧燃料电池还可以高效率地直接将化学能转变为电能,具有十分广阔的发展前景。氢能源的开发应用必须解决三个关键问题:廉价氢的大批量制备、氢的储运和氢的合理有效利用。大规模制取氢气,目前主要有水煤气法、天然气或裂解石油气制氢。但作为氢能系统,并非长久之计,理由很简单:因为其原料来源有限。由水的分解来制取氢气主要包括水的电解、热分解和光分解。水的电解和热分解有能耗大、热功转化效率低、热分解温度高等缺点,不是理想的制取氢气的方法。

对化学家来讲,研究新的经济上合理的制氢办法是一项具有战略性的研究课题。目前,有人提出一种最经济最理想的获得氢能源的循环系统,如图 5-2 所示。

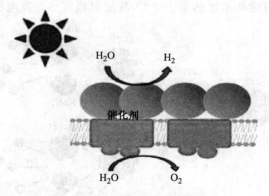

图 5-2　光分解水制氢气

这是一种最理想的氢能源循环体系，类似于光合作用。整个过程分为两个阶段，完成了一个循环：第一阶段，使用光分解催化剂，利用太阳光的能量将 H_2O 分解成 H_2 和 O_2；第二阶段再用 H_2 和 O_2 制备氢氧燃料电池，产物又重新变成 H_2O。在第一阶段中，太阳能被转变成了化学能。第二阶段，化学能被转变成了电能，并重新生成起始物质水。太阳能和水用之不竭，而且价格低廉，急需研究的是寻找合适的光分解催化剂，它能在光照下促使水的分解速度加快。当然氢发电机的反应器和燃料电池也是需要研究的问题。实现上述良性循环，将使人类永远可以各取所需地消耗电能。光分解水制取氢的研究已有一段历史。目前也找到了一些好的催化剂，如钙和联吡啶形成的配合物，它所吸收的光能正好相当于水分解成氢和氧所需的能量。另外，二氧化钛和含钙的化合物也是较适用的催化剂。酶催化水解制氢将是一种最有前景的方法，目前已经发现一些微生物，通过氢化酶诱发电子与水中氢离子结合起来，生成氢气。总之，光分解水制取氢气技术一旦成功突破，将使人类彻底解决能源危机的问题。

氢气的输运和储存是氢能开发利用中极为重要的环节，因此相关技术的研究十分重要。常用储氢的方法有高压气体储存、低压液氢储存、非金属氢化物储存及金属储氢材料的固体储存等。蓬勃发展中的纳米技术也许将会给储氢技术带来新的希望。氢气的输运也是需要着力解决的问题，目前氢气的输运仍然主要使用一般的交通工具及管道输送方式。

3. 太阳能

太阳能是地球上最根本的能源。煤、石油中的化学能是由太阳能转化成的，风能、生物质能、海洋能等其实也都来自太阳能。太阳每年辐射到地球表面的能量约为 5×10^{19} kJ，相当于目前全世界能量消费的 1.3 万倍，真可谓取之不尽用之不竭，因此利用太阳能的前景非常诱人。如何把这些能量收集起来为我们所用，是科学家们十分关心的问题。植物的光合作用是自然界"利用"太阳能极为成功的范例。它不仅为大地带来了郁郁葱葱的森林和养育万物的粮菜瓜果，地球蕴藏的煤、石油、天然气的起源也与此有关。寻找有效的光合作用的模拟体系、利用太阳能使水分解为氢气和氧气以及直接将太阳能转变为电能等都是当今科学技术的重要课题，一直受到各国政府和工业界的支持与鼓励。太阳能与常规能源相比具有如下特点：太阳是个持久、普遍、巨大的能源；太阳能是洁净、无污染的能源；太阳能无偿地提供给地球的每个角落，可就地取材，不受市场的垄断和操纵。但目前太阳能的利用也存在一些问题：阳光普照大地，但单位面积上所受到的辐射热并不大，如何把分散的热量聚集在一起成为有用的能量是问题的关键；就每个地域来说，能量供应还受昼夜、阴晴、季节、纬度等因素的较大影响，能量供应极不稳定。因此太阳能的采集和利用尚有大量课题需要研究。

太阳能的利用主要有热能转换、化学能转换和电能转换等方式。

太阳能的热利用是通过集热器进行光热转化的。集热器也就是太阳能热水器，它的板芯由涂了吸热材料的铜片制成，封装在玻璃钢外壳中。铜片是导热体，进行光热转化的是吸热涂层，这是特殊的有机高分子化合物。封装材料既要有高透光率，又要有良好的绝热性，随涂层、材料、封装技术和热水器的结构设计的不同而不同。终端使用温度较低(低于 100 ℃)时,可供生活热水、取暖等;中等温度(100~300 ℃)时,可供烹调、工业用热等;温度高达 300 ℃以上时,可以供发电站使用。20 世纪 70 年代石油危机之后,这类热水器曾蓬勃发展,特别是在美国、以色列、日本、澳大利亚等国家安装家用太阳能热水器的住宅很多(10%~35%)。20 世纪 80 年代在美国已建成若干示范性的太阳能热发电站,用特殊的抛物面反光镜聚集热量获得高温蒸汽送到发电机进行发电。太阳能也可通过光电池直接变成电能,这就是太阳能电池、光伏打电池。它们具有安全可靠、无噪声、无污染、不需燃料、无需架设输电网、规模可大可小等优点,但需要占用较大的面积,因此比较适合阳光充足的边远地区的农牧民或边防部队使用。已有使用价值的光电池种类不少,多晶硅、单晶硅(掺入少量硼、砷)、碲化镉(CdTe)、硒化铜铟(CuInSe)等都是制造光电池的半导体材料,它们能吸收光子使电子按一定方向流动而形成电流。光电池应用范围很广,大的可用于微波中继站、卫星地面站、农村电话系统,小的可用于太阳能手表、太阳能计算器、太阳能充电器等,这些产品已有广大市场。对于利用阳光发电,美国、德国、日本等发达国家正致力于相应的开发。我国自 20 世纪 80 年代起也开始了太阳能电池的研究,引进了国际先进的技术。太阳能电池现已有小批量生产,受到西藏无电地区牧民们的欢迎。这种小的太阳能发电装置可以为一台彩色电视机和一部卫星接收机提供电源,或为家庭照明和家用电器供电。

截至 2018 年底,中国拥有的太阳能发电能力超过世界上任何其他国家,总装机容量高达 1.3×10^5 MW。如果所有的电场都能同时发电,那么发电量将是整个英国所用电力的几倍。中国拥有许多规模庞大的太阳能发电场,比如位于青藏高原的龙羊峡大坝发电场,总装机容量 850 MW,共有 400 万块太阳能板。目前世界上最大的太阳能发电场位于中国的腾格里沙漠,发电量超过 1500 MW。

4. 生物质能

生物质能是指由太阳能转化并以化学能形式储藏在动物、植物、微生物体内的能量。生物质本质上是由绿色植物和光合细菌等自养生物吸收光能,通过光合作用把水和二氧化碳转化成碳水化合物而形成的。一般来说,绿色植物只吸收了照射到地球表面的辐射能的 0.5%~3.5%。即使如此,全部绿色植物每年所吸收的二氧化碳约 7×10^{11} t,合成有机物约 5×10^{11} t。因此生物质能是一种极为丰富的能量资源,也是太阳能的最好储存方式。生物质能可以说是现代的、可再生的"化石燃料",可为固态、液态或气态。它储量大,使用普遍,含硫量低、充分燃烧后有害气体排放极低。因此,在世界能源结构中至今仍占有十分重要的地位,尤其是在广大的农村和经济不发达的地区。

稻草、劈柴、秸秆等生物质直接燃烧时,热量利用率很低,仅 15%左右。即便使用节柴灶,热量利用率最多也只能达到 25%左右,并且对环境有较大的污染。目前把生物质能作为新能源来考虑,并不是再去烧固态的柴草,而是要将它们转化为可燃性的液态或气态化合物,即把生物质能转化为化学能,然后再利用燃烧放热。农牧业废料、高产作物(如甘蔗、高粱、甘薯等)、速生树木(如赤杨、刺槐、桉树等),经过发酵或高温热分解等方法可以制造甲醇、乙醇等干净的液体燃料;生物质若在密闭容器内经高温干馏,也可以生成可燃性气体(一般为一氧化碳、氢气、甲烷等的混合气体)、液体(焦油)及固体(木炭);

生物质还可以在厌氧条件下发酵生成沼气,沼气是一种可燃的混合气体,其中甲烷占 55%~70%,CO_2 占 25%~40%。沼气作为燃料不仅热值高而且干净,沼渣、沼液是优质速效肥料,同时又处理了各种有机垃圾,清洁了环境。我国的沼气事业起步晚,但发展速度快,数量多。目前农村约有 760 万个小型沼气池作为家用能源。投资建设中型、大型沼气池不仅可用于发电,也可处理城市垃圾。垃圾也可直接用来发电,垃圾中含有的二次能源物质,即有机可燃物,所含热量多、热值高,每 2 t 垃圾可获得相当于燃烧 1 t 煤的热值。焚烧处理后的灰渣呈中性,无气味,不引发二次污染,而且体积减少 90%,重量减少 75%。1 t 垃圾最多可获得 300~400 kW·h 的电能。因此,垃圾发电是一种非常有效的减量化、无害化和资源化的措施。

此外,科学家们发现世界各地普遍生长着各种能产石油的树,如东南亚地区的汉加树,澳大利亚的桉树和牛角爪,巴西的苦配巴树、三角大戟、牛奶树。在国内,可作能源的植物也有广泛的分布,如陕西省的白乳木,海南岛的油楠树,南方的乌桕树,以及广泛栽种的续随子。美国人工种植的黄鼠草,每公顷可年产 6000 kg 石油;美国西海岸的巨型海藻,可用于生产类似柴油的燃料油。我国海南岛的油楠树可谓世界石油树产油之冠,一株树最多可产燃油 50 kg,经过滤后可直接供柴油机使用。

生物质能资源丰富、可再生性强,是一种取之不尽、用之不竭的能源。随着科学技术的发展,人类将会不断培育出高效能源植物,发现新的生物质能转化技术。生物质能的合理开发和综合利用必将对提高人类生活水平、改善全球生态平衡和人类生存环境作出更积极的贡献。

5.4.4　节能战略

国民经济的发展要求能源有相应的增长,人口的增长和生活条件的改善也需要消耗更多的能量。现代社会是一个耗能的社会,没有相当数量的能源是谈不上现代化的。现代主要能源是煤、石油和天然气,它们都是短期内不可能再生的化石燃料,储量都极其有限,因此必须节能。节能不是简单地指少用能量,而是指要充分有效地利用能源,尽量降低各种产品的能耗,这也是国民经济建设中一项长期的战略任务。

一个国家或一个地区能源利用率的高低一般是按生产总值和能源总消耗量的比值进行统计比较的,它与产业结构、产品结构和技术状况有关。和国际相比,我国的能耗比日本高 4 倍,比美国高 2 倍,比印度高 1 倍。所以若能赶上印度的能源利用率,要实现生产翻一番,似乎不必增加能源消费量。要实现国民经济现代化,既要开发能源,又必须降低能耗,开源节流并举,并且要把节流放到更重要的位置。

我国长期面临能源供不应求的局面,人均能源水平低,同时能源利用率低,单位产品能耗高。所以必须用节能来缓解供需矛盾,促进经济发展,同时也有利于环境保护。因此节能是我国的一项基本国策。

预计从 2050 年至 2100 年,几乎所有的能源技术和能源设施将至少被更新两次,大多数与能源有关的基础设施也不例外。

思考与练习

一、是非题（对的在括号内填"√"，错的填"×"）

1. 已知反应 $Mg(s) + \dfrac{1}{2}O_2(g) \longrightarrow MgO(s)$ 的 $\Delta_r H_m^{\ominus}(298.15\ K) = -601.83\ kJ \cdot mol^{-1}$，因此，燃烧 1 mol Mg(g) 吸收 601.83 kJ 的热量。（   ）

2. 在恒温恒压下，下面两个反应方程式的焓变相同：（   ）

$$Mg(s) + \dfrac{1}{2}O_2(g) \longrightarrow MgO(s)$$

$$2Mg(s) + O_2(g) \longrightarrow 2MgO(s)$$

3. 指定稳定态的 $\Delta_f H_m^{\ominus}(298.15\ K)$、$\Delta_f G_m^{\ominus}(298.15\ K)$ 和 $S_m^{\ominus}(298.15\ K)$ 均为零。（   ）

4. 在恒温恒压下，若反应产物的分子总数比反应物的分子总数多，该反应的 $\Delta_r S_m$ 一定为正值。（   ）

5. 在常温常压下，将 H_2 和 O_2 长期混合无明显反应，表明 H_2 和 O_2 反应的 Gibbs 自由能变为正值。（   ）

6. 某反应的 $\Delta_r H_m$ 和 $\Delta_r S_m$ 皆为负值，当温度升高时，$\Delta_r G_m$ 将增大。（   ）

7. 可逆反应平衡时，必有 $\Delta_r G_m^{\ominus}(T) = 0$。（   ）

8. 吸热反应也可能是自发反应。（   ）

9. $\Delta_r S_m$ 为正值的反应均为自发反应。（   ）

10. 某反应的 $\Delta_r G_m > 0$，选取适宜的催化剂可以使反应自发进行。（   ）

二、选择题

1. 25 ℃和标准状态下，N_2 和 H_2 反应生成 1 g $NH_3(g)$ 时放出 2.71 kJ 热量，则可得 $\Delta_f H_m^{\ominus}(NH_3, g, 298.15\ K)$ 等于 _____ $kJ \cdot mol^{-1}$。

    A. $-2.71/17$　　　　B. $2.71/17$　　　　C. -2.71×17　　　　D. 2.71×17

2. 已知反应 $Zn(s) + \dfrac{1}{2}O_2(g) \longrightarrow ZnO(s)$ 的 $\Delta_r H_m^{\ominus}(298.15\ K) = -348.3\ kJ \cdot mol^{-1}$，

    $Hg(l) + \dfrac{1}{2}O_2(g) \longrightarrow HgO(s)$ 的 $\Delta_r H_m^{\ominus}(298.15\ K) = -90.83\ kJ \cdot mol^{-1}$，

    则反应 $Zn(s) + HgO(s) \longrightarrow ZnO(s) + Hg(l)$ 的 $\Delta_r H_m^{\ominus}(298.15\ K)$ 为 _____ $kJ \cdot mol^{-1}$。

    A. -439.11　　　　B. 439.11　　　　C. -257.47　　　　D. 257.47

3. 下列反应中，放出热量最多的反应是 _____。

    A. $CH_4(l) + 2O_2(g) \longrightarrow CO_2(g) + 2H_2O(g)$

    B. $CH_4(g) + 2O_2(g) \longrightarrow CO_2(g) + 2H_2O(g)$

    C. $CH_4(g) + 2O_2(g) \longrightarrow CO_2(g) + 2H_2O(l)$

    D. $CH_4(g) + \dfrac{3}{2}O_2(g) \longrightarrow CO(g) + 2H_2O(l)$

4. 反应 $CaO(s) + H_2O(l) \longrightarrow Ca(OH)_2(s)$ 在 25 ℃和 100 kPa 时为自发反应，高温时逆

反应为自发反应,表明该反应属于_____反应。

A. $\Delta_r H_m^\ominus > 0, \Delta_r S_m^\ominus < 0$ 　　　　　B. $\Delta_r H_m^\ominus > 0, \Delta_r S_m^\ominus > 0$

C. $\Delta_r H_m^\ominus < 0, \Delta_r S_m^\ominus < 0$ 　　　　　D. $\Delta_r H_m^\ominus < 0, \Delta_r S_m^\ominus > 0$

5. 下列反应中,熵值增加最多的反应是_____。

A. $4Al(s) + 3O_2(g) \longrightarrow 2Al_2O_3(s)$ 　　　B. $Ni(CO)_4(s) \longrightarrow Ni(s) + 4CO(g)$

C. $S(s) + H_2(g) \longrightarrow H_2S(g)$ 　　　D. $MgCO_3(s) \longrightarrow MgO(s) + CO_2(g)$

6. 下列热力学函数值为零的是_____。

A. $S_m^\ominus(O_2, g, 298.15\ K)$ 　　　　　B. $\Delta_f H_m^\ominus(I_2, s, 298.15\ K)$

C. $\Delta_f G_m^\ominus(Na^+, aq, 298.15\ K)$ 　　　　　D. $\Delta_f H_m^\ominus(金刚石, s, 298.15\ K)$

7. 反应的 $\dfrac{1}{2}H_2(g) + \dfrac{1}{2}Cl_2(g) \longrightarrow HCl(g)$ 的 $\Delta_r G_m^\ominus(298.15\ K) = -95.299\ kJ \cdot mol^{-1}$,

则 $K^\ominus =$ _____。

A. 5×10^{38} 　　　B. 2×10^{33} 　　　C. 2×10^{18} 　　　D. 5×10^{16}

8. 恒温恒压下,反应自发性的热力学判据是_____。

A. $\Delta H < 0$ 　　　B. $\Delta S < 0$ 　　　C. $\Delta G < 0$ 　　　D. $\Delta U < 0$

三、计算题

1. 一体系由 A 态到 B 态,沿途径 I 放热 120 J,环境对体系做功 50 J。试计算:

(1) 体系由 A 态沿途经 II 到 B 态吸热 40 J,其 W 值为多少?

(2) 体系由 A 态沿途经 III 到 B 态对环境做功 80 J,其 Q 值为多少?

2. 在 27 ℃时,反应 $CaCO_3(s) \longrightarrow CaO(s) + CO_2(g)$ 的摩尔恒压热效应 $Q_p = 178.0\ kJ/mol$, 则在此温度下其摩尔恒容热效应 Q_V 为多少?

3. 写出反应 $3A + B \longrightarrow 2C$ 中 A、B、C 各物质的化学计量数,并计算反应刚生成 1 mol C 物质时反应的进度变化。

4. (1) 用标准摩尔生成焓数据求以下反应的 $\Delta_r H_m^\ominus(298.15\ K)$:

$$4NH_3(g) + 5O_2(g) \longrightarrow 4NO(g) + 6H_2O(l)$$

(2) 用标准摩尔燃烧热数据求以下反应的 $\Delta_r H_m^\ominus(298.15\ K)$:

$$C_2H_5OH(l) \longrightarrow CH_3CHO(l) + H_2(g)$$

5. 计算下列反应在 298.15 K 时的 $\Delta_r H_m^\ominus$:

(1) $CH_3COOH(l) + CH_3CH_2OH(l) \longrightarrow CH_3COOCH_2CH_3(l) + H_2O(l)$

(2) $C_2H_4(g) + H_2(g) \longrightarrow C_2H_6(g)$

6. 人体所需能量大多来源于食物在体内的氧化反应,例如,葡萄糖在细胞中与氧发生氧化反应生成 $CO_2(g)$ 和 $H_2O(l)$,并释放出能量。通常用燃烧热去估算人们对食物的需求量,已知葡萄糖的生成热为 $-1273.3\ kJ/mol$,$CO_2(g)$ 和 $H_2O(l)$ 的生成热分别为 $-393.5\ kJ/mol$ 和 $-285.83\ kJ/mol$,试计算葡萄糖的燃烧热。

7. 不查表,指出在一定温度下,下列反应中熵变值由大到小的顺序:

(1) $CO_2(g) \longrightarrow C(s) + O_2(g)$

(2) $2NH_3(g) \longrightarrow 3H_2(g) + N_2(g)$

(3) $2SO_3(g) \longrightarrow 2SO_2(g) + O_2(g)$

8. 对生命起源问题,有人提出最初植物或动物的复杂分子是由简单分子自动形成的。例如尿素(NH_2CONH_2)的生成可用反应方程式表示如下:

$$CO_2(g) + 2NH_3(g) \longrightarrow (NH_2)_2CO(s) + H_2O(l)$$

(1) 利用附录 2 中的数据计算 298.15 K 时的 $\Delta_r G_m^{\ominus}$,并说明该反应在此温度和标准状态下能否自发;

(2) 在标准状态下最高温度为何值时,反应就不再自发进行了?

9. 已知合成氨的反应在 298.15 K、$p^{\ominus}$ 下,$\Delta_r H_m^{\ominus} = -92.38$ kJ/mol,$\Delta_r G_m^{\ominus} = -33.26$ kJ/mol,求 500 K 下的 $\Delta_r G_m^{\ominus}$,说明升温对反应有利还是不利。

10. 已知 $\Delta_f H_m^{\ominus}(C_6H_6(l), 298 \text{ K}) = 49.10$ kJ/mol,$\Delta_f H_m^{\ominus}(C_2H_2(g), 298 \text{ K}) = 226.73$ kJ/mol;$S_m^{\ominus}(C_6H_6(l), 298 \text{ K}) = 173.40$ J/(mol·K),$S_m^{\ominus}(C_2H_2(g), 298 \text{ K}) = 200.94$ J/(mol·K)。

试判断:$C_6H_6(l) \longrightarrow 3C_2H_2(g)$ 在 298.15 K、标准状态下正向能否自发?并估算最低反应温度。

11. 已知乙醇在 298.15 K 和 101.325 kPa 下的蒸发热为 42.55 kJ/mol,蒸发熵变为 121.6 J/(mol·K),试估算乙醇的正常沸点(℃)。

12. 电子工业中清洗硅片上的 $SiO_2(s)$ 反应:

$$SiO_2(s) + 4HF(g) \longrightarrow SiF_4(g) + 2H_2O(g)$$

已知 $\Delta_r H_m^{\ominus}(298.15 \text{ K}) = -94.0$ kJ/mol,$\Delta_r S_m^{\ominus}(298.15 \text{ K}) = 75.8$ J/(mol·K)。设 $\Delta_r H_m^{\ominus}$ 和 $\Delta_r S_m^{\ominus}$ 不随温度而变化,试求:

(1) 此反应自发进行的温度条件;

(2) 有人提出用 HCl(g)代替 HF,试通过计算判定此建议是否可行。

13. 不查数据表,试估算下列物质熵的大小,按由小到大的顺序排列。

(1) LiCl(s);   (2) $Cl_2(g)$;   (3) Ne(g);   (4) Li(s);   (5) $I_2(g)$.

第六章　电源与材料防腐

6.1　原电池

电池的发端为意大利生理学家 L. Galvani(1737—1798)偶然发现带电的解剖刀可以使青蛙肌肉抽搐。这是人类首次在实验中观察到的、不同于强放电现象的电流。随后，意大利物理学家 A. G. Volta(1745—1827)(电压的单位伏特源自他的名字)于 1800 年发现，将锌片和银片用纸片隔开浸泡在盐溶液中，就可以产生电流，可使青蛙腿部肌肉抽搐。不久，Volta 发现，用任何两种金属代替锌和银，都可以产生电流，这种装置便是 Volta 电堆。

1836 年，英国人 J. F. Daniell 改进了 Volta 电堆，将铜片和锌片分别浸入硫酸铜和硫酸锌溶液，利用盐桥将其连接(盐桥是一支 U 形管，通常充满含 KCl 或 KNO_3 的饱和琼脂冻胶，其作用在于消除两杯溶液中由于电极反应而出现的带电现象，保持溶液的电中性，使整个原电池构成通路)。在两金属片之间连接一只电流计，就可以看到电流计指针发生偏转，说明金属导线中有电流通过。这种通过氧化还原反应而产生电流，即化学能转变成电能的装置称为**原电池**。Daniell 电池的结构对认识原电池的本质具有重要意义。

6.1.1　半电池·原电池符号

在 Cu-Zn 原电池(图 6-1)中，锌电极是负极(电子流出的电极)，在负极上发生氧化反应；铜电极是正极(电子流入的电极)，在正极上发生还原反应。

$$\text{负极：} \quad Zn(s) - 2e^- \longrightarrow Zn^{2+}(aq) \qquad \text{氧化反应}$$

$$\text{正极：} \quad Cu^{2+}(aq) + 2e^- \longrightarrow Cu(s) \qquad \text{还原反应}$$

$$\text{总反应：} \quad Zn(s) + Cu^{2+}(aq) \longrightarrow Zn^{2+}(aq) + Cu(s)$$

电子由负极流向正极，电流方向与之相反。

每个原电池都由两个半电池组成。在 Cu-Zn 原电池中，Zn 和 $ZnSO_4$ 溶液、Cu 和 $CuSO_4$ 溶液分别构成了原电池的两个半电池。每个半电池是由同一种元素的不同氧化值的物种构成。氧化值高的物种称为氧化态，如 Cu^{2+}、Zn^{2+} 等；氧化值低的物种称为还原态，如 Cu、Zn 等。在一定条件下，一种元素的氧化态和还原态可相互转化。例如，Cu-Zn 原电池中，铜半电池反应可表示为：

$$Cu^{2+}(aq) + 2e^- \rightleftharpoons Cu(s)$$

$$\text{氧化态} \qquad\qquad\qquad \text{还原态}$$

这种可逆的氧化还原半反应，用一个通式表示为：

$$\text{氧化态} + ze^- \rightleftharpoons \text{还原态}$$

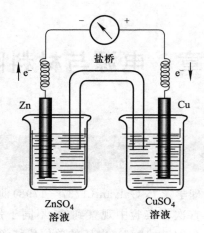

图 6-1 原电池模型

式中 z 为电极反应中转移的电子计量数,这种由同一种元素的氧化态与对应的还原态所组成的电极称为氧化还原电对,并用符号"氧化态/还原态"表示。这样,Cu-Zn 原电池中,两个半电池的电对可分别表示为 Zn^{2+}/Zn 和 Cu^{2+}/Cu。

通常,人们用如下的符号来表示原电池,称为**原电池符号**,如:
$$(-)Zn \mid Zn^{2+}(c_1) \parallel Cu^{2+}(c_2) \mid Cu(+)$$
符号的约定如下:

(1) 用"$\mid$"隔开电极和电解质溶液。

(2) 用"$\parallel$"隔开两个半电池(通常为盐桥)。

(3) 负极在左,以(一)表示;正极在右,以(十)表示。必要时,还可以标出电解质的浓度[以(c)表示]等条件。

(4) 溶液中含有两种或两种以上物质参与电极反应,可用逗号将它们隔开。若是气体物质,则要用分压表示。

不仅金属与其离子可以构成氧化还原电对,而且同一种元素不同氧化值的离子、非金属单质及其相应的离子等均可构成氧化还原电对,如 Fe^{3+}/Fe^{2+}、Sn^{4+}/Sn^{2+}、H^+/H_2、O_2/OH^- 等。另外,金属及其难溶盐也可构成电对,如 $AgCl/Ag$、Hg_2Cl_2/Hg 等。

如果组成电极的物质没有固体导体,是非金属单质及其相应的离子,或者是同一种元素不同氧化态的离子,如 Fe^{3+}/Fe^{2+}、Sn^{4+}/Sn^{2+}、H^+/H_2、O_2/OH^- 等,则必须外加一个能导电而不参与电极反应的惰性电极,如铂、石墨等。

例如以锌电极与氢电极组成原电池,该电池的符号为:
$$(-)Zn \mid Zn^{2+}(c_1) \parallel H^+(c_2) \mid H_2(p) \mid Pt(+)$$
以氢电极与 Fe^{3+}/Fe^{2+} 电极组成原电池,其符号为:
$$(-)Pt \mid H_2(p) \mid H^+(c_1) \parallel Fe^{3+}(c_2), Fe^{2+}(c_3) \mid Pt(+)$$

一般来说,凡是能自发进行的氧化还原反应都可以用来组成原电池,产生电流,如氧化还原反应:
$$Cr_2O_7^{2-} + 6Fe^{2+} + 14H^+ \longrightarrow 2Cr^{3+} + 6Fe^{3+} + 7H_2O$$

在标准状态下组成原电池的符号应写成：

$$(-)\text{Pt} \mid \text{Fe}^{2+}, \text{Fe}^{3+} \parallel \text{Cr}_2\text{O}_7^{2-}, \text{Cr}^{3+}, \text{H}^+ \mid \text{Pt}(+)$$

根据原电池符号，也可写出相应的电极反应方程式及电池反应方程式。

6.1.2　电动势·标准氢电极·标准电极电势

两个半电池连通后可产生电流，表明两个电极之间存在电势差，即构成两个电极的电势（电位）是不同的。物理学规定：电流从正极流向负极，正极的电势高于负极；电池的电动势等于正极的电极电势与负极的电极电势之差。

$$E = E(+) - E(-), \qquad \text{或} \quad E = \varphi_+ - \varphi_- \tag{6-1}$$

那么电极电势是如何产生的呢？

1889 年德国物理学家 Nernst 提出：在金属晶体中存在着金属离子和自由电子，把金属浸入其盐溶液时，金属表面晶格上处于热运动的金属离子受到溶液中水分子的吸引，有可能脱离晶格并以水合离子的状态进入溶液。另一方面，盐溶液中的金属离子又有受金属表面自由电子的吸引而沉积在金属表面上的倾向。当金属在溶液中溶解和沉积的速率相等时，这两种对立的倾向可达到动态平衡：

$$\text{M(s)} \rightleftharpoons \text{M}^{n+} + n\text{e}^-$$

金属越活泼，盐溶液的浓度越小，越有利于正反应。金属离子进入溶液的速率大于沉积速率直至建立平衡，结果是金属带负电荷，溶液带正电荷。溶液中的金属离子并不是均匀分布的，由于异性电荷相吸，金属离子 M^{n+} 聚集在金属片表面附近与金属片表面的负电荷形成双电层（如图 6-2a），这时在金属片和盐溶液之间产生了一定的电势差。反之，金属越不活泼、盐溶液的浓度越大，金属离子离开金属表面进入溶液的倾向就越小。在达到平衡的整个过程中，如果金属离子沉积的速率更大，那么，到达平衡时在金属与溶液的界面上也形成了双电层（如图 6-2b），产生电势差，但这时金属带正电荷而溶液带负电荷。

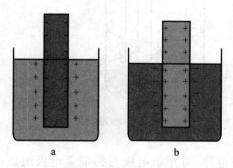

图 6-2　电势差示意图

通常把这种金属与其盐溶液界面上的电势差称为金属的平衡电极电势（简称**电极电势**），用符号 E（氧化态/还原态）表示，其单位为 V。根据产生过程，可知金属电极电势值主要取决于金属失电子的倾向，即还原能力的大小，并受溶液中离子浓度的影响。整个过程还伴有能量变化，所以温度也是影响电极电势的因素之一。

    在铜锌原电池中,由于 Zn 比 Cu 活泼,失电子的倾向更大,形成的双电层中锌片上就带有较多的负电荷,一旦用导线将两个电极相连,电子就自锌极移向铜极,随着电子的转移,电极反应的平衡被破坏了,它促使锌极继续氧化提供电子,铜极接受电子不断起还原反应。在整个过程中,电池的内电路则由盐桥沟通。必须指出的是,无论是从金属进入到溶液中的离子,还是从溶液沉积到金属上的离子的量都是非常小的,以至于不能用化学或物理的方法直接测量。按电化学的惯例,电极电势较大的电极叫正极,电极电势较小的电极称为负极(铜锌原电池锌极是负极,铜极是正极)。

    电极电势的大小反映了金属得失电子能力的大小。若能确定电极电势的绝对值,就可以定量地比较金属在溶液中的活泼性。但至今尚无法直接测量任何单个电极电势的绝对值,然而可用比较的办法确定它的相对值。通常采用标准氢电极作为标准,并把它的电极电势规定为零。

    常用的标准氢电极如图 6-3 所示。把有一层疏松铂黑的铂片浸入 H^+ 浓度为 1 mol·L^{-1}(实际上是溶液中 H^+ 的有效浓度,即 H^+ 的活度值为 1 mol·L^{-1})的酸溶液中,在 298.15 K 时通入压强为 100 kPa 的纯氢气使铂黑吸附并维持饱和状态,这样铂黑片就像由氢气构成的电极一样,这样的电极称为**标准氢电极**,其表达式为 $Pt | H_2(100\ kPa) | H^+$ ($a = 1$ mol·L^{-1})。这时溶液中的氢离子与被铂黑吸附的氢气建立起平衡:

$$2H^+(aq) + 2e^- \rightleftharpoons H_2(g)$$

H_2 和 H^+ 在界面形成双电层,此双电层的电势差,就称为**氢的标准电极电势**。人为规定,在任何温度下标准氢电极的电极电势均为零,以 $E^{\ominus}(H^+/H_2) = 0$ V 表示。

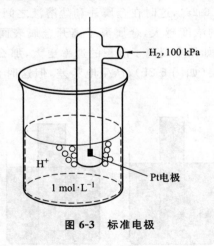

图 6-3　标准电极

    欲确定某电极的电极电势,可把该电极与标准氢电极组成原电池,测量该原电池的电动势 E,得出欲测电极的相对电势差值,即为该电极的电极电势。若待测电极处于标准状态(物质皆为纯净物,组成电对的有关物质的浓度为 1.00 mol·L^{-1},若涉及气体,气体的分压为 100 kPa),所测得的电动势称为标准电动势,所测得的电极电势称为**标准电极电势 $E^{\ominus}$**。

    【例 6-1】　欲测定铜电极的标准电极电势,应组成下列原电池:

$$(-)Pt \mid H_2(p^\ominus) \mid H^+ (1.00 \ mol \cdot L^{-1}) \parallel Cu^{2+}(1.00 \ mol \cdot L^{-1}) \mid Cu(+)$$

测得 298.15 K 时,此电池的电动势为 0.340 V,求 $E^\ominus(Cu^{2+}/Cu)$。

解　在 298.15 K 时,测得该电池的电动势 $E^\ominus = 0.340$ V,即:

$$E^\ominus = E^\ominus(Cu^{2+}/Cu) - E^\ominus(H^+/H_2) = 0.340 \ V$$

因为
$$E^\ominus(H^+/H_2) = 0 \ V$$

所以
$$E^\ominus(Cu^{2+}/Cu) = +0.340 \ V$$

用类似方法,可以测得一系列电对的标准电极电势。还有一些电对,例如 Na^+/Na 与 F_2/F^- 等,它们的标准电极电势不能直接测定,需要用间接的方法求出。附录 5 列出了一些常用的氧化还原电对在酸性或碱性条件下的标准电极电势数据,它们是按照标准电极电势由高到低的顺序排列的,叫做标准电极电势表。为了正确使用标准电极电势表,需要说明几点:

(1) 对于每一个电对,电极反应都以还原反应的形式统一写出:

$$氧化态 + ze^- \rightleftharpoons 还原态$$

(2) 各种电对按标准电极电势由负值到正值的顺序排列。在电对 H^+/H_2 上方的,$E^\ominus$ 为负值;在电对 H^+/H_2 下方的,$E^\ominus$ 为正值。

(3) 每个电对 $E^\ominus$ 的正负号不随电极反应进行的方向而改变。例如在不同场合下,锌电极可以进行氧化反应 $Zn \rightleftharpoons Zn^{2+} + 2e^-$,也可以进行还原反应 $Zn^{2+} + 2e^- \rightleftharpoons Zn$,但在 298.15 K 时,它的 $E^\ominus$ 总是 -0.7618 V。因为 $E^\ominus$ 是在标准状态下,电对的氧化态和还原态处在动态平衡时的平衡电势。

(4) 若将电极反应乘以某系数,其 $E^\ominus$ 不变。例如:

$$Cl_2 + 2e^- \rightleftharpoons 2Cl^- \quad 或 \quad 1/2Cl_2 + e^- \rightleftharpoons Cl^-$$

都是 $E^\ominus = +1.3583$ V。因为 $E^\ominus$ 反映了电对在标准状态下得失电子的倾向,与物质的量无关。

$E^\ominus$ 代数值越小,表示该电对所对应的还原态物质的还原能力越强,氧化态物质的氧化能力越弱。如附录 5 所示,Li 的还原性最强,而 Li^+ 氧化能力最弱。$E^\ominus$ 代数值越大,表示该电对所对应的还原态物质的还原能力越弱,氧化态物质的氧化能力越强。F_2 是最强的氧化剂,F^- 几乎不具有还原性。

虽然电极电势是以标准氢电极为相对标准,但由于标准氢电极的制备与操作均较困难,因此,实际上常用一种制备简单、使用方便、性能稳定的电极作为间接比较的标准,称为参比电极,其电势可以根据标准氢电极准确测知。最常用的参比电极是甘汞电极,它制备、保存都方便,电极电势也极稳定,应用很广。甘汞电极是由汞和甘汞混合研磨成的糊状物(甘汞糊)及 KCl 溶液所组成,并以铂丝为电极导体(见图 6-4)。甘汞电极可写成:

$$Pt \mid Hg(l) \mid Hg_2Cl_2(s) \mid Cl^-(c)$$

电极反应:

$$Hg_2Cl_2(s) + 2e^- \rightleftharpoons 2Hg(l) + 2Cl^-(c)$$

由于甘汞电极中 KCl 溶液浓度通常有饱和、1 $mol \cdot L^{-1}$、0.1 $mol \cdot L^{-1}$ 之分,所以它们在 298.15 K 时的电极电势分别为 0.2412 V、0.2680 V 和 0.3337 V。由饱和 KCl 溶液组成的,称为饱和甘汞电极。

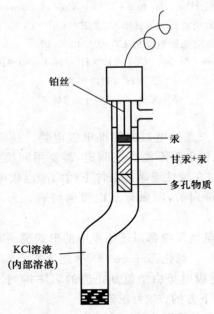

铂丝

汞
甘汞+汞
多孔物质

KCl溶液
(内部溶液)

图 6-4　甘汞电极结构示意图

6.1.3　Nernst 方程式与反应的 Gibbs 自由能变

1. Nernst 方程式

对于任意的氧化还原反应

$$a\,A(aq) + b\,B(aq) \longrightarrow g\,G(aq) + d\,D(aq)$$

在等温等压条件下,根据热力学等温方程式可得:

$$\Delta_r G_m = \Delta_r G_m^{\ominus} + RT \ln J \tag{6-2}$$

根据 $\Delta_r G_m = -EQ = -zFE$ 及 $\Delta_r G_m^{\ominus} = -zFE^{\ominus}$,整理得:

$$E = E^{\ominus} - \frac{RT}{zF} \ln J \tag{6-3}$$

式中 R 为摩尔气体常数,T 为热力学温度,F 为 Faraday 常数,z 为配平的氧化还原反应中得失电子的计量数,J 为反应商。

$$J = \frac{[c(G)/c^{\ominus}]^g \cdot [c(D)/c^{\ominus}]^d}{[c(A)/c^{\ominus}]^a \cdot [c(B)/c^{\ominus}]^b}$$

$T = 298.15$ K 时,则:

$$E = E^{\ominus} - \frac{0.05917 \text{ V}}{z} \lg J \tag{6-4}$$

2. 反应的 Gibbs 自由能变

一个自发进行的氧化还原反应可以设计成原电池,把化学能转变成电能。依据化学热力学,如果化学能全部转变为电功而无其他能量损失,则反应的 Gibbs 自由能变的降低就等于原电池可能做的最大电功。即：

$$-\Delta_r G_m = W_{最大} \tag{6-5}$$

而电功等于电动势（E）与电量（Q）的乘积：

$$W_{最大} = EQ \tag{6-6}$$

当原电池反应中有单位物质的量的电子发生转移时，就产生 96485 C（库仑）的电量。因此：

$$Q = zF \tag{6-7}$$

F 为 Faraday 常数，其值为 96485 C·mol^{-1}。从而可得：

$$\Delta_r G_m = -EQ = -zFE \tag{6-8}$$

式中，E 的单位是 V，$\Delta_r G_m$ 的单位是 kJ·mol^{-1}。

当原电池处于标准状态时，原电池的电动势就是标准电动势，反应的 Gibbs 自由能变就是标准摩尔 Gibbs 自由能变 $\Delta_r G_m^\ominus$，于是：

$$\Delta G = -zFE \tag{6-9}$$

6.1.4　影响电极电势的因素

标准电极电势是在标准状态下测定的，而氧化还原反应不一定都是在标准状态下进行的。对于任意状态，原电池的电动势和电极电势如何计算？

对于任意一个电极反应：

$$a \text{ 氧化态} + ze^- \longrightarrow b \text{ 还原态}$$

设想将此电极与标准氢电极组成原电池，并以标准氢电极作为负极，测得的电动势在数值上就是待测电极的电极电势。

负极反应：$H_2(100 \text{ kPa}) - 2e^- \longrightarrow 2H^+ (1.0 \text{ mol·L}^{-1})$

正极反应：$a \text{ 氧化态} + ze^- \longrightarrow b \text{ 还原态}$

电池反应：

$$z H_2(100 \text{ kPa}) + 2a \text{ 氧化态} \longrightarrow 2z H^+ (1.0 \text{ mol·L}^{-1}) + 2b \text{ 还原态}$$

有：

$$E = E^\ominus - \frac{RT}{2zF}\ln J = E^\ominus - \frac{RT}{2zF}\ln \frac{[c(\text{还原态})/c^\ominus]^{2b}}{[c(\text{氧化态})/c^\ominus]^{2a}}$$

$$= E^\ominus - \frac{RT}{zF}\ln \frac{[c(\text{还原态})/c^\ominus]^{b}}{[c(\text{氧化态})/c^\ominus]^{a}}$$

由于氢电极处于标准状态，故电池电动势为：

$$E = E(\text{氧化态}/\text{还原态}) - E^\ominus(H^+/H_2) \tag{6-10}$$

$$E^\ominus = E^\ominus(\text{氧化态}/\text{还原态}) - E^\ominus(H^+/H_2) \tag{6-11}$$

根据氢标准电极电势的定义，此电池的电动势就是待测电极的电极电势。即：

$$E(\text{氧化态 / 还原态}) = E^\ominus(\text{氧化态}/\text{还原态}) - \frac{RT}{zF}\ln \frac{[c(\text{还原态})/c^\ominus]^{b}}{[c(\text{氧化态})/c^\ominus]^{a}} \tag{6-12}$$

即为电极反应的 **Nernst 方程式**。将式中自然对数换成常用对数，并取 $T = 298.15$ K，得：

$$E(\text{氧化态}/\text{还原态}) = E^\ominus(\text{氧化态}/\text{还原态}) - \frac{0.05917 \text{ V}}{z}\lg \frac{[c(\text{还原态})/c^\ominus]^{b}}{[c(\text{氧化态})/c^\ominus]^{a}} \tag{6-13}$$

这就是 298.15 K 时电极反应的 Nernst 方程式,其中 E(氧化态/还原态)为任意状态下的电极电势,z 为半反应式中得失电子的计量数。当氧化态物种和还原态物种都处于标准状态时,显然有:

$$E(氧化态/还原态)=E^{\ominus}(氧化态/还原态)$$

为了正确理解标准电极电势和 Nernst 方程式,需要注意以下几点:

(1) 对应于每一电对,电极反应都以还原反应的形式统一写出:

$$a\ 氧化态 + ze^- \longrightarrow b\ 还原态$$

即此电势为还原反应的电极电势。

(2) 规定电池电动势 $E=E(+)-E(-)$,各电极的电势都是与标准氢电极组成原电池测得的数据,且正、负号也都给定,故每个电对标准电极电势 $E^{\ominus}$(氧化态/还原态)值的正、负号不随电极反应进行的方向而改变。例如,在不同情况下,锌电极既可进行氧化反应 $Zn(s) \longrightarrow Zn^{2+}(aq)+2e^-$,也可进行还原反应 $Zn^{2+}(aq)+2e^- \longrightarrow Zn(s)$。但在 298.15 K 时,$E^{\ominus}(Zn^{2+}/Zn)$ 值总是 $-0.7618V$。因为 $E^{\ominus}(Zn^{2+}/Zn)$ 值是在标准状态下,电对的氧化态和还原态处在动态平衡时的平衡电势。不管是发生还原反应的正极,或是发生氧化反应的负极,利用电极反应的 Nernst 方程式计算电极电势都适用。而电池的电动势总是等于正极电势减去负极电势。

(3) 利用 Nernst 方程式容易证明,若将已配平的电极反应乘以(或除以)某系数,电极电势值不变。即电极电势是强度状态函数,不随反应的物质的量而改变。

【例 6-2】 写出下列电极反应或电池反应在 298.15 K 时的 Nernst 方程式。

(1) $MnO_4^-(aq)+8H^+(aq)+5e^- \longrightarrow Mn^{2+}(aq)+4H_2O(l)$

(2) $Cl_2(g)+2e^- \longrightarrow 2Cl^-(aq)$

(3) $2MnO_4^-(aq)+10Cl^-(aq)+16H^+(aq) \longrightarrow 2Mn^{2+}(aq)+5Cl_2(g)+8H_2O(l)$

解

(1) $E(MnO_4^-/Mn^{2+})=E^{\ominus}(MnO_4^-/Mn^{2+})+\dfrac{0.05917\ V}{5}\lg\dfrac{[c(MnO_4^-)/c^{\ominus}][c(H^+)/c^{\ominus}]^8}{[c(Mn^{2+})/c^{\ominus}]}$

(2) $E(Cl_2/Cl^-)=E^{\ominus}(Cl_2/Cl^-)+\dfrac{0.05917\ V}{2}\lg\dfrac{[p(Cl_2)/p^{\ominus}]}{[c(Cl^-)/c^{\ominus}]^2}$

(3) $E=E^{\ominus}-\dfrac{0.05917\ V}{10}\lg\dfrac{[c(Mn^{2+})/c^{\ominus}]^2[p(Cl_2)/p^{\ominus}]^5}{[c(MnO_4^-)/c^{\ominus}]^2[c(Cl^-)/c^{\ominus}]^{10}[c(H^+)/c^{\ominus}]^{16}}$

应用 Nernst 方程式时还应注意以下几点:

(1) 电极反应和电池反应一定要配平。

(2) 电极反应和电池反应中的纯固体、纯液体不写进 Nernst 方程式;溶液中的离子浓度要除以标准浓度(即以 $c/c^{\ominus}$ 表示),气体的分压则要除以标准压力(即以 $p/p^{\ominus}$ 表示)。

(3) 电极反应方程式中氧化态、还原态物质浓度或分压的方次为反应中该物质的计量数;电池反应方程式中,反应物和产物的方次为氧化还原反应中,各物质的计量数。

(4) 当介质中的 H^+ 或 OH^- 参加反应时它们的浓度必须写进 Nernst 方程式,其方次为相应的反应方程式中各自的计量数。

由电极反应的 Nernst 方程式可知,影响电极电势的因素有电极的本性、温度 T、参加电极反应的各物质的浓度或分压以及介质的酸碱性等。其中温度对电极电势的影响较小,室温下的反应常按 298.15 K 计算。

下面着重讨论浓度和酸度对电极电势的影响。

1. 浓度对电极电势的影响

【例 6-3】 已知半反应 $Fe^{3+}(aq)+e^- \longrightarrow Fe^{2+}(aq)$ 的 $E^{\ominus}(Fe^{3+}/Fe^{2+})=0.771$ V,计算下列条件下的 $E(Fe^{3+}/Fe^{2+})$。

(1) $c(Fe^{2+})=1.00$ mol $\cdot$ L^{-1}, $c(Fe^{3+})=0.0100$ mol $\cdot$ L^{-1};

(2) $c(Fe^{3+})=1.00$ mol $\cdot$ L^{-1}, $c(Fe^{2+})=0.0100$ mol $\cdot$ L^{-1}。

解

(1) $E(Fe^{3+}/Fe^{2+})=E^{\ominus}(Fe^{3+}/Fe^{2+})+\dfrac{0.05917\text{ V}}{z}\lg\dfrac{[c(Fe^{3+})/c^{\ominus}]}{[c(Fe^{2+})/c^{\ominus}]}$

$\qquad\qquad\qquad =0.771\text{ V}+0.05917\text{ V}\lg\dfrac{0.0100}{1.00}=0.653\text{ V}$

(2) $E(Fe^{3+}/Fe^{2+})=E^{\ominus}(Fe^{3+}/Fe^{2+})+\dfrac{0.05917\text{ V}}{z}\lg\dfrac{[c(Fe^{3+})/c^{\ominus}]}{[c(Fe^{2+})/c^{\ominus}]}$

$\qquad\qquad\qquad =0.771\text{ V}+0.05917\text{ V}\lg\dfrac{1.00}{0.0100}=0.889\text{ V}$

计算结果表明,只要氧化态和还原态物质处于非标准状态,电极电势都要变化。具体地说:只要氧化态一侧(左侧)物质浓度(或分压)减少,或者还原态一侧(右侧)物质浓度(或分压)增大,E 的代数值减小;反之则增大。

思考:若把上述电极反应写成 $2Fe^{3+}(aq)+2e^- \longrightarrow 2Fe^{2+}$,会不会影响计算结果?

【例 6-4】 计算下列反应的 $E^{\ominus}$ 和 E。

$$Pb^{2+}(0.100\text{ mol} \cdot \text{L}^{-1})+Sn(s) \longrightarrow Pb(s)+Sn^{2+}(1.00\text{ mol} \cdot \text{L}^{-1})$$

解　查表得:

$$E^{\ominus}(Pb^{2+}/Pb)=-0.1262\text{ V}, \qquad E^{\ominus}(Sn^{2+}/Sn)=-0.1375\text{ V}$$

$$E^{\ominus}=E^{\ominus}(Pb^{2+}/Pb)-E^{\ominus}(Sn^{2+}/Sn)=-0.1262\text{ V}-(-0.1375\text{ V})$$

$$=0.0113\text{ V}$$

当 $c(Pb^{2+})=0.100$ mol $\cdot$ L^{-1}, $c(Sn^{2+})=1.00$ mol $\cdot$ L^{-1}时,

$$E=E^{\ominus}-\dfrac{0.05917\text{ V}}{z}\lg\dfrac{[c(Sn^{2+})/c^{\ominus}]}{[c(Pb^{2+})/c^{\ominus}]}$$

$$=0.0113\text{ V}-\dfrac{0.05917\text{ V}}{2}\lg\dfrac{1.00}{0.100}=-0.0183\text{ V}$$

或者

$$E=E(Pb^{2+}/Pb)-E^{\ominus}(Sn^{2+}/Sn)$$

而

$$E(Pb^{2+}/Pb)=E^{\ominus}(Pb^{2+}/Pb)+\dfrac{0.05917\text{ V}}{2}\lg[c(Pb^{2+})/c^{\ominus}]$$

$$=-0.1262\text{ V}+\dfrac{0.05917\text{ V}}{2}\lg 0.100$$

$$= -0.1558 \text{ V}$$

所以，

$$E = E(Pb^{2+}/Pb) - E^{\ominus}(Sn^{2+}/Sn) = -0.1558 \text{ V} - (-0.1375 \text{ V}) = -0.0183 \text{ V}$$

由计算可知，当 Pb^{2+} 浓度减少为标准浓度的 1/10 时，铅电极的电极电势减小，原电池的电动势由正值变为负值，说明此时电池反应向逆方向进行。应注意这种以浓度改变而引起的电池反应逆向的特征，即电动势 $E^{\ominus}$ 较小。

通过以上例子，可以看出浓度对电极电势的影响，金属电极的电极电势会因其离子浓度不同而变化。因此，由两种不同浓度的某金属离子的溶液与该金属所形成的两个电极，也可组成一个原电池，这种电池称为浓差电池。

2. 酸度对电极电势的影响

一些氧化剂如 $KMnO_4$、$K_2Cr_2O_7$、H_2O_2 和 HNO_2 等，在被还原时，H^+ 或 OH^- 离子会参加反应，因此酸度的改变当然会影响电极电势和电动势的值。事实上，由于某些氧化剂在还原时需要的 H^+ 很多，所以 H^+ 浓度对电极电势的影响比氧化剂自身浓度的影响要大得多，酸度对电极电势的影响从本质上说，依然是浓度对电极电势的影响。

【例 6-5】 反应 $2MnO_4^-(aq) + 10Cl^-(aq) + 16H^+(aq) \longrightarrow 2Mn^{2+}(aq) + 5Cl_2(g) + 8H_2O(l)$，当 $c(H^+) = 0.1000 \text{ mol} \cdot L^{-1}$，其他物质均处于标准状态时，其电动势为多少？

解 可以通过两种途径计算原电池的电动势：一种是直接利用电池反应的 Nernst 方程式进行计算；另一种途径是利用电极反应的 Nernst 方程式分别计算正、负极的电极电势，然后再计算电动势。

解法 1 直接计算电动势：

查表得：

$$E^{\ominus}(MnO_4^-/Mn^{2+}) = 1.507 \text{ V}, \qquad E^{\ominus}(Cl_2/Cl^-) = 1.3583 \text{ V}$$

$$E^{\ominus} = E^{\ominus}(MnO_4^-/Mn^{2+}) - E^{\ominus}(Cl_2/Cl^-)$$

$$= 1.507 \text{ V} - 1.3583 \text{ V} = 0.149 \text{ V}$$

$$E = E^{\ominus} - \frac{0.05917 \text{ V}}{10} \lg \frac{[c(Mn^{2+})/c^{\ominus}]^2 [p(Cl_2)/p^{\ominus}]^5}{[c(MnO_4^-)/c^{\ominus}]^2 [c(Cl^-)/c^{\ominus}]^{10} [c(H^+)/c^{\ominus}]^{16}}$$

$$= 0.149 \text{ V} - \frac{0.05917 \text{ V}}{10} \lg \frac{1}{(0.1000)^{16}} = 0.054 \text{ V}$$

解法 2 先计算电极电势，然后计算 E。

正极反应：$MnO_4^-(aq) + 8H^+(aq) + 5e^- \longrightarrow Mn^{2+}(aq) + 4H_2O(l)$

负极反应：$2Cl^-(aq) - 2e^- \longrightarrow Cl_2(g)$

$$E(MnO_4^-/Mn^{2+}) = E^{\ominus}(MnO_4^-/Mn^{2+}) - \frac{0.05917 \text{ V}}{z} \lg \frac{[c(Mn^{2+})/c^{\ominus}]}{[c(MnO_4^-)/c^{\ominus}][c(H^+)/c^{\ominus}]^8}$$

$$= 1.507 \text{ V} - \frac{0.05917 \text{ V}}{5} \lg \frac{1}{(0.1000)^8} = 1.412 \text{ V}$$

$$E(Cl_2/Cl^-) = E^{\ominus}(Cl_2/Cl^-) = 1.3583 \text{ V}$$

$$E = E(MnO_4^-/Mn^{2+}) - E(Cl_2/Cl^-)$$

$$= 1.412 \text{ V} - 1.3583 \text{ V} = 0.054 \text{ V}$$

由计算可知,当其他物质均处于标准状态时,由于酸度的变化,也会使电极电势发生变化,而且有时影响相当大。在本例中,如果 pH $\geqslant$ 2.00,我们很容易计算出相应的 $E(MnO_4^-/Mn^{2+})$ 将小于 $E^{\ominus}(Cl_2/Cl^-)$,从而使原电池电动势(E)小于零,此时电池反应逆方向进行。

以上我们重点讨论了浓度、酸度对电极电势的影响。此外,如果电对的氧化态物质或还原态物质转变成沉淀、弱电解质或稳定的配合物等,都将改变氧化态物质或还原态物质的浓度从而对电极电势产生影响。

6.2　电极电势的应用

电极电势是电化学中很重要的数据,除了用以判断原电池的正、负极,计算原电池的电动势和相应的氧化还原反应的摩尔 Gibbs 自由能变外,还可以比较氧化剂和还原剂的相对强弱、判断氧化还原反应进行的方向和程度等。

6.2.1　比较氧化剂、还原剂的相对强弱

电极电势代数值的大小反映了电对中氧化态物质和还原态物质氧化还原能力的相对强弱。氧化还原电对的电极电势代数值越大,则该电对的氧化态物质越易得到电子,是越强的氧化剂,其对应的还原态物质越难失去电子,是越弱的还原剂;氧化还原电对的电极电势代数值越小,则该电对的还原态物质越易失去电子,是越强的还原剂,其对应的氧化态物质越难得到电子,是越弱的氧化剂。因此,我们可以通过电极电势(即 E)比较相关物质的氧化能力或还原能力的相对强弱。

例如,根据下面三个电对的标准电极电势大小顺序:

$$E^{\ominus}(Br_2/Br^-) > E^{\ominus}(Fe^{3+}/Fe^{2+}) > E^{\ominus}(I_2/I^-)$$

可以判断:在标准状态下,I_2 不能氧化 Br^- 或 Fe^{2+}。而 Br_2 是最强的氧化剂,它可氧化 Fe^{2+} 和 I^-。Fe^{3+} 的氧化性比 I_2 强而比 Br_2 弱,因此只能氧化 I^- 而不能氧化 Br^-;Fe^{2+} 的还原性比 Br^- 强而比 I^- 弱,因而它可以还原 Br_2 而不能还原 I_2。

一般来说,当电对的氧化态或还原态物质不处于标准状态,以及 H^+ 或 OH^- 离子参加电极反应时,应考虑离子浓度、气体分压或溶液酸碱度对电极电势的影响,此时先应用 Nernst 方程式计算相关电极电势值后,再根据 E 的大小比较其氧化剂或还原剂的相对强弱。

【例 6-6】　下列三个电对在标准状态时的氧化性强弱顺序如何？ $Cr_2O_7^{2-}/Cr^{3+}$,Fe^{3+}/Fe^{2+},Br_2/Br^-。若 $Cr_2O_7^{2-}/Cr^{3+}$ 改在 pH = 3.00 的条件下,它们的氧化性强弱顺序会发生什么变化？已知 $E^{\ominus}(Cr_2O_7^{2-}/Cr^{3+}) = 1.232$ V,$E^{\ominus}(Fe^{3+}/Fe^{2+}) = 0.771$ V,$E^{\ominus}(Br_2/Br^-) = 1.056$ V。

解　在标准状态下

$$E^{\ominus}(Cr_2O_7^{2-}/Cr^{3+}) > E^{\ominus}(Br_2/Br^-) > E^{\ominus}(Fe^{3+}/Fe^{2+})$$

氧化剂氧化能力顺序为 $Cr_2O_7^{2-} > Br_2 > Fe^{3+}$,其中 $Cr_2O_7^{2-}$ 是最强的氧化剂,Fe^{2+} 是最强的还原剂。

当 pH = 3.00 时,$c(H^+) = 1.00 \times 10^{-3}$ mol $\cdot$ L^{-1}

$$Cr_2O_7^{2-}(aq)+14H^+(aq)+6e^- \longrightarrow 2Cr^{3+}(aq)+7H_2O$$

根据 Nernst 方程式

$$E(Cr_2O_7^{2-}/Cr^{3+}) = E^{\ominus}(Cr_2O_7^{2-}/Cr^{3+}) + \frac{0.05917\ V}{z}lg\frac{[c(Cr_2O_7^{2-})/c^{\ominus}][c(H^+)/c^{\ominus}]^{14}}{[c(Cr^{3+})/c^{\ominus}]^2}$$

$$= 1.232\ V + \frac{0.05917\ V}{6}lg(1.00 \times 10^{-3})^{14}$$

$$= 0.818\ V$$

此时,电极电势的相对大小顺序为 $E^{\ominus}(Br_2/Br^-) > E^{\ominus}(Cr_2O_7^{2-}/Cr^{3+}) > E^{\ominus}(Fe^{3+}/Fe^{2+})$,氧化剂的氧化能力顺序为 $Br_2 > Cr_2O_7^{2-} > Fe^{3+}$。可见,当 pH 增大,即酸性减弱时,$Cr_2O_7^{2-}$ 的氧化能力减弱。

根据电极电势代数值的大小,可判断氧化剂和还原剂的相对强弱,从而帮助我们正确选择适当的氧化剂和还原剂。例如,在例 6-6 中的标准状态下,要氧化 Br^-,只能选用 $Cr_2O_7^{2-}$ 作氧化剂而不能选 Fe^{3+}。

6.2.2　判断氧化还原反应的方向

在恒温恒压下,一个氧化还原反应能否自发进行,热力学判断依据是:

$\Delta G_m < 0$,正反应自发进行;

$\Delta G_m = 0$,平衡状态;

$\Delta G_m > 0$,逆反应自发进行。

由于 $\Delta G_m = -zEF$,所以,

$E > 0$,正反应自发进行;

$E = 0$,平衡状态;

$E < 0$,逆反应自发进行。

即可用电池的电动势 E 来判断氧化还原反应进行的方向。又因为 $E = E(+) - E(-)$,也就是说,只有正极的电极电势大于负极的电极电势,电池反应才能自发地向正方向进行。因此,可以用电极电势的值判断氧化还原反应的自发性。当电池反应处于标准状态时,可用标准电极电势或标准电动势 $E^{\ominus}$ 判断;当电池反应处于非标准状态时,先根据 Nernst 方程式计算电极电势 $E(+)$、$E(-)$ 或电动势 E,然后再作判断。

【例 6-7】 判断下列反应在标准状态时能否自发进行?

$$2Fe^{3+}(aq)+Sn^{2+}(aq)\longrightarrow 2Fe^{2+}(aq)+Sn^{4+}(aq)$$

解　查表得 $E^{\ominus}(Fe^{3+}/Fe^{2+})=0.771\ V$,$E^{\ominus}(Sn^{4+}/Sn^{2+})=0.151\ V$。

假设反应正向进行,则 Fe^{3+}/Fe^{2+} 为电池正极,Sn^{4+}/Sn^{2+} 为电池负极。因此

$$E^{\ominus} = E^{\ominus}(Fe^{3+}/Fe^{2+}) - E^{\ominus}(Sn^{4+}/Sn^{2+})$$

$$= 0.771\ V - 0.151\ V = 0.620\ V > 0$$

与假设一致,所以反应自发正向进行。

【例 6-8】 判断反应 $Pb^{2+}(aq)+Sn(s)\longrightarrow Pb(s)+Sn^{2+}(aq)$ 在下列情况下进行的方向:(1) 标准态;(2) $c(Pb^{2+})=0.1000\ mol \cdot L^{-1}$,$c(Sn^{2+})=1.000\ mol \cdot L^{-1}$。

解　查表得 $E^{\ominus}(Pb^{2+}/Pb)=-0.1262\ V$,$E^{\ominus}(Sn^{2+}/Sn)=-0.1375\ V$。

（1）标准状态

因为 $E^{\ominus}(Pb^{2+}/Pb) > E^{\ominus}(Sn^{2+}/Sn)$，即氧化剂电对（正极）的电极电势大于还原剂电对（负极）的电极电势，所以反应向正方向进行。

（2）当 $c(Pb^{2+}) = 0.1000 \ mol \cdot L^{-1}$，$c(Sn^{2+}) = 1.000 \ mol \cdot L^{-1}$ 时

$$E(Pb^{2+}/Pb) = E^{\ominus}(Pb^{2+}/Pb) + \frac{0.05917 \ V}{z} \lg[c(Pb^{2+})/c^{\ominus}]$$

$$= -0.1262 \ V + \frac{0.05917 \ V}{2} \lg 0.1000$$

$$= -0.1558 \ V$$

$$E(Sn^{2+}/Sn) = E^{\ominus}(Sn^{2+}/Sn) = -0.1375 \ V$$

因为 $E(Pb^{2+}/Pb) < E(Sn^{2+}/Sn)$，所以反应向逆方向进行。此时反应方程式应写成：

$$Pb(s) + Sn^{2+}(1.000 \ mol \cdot L^{-1}) \longrightarrow Pb^{2+}(0.1000 \ mol \cdot L^{-1}) + Sn(s)$$

由上例可看出，当氧化剂电对与还原剂电对的标准电极电势值相差较小时，各物质的浓度对氧化还原反应方向起重要作用。对于简单的电极反应，由于离子浓度对电极电势影响不大，如果两电对的标准电极电势数值相差较大（如大于 0.2 V），即使离子浓度发生变化，也不会使电动势 E 值的正负号发生变化，因此对于非标准状态下的反应仍可以用标准电极电势来进行判别。但对于含有 H^+ 或 OH^- 离子参加的反应，由于酸度对电极电势影响较大，必须用 $E > 0$ 或 $E(+) > E(-)$ 来进行判别，即要利用 Nernst 方程式先求出非标准状态下的电极电势或电动势，再进行判断。

6.2.3　判断氧化还原反应进行的程度

氧化还原反应进行的程度，可用其标准平衡常数 $K^{\ominus}$ 来衡量。由电池反应的 Nernst 方程式 $E = E^{\ominus} - \dfrac{RT}{zF} \ln J$，可知当反应达到平衡时，$E = 0$，此时反应商 J_{eq} 即为标准平衡常数 $K^{\ominus}$。

$$0 = E^{\ominus} - \frac{RT}{zF} \ln J_{eq}$$

$$\ln K^{\ominus} = \frac{zFE^{\ominus}}{RT}$$

当 $T = 298.15 \ K$，并把自然对数换成常用对数可得：

$$\lg K^{\ominus} = \frac{zFE^{\ominus}}{2.303RT} = \frac{zE^{\ominus} \times 96485 \ C \cdot mol^{-1}}{2.303 \times 8.314 \ J \cdot mol^{-1} \cdot K^{-1} \times 298.15 \ K} = \frac{zE^{\ominus}}{0.05917 \ V}$$

即：

$$\lg K^{\ominus} = \frac{zE^{\ominus}}{0.05917 \ V} = \frac{z[E^{\ominus}(+) - E^{\ominus}(-)]}{0.05917 \ V} \tag{6-14}$$

从式中可以看出，标准平衡常数 $K^{\ominus}$ 与各物质的浓度（分压）无关，只与反应中得失的电子数 z 及标准电动势 $E^{\ominus}$ 有关，$E^{\ominus}$ 越大，则 $K^{\ominus}$ 值越大，反应进行的程度越大。

【例 6-9】 试判断下述反应在 298.15 K 时进行的程度。

$$Zn(s) + Cu^{2+}(aq) \longrightarrow Zn^{2+}(aq) + Cu(s)$$

解　查表得 $E^{\ominus}(Cu^{2+}/Cu) = 0.3419 \ V$，$E^{\ominus}(Zn^{2+}/Zn) = -0.7618 \ V$。

$$E^{\ominus} = E^{\ominus}(Cu^{2+}/Cu) - E^{\ominus}(Zn^{2+}/Zn)$$
$$= 0.3419\ V - (-0.7618\ V)$$
$$= 1.1037\ V$$
$$\lg K^{\ominus} = \frac{zE^{\ominus}}{0.05917\ V} = \frac{2 \times 1.1037\ V}{0.05917\ V} = 37.306$$
$$K^{\ominus} = \frac{[c_{eq}(Zn^{2+})/c^{\ominus}]}{[c_{eq}(Cu^{2+})/c^{\ominus}]} = 2.02 \times 10^{37}$$

$K^{\ominus}$值很大,说明反应向右进行得很完全。如果平衡时 $c(Zn^{2+}) = 1.0\ mol \cdot L^{-1}$,则 $c(Cu^{2+})$仅为 $10^{-4}\ mol \cdot L^{-1}$左右。可见锌置换铜的反应进行得很彻底。

【例 6-10】 试计算 298.15 K 时,反应 $Pb^{2+}(aq) + Sn(s) \rightleftharpoons Pb(s) + Sn^{2+}(aq)$ 的标准平衡常数 $K^{\ominus}$;如果反应开始时,$c(Pb^{2+}) = 2.0\ mol \cdot L^{-1}$,平衡时 $c(Pb^{2+})$ 和 $c(Sn^{2+})$ 各为多少?

解 查表得:
$$E^{\ominus}(Pb^{2+}/Pb) = -0.1262\ V, \qquad E^{\ominus}(Sn^{2+}/Sn) = -0.1375\ V$$
$$E^{\ominus} = E^{\ominus}(Pb^{2+}/Pb) - E^{\ominus}(Sn^{2+}/Sn) = -0.1262\ V - (-0.1375\ V) = 0.0113\ V$$
$$\lg K^{\ominus} = \frac{zE^{\ominus}}{0.05917\ V} = \frac{2 \times 0.0113\ V}{0.05917\ V} = 0.3819$$
$$K^{\ominus} = 2.409$$

设平衡时 $c(Sn^{2+}) = y\ mol \cdot L^{-1}$

$$\begin{array}{ccccc} & Pb^{2+}(aq) + Sn(s) & \rightleftharpoons & Pb(s) + Sn^{2+}(aq) \end{array}$$

平衡浓度 /$(mol \cdot L^{-1})$　　　$2 - y$　　　　　　　　　　　y

因为
$$K^{\ominus} = \frac{[c_{eq}(Sn^{2+})/c^{\ominus}]}{[c_{eq}(Pb^{2+})/c^{\ominus}]} = \frac{c_{eq}(Sn^{2+})}{c_{eq}(Pb^{2+})}$$

即
$$\frac{y}{2.0 - y} = 2.409, \quad y = 1.4$$

所以
$$c_{eq}(Sn^{2+}) = 1.4\ mol \cdot L^{-1}, \qquad c_{eq}(Pb^{2+}) = 0.6\ mol \cdot L^{-1}$$

计算表明,该反应标准平衡常数 $K^{\ominus}$较小,平衡时 $c(Pb^{2+})$ 仍然较大,说明反应进行得不完全(转化率为 70%)。

以上对氧化还原反应方向和程度的判断,都是从化学热力学的角度进行讨论的,并未涉及反应速率问题。在实际应用中,对于一个具体的氧化还原反应,既需要考虑反应的可能性,还要考虑反应速率的大小。

应当指出,电极电势的应用是相当广泛的。在化学电源、金属的腐蚀与防护、电解与电镀、电化学加工等领域,电极电势都有重要应用。

6.3　化学电源分类

化学电源指的是电池,种类有很多,按其特点分为干电池、蓄电池和燃料电池三大类。下面简单介绍几种常见的化学电源。

6.3.1　干电池

干电池是反应物质进行一次电化学反应放电之后,就不能再使用的电池,又称一次性电池。按其结构可分为两种:采用液态电解质的湿电池,如铜锌原电池;电解质不能流动的干电池,如锰锌干电池。

1. 锰锌干电池(酸性)

　　酸性锰锌干电池(见图6-5)以锌筒作为负极,并经汞齐化处理,使表面性质更为均匀,以减少锌的腐蚀,提高电池的储藏性能。正极材料是由二氧化锰粉、氯化铵及炭黑组成的一个混合糊状物。正极材料中间插入一根炭棒,作为引出电流的导体。在正极和负极之间有一层增强的隔离纸,该纸浸透了含有氯化铵和氯化锌的电解质溶液,金属锌的上部被密封。这种电池是19世纪60年代法国的Leclanche发明的,故又称为Leclanche电池或炭锌干电池,可表示为:

$$(-)Zn \mid NH_4Cl(20\% \text{ 糊状}), ZnCl_2 \mid MnO_2 \mid C(+)$$

　　尽管这种电池的历史悠久,但对它的电化学过程尚未完全了解,认为放电时,电池中的反应如下:

　　正极为阴极,锰由+4价还原为+3价:

$$2MnO_2 + 2H^+ + 2e^- \longrightarrow 2MnO(OH)$$

　　负极为阳极,锌氧化为+2价锌离子:

$$Zn + 2NH_4Cl \longrightarrow Zn(NH_3)_2Cl_2 + 2H^+ + 2e^-$$

　　总的电池反应为:

$$2MnO_2 + Zn + 2NH_4Cl \longrightarrow 2MnO(OH) + Zn(NH_3)_2Cl_2$$

　　实践经验表明,该电池的电流-电压特性和二氧化锰的来源有关,也直接依赖于锰的氧化态、晶粒的大小及水化程度等。目前已全部以$ZnCl_2$电解液代替NH_4Cl,充分说明Zn^{2+}与Cl^-配位得$[ZnCl_4]^{2-}$,而不必有NH_4^+存在,放电前pH=5,放电后pH上升到pH=7,为中性。

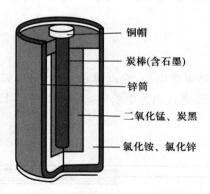

铜帽

炭棒(含石墨)

锌筒

二氧化锰、炭黑

氯化铵、氯化锌

图6-5　锰锌干电池结构示意图

　　此种电池的优点:① 开路电压为1.55~1.70 V;② 原材料丰富,价格低廉;③ 型号多样,1号~7号;④ 携带方便,适用于间歇式放电场合。缺点是:在使用过程中电压不断下降,不能提供稳定电压,且放电功率低,比能量小,低温性能差,在−20℃即不能工作。在高寒地区只可使用碱性锌锰干电池。

2. 锌锰干电池（碱性）

碱性锌锰干电池简称碱锰电池，它在 1882 年研制成功，1912 年就已开发，到了 1949 年才投产问世。人们发现，当用 KOH 电解质溶液代替 NH_4Cl 作电解质时，无论是电解质还是结构上都有较大变化，电池的比能量和放电电流都能得到显著的提高。它的电池表达式为：

$$(-)Zn|KOH,K_2[Zn(OH)_4]|MnO_2|C(+)$$

正极为阴极反应：

$$MnO_2+H_2O+e^- \longrightarrow MnO(OH)+OH^-$$

$MnO(OH)$在碱性溶液中有一定的溶解度：

$$MnO(OH)+H_2O+OH^- \longrightarrow Mn(OH)_4^-$$
$$Mn(OH)_4^- +e^- \longrightarrow Mn(OH)_4^{2-}$$

负极为阳极反应：

$$Zn+2OH^- \longrightarrow Zn(OH)_2+2e^-$$
$$Zn(OH)_2+2OH^- \longrightarrow Zn(OH)_4^{2-}$$

总的电池反应为：

$$Zn+MnO_2+2H_2O+4OH^- \longrightarrow Mn(OH)_4^{2-}+Zn(OH)_4^{2-}$$

由于正极为阴极反应，不全是固相反应，负极为阳极反应，是可溶性的 $Zn(OH)_4^{2-}$，故内阻小，放电后电压恢复能力强。碱性锌锰电池采用了高纯度、高活性的正、负极材料，以及离子导电性强的碱作为电解质，使电化学反应面积成倍增长。

它的特点：① 开路电压为 1.5 V；② 工作温度范围宽，在 $-20\sim60\ ℃$ 之间，低温放电性能很好，适于高寒地区使用；③ 大电流连续放电，其容量是酸性锰锌电池的 5 倍左右。

3. 锌汞电池（纽扣电池）

锌汞电池（图 6-6）是一种碱性电池，它以锌汞齐为负极，氧化汞和炭粉（导电材料）为正极，含有饱和 ZnO 的 KOH 糊状物为电解质，其中 ZnO 与 KOH 形成 $Zn(OH)_4^{2-}$ 配离子。该电池表示为：

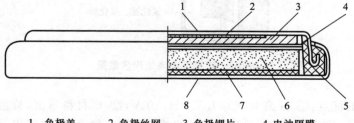

1. 负极盖；　　2. 负极丝网；　　3. 负极锂片；　　4. 电池隔膜；
5. 密封胶圈；　6. 正极片；　　7. 正极丝网；　　8. 正极字壳

图 6-6　纽扣电池结构示意图

$$（-）Zn(Hg)|KOH（糊状，含饱和 ZnO)|HgO|Hg（+）$$

放电时两极主要反应为：

$$正极：HgO+H_2O+2e^- \longrightarrow Hg+2OH^-$$
$$负极：Zn(Hg)+2OH^- \longrightarrow Zn(OH)_2+2e^-$$

锌汞电池的特点是工作电压稳定，放电过程中电压变化不大，保持在 1.34 V 左右，常制成纽扣电池用做助听器、心脏起搏器等小型装置的电源。

6.3.2　蓄电池

1. 镍镉电池

出现于 20 世纪 50 年代的镍镉电池至今仍为占很大市场份额的可充电碱性干电池。电解液为 KOH，放电时电极反应为：

$$负极：Cd(s)+2OH^-(aq) \longrightarrow Cd(OH)_2(s)+2e^-$$
$$正极：NiOOH(s)+H_2O(l)+e^- \longrightarrow Ni(OH)_2(s)+OH^-(aq)$$

充电时发生放电反应的逆反应。镉是致癌物质，废弃的镉电池不回收就会严重污染环境，严重制约了它的发展，故镍镉电池有逐渐被其他可充电电池取代的趋势。

2. 镍氢电池

一种价格比镍镉电池贵得多的可充电电池。电解液仍为 KOH，但不同于镍镉电池，电池负极发生的是氢的氧化反应（$H+OH^- \longrightarrow H_2O+e^-$）。它的出现，应首先归功于储氢材料的发展。很明显，小小的干电池的负极无法使用气态的氢。储存氢的技术有许多种，以一种成分为 $LaNi_5$ 的合金为代表，氢以单原子状态填入晶格。近年来，有人提出用纳米碳管储氢，但离实际应用尚且遥远。

3. 锂电池和锂离子电池

锂碘电池的负极是金属锂，正极是 I_3^- 的盐，固体电解质为能够传导锂离子的 LiI 晶体，可将放电时负极产生的锂离子传导到正极与碘的还原产物 I^- 结合。这种电池电阻很大，电流很小，但十分稳定可靠，例如，作为内植心脏起搏器电池可使用 10 年。

市场上经常见到的标记为 Li-ion 的电池则称为"锂离子电池"。它的负极材料的组成是 C_6Li，是金属锂和碳的复合材料，放电时锂氧化为 Li^+，电解质为能传导 Li^+ 的有机导体或高分子材料，组成及制作常秘而不宣；放电时从负极传导来的 Li^+ 在电池的正极发生如下反应：

$$Li_{0.55}CoO_2+0.45\ Li^++0.45e^- \longrightarrow LiCoO_2$$
$$或\quad Li_{0.35}CoO_2+0.5\ Li^++0.5e^- \longrightarrow Li_{0.85}CoO_2$$

这类电池性能稳定，电池电压可达 3 V。可反复充电。

4. 铅酸蓄电池

铅酸蓄电池是用两组铅锑合金隔板（相互间隔）作为电极导电材料，其中一组隔板的孔穴中填充二氧化铅,在另一组隔板的孔穴中填充海绵状金属铅,并以稀硫酸(密度为 $1.25\sim1.30$ kg·L^{-1})作为电解质溶液而组成的,见图 6-7。

铅酸蓄电池放电时相当于一个原电池的作用,可表示为:

$$(-)Pb \mid H_2SO_4(1.25 \sim 1.30\ kg \cdot L^{-1}) \mid PbO_2(+)$$

放电时两极反应主要为:

负极(氧化):$Pb(s) + SO_4^{2-}(aq) \longrightarrow PbSO_4(s) + 2e^-$

正极(还原):$PbO_2(s) + 4H^+(aq) + SO_4^{2-}(aq) + 2e^- \longrightarrow PbSO_4(s) + 2H_2O(l)$

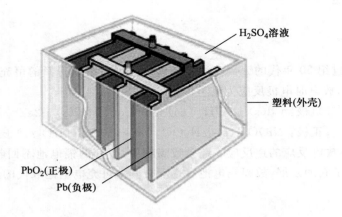

图 6-7　铅酸蓄电池

铅酸蓄电池放电后,利用外界直流电源可进行充电,输入能量,使两极恢复原状,再次循环使用。充电时的两极反应即为上述放电时两极反应的逆反应。

正常情况下铅酸蓄电池的电动势为 2.0 V,电池放电时,随着 $PbSO_4$ 沉淀的析出和 H_2O 溶液的浓度降低,密度减小,因而可用密度计(亦称比重计)测量 H_2SO_4 溶液的密度,以检查蓄电池的情况。当 H_2SO_4 溶液的密度低于 1.20 kg·L^{-1} 时,须充电才能使用。

铅酸蓄电池价格低廉,充放电可逆性好,稳定可靠,因此使用上十分广泛。其缺点主要是笨重。目前使用聚丙烯等有机材料做外壳,可有效减轻自身重量;另外,采用硅胶与硫酸混合制成硅胶电解质代替硫酸溶液,使用更为安全。

5. 银锌电池

银锌电池是一种碱性高能电池,表达式:

$$(-)Zn \mid KOH(40\%) \mid Ag_2O \mid Ag(+)$$

放电时的主要反应为:

负极:$Zn(s) + 2OH^-(aq) \longrightarrow Zn(OH)_2(s) + 2e^-$

正极:$Ag_2O(s) + 2OH^-(aq) + H_2O(l) \longrightarrow 2[Ag(OH)_2]^-(aq)$

$2[Ag(OH)_2]^-(aq) + 2e^- \longrightarrow 2Ag(s) + 4OH^-(aq)$

充电反应即为上述反应的逆反应。

银锌电池单位质量所储能最高,理论电动势为 1.86 V;应用范围广,可作为宇宙飞船、人造卫星的电源,但价格昂贵。

6.3.3　燃料电池

燃料电池是一种通过燃烧使化学能直接转化为电能的装置。它被认为是继火力、水力和核能发电之后有希望大量提供电力的第四种发电技术。早在 19 世纪初,电化学的开山鼻祖英国人 Davy 就已经提出了燃料电池的基本设想。1839 年发明电化学电池的英国人 William Robert Grove(1811—1896)证实了 Davy 的想法,发明了最早的氢氧燃料电池。

燃料电池的基本设计是:电极是用镍、银、钯、铂等金属粉末压制成可以透过气体的多孔又可导电的特殊材料制作的;两个电极之间含有可以移动离子的电解质;燃料(例如氢、肼、一氧化碳、甲烷、乙炔等)和氧化剂(最常用的是氧气)分别从负极和正极的外侧源源不断地通过电极里的微孔进入电池体系,并分别在各自的电极上受到电极材料的催化而发生氧化和还原反应,同时产生电流。燃料电池不同于干电池或蓄电池,它是一个发电装置,在两个电极上发生反应的氧化剂和还原剂是源源不断地输入电池的,同时电池反应产物持续不断地从电池中排出。由于人们选用通常的燃料为这种电池的还原剂,因而称为"燃料电池"。

氢氧燃料电池是目前最成熟的燃料电池,见图 6-8。氢气可从转化天然气或电解水等来源获得,空气为氧源。电池的电解质除大家熟悉的水溶液和熔融盐外,还有可以传递质子的膜或者固体电解质。例如,用于宇宙飞船的氢氧燃料电池是以 30% 的浓 KOH 水溶液为电解质的。氢气和氧气以液态的方式储存于跟电池隔离的高压容器里。反应产物水被用做宇航员的饮水。每个单元电池的实测工作电动势为 0.8~1.0 V。把 30~40 个单元电池组合在一起,形成约 30 V 的电源。化学能转化为电能的效率可以达到 60%~80%,其余的能量仍然以热的形式释放。因此,该电池既可供电,用于飞船的照明和无线电通信,又可供热,来保持飞船适于宇航员生存必需的温度。

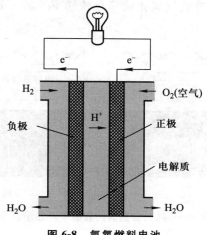

图 6-8　氢氧燃料电池

通常以燃烧反应放出的热为 100% 计算燃料电池的效率。利用热力学理论不难计算出燃料电池的理论效率——燃烧反应放出的热在理论上相当于电池反应的焓变 ΔH，燃料电池理论最大电功相当于电池反应的 Gibbs 自由能变 ΔG，因此，燃料电池的理论效率为 $\Delta G/\Delta H$。

6.4　金属材料腐蚀与防腐

金属在使用过程中，与周围介质接触，由于发生化学作用或电化学作用而遭受破坏的现象叫做金属腐蚀。除了那些贵金属（如 Au、Pt）外，许多金属暴露在大气中（有水和氧存在）时都会发生腐蚀。根本原因是这些金属处于热力学的不稳定状态。在一定条件下，它们终究要恢复到原来在地壳中所处的状态，生成氧化物、硫化物、碳酸盐等，或者生成可溶性离子。

腐蚀带来的损失是十分严重的，如油管漏油、电厂锅炉爆炸、海轮沉没、飞机失事以及吊桥突然坠入河中等。因此，研究金属腐蚀的原因和防止腐蚀的方法具有重要意义。

6.4.1　电化学腐蚀

电化学腐蚀与金属表面发生原电池作用有关，所形成的原电池又称腐蚀电池。腐蚀电池中发生氧化反应的电极称为阳极，发生还原反应的电极称为阴极。

当钢铁暴露在潮湿的空气中时，在表面会形成一层极薄的水膜。空气中的 CO_2、SO_2 等气体溶解在水膜中，使其呈酸性。钢铁中的石墨、渗碳体（Fe_3C）等杂质的电极电势较大，铁的电极电势较小。这样，铁和杂质就好像放在 H^+、CO_3^{2-}、SO_3^{2-} 等离子的电解质溶液中，形成原电池，铁为阳极（负极），杂质为阴极（正极），发生下列电极反应：

阳极：　$Fe \longrightarrow Fe^{2+} + 2e^-$，　$Fe^{2+} + 2OH^- \longrightarrow Fe(OH)_2$

阴极：　$2H^+ + 2e^- \longrightarrow H_2(g)$

总反应：$Fe + 2H_2O \longrightarrow Fe(OH)_2 + H_2(g)$

生成的 $Fe(OH)_2$ 在空气中被氧气氧化成棕色铁锈 $Fe_2O_3 \cdot nH_2O$。由于此过程有氢气放出，故称析氢腐蚀（图 6-9a）。

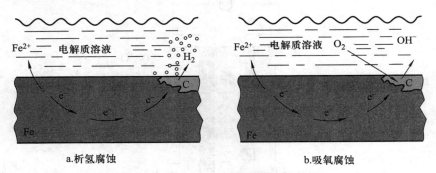

a.析氢腐蚀　　　　　　　　　　　b.吸氧腐蚀

图 6-9　铁的析氢腐蚀和吸氧腐蚀示意图

若钢铁处于弱酸性或中性介质中,且氧气供应充分,则 O_2/OH^- 电对的电极电势大于 H^+/H_2 电对的电极电势,阴极上 O_2 得到电子。反应式如下:

$$阳极: \quad 2Fe \longrightarrow 2Fe^{2+} + 4e^-$$

$$阴极: \quad O_2 + 2H_2O + 4e^- \longrightarrow 4OH^-$$

$$总反应: O_2 + 2H_2O + 2Fe \longrightarrow 2Fe(OH)_2$$

然后 $Fe(OH)_2$ 进一步被氧化为 $Fe_2O_3 \cdot nH_2O$。这种过程因需消耗氧,故称为吸氧腐蚀(图 6-9b)。

由于 O_2 的氧化能力比 H^+ 强,故在大气中金属的电化学腐蚀一般是以吸氧腐蚀为主。大多数金属的电极电势比 $E^{\ominus}(O_2/OH^-)$ 小得多,因此大多数金属都可能产生吸氧腐蚀。

当金属表面氧气分布不均时,也会引起金属的腐蚀。例如置于静止水中的铁桩,常常发现埋在泥土里的部分发生腐蚀而接近水面部分不发生腐蚀,这是因为水中接近水面部分溶解的氧气浓度比较大,而下层泥土中溶解的氧气浓度比较小。这就相当于金属铁浸入含有氧气的溶液中,构成了氧电极。其电极反应和电极电势表达式为:

$$O_2 + 2H_2O + 4e^- \longrightarrow 4OH^-$$

$$E(O_2/OH^-) = E^{\ominus}(O_2/OH^-) + \frac{0.05917 \text{ V}}{4} \lg \frac{[p(O_2)/p^{\ominus}]}{[c(OH^-)]^4} \tag{6-15}$$

由上式可看出:氧的浓度不同,相应的氧电极的电势就不同。在接近水面部分,由于氧气浓度较大,电极电势代数值较大;而处于水下层和泥土中的部分,由于氧气浓度较小,电极电势的代数值也较小。这样便构成了以铁桩的上段为正极(即阴极),以铁桩的下段为负极(即阳极)的浓差电池。结果是铁桩的下部发生腐蚀,而接近水面处不被腐蚀。其电极反应为:

$$阳极(下段): 2Fe \longrightarrow 2Fe^{2+} + 4e^-$$

$$阴极(上段): O_2 + 2H_2O + 4e^- \longrightarrow 4OH^-$$

由于氧气分布不均,形成浓差电池而引起的金属腐蚀叫做氧浓差腐蚀或差异充气腐蚀。氧浓差腐蚀是生产实践中危害很大而又难以防止的一种腐蚀。船体、桥桩、海上采油平台等水上建筑物,油缸、气罐等处于水下或地下部分及筛网交叉处,往往因氧浓差腐蚀而遭受严重破坏。

6.4.2 金属防腐技术

1. 选择合适的耐蚀金属或合金

金属的强度高而且有延展性,便于加工成型,因此是较好的构件材料,至今尚无其他材料能全面替代它。为此,一般根据不同的用途选择制备耐蚀合金。合金能提高电极电势,减少电极活性,从而使金属的稳定性大大提高。在钢中加入 Cr、Al、Si 等元素可增加钢的耐腐蚀性,加入 Cr、Ti、V 等元素可防止氧的腐蚀。如含 Cr 18%、Ni 8%的不锈钢在大气、水和硝酸中较耐腐蚀。

Fe 的纯度达 99.95%时,是银白色,能像黄金一样拉长,即使在 $-269 ℃$时拉长也不会断裂,这种高纯 Fe 放置数年也不会生锈。

2. 涂料防护法

将耐腐蚀的非金属材料(如油漆、塑料、橡胶、陶瓷、玻璃等)覆盖在要保护的金属表面上,使金属和大气隔绝,提高耐蚀性。另外,可用耐腐蚀性较强的金属或合金覆盖欲保护的金属,覆盖的主要方法是电镀。

白铁是镀锌铁,在工艺、民用上应用广泛,如水桶、炉桶金属包皮等都常用白铁板制成。马口铁是镀锡铁,多用于罐头工业。

若镀层金属的电极电势较基底金属为低,镀层主要是起防护作用,即使镀层有缺陷,基底金属也会受到保护,如白铁制品水桶,即使经常磕磕碰碰,却依然没有锈痕。如果镀层金属的电极电势比基底金属高,则镀层只供装饰和起隔离作用,一旦镀层出现缺陷,则基底金属腐蚀更严重。如用马口铁制成的存放食品的罐头盒,一旦开启,可能过不了几天就出现锈痕。

既然白铁能起阳极保护作用,为什么不用它来做罐头盒呢?主要原因是在有机介质中,锌的电极电势和在水溶液中是不一样的,在有机溶液中,它的电极电势比铁高,起不到保护铁的作用。而锡刚好相反。在实际应用时,不能只看标准电极电势,还要考虑条件,尤其是介质的条件。

3. 缓蚀剂法

在腐蚀介质中,加入少量能减小腐蚀速率的物质以达到防止腐蚀目的的方法叫缓蚀剂法。所加的物质叫做缓蚀剂。缓蚀剂种类很多,有用于酸性、碱性或中性液体介质中的缓蚀剂,也有气相缓蚀剂。根据缓蚀剂的化学组成,习惯上按其组分可分成无机缓蚀剂和有机缓蚀剂两大类。

在中性或碱性介质中主要采用无机缓蚀剂,如铬酸盐、重铬酸盐、磷酸盐、磷酸氢盐等。它们能使金属表面形成氧化膜或沉淀物。例如,铬酸钠在中性水溶液中可使铁氧化成氧化铁,并与铬酸钠的还原产物 Cr_2O_3 形成复合氧化物保护膜。

$$2Fe + 2Na_2CrO_4 + 2H_2O \longrightarrow Fe_2O_3 + Cr_2O_3 + 4NaOH$$

又如,在含有氧气的近中性水溶液中,硫酸锌对铁有缓蚀作用。这是因为锌离子能与阳极上产生的 OH^-($O_2 + 2H_2O + 4e^- \longrightarrow 4OH^-$)反应,生成难溶的氢氧化锌沉淀保护膜。

$$Zn^{2+} + 2OH^- \longrightarrow Zn(OH)_2(s)$$

碳酸氢钙也能与阴极上产生的 OH^- 反应生成碳酸钙保护膜。

$$Ca^{2+} + HCO_3^- + OH^- \longrightarrow CaCO_3(s) + H_2O$$

有机缓蚀剂多能形成吸附膜。吸附时它的极性基团吸附于金属表面,非极性基团则背向金属表面,形成的单分子层使酸性介质中的 H^+ 难以接近金属表面,从而阻碍了金属的腐蚀。

4. 电化学保护法

电化学保护法分为阴极保护和阳极保护两种。

（1）阴极保护

阴极保护就是使被保护金属成为电化学系统中的阴极，从而不被腐蚀。

外加电流阴极保护法：即在外加直流电的作用下，用废钢或石墨等不溶性的辅助件作阳极，被保护金属作为阴极，从而达到防止腐蚀的目的。这种方法广泛用于土壤、海水和河水中设备的防腐，尤其是对地下管道（水管、煤气管）、电缆的保护。

牺牲阳极阴极保护法：即在被保护金属上附加一块电极电势比它更低的较活泼的金属或合金，使被保护金属在腐蚀原电池中成为阴极而被保护。常用的牺牲阳极材料有 Mg、Al、Zn 及其合金，牺牲阳极通常是占被保护金属表面积的 $1\% \sim 5\%$，分散分布在被保护金属的表面上。此法适用于海轮外壳、海底设备的保护。

（2）阳极保护

当金属在给定的条件下有可能变成钝态时，如果给它通上适当的阳极电流，它就发生阳极极化，使电极电势往正方向移动。当电极电势达到足够正的数值时，金属就由活泼状态转变为钝态。常用于 Fe、Cr、Ni、Ti 和不锈钢等既具有活性又具有钝性转变特性的金属和合金。这种方法在强腐蚀的酸性介质中应用较多。

电化学保护法可单独使用，也可以与涂料防护法联合使用。

思考与练习

一、是非题（对的在括号内填"√"，错的填"×"）

1. 电极电势值越大，则电对中氧化态物质的氧化能力越强。（　　）

2. 电极电势值越小，则电对中还原态物质的还原能力越弱。（　　）

3. 电对中氧化态物质的氧化性越强，则还原态物质的还原性相对越弱。（　　）

4. 电池的标准电动势 $E^{\ominus} > 0$，则镀层反应一定能自发进行。（　　）

5. 电动势（或电极电势）的值与反应式（或半反应式）的写法无关，而标准平衡常数 $K^{\ominus}$ 及反应的标准摩尔 Gibbs 自由能变 $\Delta_r G_m^{\ominus}$ 的值则与反应式的写法有关。（　　）

6. 钢铁在大气的中性或弱酸性水膜中主要发生吸氧腐蚀，只有在酸性较强的水膜中才主要发生析氢腐蚀。（　　）

7. $E^{\ominus}(Fe^{2+}/Fe) = -0.447$ V，$E^{\ominus}(MnO_4^-/Mn^{2+}) = 1.507$ V，$E^{\ominus}(Mg^{2+}/Mg) = -2.37$ V，所以还原能力为 $Mg > Fe > Mn^{2+}$。（　　）

8. 因为 $E^{\ominus}(Fe^{3+}/Fe^{2+}) = 0.771$ V $< E^{\ominus}(Ag^+/Ag) = 0.799$ V，故 Fe^{3+} 与 Ag^+ 能发生氧化还原反应。（　　）

9. $Co^{2+} + 2e^- \longrightarrow Co$，$E^{\ominus}(Co^{2+}/Co) = -0.28$V，故 $2Co^{2+} + 4e^- \longrightarrow 2Co$，$E^{\ominus}(Co^{2+}/Co) = -0.56$ V。（　　）

10. 在电池反应中，如果电池电动势值越大，则反应进行得越快。（　　）

二、填空题

1. 现有 4 种氧化剂 $K_2Cr_2O_7$、Cl_2、$FeCl_3$ 和 $KMnO_4$，当增大溶液的 H^+ 浓度时，氧化能力不变的有_____，氧化能力增强的有_____。

2. 测得原电池 $(-)Zn | Zn^{2+}(c_1) \| Cu^{2+}(c_2) | Cu(+)$ 的电动势为 1.00 V，这是由于

_____离子浓度比_____离子浓度大。

3. 已知 $E^{\ominus}(Fe^{3+}/Fe^{2+}) > E^{\ominus}(Cu^{2+}/Cu)$，若组成原电池，其电池符号是_____，正极反应为_____，负极反应为_____，总反应为_____。

三、将下列氧化还原反应设计成原电池(并用符号表示)

1. $Cr_2O_7^{2-}+6Fe^{2+}(aq)+14H^+(aq)\longrightarrow 2Cr^{3+}(aq)+6Fe^{3+}(aq)+7H_2O(l)$

2. $Ag^+(aq)+Fe^{2+}(aq)\longrightarrow Ag(s)+Fe^{3+}(aq)$

3. 根据电对 I_2/I^-、Fe^{3+}/Fe^{2+} 的标准电极电势判断,若将两电对组成原电池,哪一电对作正极？哪一电对作负极？写出电极反应和电池反应。

4. 根据标准电极电势,确定下列各物质中哪些是氧化剂？哪些是还原剂？并排出其氧化能力和还原能力的大小顺序。

$$Fe^{3+},Sn^{2+},Zn,MnO_4^-,Cl^-,Fe^{2+},Cu^{2+}$$

5. 写出下列电极反应或电池反应的 Nernst 方程式,并计算其电动势或电极电势的值。

(1) 已知 $E^{\ominus}(ClO_3^-/Cl^-)=1.45$ V,$ClO_3^-(1.0$ mol/L$)+6H^+(0.1$ mol/L$)+6e^-$
$\longrightarrow Cl^-(1.0$ mol/L$)+3H_2O(l)$

(2) $MnO_2(s)+2Br^-(0.1$ mol/L$)+4H^+(5.0$ mol/L$)\longrightarrow Br_2(l)+Mn^{2+}(0.1$ mol/L$)+2H_2O(l)$

四、计算题

1. 写出下列各电对半反应组成的原电池的电池反应、电池符号并计算标准电动势：

(1) $Fe^{3+}+e^-\longrightarrow Fe^{2+}$；　$I_2+2e^-\longrightarrow 2I^-$

(2) $Cu^{2+}+I^-+e^-\longrightarrow CuI$；　$I_2+2e^-\longrightarrow 2I^-$

(3) $Zn^{2+}+2e^-\longrightarrow Zn$；　$2H^++2e^-\longrightarrow H_2$

(4) $Cu^{2+}+2e^-\longrightarrow Cu$；　$2H^++2e^-\longrightarrow H_2$

(5) $O_2+2H_2O+4e^-\longrightarrow 4OH^-$；　$2H_2O+2e^-\longrightarrow H_2+2OH^-$

2. 用 Nernst 方程式计算来说明,使 $Fe+Cu^{2+}\longrightarrow Fe^{2+}+Cu$ 的反应逆转是否有实现的可能？

3. 用 Nernst 方程式计算电对 H_3AsO_4/H_3AsO_3 在 pH＝0、2、4、6、8、9 时的电极电势,用计算的结果绘制 pH-电势图,并用该图判断以下反应在不同酸度下的反应方向。

$$H_3AsO_4+2I^-+2H^+\longrightarrow H_3AsO_3+I_2+2H_2O$$

第七章　物质结构基础

在缤纷的世界中,种类繁多的物质,其性质各不相同。物质在不同条件下表现出来的各种性质,不论是物理性质还是化学性质,都与它们的结构有关。在前几章中,我们主要从宏观(大量分子、原子的聚集体)角度讨论了化学变化中质量、能量变化的关系,解释了为什么有的反应能自发进行而有的则不行。而从微观的角度看,化学变化的实质是物质的化学组成、结构发生了变化。在化学变化中,原子核并不发生变化,而只是核外电子运动状态发生了改变。因此要深入理解化学反应中的能量变化,阐明化学反应的本质,了解物质的结构与性质的关系,预测新物质的合成等,首先必须了解原子结构,特别是原子的电子层结构的知识以及分子结构与晶体结构的有关知识。本章将简要介绍有关物质结构的基础知识。

7.1　原子结构

7.1.1　原子的组成

自然界中的物体,无论是宏观的天体还是微观的分子,无论是有生命的有机体还是无生命的无机体,都是由化学元素组成的。到 20 世纪 40 年代,人们已发现了自然界存在的全部 92 种化学元素,加上用粒子加速器人工制造的化学元素,到 20 世纪末总数已达 111 种。物质由分子组成,分子由原子组成,原子是否还能继续分割?电子、X 射线、放射性现象的发现,证明了原子是可以进一步分割的。人们对原子结构的认识,也证明了物质是无限可分的辩证唯物主义观点。

1911 年 E. Rutherford 通过 α 粒子的散射实验提出了含核原子模型(称 Rutherford 模型):原子是由带负电荷的电子与带正电荷的原子核组成的。原子是电中性的。原子核也具有复杂的结构,它由带正电荷的质子和不带电荷的中子组成。电子、质子、中子等称为基本粒子。原子很小,基本粒子更小,但是它们都有确定的质量与电荷。

电子质量相对于中子、质子要小得多,如果忽略不计,原子相对质量的整数部分就等于质子相对质量(取整数)与中子相对质量之和,这个数值叫做质量数,用符号 A 表示。中子数用符号 N 表示,质子数用符号 Z 表示,则:

$$质量数(A)＝质子数(Z)＋中子数(N)$$

核电荷数由质子数决定:

$$核电荷数＝质子数＝核外电子数$$

归纳起来,用符号 $_Z^A X$ 表示一个质量数为 A、质子数为 Z 的原子。

具有一定数目的质子和中子的原子称为核素,即具有一定的原子核的元素。具有相同质子数的同一类原子总称为元素。同一元素的不同核素互称同位素。例如氢元素有 ^1_1H(氕)、^2_1H(氘)、^3_1H(氚)三种同位素,氘、氚是制造氢弹的材料。元素铀(U)有 $^{234}_{92}U$、$^{235}_{92}U$、$^{238}_{92}U$ 三种同位素,$^{235}_{92}U$ 是制造原子弹的材料和核反应堆的燃料。

7.1.2 微观粒子(电子)的运动特征

与宏观物体相比,分子、原子、电子等物质称为微观粒子。微观粒子的运动规律有别于宏观物体,有其自身特有的运动特征和规律,即**波粒二象性**,体现在量子化及统计性上。

1. 微观粒子的波粒二象性

关于光的本质是波还是微粒的问题,在 17～18 世纪一直争论不休。光的干涉、衍射现象表现出光的波动性,而光压、光电效应则表现出光的粒子性,说明光既具有波的性质又具有微粒的性质,称为光的波粒二象性。根据 A. Einstein 提出的质能联系定律:

$$E = mc^2 \tag{7-1}$$

式中 c 为光速,$c = 2.998 \times 10^8$ m·s^{-1}。

1924 年法国物理学家 L. de Broglie 在光的波粒二象性启发下,大胆假设微观粒子的波粒二象性是一种具有普遍意义的现象。他认为,不仅光具有波粒二象性,所有微观粒子,如电子、原子等实物粒子也具有波粒二象性,并预言高速运动的微观粒子(如电子等)其波长为:

$$\lambda = h/p = h/mv \tag{7-2}$$

式中:m 是粒子的质量,v 是粒子的运动速度,p 是粒子的动量。(7-2)式即为有名的 de Broglie 关系式,这种实物微粒所具有的波称为 de Broglie 波(也叫物质波)。

1927 年,de Broglie 的大胆假设即为 C. J. Davisson 和 H. Geiger 的电子衍射实验所证实。图 7-1 是电子衍射实验的示意图,他们发现,当经过电势差加速的电子束入射到镍单晶上,观察散射电子束的强度和散射角的关系,结果得到完全类似于单色光通过小圆孔那样的衍射图像。从实验所得的衍射图,可以计算电子波的波长,结果表明动量 p 与波长 λ 之间的关系完全符合 de Broglie 关系式(7-2)式,说明 de Broglie 的关系式是正确的。

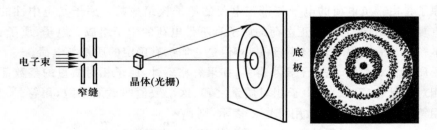

电子束　窄缝　晶体(光栅)　底板

图 7-1　电子衍射实验示意图

电子衍射实验表明:一个动量为 p,能量为 E 的微观粒子,在运动时表现为一个波长为 $\lambda = h/mv$、频率为 $\nu = E/h$ 的沿微粒运动方向传播的波(物质波)。因此,电子等实物粒子也具有波粒二象性。

实验进一步证明，不仅电子，其他如质子、中子、原子等一切微观粒子均具有波动性，都符合(7-2)式的关系。由此可见，波粒二象性是微观粒子的运动特征。因而描述微观粒子的运动不能采用经典的牛顿力学，而必须用描述微观世界的量子力学。

2. 能量量子化

太阳或白炽灯发出的白光，通过三角棱镜的分光作用，可分出红、橙、黄、绿、青、蓝、紫等波长的光谱，这种光谱叫**连续光谱**。而像气体原子(离子)受激发后则产生不同种类的光线，这种光经过三角棱镜分光后，得到分立的、彼此间隔的线状光谱，或称**原子光谱**。相对于连续光谱，原子光谱为**不连续光谱**。任何原子被激发后都能产生原子光谱，光谱中每条谱线表征光的相应波长和频率。不同的原子有各自不同的特征光谱。氢原子光谱是最简单的原子光谱。例如氢原子光谱中从红外区到紫外区，呈现多条具有特征频率的谱线。在可见光区(波长 $\lambda = 400 \sim 780$ nm)有 4 条颜色不同的亮线，见图 7-2。

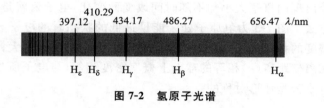

图 7-2　氢原子光谱

氢原子光谱为何符合 Rydberg 公式？显然氢原子光谱与氢原子的电子运动状态之间存在着内在的联系。1913 年丹麦物理学家 N. Bohr 在他的原子模型(称 Bohr 模型)中指出：

(1)氢原子中，电子可处于多种稳定的能量状态(这些状态叫定态)。每一种可能存在的定态其能量大小必须满足

$$E_n \propto -\frac{1}{n^2} \mathrm{J} \tag{7-3}$$

式中：负号表示核对电子的吸引；n 为任意正整数 1、2、3、$\cdots$，$n = 1$ 即氢原子处于能量最低的状态(称基态)，其余为激发态。

(2)n 值愈大，表示电子离核愈远，能量就愈高。$n = \infty$ 时，电子不再受原子核产生的势场的吸引，离核而去，这一过程叫电离。n 值的大小表示氢原子的能级高低。

(3)电子处于定态时的原子并不辐射能量，电子由一种定态(能级)跃迁到另一种定态(能级)，在此过程中以电磁波的形式放出或吸收辐射能($h\nu$)，辐射能的频率取决于两定态能级之间的能量之差。

原子中电子的能量状态不是任意的，而是有一定条件的，它具有微小而分立的能量单位——量子($h\nu$)。也就是说，物质吸收或放出能量就像物质微粒一样，只能以单个的、一定分量的能量，一份一份地按照这一基本分量($h\nu$)的倍数吸收或放出，即能量是量子化的。由于原子的两种定态能级之间的能量差不是任意的，即能量是量子化的、不连续的，由此产生的原子光谱必然是分立的、不连续的。微观粒子的能量及其他物理量具有

量子化的特征是一切微观粒子的共性,是区别于宏观物体的重要特性之一。

3. 统计性

在电子衍射实验中,如果电子流的强度很弱,设想射出的电子是一个一个依次射到底板上,则每个电子在底板上只留下一个黑点,显示出其微粒性。但我们无法预测黑点的位置,每个电子在底板上留下的位置都是无法预测的。但在经历了无数个电子后在底板上留下的衍射环与较强电子流在短时间内的衍射图是一致的。这表明无论是"单射"还是"连射",电子在底板上的概率分布是一样的,也反映出电子的运动规律具有统计性。底板上衍射强度大的地方,就是电子出现概率大的地方,也是波的强度大的地方;反之亦然。电子虽然没有确定的运动轨道,但其在空间出现的概率可由衍射波的强度反映出来,所以电子波又称概率波。

微观粒子的运动规律可以用量子力学中的统计方法来描述。如以原子核为坐标原点,电子在核外定态轨道上运动,虽然我们无法确定电子在某一时刻会在哪一处出现,但是电子在核外某处出现的概率大小却不随时间改变而变化,电子云就是形象地用来描述概率的一种图示方法。图 7-3 为氢原子处于能量最低的状态时的电子云,图中黑点的疏密程度表示概率密度的相对大小。由图可知:离核愈近,概率密度愈大;反之,离核愈远,概率密度愈小。在离核距离(r)相等的球面上概率密度相等,与电子所处的方位无关,因此基态氢原子的电子云是球形对称的。

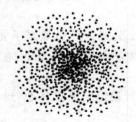

图 7-3　基态氢原子电子云

7.1.3　核外电子运动状态描述

上面我们已经明确了微观粒子的运动具有波粒二象性的特征,所以核外电子的运动状态不能用经典的牛顿力学来描述,而要用量子力学来描述,即以电子在核外出现的概率密度、概率分布来描述电子运动的规律。

1. Schrödinger 方程

既然微观粒子的运动具有波动性,所以可以用波函数 ψ 来描述它的运动状态。1926年,奥地利物理学家 E. Schrödinger 根据电子具有波粒二象性的概念,结合 de Broglie 关系式和光的波动方程提出了微观粒子运动的波动方程,称为 **Schrödinger 方程**:

$$\frac{\partial^2 \psi}{\partial x^2} + \frac{\partial^2 \psi}{\partial y^2} + \frac{\partial^2 \psi}{\partial z^2} = -\frac{8\pi^2 m}{h^2}(E - V)\psi \tag{7-4}$$

式中：ψ 叫波函数；E 是微观粒子的总能量，即势能和动能之和；V 是势能；m 是微粒的质量；h 是 Planck 常数；x、y、z 为空间坐标。求解 Schrödinger 方程的过程很复杂，要求有较深的物理知识，也不是本课程的任务。这里我们只要求了解量子力学处理原子结构问题的大致思路和求解 Schrödinger 方程得到的一些重要结论。

解 Schrödinger 方程得到的波函数不是一个数值，而是用来描述波的数学函数式 $\psi(r,\theta,\phi)$，函数式中含有电子在核外空间位置的坐标 (r,θ,ϕ) 的变量。处于每一定态（即能量状态一定）的电子就有相应的波函数式。

那么，波函数 $\psi(r,\theta,\phi)$ 本身没有明确的物理意义。只能说 ψ 是描述核外电子运动状态的数学表达式，电子运动的规律受它控制。但是，波函数 ψ 绝对值的平方却有明确的物理意义：$|\psi|^2$ 表示电子在核外空间某点附近单位微体积内出现的概率，即概率密度。如果用点的疏密来表示 $|\psi|^2$ 值的大小，可得到基态氢原子的电子云图（参见图 7-3）。因此电子云是 $|\psi|^2$（概率密度）的形象化描述。因而，人们也把 $|\psi|^2$ 称为电子云，而把描述电子运动状态的 ψ 称为原子轨道。

2. 量子数

在求解 Schrödinger 方程时，为使求得的波函数 $\psi(r,\theta,\phi)$ 和能量 E 具有一定的物理意义，因而在求解过程中必须引进 n、l、m 三个量子数。

（1）主量子数（n）

n 可取的数为 1、2、3、4、$\cdots$、n 值愈大，电子离核愈远，能量愈高。由于 n 只能取正整数，所以电子的能量是分立的、不连续的，或者说能量是量子化的。

在同一原子内，具有相同主量子数的电子几乎在离核距离相同的空间内运动，可看做构成一个核外电子"层"。根据 $n=1$、2、3、4、$\cdots$，相应称为 K、L、M、N、O、P、Q 层。

（2）轨道角动量量子数（l）

l 也叫角量子数，其取值受 n 的限制，l 可取的数为 0、1、2、$\cdots$、$(n-1)$，共可取 n 个，在光谱学中分别用符号 s、p、d、f、$\cdots$ 表示，即 $l=0$ 用 s 表示，$l=1$ 用 p 表示等，相应为 s 亚层、p 亚层、d 亚层和 f 亚层，而处于这些亚层的电子即为 s 电子、p 电子、d 电子和 f 电子。例如，当 $n=1$ 时，l 只可取 0；当 $n=4$ 时，l 分别可取 0、1、2、3。l 反映电子在核外出现的概率密度（电子云）分布随角度 (θ,ϕ) 变化的情况，即决定电子云的形状。当 $l=0$ 时，s 电子云与角度 (θ,ϕ) 无关，所以呈球状对称。在多电子原子中，当 n 相同时，不同的角量子数 l（即不同的电子云形状）也影响电子的能量大小。

（3）磁量子数（m）

m 的量子化条件受 l 值的限制，m 可取的数值为 0、± 1、± 2、± 3、$\cdots$、$\pm l$，共可取 $2l+1$ 个值。m 值反映电子云在空间的伸展方向，即取向数目。例如，当 $l=0$ 时，按量子化条件 m 只能取 0，即 s 电子云在空间只有球状对称的一种取向，表明 s 亚层只有一个轨道；当 $l=1$ 时，m 依次可取 -1、0、$+1$ 三个值，表示 p 电子云在空间有互成直角的三个伸展方向，分别以 p_x、p_y、p_z 表示，即 p 亚层有三个轨道；类似地，d、f 电子云分别有 5、7 个取向，有 5、7 个轨道。同一亚层内的原子轨道其能量是相同的，称等价轨道或简并轨道，但在磁场作用下，能量会有微小的差异，因而其线状光谱在磁场中会发生分裂。

当一组合理的量子数 n、l、m 确定后,电子运动的波函数 ψ 也随之确定,该电子的能量、核外的概率分布也确定了。通常将原子中单电子波函数称为"原子轨道",注意这只不过是沿袭的术语,而非宏观物体运动所具有的那种轨道的概念。

（4）自旋角动量量子数（m_s）

n、l、m 三个量子数是解 Schrödinger 方程过程所要求的量子化条件,实验也证明了这些条件与实验的结果相符。但用高分辨率的光谱仪在无外磁场的情况下观察氢原子光谱时发现原先的一条谱线又分裂为两条靠得很近的谱线,反映出电子运动的两种不同的状态。为了解释这一现象,又提出了第四个量子数,叫自旋角动量量子数,用符号 m_s 表示。前面三个量子数决定电子绕核运动的状态,因此,也常称轨道量子数。电子除绕核运动外,其自身还做自旋运动。量子力学用自旋角动量量子数 $m_s = +1/2$ 或 $m_s = -1/2$ 分别表示电子的两种不同的自旋运动状态,通常图示用箭头 ↑、↓ 符号表示。两个电子的自旋状态为"↑↑"时,称自旋平行;而"↑↓"的自旋状态称为自旋相反。

综上所述,主量子数 n 和轨道角动量量子数 l 决定核外电子的能量;轨道角动量量子数 l 决定电子云的形状;磁量子数 m 决定电子云的空间取向;自旋角动量量子数 m_s 决定电子运动的自旋状态。也就是说,电子在核外运动的状态可以用 4 个量子数来描述。根据 4 个量子数可以确定核外电子的运动状态,可以算出各电子层中电子可能的状态数,见表 7-1。

表 7-1 核外电子可能的状态

主量子数 n	1	2		3			4			
电子层符号	K	L		M			N			
轨道角动量量子数 l	0	0	1	0	1	2	0	1	2	3
电子亚层符号	1s	2s	2p	3s	3p	3d	4s	4p	4d	4f
磁量子数 m	0	0	0 ±1	0	0 ±1	0 ±1 ±2	0	0 ±1	0 ±1 ±2	0 ±1 ±2 ±3
亚层轨道数（$2l+1$）	1	1	3	1	3	5	1	3	5	7
电子层轨道数	1	4		9			16			
自旋角动量量子数 m_s	±1/2									
各层可容纳的电子数	2	8		18			32			

7.1.4 原子轨道和电子云的图像

波函数 $\psi_{n,l,m}(r, \theta, \phi)$ 通过变量分离可表示为:

$$\psi_{n,l,m} = R_{n,l}(r) \cdot Y_{l,m}(\theta, \phi) \tag{7-5}$$

式中:波函数 $\psi_{n,l,m}$ 即所谓的原子轨道;$R_{n,l}(r)$ 只与离核半径有关,称为原子轨道的径向部分;$Y_{l,m}(\theta, \phi)$ 只与角度有关,称为原子轨道的角度部分。原子轨道除了用函数式表示外,还可以用相应的图形表示。这种表示方法具有形象化的特点,现介绍几种主要的图形表示法。

1. 原子轨道的角度分布图

原子轨道角度分布图表示波函数的角度部分 $Y_{l,m}(\theta,\phi)$ 随 θ 和 ϕ 变化的图像。

由于波函数的角度部分 $Y_{l,m}(\theta,\phi)$ 只与角量子数 l 和磁量子数 m 有关,因此,只要量子数 l、m 相同,其 $Y_{l,m}(\theta,\phi)$ 函数式就相同,就有相同的原子轨道角度分布图。

例如,所有 $l=0$、$m=0$ 的波函数的角度部分 $Y_{0,0}(\theta,\phi)$ 都和 1s 轨道的相同,是一个球面。

图 7-4 是 s、p、d 原子轨道的角度分布图。从图中看到,三个 p 轨道角度分布的形状相同,只是空间取向不同。它们的 Y_p 极大值分别沿 x、y、z 三个轴取向,所以三种 p 轨道分别称为 p_x、p_y、p_z 轨道。五种 d 轨道中 d_{z^2} 和 $d_{x^2-y^2}$ 两种轨道其 Y 的极大值分别在 z 轴、x 轴和 y 轴的方向上,称为轴向 d 轨道;d_{xy}、d_{xz}、d_{yz} 三种轨道 Y 的极大值都在两个轴间(x 和 y、x 和 z、y 和 z 轴)45°夹角的方向上,称为轴间轨道。除 d_{z^2} 轨道外,其余四种 d 轨道角度分布的形状相同,只是空间取向不同。

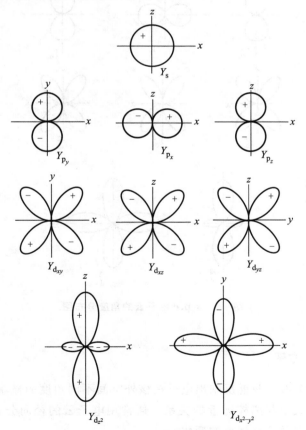

图 7-4 s、p、d 原子轨道的角度分布图

2. 电子云的角度分布图

电子云的角度分布图是波函数角度部分函数 $Y(\theta,\phi)$ 的平方 $|Y|^2$ 随 θ、ϕ 角度变化的图形(见图 7-5),反映出电子在核外空间不同角度的概率密度大小。电子云的角度分布图与相应的原子轨道的角度分布图是相似的,它们之间的主要区别在于:

(1)原子轨道角度分布图中 Y 有正、负之分,而电子云角度分布图中 $|Y|^2$ 无正、负号,这是由于 $|Y|$ 平方后总是正值;

(2)由于 $Y<1$ 时,$|Y|^2$ 一定小于 Y,因而电子云角度分布图要比原子轨道角度分布图稍"瘦"些。

原子轨道、电子云的角度分布图在化学键的形成、分子的空间构型的讨论中有重要意义。

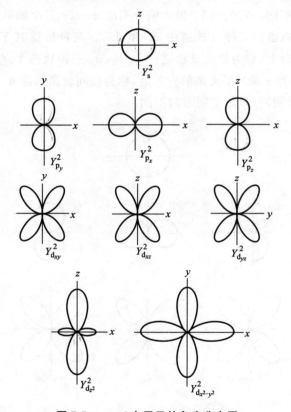

图 7-5　s、p、d 电子云的角度分布图

3. 电子云的径向分布图

电子云的角度分布图只能反映出电子在核外空间不同角度的概率密度大小,并不反映电子出现的概率大小与离核远近的关系。通常用电子云的径向分布图来反映电子在核外空间出现的概率及离核远近的变化。

图 7-6 为 1s 电子云的径向分布图,曲线在 $r=52.9$ pm 处有一极大值,意指 1s 电子

在离核半径 $r=52.9$ pm 的球面处出现的概率最大，球面外或球面内电子都有可能出现，但概率较小。氢原子电子云的径向分布示意图见图 7-7，从图中可以看出，电子云径向分布曲线上有 $n-l$ 个峰值。例如，3d 电子，$n=3$、$l=2$，$n-l=1$，只出现一个峰值；3s 电子，$n=3$、$l=0$，$n-l=3$，有三个峰值。在角量子数 l 相同、主量子数 n 增大时，如 1s、2s、3s，电子云沿 r 扩展得越远，或者说电子离核的平均距离越来越远；当主量子数 n 相同而角量子数 l 不同时，如 3s、3p、3d，这三个轨道上的电子离核的平均距离则较为接近。因为 l 越小，峰的数目越多，l 小者离核最远的峰虽比 l 大者离核远，但 l 小者离核最近的小峰却比 l 大者最小的峰离核更近。

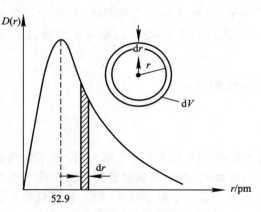

图 7-6 1s 电子云的径向分布图

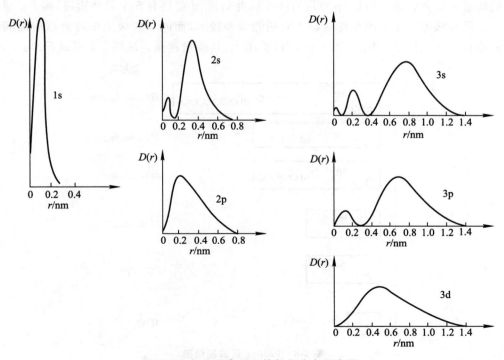

图 7-7 氢原子电子云的径向分布示意图

主量子数 n 越大,电子离核平均距离越远;主量子数 n 相同,电子离核平均距离相近。因此,从电子云的径向分布可看出核外电子是按 n 值分层的,n 值决定了电子层数。

7.2　原子核外电子排布

　　前面讨论了氢原子的核外电子运动状态,氢原子和类氢原子核外只有一个电子,它只受到核的吸引作用,其波动方程可精确求解,其原子轨道的能量只取决于主量子数 n,在主量子数 n 相同的同一电子层内,各亚层的能量是相等的。如 $E_{2s} = E_{2p}$,$E_{3s} = E_{3p} = E_{3d}$,等等。而在多电子原子中,电子不仅受核的吸引,电子与电子之间还存在相互排斥作用,相应的波动方程就不能精确求解,电子的能量不仅取决于主量子数 n,还与轨道角动量量子数 l 有关。

7.2.1　核外电子排布规则

1. Pauling 近似能级图

　　L. Pauling 根据光谱实验数据及理论计算结果,把原子轨道能级按从低到高分为 7 个能级组,如图 7-8 所示,称为 **Pauling 近似能级图**。图中能级次序即为电子在核外的排布顺序。能级图中每一小圈代表一个原子轨道,如 s 亚层只有 1 个原子轨道,p 亚层有 3 个能量相等的原子轨道,d 亚层则有 5 个。量子力学中把能量相同的状态叫简并状态,相应的轨道叫简并轨道。所以,p 亚层有 3 个简并轨道,d 亚层有 5 个简并轨道,而 f 亚层则有 7 个简并轨道。相邻两个能级组之间的能量差较大,而同一能级组中各轨道能级间的能量差较小或很接近。轨道的 $(n + 0.7l)$ 值越大,其能量越高。从图 7-8 可以看出:

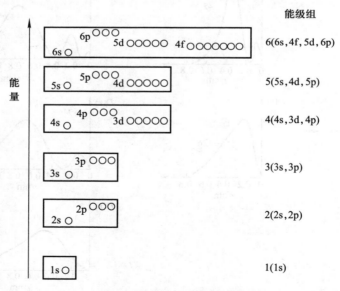

图 7-8　Pauling 近似能级图

（1）当轨道角动量量子数 l 相同时，随着主量子数 n 值的增大，原子轨道的能量依次升高。如：

$$E_{1s}<E_{2s}<E_{3s}\cdots$$

余类推。

（2）当主量子数 n 相同时，随着轨道角动量量子数 l 值的增大，轨道能量升高。如：

$$E_{ns}<E_{np}<E_{nd}<E_{nf}$$

（3）当主量子数 n 和轨道角动量量子数 l 都不同时，有能级交错现象。如：

$$E_{4s}<E_{3d}<E_{4p}$$
$$E_{5s}<E_{4d}<E_{5p}$$
$$E_{6s}<E_{4f}<E_{5d}<E_{6p}$$

有了 Pauling 近似能级图，各元素基态原子的核外电子可按这一能级图从低到高顺序填入。

必须指出，Pauling 近似能级图仅仅反映了多电子原子中原子轨道能量的近似高低，不能认为所有元素原子的能级高低都是一成不变的。光谱实验和量子力学理论证明，随着元素原子序数的递增（核电荷数增加），原子核对核外电子的吸引作用增强，轨道的能量有所下降。由于不同轨道下降的程度不同，因此能级的相对次序有所改变。

2. 核外电子排布的一般原则

了解核外电子的排布，有助于对元素性质周期性变化规律的理解，以及对元素周期表结构和元素分类本质的认识。在已发现的 119 种元素中，除氢以外的原子都属于多电子原子。多电子原子核外电子的排布遵循以下三条原则：

（1）能量最低原理

"系统的能量越低，系统越稳定"，这是大自然的规律。原子核外电子的排布也服从这一规律。多电子原子在基态时核外电子的排布将尽可能优先占据能量较低的轨道，以使原子能量处于最低，这就是能量最低原理。

（2）Pauli 不相容原理

在同一原子中不可能有 4 个量子数完全相同的两个电子存在，这就是 Pauli 不相容原理。或者说在轨道量子数 n、l、m 确定的一个原子轨道上最多可容纳两个电子，而这两个电子的自旋方向必须相反，即自旋角动量量子数分别为 $+1/2$ 和 $-1/2$。按照这个原理，s 轨道可容纳 2 个电子，p、d、f 轨道依次最多可容纳 6、10、14 个电子，并可推知每一电子层可容纳的最多电子数为 $2n^2$。

（3）Hund 规则

F. Hund 根据大量光谱实验得出："电子在能量相同的轨道（即简并轨道）上排布时，总是尽可能以自旋相同的方式分占不同的轨道，因为这样的排布方式原子的能量最低。"这就是 Hund 规则。如图 7-9 氮原子的电子排布式，N 原子的三个 2p 电子分别占据 p_x、p_y、p_z 三个简并轨道，且自旋角动量量子数相同（自旋平行）。此外，作为 Hund 规则的补充，当亚层的简并轨道被电子半充满、全充满或全空时最为稳定。

3. 电子排布式与电子构型

下面我们运用核外电子排布规则来讨论核外电子排布的几个实例：

$_7$N 的核外电子排布为：$1s^2 2s^2 2p^3$

这种用量子数 n 和 l 表示的电子排布式称电子构型（或电子组态、电子结构式），右上角的数字是轨道中的电子数目。为了表明这些电子的磁量子数和自旋角动量量子数，也可用图 7-9 的图示形式表示，也常称轨道排布式。一短横（也有用□或○）表示 n、l、m 确定的一个轨道，箭头符号↓、↑表示电子的两种自旋状态（$m_s = +1/2, m_s = -1/2$）。

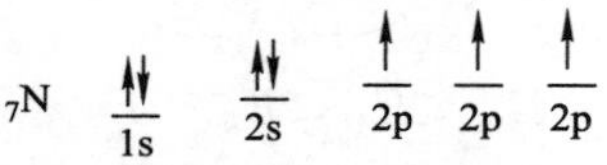

$$_7 N \quad \underset{1s}{\uparrow\downarrow} \quad \underset{2s}{\uparrow\downarrow} \quad \underset{2p}{\uparrow} \quad \underset{2p}{\uparrow} \quad \underset{2p}{\uparrow}$$

图 7-9　氮原子电子排布式

为了避免电子排布式书写过繁，常把电子排布已达到稀有气体结构的内层，以稀有气体元素符号外加方括号"[　]"（称原子实）表示。如钠原子的电子构型 $1s^2 2s^2 2p^6 3s^1$ 也可表示为 [Ne]$3s^1$。原子实以外的电子排布称外层电子构型。必须注意，虽然原子中电子是按近似能级图由低到高的顺序填充的，但在书写原子的电子构型时，外层电子构型应按 $(n-2)f$、$(n-1)d$、ns、np 的顺序书写。如：

$_{22}$Ti 电子构型为　[Ar]$3d^2 4s^2$；　　　　$_{24}$Cr 电子构型为　[Ar]$3d^5 4s^1$；

$_{29}$Cu 电子构型为　[Ar]$3d^{10} 4s^1$；　　　$_{64}$Gd 电子构型为　[Xe]$4f^7 5d^1 6s^2$；

$_{82}$Pb 电子构型为　[Xe]$4f^{14} 5d^{10} 6s^2 6p^2$。

对绝大多数元素的原子来说，按电子排布规则得出的电子排布式与光谱实验的结论是一致的。然而有些副族元素如 $_{74}$W（[Xe]$5d^4 6s^2$）等，不能用上述规则予以完满解释，这种情况在第六、七周期元素中较多。应该说，这些原子的核外电子排布仍然是服从能量最低原理的，说明电子排布规则还有待发展完善，使它更加符合实际。元素基态原子的电子构型见表 7-2。

当原子失去电子成为阳离子时，其电子是按 $np \rightarrow ns \rightarrow (n-1)d \rightarrow (n-2)f$ 的顺序失去电子的。如 Fe^{2+} 的电子构型为 [Ar]$3d^6 4s^0$，而不是 [Ar]$3d^4 4s^2$。原因是同一元素的阳离子比原子的有效核电荷多，造成基态阳离子的轨道能级与基态原子的轨道能级有所不同。

7.2.2　电子层结构与元素周期律

元素周期律使人们认识到元素之间彼此不是相互孤立的，而是存在着内在的联系，由此对化学元素的认识形成了一个完整的自然体系，使化学成为一门系统的科学。自 20 世纪 30 年代量子力学不断发展并弄清了各元素原子核外电子分布之后，人们才认识到元素周期律的内在原因是核外电子分布，特别是与外层电子分布密切相关。

表 7-2　元素基态原子的电子构型

原子序数	元素	电子构型
1	H	$1s^1$
2	He	$1s^2$
3	Li	$[He]2s^1$
4	Be	$[He]2s^2$
5	B	$[He]2s^22p^1$
6	C	$[He]2s^22p^2$
7	N	$[He]2s^22p^3$
8	O	$[He]2s^22p^4$
9	F	$[He]2s^22p^5$
10	Ne	$[He]2s^22p^6$
11	Na	$[Ne]3s^1$
12	Mg	$[Ne]3s^2$
13	Al	$[Ne]3s^23p^1$
14	Si	$[Ne]3s^23p^2$
15	P	$[Ne]3s^23p^3$
16	S	$[Ne]3s^23p^4$
17	Cl	$[Ne]3s^23p^5$
18	Ar	$[Ne]3s^23p^6$
19	K	$[Ar]4s^1$
20	Ca	$[Ar]4s^2$
21	Sc	$[Ar]3d^14s^2$
22	Ti	$[Ar]3d^24s^2$
23	V	$[Ar]3d^34s^2$
24	Cr	$[Ar]3d^54s^1$
25	Mn	$[Ar]3d^54s^2$
26	Fe	$[Ar]3d^64s^2$
27	Co	$[Ar]3d^74s^2$
28	Ni	$[Ar]3d^84s^2$
29	Cu	$[Ar]3d^{10}4s^1$
30	Zn	$[Ar]3d^{10}4s^2$
31	Ga	$[Ar]3d^{10}4s^24p^1$
32	Ge	$[Ar]3d^{10}4s^24p^2$
33	As	$[Ar]3d^{10}4s^24p^3$
34	Se	$[Ar]3d^{10}4s^24p^4$
35	Br	$[Ar]3d^{10}4s^24p^5$
36	Kr	$[Ar]3d^{10}4s^24p^6$
37	Rb	$[Kr]5s^1$
38	Sr	$[Kr]5s^2$
39	Y	$[Kr]4d^15s^2$
40	Zr	$[Kr]4d^25s^2$
41	Nb	$[Kr]4d^45s^1$
42	Mo	$[Kr]4d^55s^1$
43	Tc	$[Kr]4d^55s^2$
44	Ru	$[Kr]4d^75s^1$
45	Rh	$[Kr]4d^85s^1$
46	Pd	$[Kr]4d^{10}$
47	Ag	$[Kr]4d^{10}5s^1$
48	Cd	$[Kr]4d^{10}5s^2$
49	In	$[Kr]4d^{10}5s^25p^1$
50	Sn	$[Kr]4d^{10}5s^25p^2$
51	Sb	$[Kr]4d^{10}5s^25p^3$
52	Te	$[Kr]4d^{10}5s^25p^4$
53	I	$[Kr]4d^{10}5s^25p^5$
54	Xe	$[Kr]4d^{10}5s^25p^6$
55	Cs	$[Xe]6s^1$
56	Ba	$[Xe]6s^2$
57	La	$[Xe]5d^16s^2$
58	Ce	$[Xe]4f^15d^16s^2$
59	Pr	$[Xe]4f^36s^2$
60	Nd	$[Xe]4f^46s^2$
61	Pm	$[Xe]4f^56s^2$
62	Sm	$[Xe]4f^66s^2$
63	Eu	$[Xe]4f^76s^2$
64	Gd	$[Xe]4f^75d^16s^2$
65	Tb	$[Xe]4f^96s^2$
66	Dy	$[Xe]4f^{10}6s^2$
67	Ho	$[Xe]4f^{11}6s^2$
68	Er	$[Xe]4f^{12}6s^2$
69	Tm	$[Xe]4f^{13}6s^2$
70	Yb	$[Xe]4f^{14}6s^2$
71	Lu	$[Xe]4f^{14}5d^16s^2$
72	Hf	$[Xe]4f^{14}5d^26s^2$
73	Ta	$[Xe]4f^{14}5d^36s^2$
74	W	$[Xe]4f^{14}5d^46s^2$
75	Re	$[Xe]4f^{14}5d^56s^2$
76	Os	$[Xe]4f^{14}5d^66s^2$
77	Ir	$[Xe]4f^{14}5d^76s^2$
78	Pt	$[Xe]4f^{14}5d^96s^1$
79	Au	$[Xe]4f^{14}5d^{10}6s^1$
80	Hg	$[Xe]4f^{14}5d^{10}6s^2$
81	Tl	$[Xe]4f^{14}5d^{10}6s^26p^1$
82	Pb	$[Xe]4f^{14}5d^{10}6s^26p^2$
83	Bi	$[Xe]4f^{14}5d^{10}6s^26p^3$
84	Po	$[Xe]4f^{14}5d^{10}6s^26p^4$
85	At	$[Xe]4f^{14}5d^{10}6s^26p^5$
86	Rn	$[Xe]4f^{14}5d^{10}6s^26p^6$
87	Fr	$[Rn]7s^1$
88	Ra	$[Rn]7s^2$
89	Ac	$[Rn]6d^17s^2$
90	Th	$[Rn]6d^27s^2$
91	Pa	$[Rn]5f^26d^17s^2$
92	U	$[Rn]5f^36d^17s^2$
93	Np	$[Rn]5f^46d^17s^2$
94	Pu	$[Rn]5f^67s^2$
95	Am	$[Rn]5f^77s^2$
96	Cm	$[Rn]5f^76d^17s^2$
97	Bk	$[Rn]5f^97s^2$
98	Cf	$[Rn]5f^{10}7s^2$
99	Es	$[Rn]5f^{11}7s^2$
100	Fm	$[Rn]5f^{12}7s^2$
101	Md	$[Rn]5f^{13}7s^2$
102	No	$[Rn]5f^{14}7s^2$
103	Lr	$[Rn]5f^{14}6d^17s^2$
104	Rf	$[Rn]5f^{14}6d^27s^2$
105	Db	$[Rn]5f^{14}6d^37s^2$
106	Sg	$[Rn]5f^{14}6d^47s^2$
107	Bh	$[Rn]5f^{14}6d^57s^2$
108	Hs	$[Rn]5f^{14}6d^67s^2$
109	Mt	$[Rn]5f^{14}6d^77s^2$
110	Ds	$[Rn]5f^{14}6d^87s^2$
111	Rg	$[Rn]5f^{14}6d^97s^2$
112	Cn	$[Rn]5f^{14}6d^{10}7s^2$
113	Nh	$[Rn]5f^{14}6d^{10}7s^27p^1$
114	Fl	$[Rn]5f^{14}6d^{10}7s^27p^2$
115	Mc	$[Rn]5f^{14}6d^{10}7s^27p^3$
116	Lv	$[Rn]5f^{14}6d^{10}7s^27p^4$
117	Ts	$[Rn]5f^{14}6d^{10}7s^27p^5$
118	Og	$[Rn]5f^{14}6d^{10}7s^27p^6$
119	Uue	$[Og]8s^1$

注：☐ 框内为过渡金属元素；⋮ 框内为内过渡金属元素，即镧系与锕系元素。

1. 能级组与元素周期

从各元素的电子层结构可知,随主量子数 n 的增加,n 每增加一个数值就增加一个能级组,因而增加一个新的电子层,相当于周期表中的一个周期。原子核外电子分布的周期性是元素周期律的基础,而元素周期表是周期律的具体表现形式。周期表有多种形式,现在常用的是长式周期表。它将元素分为 7 个周期,横向排列。观察比较周期表与能级组,不难发现,基态原子填有电子的最高能级组序数与原子所处周期数相同,各能级组能容纳的电子数等于相应周期的元素数目,表 7-3 列出了能级组与周期的相应关系。

表 7-3　能级组与周期的关系

周期	周期名称	能级组	能级组内各亚层电子填充次序	起止元素	所含元素种数
1	特短周期	1	$1s^{1\sim2}$	$_1H\sim_2He$	2
2	短周期	2	$2s^{1\sim2}\rightarrow2p^{1\sim6}$	$_3Li\sim_{10}Ne$	8
3	短周期	3	$3s^{1\sim2}\rightarrow3p^{1\sim6}$	$_{11}Na\sim_{18}Ar$	8
4	长周期	4	$4s^{1\sim2}\rightarrow3d^{1\sim10}4p^{1\sim6}$	$_{19}K\sim_{36}Kr$	18
5	长周期	5	$5s^{1\sim2}\rightarrow4d^{1\sim10}5p^{1\sim6}$	$_{37}Rb\sim_{54}Xe$	18
6	特长周期	6	$6s^{1\sim2}\rightarrow4f^{1\sim14}\rightarrow5d^{1\sim10}\rightarrow6p^{1\sim6}$	$_{55}Cs\sim_{86}Rn$	32
7	特长周期	7	$7s^{1\sim2}\rightarrow5f^{1\sim14}\rightarrow6d^{1\sim10}\rightarrow7p^{1\sim6}$	$_{87}Fr\sim_{118}Og$	32

第一至三周期为短周期,其中第一周期仅两种元素,称特短周期。第四至七周期为长周期,其中第六、七周期为特长周期,都有 32 种元素。最近发现了第八周期的元素,至今发现的元素有 119 种。每一周期最后一种元素是稀有气体元素,相应各轨道上的电子都已充满,是一种最稳定的原子结构。从第二周期起,每一周期元素的原子内层都具有上一周期稀有气体元素原子实的结构。

2. 价电子构型与周期表中族的划分

(1) 价电子构型

价电子是原子发生化学反应时易参与形成化学键的电子,价电子层的电子排布称价电子构型。由于原子参与化学反应为外层电子构型中的电子,所以价电子构型与原子的外层电子构型有关。对主族元素,其价电子构型为最外层电子构型($ns np$);对副族元素,其价电子构型不仅包括最外层的 s 电子,还包括($n-1$)d 亚层甚至($n-2$)f 亚层的电子。

(2) 主族

在长式元素周期表中元素纵向分为 18 列,其中第 $1\sim2$ 列和 $13\sim18$ 列共 8 列为主族元素,以符号 ⅠA～ⅧA(ⅧA 也称零族)表示。主族元素的最后一个电子填入 ns 或 np 亚层上,价电子总数等于族数。如元素 $_7N$,电子结构式为 $1s^2 2s^2 2p^3$,最后一个电子填入 2p 亚层,价电子总数为 5,因而是ⅤA族元素。ⅧA 族元素为稀有气体元素,最外电子层均已填满,达到 8 电子稳定结构。

（3）副族

长式元素周期表中第 3～12 列共 10 列称副族元素，即ⅢB～ⅡB，其中ⅧB 族（也称ⅧB 族）元素有 3 列共 9 种元素。副族元素也称过渡元素。ⅠB、ⅡB 副族元素的族数等于最外层 s 电子的数目，ⅢB～ⅧB 副族元素的族数等于最外层 s 电子和次外层 $(n-1)$ d 亚层的电子数之和，即价电子数。如元素 $_{22}$Ti，其价电子构型为 $3d^2 4s^2$，价电子数为 4，因而是ⅣB 族元素。ⅧB 族的情况特殊，其价电子数分别为 8、9 或 10。第六周期元素从 $_{58}$Ce（铈）到 $_{71}$Lu（镥）共 14 种元素称镧系元素，并用符号 Ln 表示。第七周期 $_{90}$Th（钍）到 $_{103}$Lr（铹）也是 14 种元素称锕系元素。镧系元素、锕系元素又称内过渡元素，前者称 4f 内过渡元素，后者称 5f 内过渡元素。

3. 价电子构型与元素分区

根据元素的价电子构型不同，可以把周期表中元素所在的位置分为 s、p、d、ds、f 共 5 个区，如表 7-4 所示。

表 7-4　元素的价电子构型与元素的分区、族

周期	ⅠA																	ⅧA
1		ⅡA											ⅢA	ⅣA	ⅤA	ⅥA	ⅦA	
2			ⅢB	ⅣB	ⅤB	ⅥB	ⅦB		ⅧB			ⅠB	ⅡB						
3																			
4	s 区		d 区									ds 区		p 区					
5	$n s^{1\sim2}$		$(n-1)d^{1\sim9} n s^{1\sim2}$									$(n-1)d^{10}$		$n s^2 n p^{1\sim6}$					
6												$n s^{1\sim2}$							
7																			
镧系元素			f 区																
锕系元素			$(n-2)f^{0\sim14} (n-1)d^{0\sim2} n s^2$																

（1）s 区

s 区元素最后一个电子填充在 s 轨道，价电子构型为 $n s^1$ 或 $n s^2$，位于周期表的左侧，包括ⅠA 和ⅡA 族，它们在化学反应中易失去电子形成 +1 或 +2 价离子，为活泼金属。

（2）p 区

p 区元素最后一个电子填充在 p 轨道，价电子构型为 $n s^2 n p^{1\sim6}$，位于长周期表的右侧，共有ⅢA～ⅧA 六族元素。

s 区和 p 区元素为主族元素，其共同特点是最后一个电子都填入最外电子层，最外层电子总数等于族数。

（3）d 区

d 区元素最后一个电子基本填充在次外层（倒数第二层）$(n-1)$d 轨道（个别例外），它们具有可变氧化态，包括ⅢB～ⅧB 共六族。d 区元素其价电子构型除 $(n-1)d^x n s^2$ 外，还有 $(n-1)d^{x+1} n s^1$ 或 $(n-1)d^{x+2} n s^0$，其中 $x=1\sim8$ 的族数可由最外层 $n s$ 轨道上的电子数（设为 y）与次外层（$n-1$）d 轨道上的电子数（设为 x）之和来推断。当 $x+y=8\sim$ 10 时为ⅧB，其余（$x+y$）的数值即为相应副族元素所在的族数。

（4）ds 区

ds 区元素的价电子构型为（$n-1$）d^{10}n s$^{1\sim2}$，与 d 区元素的区别在于它们的（$n-1$）d 轨道是全满的；与 s 区元素的区别在于它们有（$n-1$）d^{10}电子层，即它们的次外层 d 轨道已全充满。所以 ds 区元素的性质既不同于 d 区元素也不同于 s 区元素，在周期表中的位置介于 d 区和 p 区之间。ds 区元素的族数等于最外层 ns 轨道上的电子数。

（5）f 区

f 区元素最后一个电子填充在 f 亚层，价电子构型为（$n-2$）f$^{0\sim14}$（$n-1$）d$^{0\sim2}$n s^{2}，包括镧系和锕系元素，位于周期表下方。

7.2.3　原子性质的周期性

1. 有效核电荷（Z^{*}）

原子的核电荷数随原子序数的增加而增加，但作用在最外层电子上的有效核电荷（Z^{*}）却呈现周期性的变化。因为多电子原子中，电子除受到原子核的吸引外，还受到其他电子的排斥，其余电子对指定电子的排斥作用可看成是抵消部分核电荷的作用，从而削弱了核电荷对某电子的吸引力，即使作用在某电子上的有效核电荷下降。这种抵消部分核电荷的作用叫**屏蔽效应**。

多电子原子中，每个电子不但受其他电子的屏蔽，而且也对其他电子产生屏蔽作用。

在同一原子中，当原子的轨道角动量量子数 l 相同时，主量子数 n 值愈大，相应的轨道能量愈高。因而有

$$E_{1s}<E_{2s}<E_{3s}\cdots;\quad E_{2p}<E_{3p}<E_{4p}\cdots;\quad E_{3d}<E_{4d}<E_{5d}\cdots;\quad E_{4f}<E_{5f}等。$$

在同一原子中，当原子的主量子数 n 相同时，随着原子的轨道角动量量子数 l 的增大，相应轨道的能量也随之升高，这也可从电子云径向分布示意图理解。因而有

$$E_{ns}<E_{np}<E_{nd}<E_{nf}$$

当 n 和 l 均不相同时，则有可能存在能级交错现象，如 E_{4s} 和 E_{3d} 能级，对 $_{19}$K 原子，$E_{4s}<E_{3d}$；对 $_{21}$Sc 原子，$E_{4s}>E_{3d}$。这时需具体计算出轨道的能量，才能确定能级的高低。

2. 原子半径（r）

根据量子力学的观点，原子中的电子在核外运动并无固定轨迹，电子云也无明确的边界，因此原子并不存在固定的半径。但是，现实物质中的原子总是与其他原子为邻的，如果将原子视为球体，那么两原子的核间距离即为两原子球体的半径之和。常将此球体的半径称为**原子半径**（r）。根据原子与原子间作用力的不同，原子半径的数据一般有三种：共价半径、金属半径和 van der Waals 半径。

（1）共价半径

同种元素的两个原子以共价键结合时，它们核间距的一半称为该原子的共价半径。例如 Cl$_2$ 分子，测得两 Cl 原子核间距离为 198 pm，则 Cl 原子的共价半径为 $r_{Cl}=99$ pm。

必须注意,同种元素的两个原子以共价单键、双键或叁键结合时,其共价半径也不同。见图 7-10。

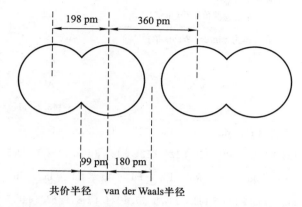

图 7-10 **Cl₂(s)晶体中的共价半径与 van der Waals 半径**

(2)金属半径

金属晶体中相邻两个金属原子的核间距的一半称为金属半径。例如在锌晶体中,测得两原子的核间距为 266 pm,则锌原子的金属半径 $r_{Zn}=133$ pm。

(3)van der Waals 半径

当两个原子只靠 van der Waals 力(分子间作用力)互相吸引时,它们核间距的一半称为 van der Waals 半径。如稀有气体均为单原子分子,形成分子晶体时,分子间以 van der Waals 力相结合,同种稀有气体的原子核间距的一半即为其 van der Waals 半径。

(4)原子半径的周期性

各元素的原子半径见表 7-5。原子半径的大小主要取决于原子的有效核电荷和核外电子层结构。

同一主族元素原子半径从上到下逐渐增大。因为从上到下,原子的电子层数增多起主要作用,所以半径增大。副族元素的原子半径从上到下递变不是很明显。第一过渡系到第二过渡系的递变较明显;而第二过渡系到第三过渡系基本没变,这是由于镧系收缩的结果。

同一周期中原子半径的递变按短周期和长周期有所不同。在同一短周期中,由于有效核电荷逐渐递增,核对电子的吸引作用逐渐增大,原子半径逐渐减小。在长周期中,过渡元素由于有效核电荷的递增不明显,因而原子半径减小缓慢。

(5)镧系收缩

镧系元素从 Ce 到 Lu 整个系列的原子半径逐渐收缩的现象称为镧系收缩。由于镧系收缩,镧系以后的各元素如 Hf、Ta、W 等的原子半径也相应缩小,致使它们的半径与上一个周期的同族元素 Zr、Nb、Mo 非常接近,相应的性质也非常相似,在自然界中常共生在一起,很难分离。

表 7-5　元素的原子半径 r(pm)

H	金属原子为金属半径																He
37.1	非金属原子为共价半径(单键)																122
Li	Be	稀有气体为 van der Waals 半径									B	C	N	O	F		Ne
152	111.3										88	77	70	66	64		160
Na	Mg										Al	Si	P	S	Cl		Ar
185.7	160										143.1	117	110	104	99		191

K	Ca	Sc	Ti	V	Cr	Mn	Fe	Co	Ni	Cu	Zn	Ga	Ge	As	Se	Br	Kr
227.2	197.3	160.6	144.8	132.1	124.9	124	124.1	125.3	124.6	127.8	133.2	122.1	122.5	121	117	114.2	198
Rb	Sr	Y	Zr	Nb	Mo	Tc	Ru	Rh	Pd	Ag	Cd	In	Sn	Sb	Te	I	Xe
247.5	215.1	181	160	142.9	136.2	135.8	132.5	134.5	137.6	144.4	148.9	162.6	140.5	141	137	133.3	217
Cs	Ba	La	Hf	Ta	W	Re	Os	Ir	Pt	Au	Hg	Tl	Pb	Bi	Po	At	Rn
265.4	217.3	187.7	156.4	143	137.0	137.0	134	135.7	138	144.2	160	170.4	175.0	154.7	167		

Fr	Ra	Ac
270	220	187.8

镧系	Ce	Pr	Nd	Pm	Sm	Eu	Gd	Tb	Dy	Ho	Er	Tm	Yb	Lu
	182.5	182.8	182.1	181.0	180.2	204.2	180.2	178.2	177.3	176.6	175.7	174.6	194.0	173.4
锕系	Th	Pa	U	Np	Pu	Am	Cm	Bk	Cf	Es	Fm	Md	No	Lr
	179.8	160.6	138.5	131	151	184								

3. 元素的电离能与电子亲和能

(1) 电离能(I)

使基态的气态原子失去一个电子形成 +1 氧化态气态离子所需要的能量,叫做第一电离能,符号 I_1;从 +1 氧化态气态离子再失去一个电子变为 +2 氧化态离子所需要的能量叫做第二电离能,符号 I_2;余类推。由定义可知,电离能为正值。通常所说的电离能,如果没有特别说明,指的就是第一电离能。

电离能的大小反映了原子失去电子的难易程度,即元素的金属性的强弱。电离能愈小,原子愈易失去电子,元素的金属性愈强。电离能的大小主要取决于原子的有效核电荷、原子半径和原子的核外电子层结构。元素的电离能在周期系中呈现有规律的变化。

同一周期:从左到右元素的有效核电荷逐渐增大,原子半径逐渐减小,电离能逐渐增大;稀有气体由于具有 8 电子稳定结构,在同一周期中电离能最大。在长周期中的过渡元素,由于电子加在次外层,有效核电荷增加不多,原子半径减小缓慢,电离能增加不明显。

同一主族:从上到下,有效核电荷增加不多,而原子半径则明显增大,电离能逐渐减小。

（2）电子亲和能（A）

与电离能的定义恰好相反，处于基态的气态原子得到一个电子形成气态阴离子所放出的能量，为该元素原子的第一电子亲和能，常用符号 A_1 表示，A_1 为负值（表示放出能量）（稀有气体元素原子等少数例外），单位与电离能同。第二电子亲和能是指 -1 氧化态的气态阴离子再得到一个电子，因为阴离子本身是个负电场，对外加电子有静电斥力，在结合过程中系统需吸收能量，所以 A_2 是正值。

电子亲和能的大小反映了原子得到电子的难易程度，即元素的非金属性的强弱。常用 A_1 值（习惯上用 $-A_1$ 值）来比较不同元素原子获得电子的难易程度，$-A_1$ 值愈大，表示该原子愈容易获得电子，其非金属性愈强。由于电子亲和能的测定比较困难，所以目前测得的数据较少，准确性也较差。有些数据还只是计算值。

同周期元素，从左到右，元素电子亲和能逐渐增大，以卤素的电子亲和能为最大。氮族元素由于其价电子构型为 ns^2np^3，p 亚层半满，根据 Hund 规则较稳定，所以电子亲和能较小。又如稀有气体，其价电子构型为 ns^2np^6 的稳定结构，所以其电子亲和能为正值。

值得指出：电子亲和能、电离能只能表征孤立气态原子（或离子）得、失电子的能力。常温下元素的单质在形成水合离子的过程中得、失电子能力的相对大小应用电极电势的大小来判断。

4. 元素的电负性（χ）

元素的电负性也呈现周期性的变化：同一周期中，从左到右电负性逐渐增大；同一主族中，从上到下电负性逐渐减小。过渡元素的电负性都比较接近，没有明显的变化规律。

所谓元素的电负性，是指元素的原子在分子中吸引电子能力的相对大小，即不同元素的原子在分子中对成键电子吸引力的相对大小，它较全面地反映了元素金属性和非金属性的强弱（表 7-6）。

表 7-6　元素电负性（L. Pauling 值）

H																
2.1																
Li	Be											B	C	N	O	F
1.0	1.5											2.0	2.5	3.0	3.5	4.0
Na	Mg											Al	Si	P	S	Cl
0.9	1.2											1.5	1.8	2.1	2.5	3.0
K	Ca	Sc	Ti	V	Cr	Mn	Fe	Co	Ni	Cu	Zn	Ga	Ge	As	Se	Br
0.8	1.0	1.3	1.5	1.6	1.6	1.5	1.8	1.8	1.8	1.9	1.6	1.6	1.8	2.0	2.4	2.8
Rb	Sr	Y	Zr	Nb	Mo	Tc	Ru	Rh	Pd	Ag	Cd	In	Sn	Sb	Te	I
0.8	1.0	1.2	1.4	1.6	1.8	1.9	2.2	2.2	2.2	1.9	1.7	1.7	1.8	1.9	2.1	2.5
Cs	Ba	La	Hf	Ta	W	Re	Os	Ir	Pt	Au	Hg	Tl	Pb	Bi	Po	At
0.7	0.9	1.0	1.3	1.5	1.7	1.9	2.2	2.2	2.2	2.4	1.9	1.8	1.8	1.9	2.0	2.2
Fr	Ra	Ac														
0.7	0.9	1.1														

从表 7-6 中可以看出,金属元素的电负性一般在 2.0 以下,非金属元素的电负性一般在 2.0 以上。因此,元素电负性的大小可以衡量元素金属性与非金属性的强弱。

7.3　化学键

除了稀有气体元素的原子能以单原子形式稳定出现外,其他元素的原子则以一定的方式结合成分子或以晶体的形式存在。例如,氧分子由两个氧原子结合而成;干冰是众多的 CO_2 分子按一定规律组合形成的分子晶体;而纯铜以众多铜原子结合形成的金属晶体形式存在。由于参与化学反应的基本单元是分子,而分子的性质是由其内部结构决定的,所以研究化学键理论是当代化学的一个中心问题。

分子结构包含两个方面的内容:分子中直接相邻的原子间的强相互作用力(即化学键)和分子的空间构型(即几何形状)。按照化学键形成方式与性质的不同,化学键可分为三种基本类型:离子键、共价键和金属键。

7.3.1　离子键理论

1. 离子键

离子键的本质就是正、负离子间的静电吸引作用,其要点如下:

(1)当活泼金属原子与活泼非金属原子接近时,它们有得到或失去电子成为稀有气体稳定结构的趋势,由此形成相应的正、负离子。

(2)正、负离子靠静电引力相互吸引而形成离子晶体。由于离子键是正、负离子通过静电引力作用相连接的,从而决定了离子键的特点是没有方向性和饱和性。正、负离子近似看做点电荷,所以其作用不存在方向问题。没有饱和性是指在空间条件许可的情况下,每个离子可吸引尽可能多的相反离子。由于离子键的这两个特点,所以在离子晶体中不存在独立的"分子",整个离子晶体就是一个大分子,即无限分子。例如 NaCl 晶体,其化学式仅表示 Na^+ 离子与 Cl^- 离子的离子数目之比为 1:1,并不是其分子式,整个 NaCl 晶体就是一个大分子。

2. 晶格能

由离子键形成的化合物叫离子型化合物,相应的晶体为离子晶体。离子晶体中用晶格能度量离子键的强弱。离子晶体的晶格能是指由气态离子形成离子晶体时所放出的能量,用符号 U 表示。通常为在标准压力和一定温度下,由气态离子生成离子晶体的反应其反应进度为 1 mol 时所放出的能量,单位为 $kJ \cdot mol^{-1}$。由定义可知,U 为负值,但在通常使用及一些手册中都取正值。晶格能的数值越大,离子晶体越稳定。

晶格能与 Z_+、Z_- 和 A 成正比,与离子半径 d 成反比。晶格能大的离子化合物较稳定,反映在物理性质上则是硬度高、熔点高、热膨胀系数小。如果离子晶体中正、负离子的电荷 Z_+、Z_- 相同,构型也相同(A 相同),则 d 较大者熔点较低。如果离子晶体构型相同,d 相近,则电荷高的硬度高。

7.3.2　价键理论

离子键理论很好地说明了如 CsF、NaBr、NaCl 等电负性差值较大的离子型化合物的成键与性质,但无法解释同种元素间形成的单质分子(如 H_2、N_2 等),以及电负性接近的非金属元素间形成的大量化合物(如 HCl、CO_2、NH_3)和大量的有机化合物的性质。

在德国化学家 Kossel 提出离子键理论的同时,美国化学家 G. N. Lewis 提出了共价键的电子理论。他认为,原子结合成分子时,原子间可共用一对或几对电子,形成稳定的分子。这是早期的共价键理论。在 20 世纪 30 年代初,随着量子力学的发展,建立了两种化学键理论来解释共价键的形成,这就是价键理论和分子轨道理论。

1. 氢分子的形成

氢分子是由两个氢原子构成的,每个氢原子在稳定状态时各有一个 1s 电子。我们知道,在一个 1s 轨道上最多可以容纳两个自旋相反的电子,那么每个氢原子的 1s 轨道上都还可以接受一个自旋与之相反的电子。当具有自旋状态相反的未成对电子的两个氢原子相互靠近时,它们之间产生了强烈的吸引作用,自旋相反的未成对电子相互配对,能量降低,形成了共价键,从而形成了稳定的氢分子,见图 7-11。反之,当具有自旋状态平行的未成对电子的两个氢原子相互靠近时,它们之间产生了强烈的排斥作用,能量升高,不能形成氢分子,见图 7-12。

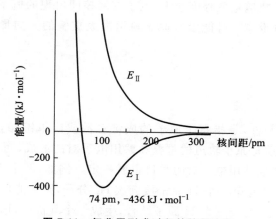

图 7-11　氢分子形成过程的能量变化

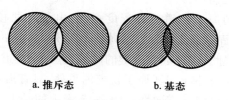

a. 推斥态　　　　　　b. 基态

图 7-12　氢分子的两种状态

量子力学对氢分子结构的处理阐明了共价键的本质是电性。氢分子的基态之所以能成键,是由于两个氢原子的 1s 原子轨道互相叠加,叠加后使核间的电子云密度加大,这叫做原子轨道的重叠。在两个原子之间出现了一个电子云密度较大的区域,这样一方面降低了两核间的正电排斥,另一方面又增强了两核对电子云密度大的区域的吸引,这都有利于体系势能的降低,有利于形成稳定的化学键。

2. 价键理论基本要点

自旋相反的未成对电子相互配对时,由于它们的波函数符号相同,原子轨道的对称性匹配,核间的概率密度较大,此时系统的能量最低,可以形成稳定的共价键。

A、B 两原子各有一未成对电子,并且自旋相反,则互相配对构成共价单键,如 H—H 单键。H—Cl 也是以单键结合的,因为 H 原子上有一个 1s 电子,而 Cl 原子有一个未成对的 3p 电子。如果 A、B 两原子各有两个或三个未成对电子,则在两个原子间可以形成共价双键或共价叁键。如 $N\equiv N$ 分子以叁键结合,因为每个 N 原子有三个未成对的 2p 电子。He 原子则因为没有未成对电子,因而不能形成双原子分子。如果 A 原子有两个未成对电子,B 原子只有一个未成对电子,则 A 原子可同时与两个 B 原子形成共价单键,则形成 AB_2 分子,如 H_2O 分子。若原子 A 有能量合适的空轨道,原子 B 有孤对电子,原子 B 的孤对电子所占据的原子轨道和原子 A 的空轨道能有效地重叠,则原子 B 的孤对电子可以与原子 A 共享,这样形成的共价键称为共价配键,以符号 A←B 表示。

原子轨道叠加时,轨道重叠程度愈大,电子在两核间出现的概率愈大,形成的共价键也愈稳定。因此,共价键应尽可能沿着原子轨道最大重叠的方向形成,这就是最大重叠原理。

3. 共价键的特征

(1) 饱和性

所谓共价键的饱和性,是指每个原子的成键总数或以单键相连的原子数目是一定的。因为共价键的本质是原子轨道的重叠和共用电子对的形成,而每个原子的未成对电子数是一定的,所以形成共用电子对的数目也就一定。例如,两个 H 原子的未成对电子配对形成 H_2 分子后,如有第三个 H 原子接近该 H_2 分子,则不能形成 H_3 分子。又如,N 原子有三个未成对电子,可与三个 H 原子结合,生成三个共价键,形成 NH_3 分子。

(2) 方向性

根据最大重叠原理,在形成共价键时,原子间总是尽可能地沿着原子轨道最大重叠的方向成键。成键电子的原子轨道重叠程度愈高,电子在两核间出现的概率密度也愈大,形成的共价键就越稳固。除了 s 轨道呈球形对称外,其他的原子轨道(p、d、f)在空间都有一定的伸展方向。因此,在形成共价键的时候,除了 s 轨道和 s 轨道之间在任何方向上都能达到最大限度的重叠外,p、d、f 原子轨道的重叠,只有沿着一定的方向才能发生最大限度的重叠。这就是共价键的方向性。图 7-13 表示的是 H 原子的 1s 轨道与 Cl 原子的 $3p_x$ 轨道的三种重叠情形:

a. H 沿着 x 轴方向接近 Cl,形成稳定的共价键;

b. H 向 Cl 接近时偏离了 x 轴方向,轨道间的重叠较小,结合不稳定,H 有向 x 轴方向移动的倾向;

c. H 沿 z 轴方向接近 Cl 原子,两个原子轨道间不发生有效重叠,因而 H 与 Cl 在这个方向不能结合形成 HCl 分子。

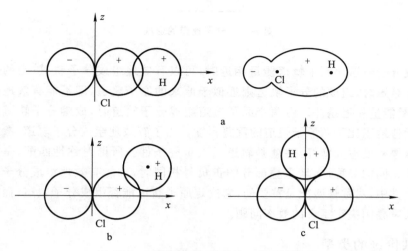

图 7-13　s 轨道和 p_x 轨道的三种重叠情况

7.3.3　分子轨道理论

1. 分子轨道理论要点

分子轨道理论简称 MO(molecular orbital)法。分子轨道理论着眼于整个分子系统,提出了分子轨道的概念,从另一个角度探讨分子的结构。分子轨道和原子轨道一样是一个描述核外电子运动状态的波函数 ψ,两者的区别在于原子轨道是以一个原子的原子核为中心,描述电子在其周围的运动状态,而分子轨道是以两个或更多个原子核作为中心。

分子轨道 ψ 可用原子轨道线性组合得到。原子轨道通过线性组合形成分子轨道时,轨道数目不变,轨道能量发生变化。例如,H_2 分子的分子轨道是由两个 H 原子能量相同的 1s 原子轨道形成的。

一个分子轨道(ψ_I)由于两核间概率密度增大,其能量低于原子轨道的能量,该分子轨道称为成键轨道;而另一个分子轨道(ψ_{II})由于两核间概率密度减小,其分子轨道的能量高于原子轨道的能量,称为反键轨道,可用图 7-14 表示。其中,E_a、E_b 为两个 H 原子轨道的能量,E_I、E_{II} 分别为成键和反键轨道的能量。

2. 组成有效分子轨道的条件

并不是原子间任意的原子轨道都能组成分子轨道,为了有效地组成分子轨道,参与组成该分子轨道的原子轨道必须满足**能量相近**、**轨道最大重叠**和**对称性匹配**三个条件。

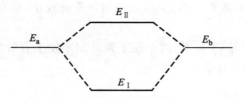

图 7-14 分子轨道的形成

当参与组成分子轨道的原子轨道能量相近时,可以有效地组成分子轨道;当两个原子轨道能量相差悬殊时,组成的分子轨道则近似于原来的原子轨道,即不能有效地组成分子轨道,这就是能量相近条件。由两个原子轨道组成分子轨道时,成键分子轨道的能量下降的多少近似地正比于两原子轨道的重叠程度。为了有效地组成分子轨道,参与成键的原子轨道重叠程度愈大愈好,这就是轨道最大重叠条件。所谓对称性匹配,是指两个原子轨道具有相同的对称性,且重叠部分的正负号相同时,才能有效地组成分子轨道。在以上三个条件中,对称性匹配是首要的,它决定原子轨道能否组成分子轨道,而能量相近和轨道最大重叠则决定组合的效率问题。

7.3.4 共价键的类型

　　根据对称性的不同,共价键可分为 σ 键和 π 键。如果原子轨道沿核间连线方向进行重叠形成共价键,具有以核间连线(键轴)为对称轴的 σ 对称性,则称为 σ 键,如图 7-15a。它们的共同特点是:"头碰头"方式达到原子轨道的最大重叠。重叠部分集中在两核之间,对键轴呈圆柱形对称。

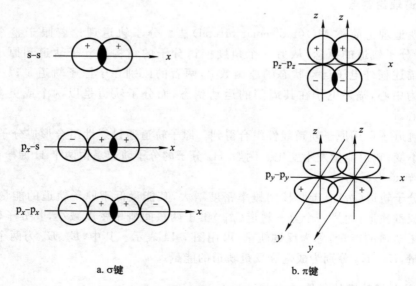

a. σ 键　　　　　　　　　　b. π 键

图 7-15 σ 键和 π 键(重叠方式)示意图

　　形成的共价键若对键轴呈平行对称,则称为 π 键,见图 7-15b。它们的共同特点是:两个原子轨道"肩并肩"地达到最大重叠,重叠部分集中在键轴的上方和下方,对通过键轴的平面呈镜面反对称,在此平面上 $Y_{n,l}=0$(称为节面)。如果三个或三个以上用 σ 键连接起来的原子处于同一平面,其中的每个原子有一个 p 轨道且互相平行,p 轨道上的电子总数 m 小于轨道数 n 的 2 倍,这些 p 轨道相互重叠形成的 π 键称为大 π 键,记做 Π_n^m。如 NO_2 分子的三个原子在同一个平面上,N 原子分别与两个 O 原子形成一个 σ 键,各自还有一个垂直于分子平面且有未成对电子的 p 轨道,形成了 Π_3^3 键。

　　两个原子间形成的若是单键,则成键时通常轨道是沿核间连线方向达到最大重叠,所以形成的都是 σ 键;若形成双键,两键中有一个是 σ 键,另一个一定是 π 键;若是叁键,则其中一个是 σ 键,其余两个都是 π 键,例如 N_2 分子(见图 7-16)。

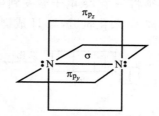

图 7-16　N_2 分子中化学键示意图

7.4　分子结构

7.4.1　杂化轨道

　　根据价键理论,共价键是成键原子通过电子配对形成的。例如 H_2O 分子的空间构型,根据价键理论两个 H—O 键的夹角应该是 90°,但实测结果是 104.5°。又如 C 原子,其价电子构型为 $2s^2 2p^2$,按电子配对法,只能形成两个共价键,且键角应为 90°,显然与实验事实不符。如何解释这种矛盾呢?L. Pauling 和 J. C. Slater 于 1931 年提出了杂化轨道理论。

1. 杂化轨道理论要点

　　杂化轨道理论认为,在原子间相互作用形成分子的过程中,同一原子中能量相近的不同类型的原子轨道(即波函数)可以相互叠加,重新组成同等数目、能量完全相等而成键能力更强的新的原子轨道,这些新的原子轨道称为杂化轨道。杂化轨道的形成过程称为杂化。杂化轨道在某些方向上的角度分布更集中,因而杂化轨道比未杂化的原子轨道成键能力强,使形成的共价键更加稳定。不同类型的杂化轨道有不同的空间取向,从而决定了共价型多原子分子或离子的不同的空间构型。

2. 杂化轨道的类型

参与杂化的原子轨道可以是 s 轨道和 p 轨道,也可以有 d、f 轨道参加。在此介绍由 s 和 p 轨道参与组成的杂化轨道的几种类型。

(1) sp 杂化

由同一原子的一个 ns 轨道和一个 np 轨道线性组合得到的两个杂化轨道称为 sp 杂化轨道。每个杂化轨道都包含 1/2 的 s 成分和 1/2 的 p 成分,两个杂化轨道的夹角为 180°(其剖面图如图 7-17 所示)。例如,实验测得 BeH_2 是直线形共价分子,Be 原子位于分子的中心位置,可见 Be 原子应以两个能量相等、成键方向相反的轨道与 H 原子成键,这两个轨道就是 sp 杂化轨道。从基态 Be 原子的电子层结构看($1s^2 2s^2$),Be 原子没有未成对电子,所以,Be 原子首先必须将一个 2s 电子激发到空的 2p 轨道上去,再以一个 2s 原子轨道和一个 2p 原子轨道形成 sp 杂化轨道,与 H 成键:

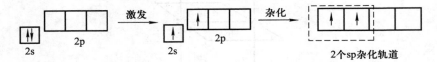

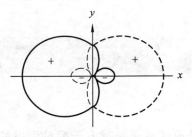

图 7-17　sp 杂化轨道

(2) sp^2 杂化

sp^2 杂化是一个 ns 原子轨道与两个 np 原子轨道的杂化,每个杂化轨道都含 1/3 的 s 成分和 2/3 的 p 成分,轨道夹角为 120°,轨道的伸展方向指向平面三角形的三个顶点(见图 7-18a)。BF_3 分子结构就是这种杂化类型的例子。硼原子的电子层结构为 $1s^2 2s^2 2p^1$,为了形成三个 σ 键,硼的一个 2s 电子要先激发到 2p 的空轨道上去,然后经 sp^2 杂化形成三个 sp^2 杂化轨道:

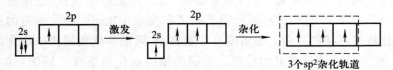

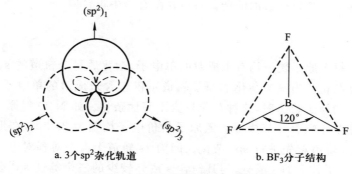

a. 3个sp²杂化轨道   b. BF₃分子结构

图 7-18　sp² 杂化轨道与 BF₃ 分子结构

硼以三个 sp^2 杂化轨道与氟的 2p 轨道重叠，形成三个等价的 σ 键，所以 BF₃ 分子的空间构型是平面三角形（图 7-18b）。

（3）sp^3 杂化

sp^3 杂化是由一个 ns 原子轨道和三个 np 原子轨道参与杂化的过程。CH₄ 中碳原子的杂化就属此种杂化。碳原子的价电子构型是 $2s^2 2p^2$，和前面的分析一样，碳原子也经历了激发、杂化过程，形成了 4 个 sp^3 杂化轨道：

每一个 sp^3 杂化轨道都含有 1/4 的 s 成分和 3/4 的 p 成分，这 4 个杂化轨道在空间的分布如图 7-19a 所示，轨道之间的夹角为 109.5°。4 个氢原子的 s 轨道分别与碳原子的 4 个 sp^3 杂化轨道形成 4 个等价的 σ(C—H) 键，键角为 109.5°，见图 7-19b。

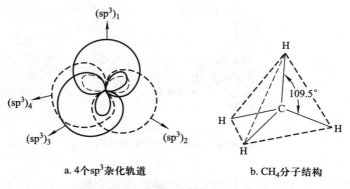

a. 4个sp³杂化轨道   b. CH₄分子结构

图 7-19　4 个 sp^3 杂化轨道和 CH₄ 分子结构

在一些高配位的分子中，还常有部分 d 轨道参加杂化。例如，PCl₅ 中 P 的价电子构型是 $3s^2 3p^3$，要形成 5 个 σ 键，就必须将一个 3s 电子激发到 3d 空轨道上去，组成 $sp^3 d$ 杂化轨道参与成键。有 d 轨道参加的杂化轨道在配合物中很普遍。

3. 不等性杂化

参与杂化的每个原子轨道均有未成对的单电子,杂化后每个轨道的 s、p 成分均相同的杂化称为等性杂化。当参与杂化的原子轨道不仅包含未成对的单电子原子轨道而且也包含成对电子的原子轨道时,这种杂化称为不等性杂化。如 N、O 等原子,在形成分子时通常以不等性杂化轨道参与成键。氮原子的价电子构型为 $2s^2 2p^3$,在形成 NH_3 分子时,氮的 2s 和 2p 轨道首先进行 sp^3 杂化。因为 2s 轨道上有一对孤对电子,所以有一个 sp^3 杂化轨道包含了较多的 s 成分,与其他含 s 成分较少的三个等性 sp^3 杂化轨道不同。由于含孤对电子的杂化轨道对成键轨道的斥力较大,使成键轨道受到挤压,成键后键角小于 109.5°,分子呈三角锥形(见图 7-20)。

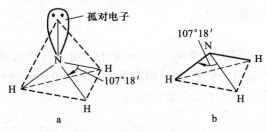

图 7-20　NH_3 分子的空间结构

氮族的氢化物和卤化物也多形成三角锥形的空间结构。同样,氧原子也是由不等性 sp^3 杂化轨道与两个 H 的 1s 轨道成键,组成 H_2O 分子。由于氧原子的价电子层中有两对孤对电子,它们占据的两个 sp^3 杂化轨道含有更多的 s 成分,占有了较大的空间,对成键轨道的斥力更大,使 H_2O 分子的键角减小到 104°45′,形成 V 形结构(图 7-21)。H_2S、OF_2、SCl_2 等分子也都具有类似的结构。

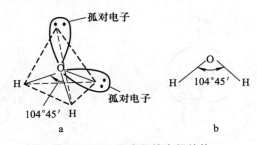

图 7-21　H_2O 分子的空间结构

杂化轨道理论很好地说明了共价分子中形成的化学键以及共价分子的空间构型。但是,对于一个新的或人们不熟悉的简单分子,其中心原子原子轨道的杂化形式往往是未知的,因而就无法判断其分子空间构型。这时,人们往往先用价层电子对互斥(VSEPR)理论预测其分子空间构型,然后通过价电子对的空间排布确定中心原子杂化类型,再确定其成键状况。

7.4.2　分子间作用力

分子的极性和变形性,是产生分子间作用力的根本原因。分子间作用力一般包括三种:色散力、诱导力和取向力。

1. 色散力

任何分子由于其电子和原子核的不断运动,常发生电子云和原子核之间的瞬间相对位移,从而产生瞬间偶极。瞬间偶极之间的作用力称为色散力。色散力必须以量子力学原理才能正确理解其来源与本质,由于从量子力学导出的色散力的理论公式与光的色散公式相似,因而把这种力叫色散力。

分子中原子或电子数愈多,分子愈容易变形,所产生的瞬间偶极矩就愈大,相互间的色散力愈大。不仅在非极性分子中会产生瞬间偶极,极性分子中也会产生瞬间偶极。因此色散力不仅存在于非极性分子间,同时也存在于非极性分子与极性分子之间,以及极性分子与极性分子之间。所以色散力是分子间普遍存在的作用力。

2. 诱导力

当极性分子与非极性分子相邻时,极性分子就如同一个外电场,使非极性分子发生变形极化,产生诱导偶极。极性分子的固有偶极与诱导偶极之间的这种作用力称为诱导力。诱导力的本质是静电引力,极性分子的偶极矩愈大,非极性分子的变形性愈大,产生的诱导力也愈大;而分子间的距离愈大,则诱导力愈小。诱导力与温度无关。由于在极性分子之间也会相互诱导产生诱导偶极,所以极性分子之间也会产生诱导力(图 7-22b)。

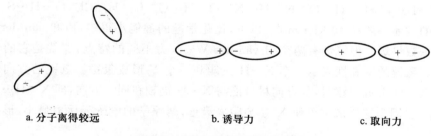

a. 分子离得较远　　　　　　　　b. 诱导力　　　　　　　　c. 取向力

图 7-22　极性分子间的相互作用

3. 取向力

极性分子与极性分子之间,由于同性相斥、异性相吸的作用,使极性分子间按一定方向排列而产生的静电作用力称为取向力(图 7-22c)。取向力的本质是静电作用,可根据静电理论求出取向力的大小。偶极矩越大,取向力越大;分子间距离越小,取向力越大。同时,取向力与热力学温度成反比。

不同情况下分子间力的构成情况不同,极性分子与极性分子之间的作用由取向力、诱导力和色散力三部分组成;极性分子与非极性分子间只存在诱导力和色散力;非极性分子之间仅存在色散力。在多数情况下,色散力占分子间力的绝大部分。一般情况下,分子的体积或相对分子质量愈大,分子的极化率愈大,分子间的色散力也愈大,分子间力愈大(H_2O、NH_3 和 HF 等强极性分子除外)。

7.4.3 氢键

根据上面分子间力的讨论,分子间力一般随相对分子质量增大而增大。p 区同族元素氢化物的熔、沸点从上到下升高,而 NH_3、H_2O 和 HF 却例外。如 H_2O 的熔、沸点比 H_2S、H_2Se 和 H_2Te 都要高。H_2O 还有许多反常的性质,如特别大的介电常数、比热容以及密度等。又如实验证明,有些物质的分子不仅在液相,甚至在气相都处于紧密的缔合状态中。例如 HF 分子气相为二聚体($HF)_2$,HCOOH 分子气相也为二聚体($HCOOH)_2$。根据甲酸二聚体在不同温度下的解离度,可求得它的解离能为 59.0 kJ·mol^{-1},这个数据显然远远大于一般的分子间力。这些反常的现象除与分子间力有关外,还存在另外一种力,这就是在这些反常分子间还存在氢键。

当氢与电负性很大、半径很小的原子 X(X 可以是 F、O、N 等高电负性元素)形成共价键时,共用电子对强烈偏向于 X 原子,因而氢原子几乎成为半径很小、只带正电荷的裸露的质子。这个几乎裸露的质子能与电负性很大的其他原子(Y)相互吸引,也可以和另一个 X 原子相互吸引,形成氢键。形成氢键的条件是:① 氢原子与电负性很大的原子 X 形成共价键;② 有另一个电负性很大且具有孤对电子的原子 X(或 Y)。一般在结构 X—H…X(Y)中,把"…"称为氢键。在化合物中,容易形成氢键的元素有 F、O、N,有时还有 Cl、S。氢键的强弱与这些元素的电负性大小、原子半径大小有关。这些元素的电负性愈大,氢键愈强;这些元素的原子半径愈小,氢键也愈强。氢键的强弱顺序为:

F—H…F>F—H…O>N—H…N>O—H…O>O—H…Cl>O—H…S

氢键的键能一般在 40 kJ·mol^{-1} 以下,比化学键的键能小得多,而和 van der Waals 力处于同一数量级。但氢键有两个与 van der Waals 力不同的特点,那就是它的饱和性和方向性。氢键的饱和性表示一个 X—H 只能和一个 Y 形成氢键。氢键的方向性是指 Y 原子与 X—H 形成氢键时,其方向尽可能与 X—H 键轴在同一方向,即 X—H…Y 尽可能保持 180°。因为这样成键可使 X 与 Y 距离最远,两原子的电子云斥力最小,形成稳定的氢键。

氢键可以分为分子间氢键和分子内氢键两大类。前面的例子都是分子间氢键,HNO_3 分子以及在苯酚的邻位上有—NO_2、—COOH、—CHO、—$CONH_3$ 等基团时都可以形成分子内氢键,如图 7-23 所示。分子内氢键由于分子结构原因通常不能保持直线形状。

冰是分子间氢键的一个典型,由于分子必须按氢键的方向排列,它的排列不是最紧密的,因此冰的密度小于液态水。同时,因为冰有氢键,必须吸收大量的热才能使其断裂,所以其熔点高于同族的 H_2S。

氢键的形成对物质的物理性质有很大影响。分子间形成氢键时,使分子间结合力增强,使化合物的熔点、沸点、熔化热、气化热、黏度等增大,蒸气压则减小。例如 HF 的熔、

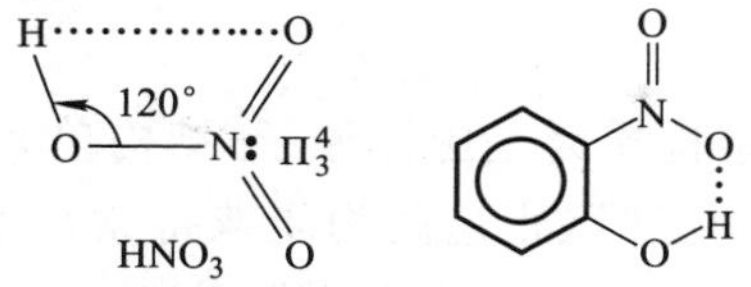

图 7-23　硝酸与邻硝基苯酚中的分子内氢键

沸点比 HCl 高,H_2O 的熔、沸点比 H_2S 高。分子间氢键还是分子缔合的主要原因。分子内氢键的形成一般使化合物的熔点、沸点、熔化热、气化热、升华热减小。氢键的形成还会影响化合物的溶解度。当溶质和溶剂分子间形成氢键时,使溶质的溶解度增大;当溶质分子间形成氢键时,在非极性溶剂中的溶解度下降,而在极性溶剂中的溶解度增大;当溶质形成分子内氢键时,在极性溶剂中的溶解度下降,而在非极性溶剂中的溶解度则增大。例如邻硝基苯酚易形成分子内氢键,比间、对硝基苯酚在水中的溶解度更小,更易溶于苯中。

　　此外,氢键在生物大分子如蛋白质、DNA、RNA 及糖类等中占有重要作用。蛋白质分子的 α 螺旋结构就是靠羰基(C=O)上的 O 原子和氨基(—NH_2)上的 H 原子以氢键(C=O···H—NH)结合而成。DNA 的双螺旋结构也是靠碱基之间的氢键连接在一起的。氢键在人类和动植物的生理、生化过程中也起着十分重要的作用。

7.5　晶体结构

　　自然界的固体物质按原子排列的有序程度分为晶体与无定形物质。晶体具有一定的几何形状,是由组成晶体的质点(原子、离子或分子等)在空间周期性地有序排列而构成的,如氯化钠、金刚石、石英等均为晶体。无定形物质则没有规则的几何形状,其内部的质点排列是没有规律的,如玻璃、石蜡、橡胶等。气态、液态物质和无定形物质在一定条件下也可以转变成晶体,因此对于晶体的研究具有极大的重要性。

7.5.1　晶体的基本类型

　　晶体的性质不仅和结构单元的排列规律有关,更主要的,还和结构单元间结合力的性质有密切关系。根据晶胞结构单元间作用力性质的不同,又可把晶体分成 4 个基本类型:离子晶体、原子晶体、金属晶体和分子晶体。

1. 离子晶体

　　离子晶体中晶胞的结构单元上交替排列着正、负离子,例如 NaCl 晶体是由正离子 Na^+ 和负离子 Cl^- 组成的。破坏离子晶体时,要克服离子间的静电引力。因为离子间的静电引力比较大,所以离子晶体具有较高的熔点和较大的硬度,而多电荷离子组成的晶体则更为突出。离子晶体是电的不良导体,因为离子都处于固定位置上(仅有振动),离子不能自由运动。不过当离子晶体熔化时(或溶解在极性溶剂中)能变成良好导体,因为此时离子能自由运动了。一般离子晶体比较脆,机械加工性能差。

2. 原子晶体

原子晶体中组成晶胞的结构单元是中性原子,结构单元间以强大的共价键相联系。由于共价键有高度的方向性,往往阻止这些物质取得紧密堆积结构。例如金刚石中,C原子以 sp^3 杂化轨道成键,每个C原子周围形成 4 个 C—C 共价键(图 7-24)。破坏原子晶体时必须破坏原子间的共价键,因此原子晶体具有很高的熔点和硬度。原子晶体是不良导体,即使在熔融时导电性也很差,在大多数溶剂中都不溶解。石英(SiO_2)也是原子晶体,它有多种晶型。其中 α-石英俗称水晶,具有旋光性,是旋光仪的主要光学部件材料。常见的原子晶体还有碳化硅(SiC)、碳化硼(B_4C)和氮化铝(AlN)等。

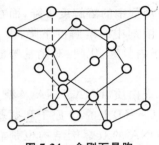

图 7-24 金刚石晶胞

3. 金属晶体

金属晶体中晶胞的结构单元上排列着的是中性原子或金属正离子,结构单元间靠金属键相结合。

因此,金属在形成晶体时倾向于组成极为紧密的结构,使每个原子拥有尽可能多的相邻原子,这样原子轨道可以尽可能多地发生重叠,使少量的电子自由地在较多原子、离子之间运动,将这些金属原子或金属离子结合起来。金属的物理性质是最丰富多彩的:金属的熔点、沸点一般较高,熔点最高的金属是钨(3410 ℃),位于第六周期ⅥB族,ⅥB族的其余金属的熔点也都是同周期中最高的。一般金属的硬度不太大,也有少数金属的硬度很大,如铬的莫氏硬度为 9。由于金属晶体内有自由电子,因此它具有良好的导电和导热能力,导电能力ⅠB族的铜、银、金最佳。金属也具有很好的机械加工性和延展性。

4. 分子晶体

分子晶体中晶胞的结构单元是分子,这些分子通过分子间的作用力相结合,此作用力要比分子内的化学键力小得多,因此分子晶体的熔点和硬度都很低,分子晶体多数是电的不良导体,因为电子不能通过这类晶体而自由运动。非金属单质、非金属化合物分子和有机化合物大多数形成分子晶体,例如 Cl_2、N_2、CO_2、H_2O、硫、磷、碘、萘、非金属硫化物、氢化物、卤化物、尿素、苯甲酸等。

7.5.2 多键型晶体

有一些晶体在结构单元之间存在着几种不同的作用力,晶体的结构不再属于前面介绍的某一种基本晶体类型。这类晶体称为多键型晶体(也称混合键型晶体),典型的例子是石墨,见图 7-25。

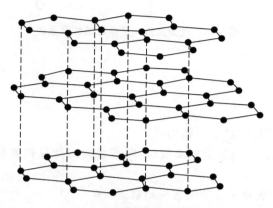

图 7-25 石墨的层状晶体结构

石墨为层状结构,同层的每个碳原子以 sp^2 杂化轨道与相邻的三个碳原子形成 σ 共价键,键角为 $120°$,连接成无限的六角形的蜂巢状片层结构,键长为 142 pm。此外,每个碳原子 sp^2 杂化后都还有一个垂直于层平面(sp^2 杂化平面)的 p 轨道,每个 p 轨道上都有一个自旋方向相同的单电子。这些 p 轨道相互平行,肩并肩重叠,形成了有多个原子轨道参加的 π 键,称为大 π 键。由于大 π 键的形成,这些电子可以在整个石墨晶体的层平面上运动,相当于金属晶体中的自由电子,这是石墨具有金属光泽、导电和导热性的原因。石墨层与层之间的距离远大于 C—C 键长,达 340 pm,它们以分子间力互相结合,这种结合要比同层碳原子间的结合弱得多,所以当石墨晶体受到平行于层结构的外力时,层与层间会发生滑动,这是石墨作为固体润滑剂的原因。在同一层中的碳原子之间是共价键,所以石墨的熔点很高,化学性质很稳定。由此可见,石墨晶体兼有原子晶体、金属晶体和分子晶体的特征,是一种多键型晶体。

另外,在天然硅酸盐晶体中的基本结构单位是 1 个硅原子和 4 个氧原子所组成的四面体,根据这种四面体的连接方式不同,可以得到不同结构的硅酸盐。若将各个四面体通过两个顶角的氧原子分别与另外两个四面体中的硅原子相连,便构成链状结构的硅酸盐负离子,如图 7-26 所示。图中虚线表示四面体,实线表示共价键。这些硅酸盐负离子具有由无数硅、氧原子通过共价键组成的长链形式,链与链之间充填着金属正离子(如 Na^+、Ca^{2+} 等)。由于带负电荷的长链与金属正离子之间的静电作用能比链内共价键的作用能要弱,因此,若沿平行于链的方向用力,晶体往往易裂开成柱状或纤维状。石棉就是类似这类结构的晶体。具有多键型结构的晶体还有云母、黑磷、BN(石墨型)等。

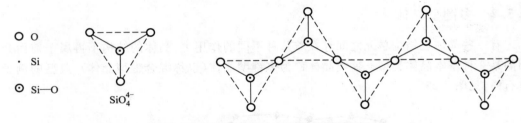

图 7-26　硅酸盐负离子单链结构示意图

思考与练习

一、是非题（对的在括号内填"√"，错的填"×"）

1. 当原子中电子从高能级返回到低能级时，两能级间的能量相差越大，则辐射出的电磁波的波长越长。（　　）
2. 波函数 ψ 是描述微观粒子运动的数学函数式。（　　）
3. 电子具有波粒二象性，就是说，它一会儿是粒子，一会儿是波。（　　）
4. 2p 有三个轨道，可以容纳三个电子。（　　）
5. 主量子数 $n=3$ 时，有 3s、3p、3d、3f 等 4 种原子轨道。（　　）
6. 氢原子中原子轨道的能量由主量子数 n 来决定。（　　）
7. d 区元素外层电子构型是 $n s^{1\sim2}$。（　　）
8. 电负性越大的元素的原子越容易获得电子。（　　）
9. NH_3 和 BF_3 都是 4 原子分子，所以二者空间构型相同。（　　）
10. 色散力只存在于非极性分子之间，取向力只存在于极性分子之间。（　　）
11. 分子中的化学键为极性键，则分子为极性分子。（　　）
12. van der Waals 力属于一种较弱的化学键。（　　）
13. 同一周期主族和副族元素的单质的晶体类型从左至右由金属晶体到原子晶体，再到分子晶体呈规律性过渡。（　　）

二、选择题

1. 在多电子原子中，各电子具有下列量子数，其中能量最高的电子是____。

   A. $2,1,-1,\dfrac{1}{2}$　　　　　　　　　　　B. $2,0,0,-\dfrac{1}{2}$

   C. $3,1,1,-\dfrac{1}{2}$　　　　　　　　　　　D. $3,2,-1,\dfrac{1}{2}$

2. 39 号元素钇的电子排布式应是下列排布的哪一种？____。

   A. $1s^2 2s^2 2p^6 3s^2 3p^6 3d^{10} 4s^2 4p^6 4d^1 5s^2$　　　　B. $1s^2 2s^2 2p^6 3s^2 3p^6 3d^{10} 4s^2 4p^6 5s^2 5p^1$

   C. $1s^2 2s^2 2p^6 3s^2 3p^6 3d^{10} 4s^2 4p^6 5s^2 4d^1$　　　　D. $1s^2 2s^2 2p^6 3s^2 3p^6 3d^{10} 4s^2 4p^6 5s^2 5d^1$

3. 外围电子构型为 $4f^7 5d^1 6s^2$ 的元素在周期表中应是哪一周期哪一族？____。

   A. 第四周期ⅦB族　　　　　　　　　　B. 第五周期ⅢB族

    C. 第六周期ⅦB 族   D. 第六周期ⅢB 族

4. 下列 4 种电子构型的原子中第一电离能最低的是____。

    A. ns^2np^3 B. ns^2np^4 C. ns^2np^5 D. ns^2np^6

5. 下列关于杂化轨道说法错误的是____。

    A. 所有原子轨道都参与杂化

    B. 同一原子中能量相近的原子轨道参与杂化

    C. 杂化轨道能量集中,有利于牢固成键

    D. 杂化轨道中一定有一个电子

6. 下列分子中既有 σ 键又有 π 键的是____。

    A. N_2 B. $MgCl_2$ C. CO_2 D. Cu

7. 下列分子构型中以 sp^3 杂化轨道成键的是____。

    A. 直线形   B. 平面三角形   C. 八面体形   D. 四面体形

8. 下列各分子中,是极性分子的为____。

    A. $BeCl_2$ B. BF_3 C. NF_3 D. C_6H_6

9. H_2O 的沸点是 100 ℃,H_2Se 的沸点是 −42 ℃,这可用下列哪种理论来解释?____。

    A. van der Waals 力   B. 共价键   C. 离子键   D. 氢键

10. 下列晶体中,熔化时只需克服色散力的是____。

    A. K   B. SiF_4 C. H_2O D. SiC

11. 石英和金刚石的相似之处在于____。

    A. 都具有四面体结构   B. 都是以共价键结合的原子晶体

    C. 都具有非极性共价键   D. 其硬度和熔点相近

12. 下列物质熔点由低至高的排列顺序为____。

    A. $CCl_4 < CO_2 < SiC < CsCl$ B. $CO_2 < CCl_4 < SiC < CsCl$

    C. $CO_2 < CCl_4 < CsCl < SiC$ D. $CCl_4 < CO_2 < CsCl < SiC$

三、填空题

1. 第 31 号元素镓(Ga)是当年预言过的类铝,现在是重要的半导体材料之一。Ga 的核外电子构型为_____;外层电子构型为_____;它属周期表中的_____区。

2. 共价键的特点是:具有_____性和_____性。

3. 根据杂化轨道理论,BF_3 分子的空间构型为_____,电偶极矩_____零,NF_3 分子的空间构型为_____。

4. 采用等性 sp^3 杂化轨道成键的分子,其几何构型为_____;采用不等性 sp^3 杂化轨道成键的分子,其几何构型为_____和_____。

5. $SiCl_4$ 分子具有四面体构型,这是因为 Si 原子以_____杂化轨道与 4 个 Cl 原子分别成_____键,杂化轨道的夹角为_____。

6. CO_2 和 CS_2 分子均为直线形分子,这是因为_____。

7. 分子之间存在着_____键,致使 H_2O 的沸点远_____于 H_2S、H_2Se 等。H_2O 中存在着的分子间力有_____、_____和_____,以_____为主,这是因为 H_2O 有_____。

8. 在ⅥA族的氢化物中，_____具有相对最高的_____。这种反常行为是由于在_____态的分子之间存在着_____。

9. KCl、SiC、HI、BaO 晶体中，熔点从大到小排列顺序为_____。

10. 已知某元素的原子的电子构型为 $1s^2 2s^2 2p^6 3s^2 3p^6 3d^{10} 4s^2 4p^1$。① 元素的原子序数为_____；② 属第_____周期，_____族；③ 元素的价电子构型为_____；④ 单质晶体类型是_____。

四、简答题

1. 试判断下列分子的空间构型和分子的极性，并说明理由。

CO_2，Cl_2，HF，NO，PH_3，SiH_4，H_2O，NH_3

2. 试分析下列分子间有哪几种作用力(包括取向力、诱导力、色散力、氢键)。

(1) HCl 分子间　　　　(2) He 分子间　　　(3) H_2O 分子和 Ar 分子间

(4) H_2O 分子间　　　(5)苯和 CCl_4 分子间

3. 解释：(1) 为什么室温下 CH_4 为气体，CCl_4 为液体，而 CI_4 为固体？(2) 为什么 H_2O 的沸点高于 H_2S，而 CH_4 的沸点却低于 SiH_4？

4. SiO_2 和 CO_2 是化学式相似的两种共价化合物，为什么 SiO_2 和干冰的物理性质差异很大？

5. 比较下列各组中两种物质的熔点高低，简单说明原因：

(1) NH_3，PH_3　　　　(2) PH_3，SbH_3　　　(3) Br_2，ICl

第八章　配位化学与配合物

配位化合物简称配合物,亦称络合物,是存在广泛、数量众多、结构复杂、用途多样的一类化合物。最早有记载的配合物可能是 18 世纪初用做颜料的普鲁士蓝,其化学式为 $KFe[Fe(CN)_6]$。但通常认为配位化学始自 $CoCl_3 \cdot 6NH_3$ 的发现。1798 年,法国化学家 Tassert 首先观察到亚钴盐在氯化铵和氨水溶液中能生成 $[Co(NH_3)_6]Cl_3$,从而引起了许多化学家对这类化合物的研究兴趣,并合成了一系列铬、镍、铜、铂等金属的配合物。19 世纪后,陆续发现了更多的配合物,积累了更多的事实。1893 年 A. Werner 在前人和他本人研究工作的基础上,首先提出了配合物的正确化学式及其化学键的本质,被看做是近代配位化学的创始人,此后配位化学的研究得到了迅速的发展。20 世纪以来,由于结构化学的发展和各种物理化学方法的采用,使配位化学成为化学中一个十分活跃的研究领域,并已逐渐渗透到有机化学、分析化学、物理化学、量子化学、生物化学等许多学科中,对近代科学的发展起到了很大的作用。

8.1　配合物的定义、组成和命名

8.1.1　配合物的定义和组成

在配合物的概念确立之前,人们把由两种或两种以上的盐组成的化合物称为复盐,如 $KMgCl_3 \cdot 3H_2O$(光卤石)、$KAl(SO_4)_2 \cdot 12H_2O$(明矾)、Na_3AlF_6(冰晶石)、$Ca_5(PO_4)_3F$(磷石灰)、$Al_2(SiO_4)F_2$(黄玉)等。若一种复盐在其晶体中和在水溶液中都有配离子存在,则属于配合物。例如向硫酸铜溶液中滴加 6 mol/L 的氨水,开始有蓝色的碱式硫酸铜沉淀 $Cu_2(OH)_2SO_4$ 生成;当氨水过量时,蓝色沉淀消失,变成深蓝色的溶液;往该深蓝色溶液中加入乙醇,立即有深蓝色晶体析出,向这种结晶中加入少量 NaOH 溶液,既无氨气产生,也无天蓝色 $Cu(OH)_2$ 沉淀生成;但向该溶液中加入少量 $BaCl_2$ 溶液时,则有白色 $BaSO_4$ 沉淀析出。这说明,溶液中存在着 SO_4^{2-},却几乎检查不出 Cu^{2+} 和 NH_3。经 X 射线分析,其组成是 $CuSO_4 \cdot 4NH_3 \cdot H_2O$,它在水溶液中全部解离为 $[Cu(NH_3)_4]^{2+}$ 和 SO_4^{2-}。而 $[Cu(NH_3)_4]^{2+}$ 是由 4 个 NH_3 与 1 个 Cu^{2+} 以配位键结合形成的复杂离子。它在水中的行为好像弱电解质一样,只能部分地解离出 Cu^{2+} 和 NH_3,绝大多数仍以复杂离子的形式——$[Cu(NH_3)_4]^{2+}$ 存在。

按照现代价键理论,将含有配位键的化合物称为配位化合物,简称配合物。

配合物的组成一般分内界和外界两部分:与中心离子(或原子)以配位键直接结合的中性分子或离子组成配位体的内界,常用方括号括起来;在方括号之外以电价键结合的部分为外界。例如 $[Co(NH_3)_6]Cl_3$ 配合物置于水溶液中时,外界部分可以解离出来,内界部分组成很稳定,几乎不解离。有些配合物的内界不带电荷,本身就是一个中性化合物,如$[PtCl_2(NH_3)_2]$,$[CoCl_3(NH_3)_3]$。现以$[Co(NH_3)_6]Cl_3$为例说明配合物的组成及有关概念,见图 8-1。

图 8-1　配合物的组成

1. 中心离子

中心离子或原子位于配合物的中心位置,它是配合物的核心,通常是过渡金属阳离子或某些金属原子以及高氧化值的非金属元素,如$[Ni(CO)_4]$及$[Fe(CO)_5]$中的 Ni 原子及 Fe 原子,$[SiF_6]^{2-}$中的 Si(Ⅳ)。中心离子一定具有空的价层原子轨道,能接受孤对电子与配位体形成配位键。

2. 配位体

在配合物中,与中心离子以配位键结合的负离子或分子称为配位体,简称配体(ligand)。如$[Co(NH_3)_6]^{3+}$中的NH_3,$[Fe(CN)_6]^{3-}$中的CN^-等。原则上,任何具有孤对电子并与中心离子形成配位键的分子或离子,都可以作为配体。配体中给出孤对电子的原子称为配位原子,如NH_3中的 N,H_2O和OH^-中的 O,以及 CO、CN^-中的 C 原子[①]等。一般常见的配位原子主要是周期表中电负性较大的非金属原子,如 N、O、S、C、F、Cl、Br、I 等原子。

配体按所含配位原子数多少可分为**单齿配体**和**多齿配体**。单齿配体只含有一个配位原子,且与中心离子只形成一个配位键,其组成比较简单,如NH_3、OH^-、X^-、CN^-、SCN^-等。多齿配体含有两个或两个以上的配位原子,它们与中心离子可以形成多个配位键,常为多元环结构。表 8-1 列出了一些常见的配体。

例如:

单齿配体:NH_3

$$Ag^+ + 2NH_3 \longrightarrow [H_3N:\rightarrow Ag\leftarrow:NH_3]^+$$

多齿配体:乙二胺

---

① 由分子轨道理论可知,CO 分子中 C 原子略带负电性,O 原子略带正电性,故具有孤对电子略带负电性的 C 原子为配位原子;CN^-中的 C 原子也是如此。

表 8-1　常见的配体

	中性分子配体	配位原子	负离子配体	配位原子	负离子配体	配位原子
单齿配体	H_2O 水 NH_3 氨 CO 羰基 CH_3NH_2 甲胺	O N C N	F^- 氟 Cl^- 氯 Br^- 溴 I^- 碘 OH^- 羟基	F Cl Br I O	CN^- 氰根 NO_2^- 硝基 ONO^- 亚硝酸根 SCN^- 硫氰酸根 NCS^- 异硫氰酸根	C N O S N

	分子式	名称	缩写符号
多齿配体		草酸根	Ox
		乙二胺	en
		1,10-邻菲罗啉	o-phen
		乙二胺四乙酸	EDTA

3. 配位数

在配体中,直接与中心离子以配位键结合的配位原子的数目称为中心离子的配位数。一般中心离子的配位数为偶数(由 2 到 14),最常见的配位数为 6,例如在 $[Co(NH_3)_6]^{3+}$ 中,Co^{3+} 的配位数为 6,配离子具有正八面体构型;配位数为 4 的也较常见,配离子有平面正方形或正四面体两种构型;而 Ag^+、Cu^+、Au^+ 等离子则大多形成配位数为 2 的配离子,具有直线形构型。由单齿配体形成的配合物,中心离子的配位数等于配体个数。而由多齿配体形成的配合物,中心离子的配位数不等于配体个数。如 $[Cu(en)_2]^{2+}$ 配离子中,Cu^{2+} 的配位数为 4,配体 en(乙二胺)的个数为 2,为双齿配体,即每个 en 有两个 N 原子与中心离子 Cu^{2+} 配位。表 8-2 列出了一些中心离子的特征配位数和几何构型。

中心离子的配位数与中心离子和配体的半径、电荷有关,也和配体的浓度及反应条件有关。一般来说,中心离子正电荷越多,对配体的吸引能力越强,越容易形成高配位数的配合物。中心离子半径较大时,其周围可容纳较多的配体,易形成高配位数的配合物;但若中心离子过大,它对配体的引力减小,有时配位数反而会减小,例如 Hg^{2+}(101 pm)只能形成配位数为 4 的配离子$[HgCl_4]^{2-}$。配体的半径增大时,中心离子周围可容纳的配体数目减少,故配位数减小,例如$[AlCl_4]^-$与$[AlF_6]^{3-}$相比就是一例;而配体浓度大、反应温度低时,则易形成高配位数的配合物。

表 8-2　一些中心离子的特征配位数和几何构型

中心离子	配位数	几何构型	实例
Ag^+、Cu^+、Au^+	2	直线形	$[Ag(NH_3)_2]^+$
Cu^{2+}、Ni^{2+}、Pd^{2+}、Pt^{2+}	4	平面正方形	$[Pt(NH_3)_4]^{2+}$
Zn^{2+}、Cd^{2+}、Hg^{2+}、Al^{3+}	4	正四面体形	$[Zn(NH_3)_4]^{2+}$
Cr^{3+}、Co^{3+}、Fe^{3+}、Pt^{4+}	6	正八面体形	$[Co(NH_3)_6]^{3+}$

4. 配离子的电荷

中心离子的电荷与配体的电荷(配体是中性分子,其电荷为零)的代数和即为配离子的电荷。例如,在 $K_2[HgI_4]$ 中,配离子$[HgI_4]^{2-}$的电荷为:$2\times1+(-1)\times4=-2$;在$[CoCl(NH_3)_5]Cl_2$ 中,配离子$[CoCl(NH_3)_5]^{2+}$的电荷为:$3\times1+(-1)\times1+0\times5=+2$。也可根据配合物呈电中性的原则,配离子的电荷可以较简便地由外界离子的电荷来确定。如$[Cu(NH_3)_4]SO_4$ 的外界为 SO_4^{2-},据此可知配离子电荷为+2。

总而言之,配合物是由可以给出孤对电子或多个不定域电子的一定数目的离子或分子(称为配体)和具有接受孤对电子或多个不定域电子的空轨道的金属原子或离子(称为中心离子),通过配位键按一定的组成和空间构成所形成的化合物。

8.1.2　配合物化学式的书写与命名

配合物的组成比较复杂,其化学式的书写和命名只有遵守统一的规则,才不致造成混乱。中国化学会无机化学专业委员会制定了一套命名规则,这里通过表 8-3 的实例作如下说明。

1. 关于化学式书写原则的说明

　　书写配合物的化学式应遵循两条原则：① 对含有配离子的配合物而言，阳离子放在阴离子之前，如表 8-3 中的（a）～（i）。② 对配位体个体而言，先写中心原子的元素符号，再依次列出阴离子配位体和中性分子配位体，如表 8-3 中的（d）、（h）和（k）；同类配位体（同为负离子或同为中性分子）以配位原子元素符号英文字母的先后排序，例如（e）中 NH_3 和 H_2O 两种中性分子配位体的配位原子分别为 N 原子和 O 原子，因而 NH_3 写在 H_2O 之前。

表 8-3　一些配合物的化学式及系统命名

类别	化学式	系统命名	编序
配位酸	$H_2[SiF_6]$	六氟合硅（Ⅳ）酸	（a）
配位碱	$[Ag(NH_3)_2](OH)$	氢氧化二氨合银（Ⅰ）	（b）
配位盐	$[Cu(NH_3)_4]SO_4$	硫酸四氨合铜（Ⅱ）	（c）
	$[CrCl_2(H_2O)_4]Cl$	一氯化二氯·四水合铬（Ⅲ）	（d）
	$[Co(NH_3)_5(H_2O)]Cl_3$	三氯化五氨·一水合钴（Ⅲ）	（e）
	$K_4[Fe(CN)_6]$	六氰合铁（Ⅱ）酸钾	（f）
	$Na_3[Ag(S_2O_3)_2]$	二（硫代硫酸根）合银（Ⅰ）酸钠	（g）
	$K[PtCl_5(NH_3)]$	五氯·一氨合铂（Ⅳ）酸钾	（h）
	$[Pt(NH_3)_6][PtCl_4]$	四氯合铂（Ⅱ）酸六氨合铂（Ⅱ）	（i）
中性分子	$[Fe(CO)_5]$	五羰基合铁（0）	（j）
	$[PtCl_4(NH_3)_2]$	四氯·二氨合铂（Ⅳ）	（k）

2. 关于命名原则的说明

　　含配离子的配合物遵循一般无机化合物的命名原则：阴离子名称在前，阳离子名称在后，阴、阳离子名称之间用"化"字或"酸"字相连。只要记住将配阴离子当做含氧酸根对待，不难区分"化"字与"酸"字的不同应用场合。

　　配合物内界的命名次序为：

　　配位体数（用中文一、二、三等注明）—配位体的名称（不同配位体间用中圆点"·"隔开）—"合"—中心离子名称—中心离子氧化值（加括号，用罗马数字注明）。例如：配合物 $K[Co(NO_2)_4(NH_3)_2]$ 命名为四硝基·二氨合钴（Ⅲ）酸钾。

　　如果内界配离子含有两种以上的配位体，则配体列出的顺序按如下规定：

　　（1）无机配体在前，有机配体列在后。

　　例：cis-$[PtCl_2(Ph_3P)_2]$ 顺-二氯·二（三苯基膦）合铂（Ⅱ）

　　（2）先列出阴离子名称，后列出阳离子名称，最后列出中性分子的名称。

　　例：$K[PtCl_3NH_3]$ 三氯·一氨合铂（Ⅱ）酸钾；$[Co(N_3)(NH_3)_5]SO_4$ 硫酸叠氮·五氨合钴（Ⅲ）

（3）同类配体的名称，按配位原子元素符号的英文字母顺序排列。

例：$[Co(NH_3)_5H_2O]Cl_3$ 三氯化五氨・（一）水合钴（Ⅲ）

（4）同类配体中若配位原子相同，则将含较少原子数的配体列前，较多原子数的配体列后。

例：$[PtNO_2NH_3NH_2OH(Py)]Cl$ 氯化（一）硝基・（一）氨・（一）羟胺・吡啶合铂（Ⅱ）

（5）若配位原子相同，配体所含原子数目也相同，则按在结构式中与配位原子相连的原子的元素符号的字母顺序排列。

例：$Pt[NH_2NO_2(NH_3)_2]$ 氨基・硝基・二氨合铂（Ⅱ）

（6）配体化学式相同但配位原子不同（如—SCN，—NCS），则按配位原子元素符号的字母顺序排列。若配位原子尚不清楚，则以配位体的化学式中所列的顺序为准。

8.2　配合物在水溶液中的稳定性

含配离子的可溶性配合物在水中的解离有两种情况：一种是发生在内界与外界之间的全部解离；另一种是发生在配离子的中心离子与配体之间的部分解离（类似弱电解质）。

8.2.1　配位平衡及平衡常数

在 $[Cu(NH_3)_4]SO_4$ 溶液中，若加入 $BaCl_2$ 溶液，会产生 $BaSO_4$ 白色沉淀；若加入少量 $NaOH$ 溶液，却得不到 $Cu(OH)_2$ 沉淀；若加入 Na_2S 溶液，则可得到黑色的 CuS 沉淀。可见，$[Cu(NH_3)_4]^{2+}$ 在水溶液中只能微弱地解离出 Cu^{2+} 和 NH_3。在 $[Cu(NH_3)_4]SO_4$ 溶液中，实际上存在着如下平衡：

$$[Cu(NH_3)_4]^{2+} \rightleftharpoons Cu^{2+} + 4NH_3$$
$$Cu^{2+} + 4NH_3 \rightleftharpoons [Cu(NH_3)_4]^{2+}$$

前者是配离子的解离反应，后者则是配离子的生成反应。与之相应的标准平衡常数分别叫做配离子的解离常数和生成常数，分别用符号 $K_d^\ominus$ 和 $K_f^\ominus$ 表示。$K_d^\ominus$ 是配离子不稳定性的量度，对相同配位数的配离子来说，$K_d^\ominus$ 越大，表示配离子越易解离。$K_f^\ominus$ 是配离子稳定性的量度，$K_f^\ominus$ 值越大，表示该配离子在水中越稳定。因而 $K_d^\ominus$ 和 $K_f^\ominus$ 又分别称为不稳定常数和稳定常数，分别表示为：

$$K_d^\ominus = K_{不稳}^\ominus = \frac{[c(Cu^{2+})/c^\ominus][c(NH_3)/c^\ominus]^4}{c([Cu(NH_3)_4]^{2+})/c^\ominus}$$

$$K_f^\ominus = K_{稳}^\ominus = \frac{c([Cu(NH_3)_4]^{2+})/c^\ominus}{[c(Cu^{2+})/c^\ominus][c(NH_3)/c^\ominus]^4}$$

显然，任何一个配离子的 $K_d^\ominus$ 与 $K_f^\ominus$ 互为倒数关系。

$$K_f^\ominus = \frac{1}{K_d^\ominus}$$

在溶液中配离子的生成是分步进行的，每一步都有一个对应的稳定常数，称之为逐

级稳定常数(或分步稳定常数)。例如:

$$Cu^{2+} + NH_3 \Longrightarrow [Cu(NH_3)]^{2+}$$

$$K_1^{\ominus} = \frac{c([Cu(NH_3)]^{2+})/c^{\ominus}}{[c(Cu^{2+})/c^{\ominus}][c(NH_3)/c^{\ominus}]} = 10^{4.31}$$

$$[Cu(NH_3)]^{2+} + NH_3 \Longrightarrow [Cu(NH_3)_2]^{2+}$$

$$K_2^{\ominus} = \frac{c([Cu(NH_3)_2]^{2+})/c^{\ominus}}{[c([Cu(NH_3)]^{2+})/c^{\ominus}][c(NH_3)/c^{\ominus}]} = 10^{3.67}$$

$$[Cu(NH_3)_2]^{2+} + NH_3 \Longrightarrow [Cu(NH_3)_3]^{2+}$$

$$K_3^{\ominus} = \frac{c([Cu(NH_3)_3]^{2+})/c^{\ominus}}{[c([Cu(NH_3)_2]^{2+})/c^{\ominus}][c(NH_3)/c^{\ominus}]} = 10^{3.04}$$

$$[Cu(NH_3)_3]^{2+} + NH_3 \Longrightarrow [Cu(NH_3)_4]^{2+}$$

$$K_4^{\ominus} = \frac{c([Cu(NH_3)_4]^{2+})/c^{\ominus}}{[c([Cu(NH_3)_3]^{2+})/c^{\ominus}][c(NH_3)/c^{\ominus}]} = 10^{2.30}$$

多配体配离子的总稳定常数(或累积稳定常数)等于逐级稳定常数的乘积。例如:

$$Cu^{2+} + 4NH_3 \Longrightarrow [Cu(NH_3)_4]^{2+}$$

$$K_f^{\ominus} = K_1^{\ominus} \cdot K_2^{\ominus} \cdot K_3^{\ominus} \cdot K_4^{\ominus} = \frac{c([Cu(NH_3)_4]^{2+})/c^{\ominus}}{[c(Cu^{2+})/c^{\ominus}][c(NH_3)/c^{\ominus}]^4} = 10^{13.32}$$

一些常见配离子的稳定常数列于表 8-4 中。

表 8-4　一些常见配离子的稳定常数

配离子	$K_f^{\ominus}$	配离子	$K_f^{\ominus}$
$[AgCl_2]^-$	1.10×10^3	$[Cu(NH_3)_2]^+$	7.24×10^{10}
$[Ag(CN)_2]^-$	1.26×10^{21}	$[Cu(NH_3)_4]^{2+}$	2.09×10^{13}
$[Ag(NH_3)_2]^+$	1.12×10^7	$[Fe(CN)_6]^{4-}$	1.00×10^{35}
$[Ag(S_2O_3)_2]^{3-}$	2.88×10^{13}	$[Fe(CN)_6]^{3-}$	1.00×10^{42}
$[AlF_6]^{3-}$	6.90×10^{19}	$[FeF_6]^{3-}$	2.04×10^{14}
$[Au(CN)_2]^-$	1.99×10^{38}	$[HgCl_4]^{2-}$	1.17×10^{15}
$[Ca(EDTA)]^{2-}$	1.00×10^{11}	$[HgI_4]^{2-}$	6.76×10^{29}
$[Cd(en)_2]^{2+}$	1.23×10^{10}	$[Hg(CN)_4]^{2-}$	2.51×10^{41}
$[Cd(NH_3)_4]^{2+}$	1.32×10^7	$[Mg(EDTA)]^{2-}$	4.37×10^8
$[Co(NH_3)_6]^{2+}$	1.29×10^5	$[Ni(CN)_4]^{2-}$	1.99×10^{31}
$[Co(NH_3)_6]^{3+}$	1.58×10^{35}	$[Ni(NH_3)_6]^{2+}$	5.50×10^8
$[Cu(CN)_2]^-$	1.00×10^{24}	$[Zn(CN)_4]^{2-}$	5.01×10^{16}
$[Cu(en)_2]^{2+}$	1.00×10^{20}	$[Zn(NH_3)_4]^{2+}$	2.88×10^9

8.2.2 配离子稳定常数的应用

利用配离子的稳定常数,可以计算配合物溶液中有关离子的浓度,判断配离子与沉淀之间、配离子之间转化的可能性,此外还可利用 $K_f^{\ominus}$ 值计算有关电对的电极电势。

1. 计算配合物溶液中有关离子的浓度

由于一般配离子的逐级稳定常数彼此相差不大,因此在计算离子浓度时应注意考虑各级配离子的存在。但在实际工作中,一般所加配位剂过量,此时中心离子基本上处于最高配位状态,所以低级配离子可以忽略不计,因而可以根据总的稳定常数 $K_f^{\ominus}$ 计算公式,在已知溶液中某一离子平衡浓度的情况下,计算其他相关离子的平衡浓度。

2. 判断配离子与沉淀之间转化的可能性

若在配合物中加入一种沉淀剂,使中心离子生成沉淀,会使配位平衡向配离子解离的方向移动。同样,一种沉淀物也会因为与配位剂作用而溶解。配位平衡与沉淀溶解平衡的关系可以看成是沉淀剂与配位剂共同争夺金属离子的过程。配离子越稳定,或难溶电解质越难溶,难溶物越易被配位而溶解。当然,反应进行的方向除了与 $K_{sp}^{\ominus}$ 和 $K_f^{\ominus}$ 有关外,还与配位剂、沉淀剂等的浓度有关。

3. 判断配离子之间转化的可能性

在一种配合物的溶液中,加入另一种能与其中心离子生成更稳定配合物的配位剂,或加入另一种能与其配体生成更稳定配合物的金属离子时,原配合物可转化成更稳定的配合物。例如,向血红色的 $[Fe(SCN)_3]$ 溶液中加入 NaF 溶液,血红色消失,生成更稳定的 $[FeF_6]^{3-}$。配离子之间的转化,与沉淀之间的转化类似,反应向着生成更稳定的配离子的方向进行。两种配离子的稳定常数相差越大,转化越完全。

配离子的转化具有普遍性,金属离子在水溶液中的配位反应,也是配离子之间的转化。例如:

$$Cu^{2+} + 4NH_3 \rightleftharpoons [Cu(NH_3)_4]^{2+}$$

实际反应是:

$$[Cu(H_2O)_4]^{2+} + 4NH_3 \rightleftharpoons [Cu(NH_3)_4]^{2+} + 4H_2O$$

但通常简写为前一反应式。

4. 计算配离子的电极电势

配合物的形成可使金属离子的电极电势发生变化,从而导致氧化还原平衡发生移动。同样,金属离子发生氧化还原反应后,其浓度发生变化,也可导致配位平衡的移动。例如,$E^{\ominus}(Au^+/Au) = 1.83$ V,根据配离子 $[Au(CN)_2]^-$ 的稳定常数 $K_f^{\ominus} = 1.99 \times 10^{38}$,可以计算得到 $E^{\ominus}([Au(CN)_2]^-/Au)$ 的值为 -0.44 V。可见,当 Au^+ 形成配离子后,$E^{\ominus}([Au(CN)_2]^-/Au) < E^{\ominus}(Au^+/Au)$,有配体 CN^- 存在时,单质金的还原能力显著增强,易被氧化为 $[Au(CN)_2]^-$。

8.2.3 影响配合物稳定性的因素

配合物在溶液中的稳定性差别很大。影响配合物稳定性的因素很多,主要是中心离子与配体的性质,另外温度、压强及溶液的浓度对配合物的稳定性也有一定影响。

1. 中心离子的影响

一般而言,过渡金属离子形成配离子的能力比主族金属离子强。而在主族金属离子中,又以电荷少、半径大的ⅠA族生成配离子的能力最弱。

一般认为,稀有气体电子构型的金属离子,包括ⅠA、ⅡA、ⅢA族,以及 Sc(Ⅲ)、Y(Ⅲ)、La(Ⅲ)、Zr(Ⅳ)、Hf(Ⅳ)等,主要以静电引力与配体形成配离子。当配体一定时,这些配离子的稳定性取决于中心离子的电荷和半径。中心离子的电荷越多,半径越小,形成的配离子越稳定。综合考虑离子电荷 Z 及半径 r 对形成配离子稳定性的影响,Z^2/r 可以作为一般判断中心离子形成配离子稳定性大小的标准。表 8-5 列出了一些金属离子的 Z^2/r 及其与 EDTA 形成配离子的 $lgK_f^{\ominus}$。可以看出,配离子的稳定性随 Z^2/r 值的增大而增大。

具有 18 或 18+2 电子层结构的金属离子,如 Cu^{2+}、Cd^{2+}、In^{3+}、Pb^{2+} 等,在离子半径和电荷相似、配体相同的条件下,其配合物比 8 电子层结构的金属离子的配合物稳定。这是由于具有 18 或 18+2 电子层的离子,对原子核电荷的屏蔽作用比 8 电子层结构的离子小,又由于有较大的有效核电荷,所以表现出较强的极化作用。另外,18 或 18+2 电子层结构的金属离子也表现出较大的变形性。在配离子中,金属离子与配体之间的相互极化作用,导致配离子中的配位键具有明显的共价性,增强了配离子的稳定性。例如,Ca^{2+} 与 Cd^{2+} 离子的 Z^2/r 值虽然相同,但 Cd^{2+} 与 EDTA 的配离子远较 Ca^{2+} 的稳定。

表 8-5　金属离子的半径(r)、电荷(Z)、Z^2/r 与配合物稳定常数($lgK_f^{\ominus}$)的关系

中心离子	r/pm	Z^2/r	$lgK_f^{\ominus}$
Li^+	68.0	0.015	2.79
Na^+	97.0	0.010	1.66
K^+	133.0	0.008	0.80
Ca^{2+}	99.0	0.040	10.69
Sr^{2+}	112.0	0.036	8.73
Ba^{2+}	134.0	0.030	7.86
Sc^{3+}	73.2	0.123	23.10
Y^{3+}	89.3	0.101	18.09
La^{3+}	101.6	0.089	15.50

2. 配体的影响

（1）配位原子的电负性

对于 2 和 8 电子构型的金属离子，配位原子的电负性越大，形成的配合物越稳定。其顺序是：

$$F \gg Cl > Br > I$$
$$O \gg S > Se > Te$$
$$N \gg P > As > Sb$$

对于 18 和 18＋2 电子构型的金属离子，配位原子的电负性越小，越容易给出电子对，形成的配离子越稳定。其顺序是：

$$N \ll P < As$$
$$F \ll Cl < Br < I$$
$$O < S$$
$$N \gg O \gg F$$

在这类配离子中，若既存在 σ 配键，也存在反馈 π 键，则可大大增加它们的稳定性。

（2）配体的碱性

可以设想，若配体越容易键合质子（碱性越强），就越容易键合金属离子。事实证明，当中心离子一定时，配位原子相同的一系列结构上密切相关的配体，其键合质子的能力顺序往往与同一种金属离子相应配合物的稳定常数的顺序相一致。即配体的碱性越强，生成的配合物越稳定。表 8-6 列出了若干配体的 K_b 及其与 Ag^+ 配合物的稳定常数。

表 8-6　配体的碱性与配合物稳定性的关系

配体	K_b	$\lg K_f^{\ominus}$, Ag^+
β-萘胺	1.9×10^{-10}	1.62
吡啶（Py）	2.0×10^{-9}	4.35
NH_3	1.8×10^{-5}	7.05

（3）螯合效应

螯合物是由中心离子和多齿配体结合而成的具有环状结构的配合物（也称内配物）。例如，Cu^{2+} 与两个乙二胺形成两个五原子环的螯合离子 $[Cu(en)_2]^{2+}$。其中乙二胺又称为螯合剂。作为螯合剂必须具备两个条件：第一，含有两个或两个以上的配位原子，且这些配位原子必须同时与中心离子配位成键；第二，在螯合剂中，每两个配位原子间必须间隔两个或三个其他的原子，这样才能与中心离子形成稳定的五元环或六元环结构。多于或少于五元、六元的环状结构，稳定性都较差。

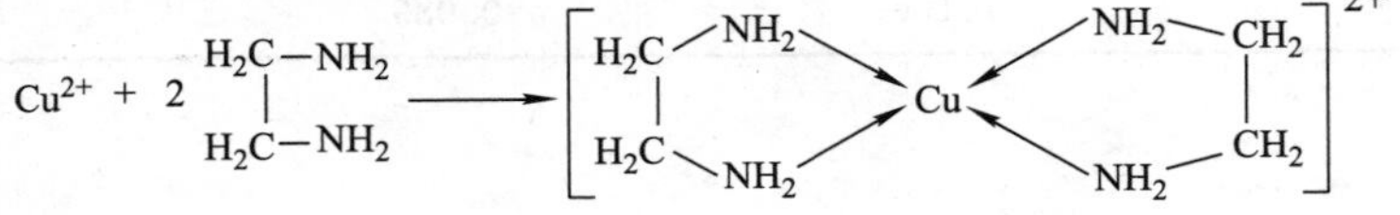

在考察配合物的稳定性时发现,螯合物比组成和结构与它相近的非螯合物稳定。表 8-7 列出一些金属离子分别与乙二胺和 NH_3 形成的螯合物以及一般配合物的稳定常数。可以看出,螯合物在溶液中更难解离,这种现象叫做**螯合效应**。

表 8-7　一些螯合物与一般配合物稳定常数比较

螯合物	$K_稳^{\ominus}$	一般配合物	$K_稳^{\ominus}$
$[Cu(en)_2]^{2+}$	1.00×10^{20}	$[Cu(NH_3)_4]^{2+}$	2.09×10^{13}
$[Zn(en)_2]^{2+}$	6.76×10^{10}	$[Zn(NH_3)_4]^{2+}$	2.88×10^{9}
$[Co(en)_3]^{2+}$	6.60×10^{13}	$[Co(NH_3)_6]^{2+}$	1.29×10^{5}
$[Ni(en)_3]^{2+}$	2.14×10^{10}	$[Ni(NH_3)_6]^{2+}$	5.50×10^{8}

螯合效应产生的原因,可由热力学效应加以说明。

一个反应的平衡常数 $K^{\ominus}$ 满足:$-RT\ln K^{\ominus} = \Delta_r H_m^{\ominus} - T\Delta_r S_m^{\ominus}$。事实表明,组成相似的非螯合物与螯合物的 $\Delta_r H_m^{\ominus}$ 相当接近,因此,螯合物生成时稳定性的增大主要是熵效应引起的。为什么形成螯合物时的 $\Delta_r S_m^{\ominus}$ 比生成一般配合物的 $\Delta_r S_m^{\ominus}$ 大呢?定性地理解是不困难的。当溶液中形成一般配合物时,配体取代金属离子的配位水分子,溶液中质点总数没有改变;但在形成螯合物时,每个多齿配体取代两个或更多个配位水分子,所以反应后的质点总数增加,从而使体系的混乱度增大。

此外,螯合环的大小与多少对螯合物稳定性也有一定的影响。在大多数情况下,五元环和六元环具有最大的稳定性,而且一个多齿配体与中心离子形成的螯环数越多,螯合物越稳定。例如,乙二胺四乙酸分子(H_4EDTA)具有 6 个配位原子(2 个氨基氮原子和 4 个羧基氧原子),是应用最广的氨羧配位剂。乙二胺四乙酸与 Ca^{2+} 形成的配合物 $[Ca(EDTA)]^{2-}$ 的结构如图 8-2 所示,其中有 5 个五元环,因而它很稳定,利用这种性质可以测定硬水中 Ca^{2+}、Mg^{2+} 的含量。

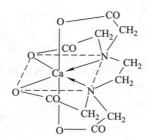

图 8-2　$[Ca(EDTA)]^{2-}$ 结构

8.3　配位化学的应用和发展前景

配位化学已成为当代化学的前沿领域之一,它的发展打破了传统的无机化学和有机化学之间的界限,其新奇的特殊性能被广泛应用于生产和实践中,从 20 世纪 70 年代的湿法冶金,到金属的分离和提纯,再到配位催化及生命科学,配位化学均有着非常广泛的应用。

8.3.1　在湿法冶金和金属的分离提纯方面

1. 金属的湿法冶金

将含有金、银单质的矿石放在 NaCN(或 KCN)的溶液中,经搅拌,借助于空气中氧的作用,使 Au 和 Ag 分别形成配合物 $[Au(CN)_2]^-$ 和 $Ag[(CN)_2]^-$ 而溶解。以 Au 为例,反应式为:

$$4Au + 8CN^- + 2H_2O + O_2 \longrightarrow 4[Au(CN)_2]^- + 4OH^-$$

然后在溶液中加 Zn 还原,即可得到 Au。反应式为:

$$2[Au(CN)_2]^- + Zn \longrightarrow [Zn(CN)_4]^{2-} + 2Au$$

我国铜矿的品位一般较低,通常是采用配位剂(或螯合剂,如 2-羟基-5-仲辛基二苯甲酮肟等)使铜富集起来。20 世纪 70 年代以来,应用溶剂萃取法回收铜是湿法冶金的一个较为突出的成就。

2. 金属的分离和提纯

稀土金属元素的离子半径几乎相等,其化学性质也非常相似,难以用一般的化学方法使之分离。若利用它们与某种螯合剂,如冠醚(crown ether)生成螯合物表现出的性质差异,可对稀土进行萃取分离。较大、较轻的稀土离子可以和冠醚生成螯合物,易溶于有机溶剂,而重稀土离子则不能形成稳定的配合物。经冠醚萃取后,重稀土留在水相,而轻稀土金属在有机相中。

又如,对镍钴矿粉在一定条件下通入 CO 气,镍与 CO 会生成液态 $[Ni(CO)_4]$(四羰基镍,剧毒)而与钴分离,然后再加热使之分解为高纯度的金属镍。钴不能与 CO 发生上述反应,故可利用这种方法分离镍和钴。

8.3.2　在分析化学方面

配位反应几乎涉及分析化学的所有领域。利用生成配合物后性质上的差异,可以进行离子的鉴定、分离、提纯和掩蔽等。

1. 离子的鉴定

利用金属离子与配体形成配合物时颜色的变化,可进行金属离子的鉴定。

例如 Cu^{2+} 的特效试剂(铜试剂),学名 N, N'-二乙氨基二硫代甲酸钠,它与 Cu^{2+} 离子在氨性溶液中能形成棕色螯合物沉淀,反应如下:

而在溶液中 NH_3 与 Cu^{2+} 能形成深蓝色的 $[Cu(NH_3)_2]^{2+}$，借此反应也可以鉴定 Cu^{2+} 的存在。

再如 $[Cu(H_2O)_4]^{2+}$，显浅蓝色。将无色的无水硫酸铜晶体投入"无水酒精"，如果硫酸铜晶体变成浅蓝色，说明酒精中还有水。

又如，丁二肟（二乙酰二肟，称为 HDMG）在弱碱性介质中与 Ni^{2+} 形成鲜红色难溶的二（丁二肟）合镍（Ⅱ）沉淀，借此可以鉴定 Ni^{2+}。此方法也可用于 Ni^{2+} 的定量测定。

2. 离子的分离

利用金属离子与配体形成配合物时溶解性的变化，可进行金属离子的分离。

例如，在含有 Zn^{2+} 与 Al^{3+} 的溶液中加入过量氨水，可以达到分离 Zn^{2+} 与 Al^{3+} 的目的。

$$(Zn^{2+} 、Al^{3+}) \xrightarrow{\text{过量 } NH_3 \cdot H_2O} \begin{cases} [Zn(NH_3)_4]^{2+} \\ Al(OH)_3 \downarrow \end{cases}$$

再如，在 AgCl 和 AgI 的混合物中加入氨水溶液后，AgCl 溶解生成 $[Ag(NH_3)_2]^+$，而 AgI 不溶解，从而使两者分离。

3. 离子的掩蔽

多种金属离子共同存在时，要测定或鉴定其中某一金属离子，其他金属离子往往会与试剂发生同类反应而干扰测定。例如，用 KSCN 鉴定 Co^{2+} 时，发生下列反应：

$$[Co(H_2O)_6]^{2+}（粉红）+4SCN^- \xrightarrow{\text{乙醚}} [Co(SCN)_4]^{2-}（艳蓝）+6H_2O$$

但是如果溶液中同时含有 Fe^{3+}，Fe^{3+} 也可与 SCN^- 反应，形成血红色的配离子 $[Fe(SCN)]^{2+}$，妨碍对 Co^{2+} 的鉴定。若事先在溶液中加入足量的配位剂 NH_4F，与 Fe^{3+} 生成更为稳定的无色配离子 $[FeF_6]^{3-}$，就可以排除 Fe^{3+} 对鉴定 Co^{2+} 的干扰作用。在分析化学上，这种排除干扰作用的效应称为掩蔽效应，所用的配位剂称为掩蔽剂。

4. 有机沉淀剂

近年来发现，某些有机螯合剂能和金属离子在水中形成溶解度极小的内络盐沉淀，它具有相当大的相对分子质量和固定的组成。少量的金属离子便可以产生相当大量的沉淀，这些沉淀还有易于过滤和洗涤的优点，因此利用有机沉淀剂可以大大提高重量分析的准确度。例如，8-羟基喹啉能从热的 $HAc-Ac^-$ 溶液中定量沉淀 Cu^{2+}、Al^{3+}、Fe^{3+}、Co^{2+}、Zn^{2+}、Mn^{2+} 等离子，这样就可以使上述离子同 Ca^{2+}、Sr^{3+} 等离子分离出来。反应通式如下：

式中,n 为金属离子的电荷数,沉淀的通式只是一种简示式。如果 $n=1$,则生成 ML(1∶1);如果 $n=2$,则生成 ML_2(1∶2);以此类推。

8.3.3 在配位催化方面

在有机合成中,凡利用配位反应而产生的催化作用,均称为配位催化。单体分子先与催化剂活性中心配位,接着在内界进行反应。由于催化活性高、选择性专一以及反应条件温和,广泛应用于石油化学工业中。例如,用 Wacker 法由乙烯合成乙醛采用 $PdCl_2$ 和 $CuCl_2$ 的稀盐酸溶液催化,借助 $[PdCl_3(C_2H_4)]^-$ 等中间产物的生成,使 C_2H_4 分子活化,在常温常压下乙烯就能比较容易地氧化成乙醛,转化率高达 95%。其反应式为:

$$C_2H_4 + \frac{1}{2}O_2 \xrightarrow{PdCl_2+CuCl_2} CH_3CHO$$

8.3.4 在冶金工业方面

配位化学在冶金工业方面的应用主要有两方面:一是用于制备高纯金属,二是用于提取贵金属。

1. 高纯金属的制备

绝大多数过渡金属都能与一氧化碳形成金属羰基配合物。与常见的相应金属化合物相比,它们容易挥发,受热易分解成金属和一氧化碳。利用这一特性,工业上采用羰基化精炼技术制备高纯金属。先将含有杂质的金属制成羰基配合物,并使之挥发与杂质分离,然后加热分解制得纯度很高的金属。例如,制造铁芯和催化剂的高纯铁粉,就是采用这一技术生产的。

$$Fe(细分) + 5CO \xrightarrow{200\,℃,\,20\ MPa} [Fe(CO)_5] \xrightarrow{200\sim250\,℃} 5CO + Fe(高纯)$$

由于金属羰基配合物大多剧毒、易燃,在制备和使用时应特别注意安全。

2. 贵金属的提取

贵金属难以氧化,从矿石中提取有困难。但是当有合适的配位剂存在时,由于生成了配合物而使矿石的处理变得相对容易。例如,在处理金矿石时,一般用 NaCN 溶液,使 Au 还原性增强,易被 O_2 氧化,形成 $[Au(CN)_2]^-$ 而溶解,再用锌粉自溶液中置换出金。

$$2Au + 4CN^- + O_2 + H_2 \longrightarrow 2[Au(CN)_2]^- + 2OH^-$$

$$2[Au(CN)_2]^- + Zn \longrightarrow 2Au\downarrow + [Zn(CN)_4]^{2-}$$

8.3.5 在电镀工业方面

在电镀工业中,欲获得牢固、均匀、致密、光亮的镀层,金属离子在阴极镀件上的还原速率不应太快,为此要控制电镀液中有关金属离子的浓度,常采用在电镀液中加入配位剂的方式控制被镀离子的浓度。几十年来,镀 Cu、Ag、Au、Zn、Sn 等工艺中用 NaCN 使有关金属离子转变为氰配离子,以降低镀液中金属离子的浓度。例如,用 $CuSO_4$ 溶液作电镀液时,由于 Cu^{2+} 浓度过大,Cu 沉淀太快,使镀层粗糙、厚薄不匀,且底层金属附着力

差。但若采用配合物 $K[Cu(CN)_2]$ 溶液,就能有效地控制 Cu^{2+} 离子浓度:

$$[Cu(CN)_2]^- \longrightarrow Cu^+ + 2CN^-$$

这样 Cu 沉淀速率不会过快,但可利用的 Cu^+ 离子总浓度并没有减少。

但是,由于氰化物有剧毒,20 世纪 70 年代以来,人们开始研究无氰电镀工艺,目前已研究出多种非氰配位剂。例如,上述镀铜工艺中,可采用焦磷酸钾($K_4P_2O_7$)作为配位剂,$P_2O_7^{4-}$ 无毒,是近年来发展很快的无氰电镀液。再如,1-羟基亚乙基-1,1-二磷酸(HEDP)也是一种很好的电镀通用配位剂,它与 Cu^{2+} 可形成羟基亚乙基二磷酸合铜(Ⅱ)配离子,电镀所得镀层达到质量标准。

8.3.6　在环保和生活方面

1. 掩蔽有害物质

利用配合物的稳定性,在分析测定溶液中某种离子时,常把干扰测定的其他离子用配位剂掩蔽起来。

在环境保护方面,配合物的形成对污染治理也有很多用处。例如,氰化物(如 NaCN)毒性很大,生产中的含氰废液就可利用下述反应:

$$6NaCN + 3FeSO_4 \longrightarrow Fe_2[Fe(CN)_6] + 3Na_2SO_4$$

使毒性极大的 CN^- 变成毒性很小的配位化合物六氰合铁(Ⅱ)酸亚铁(俗名亚铁氰化亚铁)。

2. 用于溶解难溶电解质

在照相技术中,可用硫代硫酸钠作定影剂洗去溴胶版上未曝光的溴化银,这是因为 AgBr 能溶于配位剂 $Na_2S_2O_3$ 溶液,并形成 $[Ag(S_2O_3)_2]^{3-}$ 配离子。

8.3.7　在生命科学方面

配合物尤其是螯合物在生命科学中的应用极为广泛,许多生命现象均与配合物有关。例如与生物体的呼吸作用有密切关系的血红蛋白就是铁与卟啉形成的螯合物,血红蛋白是生物体在呼吸过程中传送氧的物质,所以又称为氧的载体。当有 CO 气体存在时,血红蛋白的氧很快被 CO 置换:

$$\text{血红蛋白} \cdot O_2(aq) + CO(g) \longrightarrow \text{血红蛋白} \cdot CO(aq) + O_2(g)$$

从而失去输送氧的功能,生物体就会因为得不到氧而窒息。科学家就是根据血红蛋白的配位结构及其作用机理研究仿制人造血的。

又如植物中的叶绿素是镁与卟啉形成的螯合物,它能进行光合作用,把太阳能转化成化学能储存在植物体中。图 8-3 是叶绿素的结构。

另外,生物体内各种各样起特殊催化作用的酶,几乎都与金属有机螯合物密切相关,有些酶本身就是金属离子的螯合物,有些酶则需要与少量金属离子发生配位反应,从而被激活才能发挥其催化作用。如起着辅酶作用的维生素 B_{12} 是钴与一个大环有机分子形成的配合物,它有增益血液中血红素分子的本领,是治疗恶性贫血病的特效药;在固氮菌中能将空气中的 N_2 固定并还原成 NH_4^+ 的固氮酶是铁钼蛋白;等等。

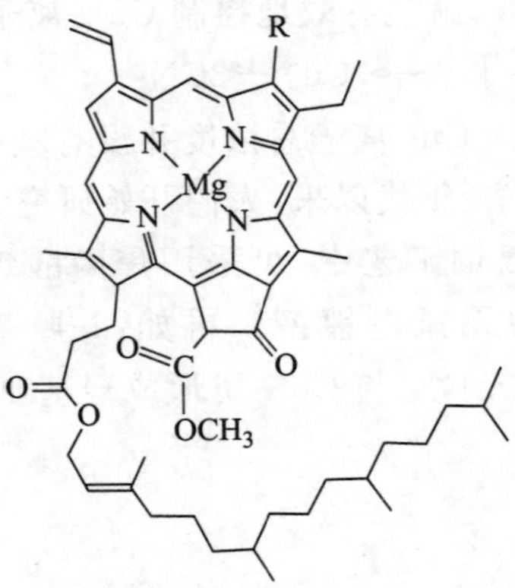

R=CH$_3$，叶绿素a
R=CHO，叶绿素b

图 8-3　叶绿素 a 和 b 的结构

8.3.8　在医药方面

　　配合物在医药方面的应用也十分广泛。配位剂能与细菌生存所需要的金属离子结合成稳定的配合物，使细菌不能繁殖和存活。许多药物本身就是配合物，例如胰岛素是锌的配合物，用以治疗糖尿病；顺式-[Pt(NH$_3$)$_2$Cl$_2$]及其一些类似物对子宫癌、肺癌有明显疗效；EDTA 的钙盐是消除人体内铀、钍、钚等放射性元素的高效解毒剂；砷、汞可以和二巯基丙醇形成稳定的无毒配合物并从体液中排出，从而消除重金属离子的毒害作用；枸橼酸钠可和 Pb^{2+} 形成稳定配合物，它是防治职业性铅中毒的有效药物，能迅速减轻中毒症状和促进体内铅排出，并能改善贫血，有助于恢复健康。

　　再如，维生素 B$_{12}$ 可用于治疗恶性贫血，它是迄今已知的最大最复杂的维生素分子。它是在 1948 年首次被分离出来的，以美国化学家 R. B. Woodward 为首的来自 19 个国家的 99 名科学工作者组成的研究组，经过艰辛的研究实验，终于成功人工合成了这种维生素。Woodward 还合成了胆固醇、叶绿素等其他物质。由于这些重大贡献，他于 1965 年荣获 Nobel 化学奖。

思考与练习

1. 什么是配体？解释何为单齿配体，何为多齿配体，并列举常见的配体。
2. 在配位化合物中，中心离子的配体数目和它的配位数有何联系与区别？
3. 下列配合物中，中心离子、配体、配位原子和配位数各是什么？

配合物	中心离子	配体	配位原子	配位数
[Pt(NH$_3$)$_2$(C$_2$O$_4$)]				
[Cr(OH)(H$_2$O)(en)$_2$](NO$_3$)$_2$				
[Fe(EDTA)]$^{2-}$				

4. Ni 在下列配合物中的配位数是多少？

(1) $[Ni(NH_3)_6]^{2+}$；(2) 水溶液中 3 mol 的乙二胺与 1 mol Ni^{2+} 结合而形成的配离子。

5. 命名下列配位化合物：

(1) $[FeCl_2(H_2O)_4]^+$；　(2) $[Pt(NH_3)_2Cl_2]$；　(3) $[Co(NH_3)_5Br]SO_4$；

(4) $[CrCl_4(H_2O)_2]^-$；　(5) $[Cr(en)_2Cl_2]Cl$；　(6) $K_2[NiF_6]$。

6. $PtCl_4$ 与氨水反应，生成配合物的化学式为 $Pt(NH_3)_4Cl_4$。将 1 mol 此化合物用 $AgNO_3$ 处理，得到 2 mol AgCl。试推断该配合物内界和外界的组分，并写出其结构式。

7. 已知有两种钴的配合物，它们具有相同的分子式 $Co(NH_3)_5BrSO_4$，其区别在于第一种配合物的溶液中加入 $BaCl_2$ 时产生 $BaSO_4$ 沉淀，但加 $AgNO_3$ 时不产生沉淀；而第二种配合物则与此相反。写出这两种配合物的化学式和名称，并指出钴的配位数。

8. 什么是螯合物？它有什么特点？

9. 下列说法哪些不正确？说明理由。

(1) 配合物由内界和外界两部分组成；

(2) 配体的数目就是中心离子的配位数；

(3) 配离子的电荷数等于中心离子的电荷数。

10. 下列说法哪些不正确？说明理由。

(1) 某一配离子的 $K_稳^{\ominus}$ 值越小，该配离子的稳定性越差；

(2) 某一配离子的 $K_不^{\ominus}$ 值越小，该配离子的稳定性越差；

(3) 对于不同类型的配离子，$K_稳^{\ominus}$ 值大者，配离子越稳定；

(4) 配位剂浓度越大，生成的配离子的配位数越大。

11. 向含有 $[Ag(NH_3)_2]^+$ 配离子的溶液中分别加入下列物质：(1) 稀 HNO_3；(2) $NH_3 \cdot H_2O$；(3) Na_2S 溶液。试问下列平衡的移动方向：

$$[Ag(NH_3)_2]^+ \Longleftrightarrow Ag^+ + 2NH_3$$

12. AgI 在下列相同浓度的溶液中，溶解度最大的是哪一个？

KCN　　　$Na_2S_2O_3$　　　$NH_3 \cdot H_2O$

13. 根据配离子的 $K_稳^{\ominus}$ 值判断下列电极电势哪个最小？哪个最大？

(1) $E^{\ominus}(Ag^+/Ag)$；(2) $E^{\ominus}([Ag(NH_3)_2]^+/Ag)$；(3) $E^{\ominus}([Ag(S_2O_3)_2]^{3-}/Ag)$；

(4) $E^{\ominus}([Ag(CN)_2]^-/Ag)$。

第九章　单质及无机材料

9.1　金属及其重要化合物

　　化学元素,就是具有相同的核电荷数(即核内质子数)的一类原子的总称。自然界中有一百多种基本的金属和非金属物质,它们只由一种原子组成,其原子中的每一核子具有同样数量的质子,用一般的化学方法不能使之分解,并且能构成一切物质。一些常见元素的例子有氢、氮和碳。到 2019 年为止,总共有 119 种元素被发现,其中 94 种存在于地球上。原子序数大于 83 的元素都不稳定,并会进行放射衰变。

9.1.1　碱金属

　　周期表ⅠA 族元素包括锂、钠、钾、铷、铯、钫 6 种元素,又称为碱金属元素。碱金属原子的价层电子构型为 ns^1,它们的原子最外层有一个 s 电子。

　　碱金属的一些性质列于表 9-1 中。它们的原子半径在同周期元素中(稀有气体除外)是最大的,而核电荷数在同周期元素中是最小的。由于内层电子的屏蔽作用显著,故这些元素很容易失去最外层的一个 s 电子,从而使碱金属的第一电离能在同周期元素中最低。因此,碱金属是同周期元素中金属性最强的元素。

表 9-1　碱金属的一些性质

元素	锂(Li)	钠(Na)	钾(K)	铷(Rb)	铯(Cs)
价层电子构型	$2s^1$	$3s^1$	$4s^1$	$5s^1$	$6s^1$
金属半径/pm	152	186	227	248	265
沸点/℃	1341	881.4	759	691	668.2
熔点/℃	180.54	97.82	63.38	39.31	28.44
密度/$(g \cdot cm^{-3})$	0.534	0.968	0.89	1.532	1.8785
电负性	0.98	0.93	0.82	0.82	0.79
电离能/$(kJ \cdot mol^{-1})$	526.41	502.04	425.02	409.22	381.90
电子亲和能/$(kJ \cdot mol^{-1})$	59.6	52.9	48.4	46.9	45
标准电极电势 $E^{\ominus}(M^+/M)/V$	−3.040	−2.714	−2.936	−2.943	−3.027
氧化值	+1	+1	+1	+1	+1

碱金属自上而下性质有规律变化。例如,随着核电荷数的增加,同族元素的原子半径、离子半径逐渐增大,电离能逐渐减小,电负性逐渐减小,金属性、还原性逐渐增强。第二周期元素与第三周期元素之间在性质上有较大差异,而其后各周期元素性质的递变则较均匀。例如,锂及其化合物表现出与同族元素不同的性质。

碱金属的一个重要特点是元素通常只有一种稳定的氧化态。碱金属的常见氧化值为$+1$,这与它们的族序数一致。从电离能的数据可以看出,碱金属的第一电离能最小,很容易失去一个电子,但碱金属的第二电离能很大,故很难再失去第二个电子。

碱金属都是银白色金属,具有金属光泽。碱金属的密度都小于 $2\ g \cdot cm^{-3}$,其中锂、钠、钾的密度均小于 $1\ g \cdot cm^{-3}$,能浮在水面上。碱金属密度小与它们的原子半径比较大、晶体结构为体心立方堆积等因素有关。碱金属的硬度都小于2,可以用刀子切割。碱金属原子半径较大,又只有一个价电子,所形成的金属键很弱,故它们的熔点、沸点都较低。铯的熔点比人的体温还低。在碱金属晶体中有活动性较强的自由电子,因而它们具有良好的导电性、导热性。其中钠的导电性最好。在一定波长的光的作用下,铷和铯的电子可获得能量从金属表面逸出而产生光电效应。

碱金属是化学活泼性很强的金属元素,它们能直接或间接地与电负性较大的非金属形成相应的化合物。碱金属的重要化学反应列于表 9-2 中。碱金属有很高的反应活性,在空气中极易形成 M_2CO_3 覆盖层,因此要将它们保存在无水煤油中。锂的密度很小,能浮在煤油上,所以将其保存在液体石蜡中。

表 9-2　碱金属的化学反应

$4Li+O_2 \longrightarrow 2Li_2O$	其他金属形成 Na_2O_2、K_2O_2、KO_2、RbO_2、CsO_2
$2M+S \longrightarrow M_2S$	反应很激烈,也有多硫化物产生
$2M+2H_2O \longrightarrow 2MOH+H_2$	Li 反应缓慢,K 发生爆炸,与酸作用时都发生爆炸
$2M+H_2 \longrightarrow 2M^+H^-$	高温下反应,LiH 最稳定
$2M+X_2 \longrightarrow 2M^+X^-$	X=卤素
$6Li+N_2 \longrightarrow 2Li_3^+N^{3-}$	室温,其他碱金属无此反应
$3M+E \longrightarrow M_3E$	E=P、As、Sb、Bi,加热反应

碱金属是最活泼的金属元素,因此在自然界中不存在碱金属的单质,这些元素多以离子型化合物的形式存在。碱金属中,只有钠、钾在地壳中分布很广,丰度也较高,其他元素含量较小而且分散。它们主要以氯化物形式存在于自然界中,例如,海水和盐湖中含有氯化钠、氯化钾等。它们的矿物主要有钠长石 $Na[AlSi_3O_8]$、钾长石 $K[AlSi_3O_8]$、光卤石 $KCl \cdot MgCl_2 \cdot 6H_2O$ 以及明矾石 $KAl(SO_4)_2 \cdot 12H_2O$。锂、铷、铯以稀有的硅铝酸盐形式存在,例如,锂辉石 $LiAl(SiO_3)_2$ 等。

钠的制备通常是采用电解熔融盐的方法。这是因为它具有很强的还原性,而相应的离子几乎没有氧化性,若用还原剂将其还原是相当困难的,所以必须采用强力的方法——电解来实现。一般电解的原料是它们的氯化物。例如,电解熔融的氯化钠时,在阴极得到金属钠。

9.1.2 碱土金属

ⅡA族金属包括铍、镁、钙、锶、钡、镭6种元素,又称为碱土金属元素。碱土金属原子的价层电子构型为ns^2,它们的原子最外层有两个s电子。碱土金属的一些性质列于表9-3中。

表 9-3 碱土金属的一些性质

元素	铍(Be)	镁(Mg)	钙(Ca)	锶(Sr)	钡(Ba)
价层电子构型	$2s^2$	$3s^2$	$4s^2$	$5s^2$	$6s^2$
金属半径/pm	111	160	197	215	217
沸点/℃	2467	1100	1484	1366	1845
熔点/℃	1287	651	842	757	727
密度/($g \cdot cm^{-3}$)	1.8477	1.738	1.55	2.64	3.51
电负性	1.57	1.31	1.00	0.95	0.89
电离能/($kJ \cdot mol^{-1}$)	905.63	743.94	596.1	555.7	508.9
电子亲和能/($kJ \cdot mol^{-1}$)	48.2	38.6	28.9	28.9	—
标准电极电势 $E^{\ominus}(M^{2+}/M)/V$	−1.968	−2.357	−2.869	−2.899	−2.906
氧化值	+2	+2	+2	+2	+2

碱土金属的单质为银白色(铍为灰色)固体,容易同空气中的氧气作用,在表面形成氧化物,失去光泽而变暗。它们的原子有两个价电子,形成的金属键较强,熔、沸点较相应的碱金属要高。单质的还原性随着核电荷数的递增而增强。碱土金属的硬度略大于碱金属,钙、锶、钡、镭均可用刀子切割,新切出的断面有银白色光泽,但在空气中迅速变暗。碱土金属的密度也大于碱金属,但仍属于轻金属。碱土金属的导电性和导热性能较好。

碱土金属最外电子层上有两个价电子,易失去而呈现+2价,是化学活泼性较强的金属,能与大多数的非金属反应,所生成的盐多半很稳定,遇热不易分解,在室温下也不发生水解反应。它们与其他元素化合时,一般生成离子型的化合物。但铍离子和镁离子具有较小的离子半径,在一定程度上容易形成共价键的化合物。钙、锶、钡和镭及其化合物的化学性质,随着它们原子序数的递增而有规律地变化。

碱土金属的离子为无色的,其盐类大多是白色固体,和碱金属的盐不同,碱土金属的盐类(如硫酸盐、碳酸盐等)溶解度都比较小。碱土金属在空气中加热时,发生燃烧,产生光耀夺目的火光,形成氧化物。碱土金属在高温火焰中燃烧产生的特征颜色,可用于这些元素的鉴定。铍表面生成致密的氧化膜,在空气中不易被氧化,跟水也不反应。镁跟热水反应,钙、锶和钡易与冷水反应。钙、锶和钡也能与氢气反应。在空气中,镁表面生成一薄层氧化膜,这层氧化膜致密而坚硬,对内部的镁有保护作用,所以有抗腐蚀性能,镁可以保存在干燥的空气里。钙、锶、钡等更易被氧化,生成的氧化物疏松,内部的金属会继续被氧化,所以钙、锶、钡等金属要密封保存。碱土金属的重要化学反应列于表9-4 中。

表 9-4　碱土金属的化学反应

$2M + O_2 \longrightarrow 2MO$	加热能燃烧,钡能形成过氧化钡 BaO_2
$M + S \longrightarrow MS$	
$M + 2H_2O \longrightarrow M(OH)_2 + H_2$	Be、Mg 与冷水反应缓慢
$M + 2H^+ \longrightarrow M^{2+} + H_2$	Be 反应缓慢,其余反应较快
$M + H_2 \longrightarrow MH_2$	仅高温下反应,Mg 需高压
$M + X_2 \longrightarrow MX_2$	
$3M + N_2 \longrightarrow M_3N_2$	水解生成 NH_3 和 $M(OH)_2$
$Be + 2OH^- + 2H_2O \longrightarrow Be(OH)_4^{2-} + H_2$	其他碱土金属无此类反应

碱土金属的用途比较广泛。铍主要用来做合金。例如,铍青铜是铍和铜的合金,少量的铍可以大大增加铜的硬度和导电性。镁在加热条件下还原能力极强,因而常常用镁作为还原剂制备某些金属和非金属的单质。例如,镁可以将硅和硼从它们的氧化物中还原出来。镁燃烧时产生明亮的白光,可用于军用照明弹和燃烧弹中。工业生产的镁大量用于制造轻合金,最重要的含镁合金是镁铝合金,它比纯铝更轻、更坚硬,强度也高,并且易于机械加工,这种合金主要用做制造飞机和汽车的材料。钙可以作为有机溶剂的脱水剂,在冶金工业上用做还原剂和净化剂(除去熔融金属中的气体)。钙和铝的合金广泛用做轴承材料。钡在真空管生产中用做脱气剂。

9.1.3　重要金属化合物

1. 铬的化合物

铬原子的价层电子构型为 $3d^5 4s^1$。铬的最高氧化值为 $+6$。铬也能形成氧化值为 $+5$、$+4$、$+3$、$+2$、$+1$、0、-1、-2 的化合物。在铬的二元化合物中,$Cr(Ⅵ)$ 表现出较强的氧化性,已知 $Cr(Ⅵ)$ 的二元化合物有氧化物 CrO_3 和氟化物 CrF_6。$Cr(Ⅲ)$ 的氧化物、卤化物能够稳定存在,$Cr(Ⅱ)$ 的化合物有较强的还原性,能从酸中置换出 H_2。一般说来,高氧化值的铬的化合物以共价键占优势,中间氧化值的化合物常以离子键占优势,低氧化值$(0、-1、-2)$的化合物则以共价键相结合,如 $Cr(CO)_6$ 等。铬的常见氧化值为 $+6$ 和 $+3$。

(1) 铬(Ⅵ)的化合物

$Cr(Ⅵ)$ 的化合物通常是由铬铁矿借助于碱熔法制得的,即把铬铁矿和碳酸钠混合,并在空气中煅烧:

$$4Fe(CrO_2)_2 + 8Na_2CO_3 + 7O_2 \xrightarrow{\approx 1000\,°C} 8Na_2CrO_4 + 2Fe_2O_3 + 8CO_2$$

用水浸取煅烧后的熔体,铬酸盐进到溶液中,再经浓缩,可得到黄色的 Na_2CrO_4 晶体。在 Na_2CrO_4 溶液中加入适量的 H_2SO_4,可转化为 $Na_2Cr_2O_7$:

$$2Na_2CrO_4 + H_2SO_4 \longrightarrow Na_2Cr_2O_7 + Na_2SO_4 + H_2O$$

将 $Na_2Cr_2O_7$ 与 KCl 或 K_2SO_4 进行复分解反应,可得到 $K_2Cr_2O_7$。其他铬的化合物大都是以铬酸盐为原料转化为重铬酸盐后,再由重铬酸盐来制取。例如,以 $K_2Cr_2O_7$ 为原料可制取三氧化铬 CrO_3、铬钾矾 $KCr(SO_4)_2 \cdot 12H_2O$、三氯化铬 $CrCl_3$ 等。

CrO_3 是铬的重要化合物,电镀铬时用它与硫酸配制成电镀液。固体 CrO_3 遇酒精等易燃有机物,立即着火燃烧,本身还原为 Cr_2O_3。CrO_3 在冷却的条件下与氨水作用,可生成重铬酸铵 $(NH_4)_2Cr_2O_7$:

$$2CrO_3 + 2NH_3 + H_2O \xrightarrow{冷} (NH_4)_2Cr_2O_7$$

在碱性或中性溶液中 $Cr(\text{VI})$ 主要以黄色的 CrO_4^{2-} 存在,当增加溶液中 H^+ 浓度时,先生成 $HCrO_4^-$,随之转变为橙红色的 $Cr_2O_7^{2-}$:

$$2CrO_4^{2-} + 2H^+ \rightleftharpoons 2HCrO_4^- \rightleftharpoons Cr_2O_7^{2-} + H_2O$$

$HCrO_4^-$ 和 $Cr_2O_7^{2-}$ 之间存在着下列平衡:

$$2HCrO_4^- \rightleftharpoons Cr_2O_7^{2-} + H_2O \qquad K^\ominus = 33$$

向 $Cr_2O_7^{2-}$ 的溶液中加入碱,溶液由橙红色变为黄色。pH<2 时,溶液中以 $Cr_2O_7^{2-}$ 占优势。

有些铬酸盐比相应的重铬酸盐难溶于水。在 $Cr_2O_7^{2-}$ 溶液中加入 Ag^+、Ba^{2+}、Pb^{2+} 时,分别生成 Ag_2CrO_4(砖红色)、$BaCrO_4$(淡黄色)、$PbCrO_4$(黄色)沉淀。例如:

$$4Ag^+ + Cr_2O_7^{2-} + H_2O \rightleftharpoons 2Ag_2CrO_4(s) + 2H^+$$

上述事实说明,在 $K_2Cr_2O_7$ 的溶液中有 CrO_4^{2-} 存在。这一反应常用来鉴定溶液中是否存在 Ag^+。

在 $Cr_2O_7^{2-}$ 的溶液中加入 H_2O_2 和乙醚或戊醇时,有蓝色的过氧化铬 CrO_5 生成:

$$Cr_2O_7^{2-} + 4H_2O_2 + 2H^+ \longrightarrow 2CrO_5 + 5H_2O$$

这一反应用来鉴定溶液中是否有 $Cr(\text{VI})$ 存在。但 CrO_5 不稳定,放置或微热时,分解为 Cr^{3+} 并放出 O_2。CrO_5 在乙醚中较稳定地生成 $CrO(O_2)_2 \cdot (C_2H_5)_2O$。

$Cr_2O_7^{2-}$ 有较强的氧化性,而 CrO_4^{2-} 的氧化性很差。在酸性溶液中,$Cr_2O_7^{2-}$ 可把 Fe^{2+}、SO_3^{2-}、H_2S、I^- 等氧化。以 Fe^{2+} 为例,反应如下:

$$Cr_2O_7^{2-} + 6Fe^{2+} + 14H^+ \longrightarrow 2Cr^{3+} + 6Fe^{3+} + 7H_2O$$

这一反应常用于 Fe^{2+} 含量的测定。

(2) 铬(Ⅲ)的化合物

$(NH_4)_2Cr_2O_7$ 晶体受热即可完全分解出 Cr_2O_3、N_2 和 H_2O:

$$(NH_4)_2Cr_2O_7 \xrightarrow{170\,°C} Cr_2O_3 + N_2 + 4H_2O$$

Cr_2O_3 可用做绿色颜料(铬绿),在某些有机合成反应中可用做催化剂。

在 pH<4 时,溶液中才有 $[Cr(H_2O)_6]^{3+}$ 存在。向 $[Cr(H_2O)_6]^{3+}$ 的溶液中加入碱时,首先生成灰绿色 $Cr(OH)_3$ 沉淀,当碱过量时因生成亮绿色的 $[Cr(OH)_4]^-$(也有人认

为是 $[Cr(OH)_6]^{3-})$ 而使 $Cr(OH)_3$ 沉淀溶解：

$$Cr^{3+} + 3OH^- \longrightarrow Cr(OH)_3(s)$$

$$Cr(OH)_3 + OH^- \longrightarrow [Cr(OH)_4]^-$$

在酸性溶液中，使 Cr^{3+} 被氧化为 $Cr_2O_7^{2-}$ 是比较困难的，通常采用氧化性更强的过硫酸铵 $(NH_4)_2S_2O_8$ 等作氧化剂，反应如下：

$$2Cr^{3+} + 3S_2O_8^{2-} + 7H_2O \longrightarrow Cr_2O_7^{2-} + 6SO_4^{2-} + 14H^+$$

相反，在碱性溶液中，$[Cr(OH)_4]^-$ 被氧化为铬酸盐就比较容易进行：

$$2[Cr(OH)_4]^- + 3H_2O_2 + 2OH^- \longrightarrow 2CrO_4^{2-} + 8H_2O$$

这一反应常用来初步鉴定溶液中是否有 Cr(Ⅲ) 存在。进一步确认时需在此溶液中再加入 Ba^{2+} 或 Pb^{2+}，若生成黄色的 $BaCrO_4$ 或 $PbCrO_4$ 沉淀，证明原溶液中确有 Cr(Ⅲ)。

2. 锰的化合物

锰原子的价层电子构型为 $3d^5 4s^2$。锰的最高氧化值为 +7。锰也能形成氧化值为 +6、+5、+4、+3、+2、+1、0、-1、-2 的化合物。Mn(Ⅶ) 的二元化合物 Mn_2O_7 是极不稳定的。Mn(Ⅶ) 的化合物以锰酸盐较稳定。Mn(Ⅳ) 的化合物以 MnO_2 最稳定。Mn(Ⅲ) 的二元化合物（如 Mn_2O_3、MnF_3）固态时尚稳定，在水溶液中容易发生歧化反应。Mn(Ⅱ) 的化合物在固态或水溶液中都比较稳定。氧化值为 +1、0、-1、-2 的锰的化合物大都是羰基化合物及其衍生物。锰的常见氧化值为 +7、+6、+4 和 +2。

（1）锰(Ⅶ)的化合物

在 Mn(Ⅶ) 的化合物中，最重要的是高锰酸钾 $KMnO_4$。以软锰矿为原料制 $KMnO_4$ 时，先将 MnO_2、KOH、$KClO_3$ 的混合物加热熔融制得锰酸钾 K_2MnO_4：

$$3MnO_2 + 6KOH + KClO_3 \longrightarrow 3K_2MnO_4 + KCl + 3H_2O$$

用水浸取熔块，可得到 K_2MnO_4 溶液。从 K_2MnO_4 溶液中可结晶出暗绿色的锰酸钾 K_2MnO_4 晶体。利用氯气氧化 K_2MnO_4 溶液，可使 K_2MnO_4 转化为 $KMnO_4$：

$$2K_2MnO_4 + Cl_2 \longrightarrow 2KMnO_4 + 2KCl$$

工业上一般采用电解法由 K_2MnO_4 制取 $KMnO_4$：

$$2MnO_4^{2-} + 2H_2O \xrightarrow{\text{电解}} 2MnO_4^- + 2OH^- + H_2$$

高锰酸钾是最重要的氧化剂之一。在酸性溶液中，MnO_4^- 被还原为 Mn^{2+}；在中性或弱碱性溶液中，MnO_4^- 被还原为 MnO_2；在浓碱溶液中，MnO_4^- 被还原为 MnO_4^{2-}。

通常使用 MnO_4^- 作氧化剂时，大都是在酸性介质中进行反应，MnO_4^- 常用来氧化 Fe^{2+}、SO_3^{2-}、H_2S、I^-、Sn^{2+} 等。例如 MnO_4^- 可以把 H_2S 氧化为 S，还可进一步把 S 氧化为 SO_4^{2-}：

$$2MnO_4^- + 5H_2S + 6H^+ \longrightarrow 2Mn^{2+} + 5S + 8H_2O$$

$$6MnO_4^- + 5S + 8H^+ \longrightarrow 6Mn^{2+} + 5SO_4^{2-} + 4H_2O$$

高锰酸钾受热时按下式分解：

$$2KMnO_4 \xrightarrow{200\,℃以上} K_2MnO_4 + MnO_2 + O_2$$

（2）锰（Ⅵ）的化合物

常见的锰（Ⅵ）的化合物是 K_2MnO_4，它在强碱性溶液中以暗绿色 MnO_4^{2-} 的形式存在。由锰的元素电势图可以看出，MnO_4^{2-} 在碱性介质中不是强氧化剂。在微酸性（如通入 CO_2 或加入醋酸）甚至近中性条件下按下式发生歧化反应：

$$3MnO_4^{2-} + 4H^+ \longrightarrow 2MnO_4^- + MnO_2 + 2H_2O$$

锰酸盐在酸性溶液中虽然有强氧化性，但由于它的不稳定性，故不用做氧化剂。

（3）锰（Ⅳ）的化合物

锰（Ⅳ）的重要化合物是二氧化锰 MnO_2。在酸性溶液中 MnO_2 有强氧化性。MnO_2 与浓盐酸或浓硫酸作用时，分别得到 $MnCl_2$ 和 $MnSO_4$：

$$MnO_2 + 4HCl \xrightarrow{\triangle} MnCl_2 + Cl_2(g) + 2H_2O$$

$$2MnO_2 + 2H_2SO_4 \xrightarrow{\triangle} 2MnSO_4 + O_2(g) + 2H_2O$$

以 MnO_2 为原料，还可以制取锰的低氧化值化合物。例如，加热 MnO_2 可分解为 Mn_3O_4 和 O_2：

$$3MnO_2 \xrightarrow{530\ ℃以上} Mn_3O_4 + O_2$$

在氢气流中加热 MnO_2 或 Mn_3O_4，可生成绿色粉末状的 MnO：

$$MnO_2 + H_2 \xrightarrow{400\sim500\ ℃} MnO + H_2O$$

（4）锰（Ⅱ）的化合物

锰（Ⅱ）的常见化合物中，$MnSO_4 \cdot 7H_2O$、$Mn(NO_3)_2 \cdot 6H_2O$、$MnCl_2 \cdot 4H_2O$ 等溶于水，它们的水溶液呈淡红色，即 $[Mn(H_2O)_6]^{2+}$ 的颜色。

向 Mn^{2+} 的溶液中加入 OH^- 时，首先得到白色的氢氧化锰 $Mn(OH)_2$ 沉淀：

$$Mn^{2+} + 2OH^- \longrightarrow Mn(OH)_2(s)$$

$Mn(OH)_2$ 在空气中很快被氧化，生成棕色的 Mn_2O_3 和 MnO_2 水合物：

$$Mn(OH)_2 \xrightarrow{O_2} Mn_2O_3 \cdot xH_2O \xrightarrow{O_2} MnO_2 \cdot yH_2O$$

或者：

$$2Mn(OH)_2 + O_2 \longrightarrow 2MnO(OH)_2$$

9.2 非金属单质及其重要化合物

9.2.1 非金属单质的结构和性质

绝大多数非金属单质是分子晶体，少数处于周期表右上方、左下方之间的单质，有的为原子晶体，有的为过渡型（链状或层状）晶体。非金属元素按其单质的结构和性质大致可以分为三类：第一类是小分子组成的单质，如单原子分子的稀有气体和双原子分子的 X_2（卤素）、O_2 及 H_2 等，通常情况下它们是气体，其固体为分子晶体，熔点、沸点都很低；第二类是多原子分子组成的单质，如 S_8、P_4、As_4 等，通常情况下它们是固体，为分子晶体，熔点、沸点较低，易挥发；第三类是大分子单质，如金刚石、晶态硅和单质硼等，它们都是原子晶体，熔点、沸点高，难挥发。这一类单质中也包括过渡型晶体，如石墨、黑磷等。

9.2.2 非金属单质的化学性质

非金属单质的化学性质主要取决于其组成原子的性质,特别是原子的电子层结构、原子半径,同时也与非金属单质的分子结构或晶体结构有关。所以,非金属单质的化学性质差异较大,但仍然有规律可循。在常见的非金属元素中,以卤素、氧、硫、磷、氢的单质性质较活泼,而氮、碳、硅、硼的单质在常温下不活泼。

1. 非金属单质与水的作用

卤素是非常活泼的非金属元素,在常温下只有卤素能与水发生反应。卤素与水发生两类重要的化学反应,第一类反应是卤素置换水中氧的反应:

$$2X_2 + 2H_2O \Longrightarrow 4X^- + 4H^+ + O_2$$

第二类反应是卤素的歧化反应:

$$X_2 + H_2O \Longrightarrow H^+ + X^- + HXO$$

在卤素单质中,氟的氧化性最强,只能与水发生第一类反应,反应是自发的、激烈的放热反应:

$$2F_2 + 2H_2O \longrightarrow 4HF + O_2 \quad \Delta_r G_m^\ominus = -713.02 \text{ kJ} \cdot \text{mol}^{-1}$$

氯只有在光照下才能缓慢地与水反应放出 O_2,溴与水作用放出 O_2 的反应极其缓慢,碘与水不发生第一类反应。Cl_2、Br_2、I_2 与水主要发生第二类反应,反应是可逆的。反应进行的程度随原子序数的增大依次减小。卤素单质与水的作用,体现了卤素单质的氧化性随着原子半径的增大而依次减弱的规律。

在高温条件下,硼、碳、硅等非金属单质可与水蒸气发生反应:

$$2B(s) + 6H_2O(g) \longrightarrow 2H_3BO_3(s) + 3H_2(g)$$

$$C(s) + H_2O(g) \longrightarrow CO(g) + H_2(g)$$

$$Si(s) + 2H_2O(g) \longrightarrow SiO_2(s) + 2H_2(g)$$

而氧、硫、氮、磷即使在高温下,也不能与水发生反应。

2. 非金属单质与碱的作用

除碳、氮、氧外,许多非金属可在碱溶液中发生歧化反应。卤素在碱性溶液中易发生如下的歧化反应:

$$X_2 + 2OH^- \longrightarrow X^- + XO^- + H_2O \tag{a}$$

$$3XO^- \longrightarrow 2X^- + XO_3^- \tag{b}$$

氯在 20 ℃时,只有反应(a)进行得很快,在 70 ℃时,反应(b)才进行得很快,因此常温下氯与碱作用主要生成次氯酸盐。溴在 20 ℃时,反应(a)和(b)进行得都很快,而 0 ℃时反应(b)较缓慢,因此只有在 0 ℃时才能得到次溴酸盐。碘即使在 0 ℃时反应(b)也进行得很快,所以碘与碱反应只能得到碘酸盐。

S、P 在热的碱液中也能发生歧化反应:

$$3S + 6NaOH \xrightarrow{\triangle} 2Na_2S + Na_2SO_3 + 3H_2O$$

$$4S + 6NaOH \xrightarrow{\triangle} 2Na_2S + Na_2S_2O_3 + 3H_2O \quad (\text{硫过量})$$

$$P_4 + 3KOH + 3H_2O \xrightarrow{\triangle} 3KH_2PO_2 + PH_3$$

Si、B 则能从碱溶液中置换出 H_2：

$$Si + 2OH^- + H_2O \longrightarrow SiO_3^{2-} + 2H_2$$

$$2B + 2OH^- + 2H_2O \xrightarrow{\triangle} 2BO_2^- + 3H_2$$

氧、氮、碳等单质不与碱性溶液发生反应。

3. 非金属单质与酸的作用

许多非金属单质不与盐酸、稀硫酸等非氧化性稀酸反应，但可以与浓硫酸、硝酸等氧化性酸作用。非金属单质与浓硫酸作用时，一般被氧化为所在族的最高氧化值氧化物，浓硫酸则被还原为 SO_2。例如：

$$C + 2H_2SO_4(\text{浓}) \longrightarrow CO_2 + 2SO_2 + 2H_2O$$

$$2P + 5H_2SO_4(\text{浓}) \longrightarrow P_2O_5 + 5SO_2 + 5H_2O$$

$$S + 2H_2SO_4(\text{浓}) \longrightarrow 3SO_2 + 2H_2O$$

非金属单质与浓硝酸作用时，一般被氧化为所在族的最高氧化值氧化物或含氧酸，硝酸则被还原为 NO。例如，碳、磷、硫、碘等和硝酸共煮时，分别发生如下反应：

$$4HNO_3 + 3C \longrightarrow 3CO_2(g) + 4NO(g) + 2H_2O$$

$$5HNO_3 + 3P + 2H_2O \longrightarrow 3H_3PO_4 + 5NO(g)$$

$$2HNO_3 + S \longrightarrow H_2SO_4 + 2NO$$

$$10HNO_3 + 3I_2 \longrightarrow 6HIO_3 + 10NO + 2H_2O$$

硅不溶于任何单一酸中，但可以和 HF-HNO₃ 混酸作用，反应如下：

$$3Si + 18HF + 4HNO_3 \longrightarrow 3H_2SiF_6 + 4NO + 8H_2O$$

9.2.3　非金属元素的重要化合物

1. 氢化物

氢与非金属元素以共价键结合形成共价型氢化物，它们的晶体属于分子晶体，所以又称为分子型氢化物。分子型氢化物的熔点、沸点较低，在通常条件下多为气体。

非金属元素氢化物的热稳定性差别很大。同一周期元素氢化物的热稳定性从左到右逐渐增强，同一族元素氢化物的热稳定性自上而下逐渐减弱。这种递变规律与 p 区元素电负性的渐变规律是一致的。非金属元素 E 的电负性愈大，它与氢形成的 E—H 键的键能愈大，氢化物的热稳定性愈高。

非金属元素氢化物与水作用的情况各不相同。SiH_4 和 B_2H_6 与水反应能生成氢气，如：

$$B_2H_6(g) + 6H_2O(l) \longrightarrow 2H_3BO_3(s) + 6H_2(g)$$

$$SiH_4 + (n+2)H_2O \longrightarrow SiO_2 \cdot nH_2O + 4H_2$$

磷、砷的氢化物以及 CH_4 与水不发生反应，NH_3 能与水中的氢离子发生加合反应，而

HX、H_2S 等则溶于水且发生解离：

$$NH_3 + H_2O \Longrightarrow NH_4^+ + OH^-$$

$$HX \longrightarrow H^+ + X^- \quad (\text{HF 在水溶液中部分解离})$$

$$H_2S \Longrightarrow H^+ + HS^-, \quad HS^- \Longrightarrow H^+ + S^{2-}$$

同一周期元素能溶于水的氢化物的酸性从左到右逐渐增强,同一族元素能溶于水的氢化物的酸性自上而下逐渐增强。

非金属元素氢化物(除 HF 之外)都具有不同程度的还原性,而且还原性随着非金属元素电负性的减小而增强。

卤化氢溶于水形成氢卤酸,氢卤酸的还原性强弱次序为 HCl＜HBr＜HI。空气中的氧能氧化氢碘酸:

$$4I^- + 4H^+ + O_2 \longrightarrow 2I_2 + 2H_2O$$

氢溴酸和氧的反应比较缓慢。而盐酸在通常条件下则不能被氧氧化,盐酸可以被强氧化剂如 $KMnO_4$、$K_2Cr_2O_7$、PbO_2、$NaBiO_3$ 等氧化为 Cl_2。NaCl、KBr、KI 与浓硫酸的作用也可充分说明卤化氢还原性的相对强弱:

$$NaCl + H_2SO_4 \xrightarrow{150\,℃} NaHSO_4 + HCl$$

$$2KBr + 3H_2SO_4(\text{浓}) \longrightarrow 2KHSO_4 + Br_2 + SO_2 + 2H_2O$$

$$8KI + 9H_2SO_4(\text{浓}) \longrightarrow 8KHSO_4 + 4I_2 + H_2S + 4H_2O$$

这是因为,浓硫酸与卤化物反应生成新的盐和酸(HX),HCl 不能还原浓硫酸,而 HBr 能将浓硫酸还原为 SO_2,HI 甚至能将浓硫酸还原为 H_2S。

2. 氧化物及其水合物

（1）氧化物

氧化物可按组成分为金属氧化物和非金属氧化物,也可按键型分为离子型氧化物和共价型氧化物。活泼金属的氧化物属于离子型氧化物,非金属的氧化物都属于共价型氧化物,有些金属的氧化物也表现出共价性,如 Sb_2O_3 等。根据氧化物的化学性质还可以将它们分为酸性氧化物、碱性氧化物、两性氧化物和惰性氧化物(或不成盐氧化物)。多数非金属的高氧化值氧化物属于酸性氧化物,它们与水作用生成含氧酸。某些中等电负性的元素(如铝、锡、砷、锑等)的氧化物呈两性,大多数活泼金属的氧化物呈碱性。CO、NO、N_2O 与酸、碱都不反应。

同族元素同一氧化值的氧化物的酸碱性变化规律是自上而下酸性逐渐减弱,碱性逐渐增强。例如,ⅤA 族元素氧化值为 +3 的氧化物的酸碱性就是如此。

（2）氧化物水合物的酸碱性

同一周期非金属元素最高氧化值氧化物的水合物从左到右碱性减弱,酸性增强。同族元素相同氧化值氧化物的水合物自上而下酸性减弱,碱性增强。

例如,在卤素的含氧酸中,卤素的氧化值都为正值,其原子有增强 O—H 键极性的作用,这种作用有利于 O—H 键的酸式解离。从氯到碘,随着卤素原子半径的增大,其电负性依次减小,中心卤素原子对 O—H 键的作用也依次减小,因此,酸式解离的程度也愈来愈小。

同一元素不同氧化值氧化物的水合物的酸碱性也表现出一定的规律。一般都是高氧化值的酸性较强,低氧化值的酸性较弱;而碱性则与之相反。中心原子氧化值愈高,该原子对于增强 O—H 键极性的影响愈显著,对于 O—H 键的酸式解离愈有利。

高氯酸是氯的含氧酸中最强的酸。又如,H_2SO_4 比 H_2SO_3 的酸性强,HNO_3 比 HNO_2 的酸性强。H_2SnO_3 为两性偏酸,而 $Sn(OH)_2$ 为两性偏碱。但也有例外,如 H_5IO_6 比 HIO_3 酸性弱,H_6TeO_6 比 H_2TeO_3 酸性弱。

3. 非金属元素的含氧酸盐

含氧酸盐属于离子化合物,它们的绝大部分钠盐、钾盐、铵盐以及酸式盐都易溶于水,硝酸盐、氯酸盐也易溶于水,且溶解度随温度的升高迅速增大;大部分硫酸盐能溶于水,但 $SrSO_4$、$BaSO_4$ 和 $PbSO_4$ 难溶于水,$CaSO_4$、Ag_2SO_4 和 Hg_2SO_4 微溶于水;大多数碳酸盐、磷酸盐都不溶于水。

(1)含氧酸盐的热稳定性

含氧酸盐的热稳定性既与含氧酸的稳定性有关,也与金属元素的活泼性有关。一般地说,含氧酸的热稳定性差,则其相应盐的热稳定性也较差。有些含氧酸,如碳酸、硝酸、亚硫酸以及氯的各种含氧酸受热容易分解,它们的盐受热也会分解。但是,含氧酸盐比相应的含氧酸要稳定些。比较稳定的含氧酸,如硫酸、磷酸的盐受热时不易分解,例如,磷酸钙、硫酸钙都是极稳定的盐类。在 $900 \sim 1200$ ℃的高温下煅烧 $CaSO_4$,仅有部分 $CaSO_4$ 分解成碱式盐 $xCaSO_4 \cdot yCaO$;而 $CaCO_3$ 在加热到 420 ℃时就开始分解出 CaO 和 CO_2;$Ca(ClO)_2$ 甚至在常温下也发生缓慢的分解;$Ca(NO_3)_2$ 灼烧即分解(实验室利用这一反应来制取较纯的氧化钙 CaO)。

同一种金属,正盐比酸式盐稳定。例如,Na_2CO_3 很难分解,$NaHCO_3$ 在 270 ℃分解,而 H_2CO_3 在室温下即分解。

同一种含氧酸形成的盐的热稳定性与其阳离子的金属活泼性有关。一般说来,金属愈活泼,相应的含氧酸盐也愈稳定;反之,含氧酸盐则愈不稳定。

含氧酸盐受热分解的产物大都是非金属氧化物和金属氧化物,但有些分解产物也因酸根不同及金属的活泼性不同而异。例如,固体硝酸盐受热,分解的产物因金属离子的性质不同而分为三类。最活泼金属(在金属活动顺序中比 Mg 活泼的金属)的硝酸盐受热分解时产生亚硝酸盐和氧气:

$$2NaNO_3 \xrightarrow{\triangle} 2NaNO_2 + O_2$$

活泼性较差金属(在金属活动顺序中位于 Mg 和 Cu 之间的金属)的硝酸盐受热分解为氧气、二氧化氮和相应的氧化物:

$$2Pb(NO_3)_2 \xrightarrow{\triangle} 2PbO + 4NO_2 + O_2$$

不活泼金属(在金属活动顺序中位于 Cu 之后的金属)的硝酸盐受热分解为氧气、二氧化氮和金属单质:

$$2AgNO_3 \xrightarrow{\triangle} 2Ag + 2NO_2 + O_2$$

可见,氧化性酸的盐受热分解时发生氧化还原反应,氯的各种含氧酸盐受热分解时也发生氧化还原反应。例如，$KClO_3$ 在催化剂存在下受热分解为氯化钾和氧气：

$$2KClO_3 \longrightarrow 2KCl + 3O_2$$

（2）非金属含氧酸及其盐的氧化还原性

硼、碳、硅、磷的含氧酸及其盐通常不表现出氧化性；氮、氯、溴等非金属性较强的元素的不同氧化值的含氧酸，通常不稳定的酸氧化性较强，而稳定的酸氧化性较弱。例如，从氯的含氧酸的有关标准电极电势可以看出这种情况：

电对	ClO_4^-/Cl^-	ClO_3^-/Cl^-	$HClO_2/Cl^-$	$HClO/Cl^-$
$E_A^\ominus/V$	1.38	1.45	1.57	1.49

一般来说，浓酸比稀酸的氧化性强（浓硫酸具有强氧化性），含氧酸比含氧酸盐的氧化性强，同一种含氧酸盐在酸性介质中的氧化性比在碱性介质中的氧化性强。H_2SO_3 和 HNO_2 作为相应非金属元素的中间氧化值含氧酸，既有氧化性又有还原性。

9.3　新型无机材料

无机材料指由无机物单独或混合其他物质制成的材料。通常指由硅酸盐、铝酸盐、硼酸盐、磷酸盐、锗酸盐等原料和/或氧化物、氮化物、碳化物、硼化物、硫化物、硅化物、卤化物等原料经一定的工艺制备而成的材料。无机材料一般可以分为传统的和新型的无机材料两大类。传统的无机材料是指以二氧化硅及其硅酸盐化合物为主要成分制备的材料，因此又称硅酸盐材料。

新型无机材料是指新近发展起来和正在发展中的具有优异性能、对科技尤其是高新技术发展及新产业的形成具有决定意义的无机新材料。按照材料类型可以分为新型陶瓷、人工晶体、特种玻璃、纳米材料、多孔材料、无机纤维、薄膜材料、生物材料、半导体材料、新能源材料及环境材料等。按照材料的尺度可以分为零维材料、一维材料、二维材料、三维材料。按照材料的组成元素可以分为氮化物材料、碳化物材料、硼化物材料等。新型材料的发展呈现出百家争鸣的现象，在国家科技领域中也起到举足轻重的作用。

9.3.1　新型碳材料

碳素材料是基于单质碳的材料。单质碳的最常见的两种同素异形体是金刚石和石墨，通常来说，所谓无定形碳，如焦炭、炭黑等都具有石墨结构。活性炭是经过加工处理所得的无定形碳，具有很大的比表面积及良好的吸附性能。碳纤维也是一种无定形碳，是一种新型结构材料，具有质轻、耐高温、抗腐蚀、导电等性能，机械强度很高，广泛用于航空、机械化工和电子工业，也可用于外科医疗。20 世纪 80 年代后，碳的第三种同素异形体 C_{60} 被发现，随后 C_{50}、C_{70}、C_{84}、C_{120}、C_{240}、C_{540}、C_{960} 等一系列碳原子簇也被发现，对 C_{60} 等碳原子簇的研究为科学技术的发展开辟了新的领域。

1. 球碳

1985 年，英国科学家 H. W. Kroto 和美国科学家 R. E. Smalley、R. F. Curl 等在惰性

气氛中用激光蒸发石墨,发现了 C_n 簇,且 C_{60} 簇的含量远高于其他 C_n 簇。后经结构研究表明,C_{60} 分子具有球形结构,即 60 个碳原子构成 32 面体,其中有 20 个正六边形和 12 个正五边形,如图 9-1 所示。为此,他们三人共同获得了 1996 年 Nobel 化学奖。

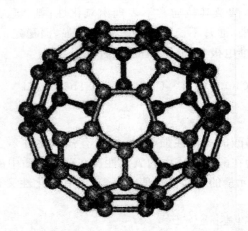

图 9-1　C_{60} 的分子结构

在 C_{60} 分子中,每个碳原子采用 sp^2 杂化轨道与相邻的三个碳原子成键,平均键角为 116°,而没有参与杂化的 p 轨道相互重叠,在球面外形成大 π 键。

也有人认为,碳原子以 $sp^{2.28}$ 杂化轨道成键。由于 C_{60} 的结构类似于美国建筑学家 R. Buckminster Fuller 设计的圆顶建筑,因此 C_{60} 被命名为 Buckminster fullerene。包括 C_{60} 在内的一类 C_n 碳原子簇分子称为富勒烯,也称为球碳。

C_{60} 独特的结构使其表现出许多优良的性质,如稳定性高、抗辐射、抗化学腐蚀、具有良好的光电性能等。C_{60} 具有球形结构,可望成为超级润滑剂;C_{60} 具有非线性光学性质,随着光强度的不同,它对入射光的折射方向也发生改变,使 C_{60} 有可能用做三维光学电脑开关;C_{60} 能把普通光转化成强偏振光,有可能用于光纤通信。C_{60} 的中空的碳笼结构,使其可能成为新型储氢材料。也可将其他金属原子注入碳笼内,生成不同的内包物,例如,将 Li 注入 C_{60} 笼内,可以用来制造抵抗大气腐蚀的高效电池;K_3C_{60} 具有超导性,由此可能开发出高温超导材料等。目前,科学工作者对富勒烯的结构、性能及潜在用途的研究仍在深入进行,相信不久的将来富勒烯将会在半导体、超导体、光学材料、电磁器件、耐热润滑材料、化学合成及催化,以及医药等科技领域得到广泛应用。

2. 碳纳米管

1991 年日本 NEC 公司的 S. Iijima 发现了管形高碳原子簇,即碳纳米管。实验结果表明,碳纳米管的管壁由碳六边形环构成,可以看成是由石墨片卷成管状,管的两端被半球状碳簇封闭,管的直径为零点几纳米到几十纳米,管长为几十纳米到一微米,一般为几百纳米,如图 9-2 所示。

碳纳米管有单层和多层之分。含有一层石墨片层的称为单壁纳米管,石墨片层多于一层的称为多壁纳米管。多壁纳米管是由一些柱形的碳管同轴套构而成的,石墨片层可

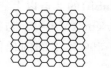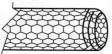

图 9-2　碳纳米管的结构

达上百层。

　　碳纳米管是目前自然界中已知最细的管子,它具有高导热性、高强度、高柔软度及稳定性高等特点,依其导电性可分为金属(导体)型、半导体型及绝缘体型三种。可以想象,借助于碳纳米管的独特电学性质,纳米尺度电子元件可完全由炭末做成,这种元件同时具有金属和半导体性质。由于石墨片层中碳碳键是自然界中已知的最强的化学键之一,理论计算表明,单壁碳纳米管的强度约为钢的 100 倍。因此,单壁碳纳米管可以作为超级纤维,用做复合材料的增强剂或者制成轻质、高强度的绳索,也可用于宇宙飞船及其他高技术领域。此外,碳纳米管还可用于电子探针及平板显示器中。2000 年,我国首次利用碳纳米管研制出新一代显示器,这种显示器不仅体积小、质量轻、省电,而且显示效果好、响应时间短(几微秒)、工作温度范围广(－45～85 ℃)。碳纳米管也是很好的储氢材料。

　　碳纳米管的发现仅有十几年的历史,它为丰富多彩的碳家族增添了新成员,它的特殊结构令世人瞩目。化学、物理、材料等很多学科的科学家们都已投入到碳纳米管的结构与性能的研究中,相信不久的将来,碳纳米管及其衍生物将成为很有应用前景的新型碳材料。

3. 石墨烯

　　石墨烯(graphene)是一种由碳原子以 sp^2 杂化轨道组成六角型呈蜂巢晶格的二维碳纳米材料。石墨烯具有优异的光学、电学、力学特性,在材料学、微纳加工、能源、生物医学和药物传递等方面具有重要的应用前景,被认为是一种未来革命性的材料。英国曼彻斯特大学物理学家 A. K. Geim 和 K. S. Novoselov,用微机械剥离法成功从石墨中分离出石墨烯,因此共同获得 2010 年 Nobel 物理学奖。

　　从分子结构上来看,石墨烯与石墨有着相似的原子排布方式,唯一的区别在于二者的厚度不同,石墨是一种在三维空间中扩展的材料,而石墨烯则是仅仅由 1～10 层碳层组成的二维材料。作为一种二维材料,石墨烯在很多方面表现出与石墨不同的特性:

　　(1) 力学特性

　　石墨烯是已知强度最高的材料之一,同时还具有很好的韧性,且可以弯曲,石墨烯的理论杨氏模量达 1.0 TPa,固有的拉伸强度为 130 GPa。而利用氢等离子改性的还原石墨烯也具有非常好的强度,平均模量可达 0.25 TPa。经氧化得到功能化石墨烯,再由功能化石墨烯做成的石墨纸也异常坚固强韧。

　　(2) 电子效应

　　石墨烯在室温下的载流子迁移率约为 15000 cm/(V・s),这一数值超过了硅材料的

10 倍,是目前已知载流子迁移率最高的物质锑化铟(InSb)的 2 倍以上。在某些特定条件如低温下,石墨烯的载流子迁移率甚至可高达 250000 cm/(V·s)。与很多材料不一样,石墨烯的电子迁移率受温度变化的影响较小,在 50～500 K 之间的任何温度下,单层石墨烯的电子迁移率都在 15000 cm/(V·s)左右。

(3) 热性能

石墨烯具有非常好的热传导性能。纯的无缺陷的单层石墨烯的导热系数高达 5300 W/mK,是目前为止导热系数最高的碳材料,高于单壁碳纳米管(3500 W/mK)和多壁碳纳米管(3000 W/mK)。当它作为载体时,导热系数也可达 600 W/mK。此外,石墨烯的弹道热导率可以使单位圆周和长度的碳纳米管的弹道热导率的下限下移。

(4) 光学特性

石墨烯具有非常好的光学特性,在较宽波长范围内吸收率约为 2.3%,看上去几乎是透明的。在几层石墨烯厚度范围内,厚度每增加一层,吸收率增加 2.3%。大面积的石墨烯薄膜同样具有优异的光学特性,且其光学特性随石墨烯厚度的改变而发生变化。这是由于单层石墨烯具有不寻常的低能电子结构。室温下对双栅极双层石墨烯场效应晶体管施加电压,石墨烯的带隙可在 0～0.25 eV 间调整。施加磁场,石墨烯纳米带的光学响应可调谐至太赫兹范围。

(5) 超导性

2018 年 3 月 5 日,我国的年轻科学家曹原在国际顶级期刊 *Nature* 上发表了关于石墨烯超导性能的研究。文中指出,当两层石墨烯的夹角<1.05°时(图 9-3),石墨烯表现出低温超导的性质。这是超导界第一个单质超导。过去的超导研究局限于化合物领域,比如:铜氧化物超导体、重费米子超导体、金属和合金超导体、铁基超导体,甚至还有有机超导体。这些超导体无一例外是本身的属性或者在化合物的属性下实现,但石墨烯本不具有超导性能,双层石墨烯在某个角度实现超导体,这应该属于非常规超导中最另类的一个。这为超导领域的研究开启了一扇新的大门。

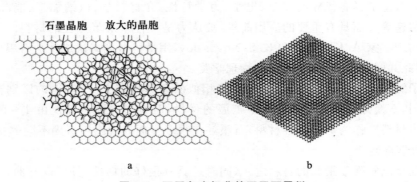

图 9-3　不同角度扭曲的双层石墨烯

9.3.2　新型陶瓷材料

新型陶瓷采用人工合成的高纯度无机化合物为原料,在严格控制的条件下经成型、烧结和其他处理而制成具有微细结晶组织的无机材料。它具有一系列优越的物理、化学和生物性能，其应用范围是传统陶瓷远远不能相比的，这类陶瓷又称为特种陶瓷或精细陶瓷。新型陶瓷从成分上主要分为两类：一类是纯氧化物陶瓷，如 Al_2O_3、ZrO_2、MgO、CaO、BeO、ThO_2 等；另一类是非氧化物陶瓷，如碳化物、硼化物、氮化物和硅化物等。按性能与特征划分可分为高温陶瓷、超硬质陶瓷、高韧陶瓷、半导体陶瓷、电解质陶瓷、磁性陶瓷、导电性陶瓷等。按其应用不同划分，又可将它们分为工程陶瓷和功能陶瓷两类。功能陶瓷又分为压电陶瓷、透明陶瓷、氮化硅陶瓷等。

1. 工程陶瓷

在工程结构上使用的陶瓷称为工程陶瓷，它主要在高温下使用，也称高温结构陶瓷。这类陶瓷以氧化铝为主要原料，具有在高温下强度高、硬度大、抗氧化、耐腐蚀、耐磨损、耐烧蚀等优点，在空气中可以耐受 1980 ℃的高温，是空间技术、军事技术、原子能工业及化工设备等领域中的重要材料。工程陶瓷有许多种类，但目前世界上研究最多、认为最有发展前途的是氮化硅、碳化硅和增韧氧化物三类材料。

在空间技术领域，制造宇宙飞船需要能承受高温和温度骤变、强度高、重量轻且长寿的结构材料和防护材料，在这方面，工程陶瓷占有绝对优势。从第一艘宇宙飞船即开始使用高温与低温的隔热瓦，碳-石英复合烧蚀材料已成功地应用于发射和回收人造地球卫星。未来空间技术的发展将更加依赖于新型结构材料的应用，在这方面工程陶瓷尤其是陶瓷基复合材料和碳-碳复合材料远远优于其他材料。高新技术的应用是现代战争制胜的法宝。在军事工业的发展方面，高性能工程陶瓷占有举足轻重的作用。例如先进的亚音速飞机，其成败就取决于是否有高韧性和高可靠性的工程陶瓷和纤维补强的陶瓷基复合材料的应用。

2. 压电陶瓷

压电陶瓷是一种能将压力转变为电能的功能陶瓷，哪怕是像声波震动产生的微小的压力也能够使它们发生形变，从而使陶瓷表面带电。这一性能让压电陶瓷应用广泛：

（1）声音转换器

声音转换器是最常见的应用之一。像拾音器、传声器、耳机、蜂鸣器、超声波探深仪、声呐、材料的超声波探伤仪等都可以用压电陶瓷做声音转换器。如儿童玩具上的蜂鸣器就是电流通过压电陶瓷的逆压电效应产生振动，而发出人耳可以听得到的声音。压电陶瓷通过电子线路的控制，可产生不同频率的振动，从而发出各种不同的声音。例如电子音乐贺卡，就是通过逆压电效应把交流音频电信号转换为声音信号。

（2）压电引爆器

自从第一次世界大战中英军发明了坦克，并首次在法国索姆河的战斗中使用而重创了德军后，坦克在多次战斗中大显身手。然而到了 20 世纪六七十年代，由于反坦克武器的发明，坦克失去了昔日的辉煌。反坦克炮发射出的穿甲弹接触坦克，就会马上爆炸，把坦克炸得粉碎。这是因为弹头上装有压电陶瓷，它能把相碰时的强大机械力转变为瞬间高电压，爆发火花而引爆炸药。

（3）压电打火机

煤气灶上用的一种新式电子打火机，就是利用压电陶瓷制成的。只要用手指压一下打火按钮，打火机上的压电陶瓷就能产生高电压，形成电火花而点燃煤气，可以长久使用。所以压电打火机不仅使用方便，安全可靠，而且寿命长，例如一种钛铅酸铅压电陶瓷制成的打火机可使用 100 万次以上。

（4）防核护目镜

核试验员戴上用透明压电陶瓷做成的护目镜后，当核爆炸产生的光辐射达到危险程度时，护目镜里的压电陶瓷就把它转变成瞬时高压电，在 1/1000 s 内能把光强度减弱到只有 1/10000，当危险光消失后，又能恢复到原来的状态。这种护目镜结构简单，只有几十克重，安装在防核护目头盔上携带十分方便。

（5）超声波换能器

适用于超声波焊接设备以及超声波清洗设备，主要采用大功率发射型压电陶瓷制作。超声波换能器是一种能把高频电能转化为机械能的装置，作为能量转换器件，它的功能是将输入的电功率转换成机械功率（即超声波）再传递出去，而它自身消耗很少的一部分功率。

（6）声呐

在海战中，最难对付的是潜艇，它能长期在海下潜航，神不知鬼不觉地偷袭港口、舰艇，使敌方大伤脑筋。如何寻找敌潜艇？靠眼睛不行，用雷达也不行，因为电磁波在海水里会急剧衰减，不能有效地传递信号，探测潜艇靠的是声呐 —— 水下耳朵。压电陶瓷就是制造声呐的材料，它发出超声波，遇到潜艇便反射回来，被接收后经过处理，就可测出敌潜艇的方位、距离等。

3. 透明陶瓷

一般陶瓷是不透明的，但是光学陶瓷像玻璃一样透明，故称透明陶瓷。一般陶瓷不透明的原因是其内部存在杂质和气孔，前者能吸收光，后者令光产生散射，所以就不透明了。因此如果选用高纯原料，并通过工艺手段排除气孔，就可能获得透明陶瓷。早期就是采用这样的办法得到透明的氧化铝陶瓷，后来陆续研究出如烧结白刚玉、氧化镁、氧化铍、氧化钇、氧化钇-二氧化锆等多种氧化物系列透明陶瓷。近期又研制出非氧化物透明陶瓷，如砷化镓、硫化锌、硒化锌、氟化镁、氟化钙等。

透明陶瓷不仅有优异的光学性能，而且耐高温，一般它们的熔点都在 2000 ℃以上。如氧化钍-氧化钇透明陶瓷的熔点高达 3100 ℃，比普通硼酸盐玻璃高 1500 ℃。透明陶瓷的重要用途是制造高压钠灯，它的发光效率比高压汞灯提高一倍，使用寿命达 2 万小时，是使用寿命最长的高效电光源。高压钠灯的工作温度高达 1200 ℃，此条件压力大、腐蚀性强，玻璃灯管根本没法耐受，选用氧化铝透明陶瓷为材料成功地制造出高压钠灯。透明陶瓷的透明度、强度、硬度都高于普通玻璃，它们耐磨损、耐划伤，用透明陶瓷可以制造防弹汽车的窗、坦克的观察窗、轰炸机的轰炸瞄准器和高级防护眼镜等。

电焊工人操作时，要不断地把面罩举起拿下，十分不方便。有一种锆钛酸铅镧透明铁电陶瓷，能透光，耐高温，用它造成具有夹层的护目镜，能根据光线的亮暗自动进行调节,有了这种护目镜,电焊工人工作起来就十分方便。这种护目镜,正在核试验工作人员和飞行员中广泛地作用。

响尾蛇导弹头部的红外探测器,外面有一个整流罩,它不仅要有足够的强度,还要能透过红外线,以确保导弹能跟踪敌机辐射的红外线。担当此任的材料只有透红外陶瓷,响尾蛇导弹的整流罩就是用透红外陶瓷做的。美国空军研究实验室与美国 Surmet 公司一起对以特殊透明陶瓷为基础的新型防弹护板进行了试验,最近几年 Surmet 公司一直坚持研究这种透明陶瓷。

透明陶瓷的制造是有意识地在玻璃原料中加入一些微量的金属或者化合物(如金、银、铜、铂、二氧化钛等)作为结晶的核心,在玻璃熔炼、成型之后,再用短波射线(如紫外线、X 射线等)进行照射,或者进行热处理,使玻璃中的结晶核心活跃起来,彼此聚结在一起,发育成长,形成许多微小的结晶,这样就制造出了玻璃陶瓷。用短波射线照射产生结晶的玻璃陶瓷,称为光敏型玻璃陶瓷;用热处理办法产生结晶的玻璃陶瓷,称为热敏型玻璃陶瓷。

透明陶瓷的机械强度和硬度都很高,能耐受很高的温度,即使在 1000 ℃的高温下也不会软化、变形、析晶。电绝缘性能、化学稳定性都很高。光敏型玻璃陶瓷还有一个很有趣的性能,就是它能像照相底片一样感光,故又称它为感光玻璃。并且它的抗化学腐蚀的性能也很好,可经受放射性物质的强烈辐射。它不但可以像玻璃那样透过光线,而且还可以透过波长 10 μm 以上的红外线,因此,可用来制造立体工业电视的观察镜、防核爆炸闪光危害的眼镜、新型光源高压钠灯的放电管。

透明陶瓷的用途十分广泛,在机械工业上可以用来制造车床上的高速切削刀、汽轮机叶片、水泵、喷气发动机的零件等;在化学工业上可以用做高温耐腐蚀材料以代替不锈钢等;在国防军事上,透明陶瓷又是一种很好的透明防弹材料,还可以做成导弹等飞行器头部的雷达天线罩和红外线整流罩等;在仪表工业上可用做高硬度材料以代替宝石;在电子工业上可以用来制造印刷线路的基板和镂板;在日用生活中可以用来制作各种器皿、瓶罐、餐具;等等。

4. 氮化硅陶瓷

氮化硅高强度陶瓷以强度高著称,可用于制造燃气轮机的燃烧器、叶片、涡轮等。精密陶瓷氮化硅代替金属制造发动机的耐热部件,能大幅度提高工件温度,从而提高热效率,降低燃料消耗,节约能源,减少发动机的体积和质量,而且又代替了如镍、铬、钠等重要金属材料,所以,被人们认为是对发动机的一场革命。

利用 Si_3N_4 质量轻和刚度大的特点,可用来制造滚珠轴承,它比金属轴承具有更高的精度,产生热量少,而且能在较高的温度和腐蚀性介质中操作。用 Si_3N_4 陶瓷制造的蒸汽喷嘴具有耐磨、耐热等特性,用于 650 ℃锅炉几个月后无明显损坏,而其他耐热耐蚀合金钢喷嘴在同样条件下只能使用 1～2 个月。由中科院上海硅酸盐研究所与机电部上海内燃机研究所共同研制的 Si_3N_4 电热塞,解决了柴油发动机冷态起动困难的问题,适用于直喷式或非直喷式柴油机。这种电热塞是当今最先进、最理想的柴油发动机点火装置。日本原子能研究所和三菱重工业公司研制成功了一种新的粗制泵,泵壳内装有由 11 个

Si_3N_4 陶瓷转盘组成的转子。由于该泵采用热膨胀系数很小的 Si_3N_4 陶瓷转子和精密的空气轴承,从而无需润滑和冷却,介质就能正常运转。如果将这种泵与超真空泵如涡轮-分子泵结合起来,就能组成适合于核聚变反应堆或半导体处理设备使用的真空系统。

以上只是 Si_3N_4 陶瓷作为结构材料的几个应用实例,相信随着 Si_3N_4 粉末生产、成型、烧结及加工技术的改进,其性能和可靠性将不断提高,氮化硅陶瓷将获得更加广泛的应用。由于 Si_3N_4 原料纯度的提高、Si_3N_4 粉末的成型技术和烧结技术的迅速发展,以及应用领域的不断扩大,Si_3N_4 正在作为工程结构陶瓷,在工业中占据越来越重要的地位。Si_3N_4 陶瓷具有优异的综合性能和丰富的资源,是一种理想的高温结构材料,具有广阔的应用领域和市场,世界各国都在竞相研究和开发。陶瓷材料具有一般金属材料难以比拟的耐磨、耐蚀、耐高温、抗氧化性、抗热冲击及低密度等特点,可以承受金属或高分子材料难以胜任的严酷工作环境,具有广泛的应用前景。陶瓷材料成为继金属材料、高分子材料之后支撑 21 世纪支柱产业的关键基础材料,并成为最为活跃的研究领域之一,当今世界各国都十分重视它的研究与发展。作为高温结构陶瓷家族中重要成员之一的 Si_3N_4 陶瓷,较其他高温结构陶瓷如氧化物陶瓷、碳化物陶瓷等具有更为优异的机械性能、热学性能及化学稳定性,因而被认为是高温结构陶瓷中最有应用潜力的材料。

9.3.3　半导体材料

半导体材料是一类具有半导体性能(导电能力介于导体与绝缘体之间,电阻率约在 $1\ m\Omega\cdot cm \sim 1\ G\Omega\cdot cm$ 范围内)、可用来制作半导体器件和集成电路的电子材料。

半导体材料可按化学组成分为元素半导体、无机化合物半导体、有机化合物半导体及非晶态与液态半导体。

在元素周期表的ⅢA族至ⅦA族分布着11种具有半导性的元素。C、P、Se、I具有绝缘体与半导体两种形态;B、Si、Ge、Te具有半导性;Sn、As、Sb具有半导体与金属两种形态。P的熔点与沸点太低,I的蒸气压太高、容易分解,所以它们的实用价值不大。As、Sb、Sn 的稳定态是金属,半导体是不稳定的形态。B、C、Te 也因制备工艺上的困难和性能方面的局限性而尚未被利用。因此,这 11 种元素半导体中只有 Ge、Si、Se 三种元素已得到利用。Ge、Si 仍是所有半导体材料中应用最广的两种材料。

无机化合物半导体分二元系、三元系、四元系等。二元系包括:① ⅣA-ⅣA 族:SiC 和 Ge-Si 合金都具有闪锌矿的结构。② ⅢA-ⅤA 族:由周期表中ⅢA族元素 Al、Ga、In 和ⅤA族元素 P、As、Sb 组成,典型的代表为 GaAs。它们都具有闪锌矿结构,它们在应用方面仅次于 Ge、Si,有很大的发展前途。③ ⅡB-ⅥA 族:ⅡB族元素 Zn、Cd、Hg 和ⅥA族元素 S、Se、Te 形成的化合物,是一些重要的光电材料。ZnS、CdTe、HgTe 具有闪锌矿结构。④ ⅠB-ⅦA 族:ⅠB族元素 Cu、Ag、Au 和ⅦA族元素 Cl、Br、I 形成的化合物,其中 CuBr、CuI 具有闪锌矿结构。⑤ ⅤA-ⅥA 族:ⅤA族元素 As、Sb、Bi 和ⅥA族元素 S、Se、Te 形成的化合物,如 Bi_2Te_3、Bi_2Se_3、Bi_2S_3、As_2Te_3 等是重要的温差电材料。⑥ 第四周期中的副族和过渡族元素 Cu、Zn、Sc、Ti、V、Cr、Mn、Fe、Co、Ni 的氧化物,为主要的热敏电阻材料。⑦ 某些稀土族元素 Sc、Y、Sm、Eu、Yb、Tm 与ⅤA族元素 N、As 或ⅥA族元素 S、Se、Te 形成的化合物。除这些二元系化合物外还有它们与元素或它们之间的固溶体半导体,例如 Si-AlP、Ge-GaAs、InAs-InSb、AlSb-GaSb、InAs-InP、GaAs-GaP 等。研究这些固溶体可以在改善单一材料的某些性能或开辟新的应用范围方面起很大作用。三 元 系 包 括 $ZnSiP_2$、$ZnGeP_2$、$ZnGeAs_2$、$CdGeAs_2$、$CdSnSe_2$、$CuGaSe_2$、$AgInTe_2$、$AgTlTe_2$、$CuInSe_2$、$CuAlS_2$、Cu_3AsSe_4、Ag_3AsTe_4、Cu_3SbS_4、Ag_3SbSe_4 等。此外,还有结构基本为闪锌矿的四元系(例如 Cu_2FeSnS_4)和更复杂的无机化合物。

半导体材料有着很高的战略地位,20 世纪中叶,单晶硅和半导体晶体管的发明及其硅集成电路的研制成功,导致了电子工业革命;20 世纪 70 年代初石英光导纤维材料和 GaAs 激光器的发明,促进了光纤通信技术迅速发展并逐步形成了高新技术产业,使人类进入了信息时代。超晶格概念的提出及其半导体超晶格、量子阱材料的研制成功,彻底改变了光电器件的设计思想,使半导体器件的设计与制造从"杂质工程"发展到"能带工程"。纳米科学技术的发展和应用,将使人类能从原子、分子或纳米尺度水平上控制、操纵和制造功能强大的新型器件与电路,深入地影响世界的政治、经济格局和军事对抗的形式,彻底改变人们的生活方式。

随着科学技术日益发展,要求半导体材料变得更轻、更薄、更小,但在功能上却要更好、更强。当半导体材料的厚度逐渐减小,量子效应造成的影响逐渐变得无法忽视。相对于三维的半导体材料,二维半导体材料在使用时会出现明显的发热现象,而这一现象会直接影响到半导体材料的光电等性能。这对探索二维半导体材料带来了一定的挑战。目前二维半导体材料的研究主要包括如下几种类型:改性石墨烯材料,二维硅烯材料,二维硼材料以及二维过渡金属硫化物材料。

1. 改性石墨烯材料

2004 年,英国的科学家在实验室制备出石墨烯,并于随后的几年之中检测了该材料的各种性质。作为一种新的二维材料,相对于传统的硅,石墨烯具有质量小这一优势,但是石墨烯是一种良好的电导体,由于其能带几乎没有间隙,因此无法应用于光电子领域。因此,科学家们用 N 等其他元素对石墨烯进行掺杂,从而改变其能带结构。其中最具代表性的就是 g-C_3N_4 超薄纳米片(图 9-4),它具有良好的水溶性、生物兼容性和细胞成像效果,而且其光致发光量子产率比相应体相材料高。此外,通过在石墨烯中部分掺杂 C_3N_4,通过控制 N 的含量也可以得到连续变化带宽的半导体材料。

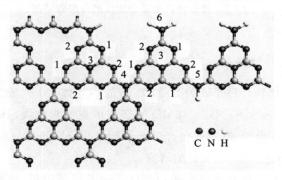

图 9-4 C_3N_4 的分子结构

2. 二维硅烯材料

传统的三维硅晶体具有金刚石结构，于 2012 年，实验室合成出了具有类石墨烯结构的层状二维硅烯。最初的硅烯制备使用了金属 Ag 作为基底，实验室测得，此法制备出的硅烯材料是电的良导体。最近的研究表明，使用 $CaSi_2$ 作为基底制备的硅烯材料表现出半导体性质。当逐渐增加硅烯的厚度时，可以调控其电子性质，其中，三层的硅烯表现出良好的准直接带隙性质，光电效率高达 29%，仅次于目前转化效率最高的 GaAs。而且由于晶体硅作为传统半导体材料已经成熟，因此易于进行现有电子学研究。唯一不足之处是硅烯本身在空气中很容易被氧化，直接应用于半导体材料还需要进一步的研究。

3. 二维硼材料

与碳相邻的硼元素，也能够形成类似于石墨烯的二维单层结构（图 9-5）。此前的理论研究一致认为二维硼材料只具有金属性质，而最近的研究提出了不同的看法。研究表明，在硼平面从单胞通过连接形成超胞时，体系会呈现出半导体性质，而且可以通过调整单胞的结构得到具有不同带隙的半导体硼平面。这一理论研究结果也为二维半导体硼平面的设计提供了思路。此外，硼的化合物也可作为二维材料加以应用，例如最近关于砷化硼的研究，给出砷化硼的热导率非常高，达到了常见的导热金属 Cu 的 3 倍。此外，由于硼大的蕴藏量，使其作为材料具有很大的优势。

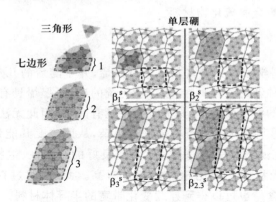

图 9-5　由多种晶胞混合组成的单层硼平面

4. 二维过渡金属硫化物材料

二维过渡金属硫化物（2D-TMD）是 MX_2 型的半导体，M 代表过渡金属（如 Mo、W 等），X 代表硫族元素（如 S、Se、Te）。TMD 的研究历史非常悠久，1923 年 Linus Pauling 就确定了其结构，到 20 世纪 60 年代已经发现了超过 60 种 TMD。1986 年，单层的 MoS_2 被首次合成，进一步推进了 2D-TMD 的研究。

由于过渡金属原子配位方式的不同，TMD 存在多种结构相，最常见的是三棱柱和八面体配位两种。单层 TMD 的不同结构也可以看成是三个原子平面层（硫族元素-金属-

硫族元素)堆叠次序的不同。多层 TMD 的结构一般由单层 TMD 堆叠而成(图 9-6)。

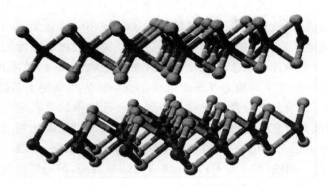

图 9-6 双层 MoS_2 分子结构图

2D-TMD 在很多方面具有优异的性能。过渡金属硫化物层状材料的能带结构依赖于层数,当体材料厚度减少为多层或者单层时,层状材料的电子性能发生显著变化。由于过渡金属硫化物材料具有量子效应,因而带隙会随着层数的变化而发生变化。一些研究已经证实,当二硫化钼材料厚度减少为单层时,间接带隙转变为直接带隙。Kuc 等人研究了量子效应对单层和多层 MS_2(M=W、Nb、Re)的电子结构的影响。研究发现 WS_2 和 MoS_2 相似,当层数减少时,显示出间接带隙到直接带隙的转变。相反,NbS_2 和 ReS_2 是金属性的,与层数无关。单层 $MoSe_2$ 和 $MoTe_2$ 也显示出间接带隙到直接带隙的转变,带隙大小分别是 1.44 eV 和 1.07 eV。

在过渡金属硫化物材料的电子应用领域,需要通过调整带隙的大小来增加半导体器件的载流子迁移率或者发光二极管器件中的发射效率。这些都可以通过外加电场、化学功能化、纳米图案成形或者外加应变等手段实现,而外加应变是一种改变带隙的有效的手段。当外加应力增大时,MoX_2 和 WX_2(X=S、Se、Te)单层和双层的材料能够由直接带隙转化为间接带隙。运用线性增广平面波法可发现,拉伸应变能够减少隙能,而压缩应变能够增大隙能。二硫化钼的部分能态密度图也可以通过双轴拉伸来改变。该项研究通过外加应变调节单层二硫化钼的电子性能,为制备高性能的电子器件提供了思路。另一种手段就是通过外加电场来改变带隙,在外加电场的作用下,带隙能够连续不断地降低到零(由半导体到金属的转变)。由于过渡金属硫化物层状材料是由表面构成的,吸附原子和表面缺陷也能够改变过渡金属硫化物材料的性能。通过对过渡金属硫化物层状材料的功能化,可以使过渡金属硫化物材料表面吸附原子或者产生表面缺陷,因而可以改善材料的性能且扩大其应用领域。

过渡金属硫化物材料具有优异的光学性能,在光探测和光致发光等领域广泛地应用。研究发现,体材料的二硫化钼光致发光性不明显,而单层的二硫化钼具有较强的光致发光性,因而单层二硫化钼可以应用于太阳光电板、光电探测器和光电发射器中。过渡金属硫化物材料的光致发光性与层厚度有密切的联系。二硫化钨在 625 nm 和 550 nm 处出现电子吸收峰,二硒化钨在 760 nm 和 600 nm 处出现电子吸收峰,当层厚度降低时,所有的吸收峰逐渐蓝移。二硫化钨和二硒化钨从双层变为单层时,光致发光性增强。利用 Raman 光谱研究单层二硫化钨的光致发光性,单层二硫化钨在 $1.9\sim2.0$ eV 之间出现光致发光性峰,这与直接带隙转变产生的激发有关。对于二硫化钨,在单层的三角形边缘处光致发光性增强,强度比内部原子区域增强了 $25\sim40$ 倍,这个发现促进了单层过渡金属硫化物材料光电性质调节的研究。另外,过渡金属硫化物也广泛地应用在光探测器上,二硒化钨的光探测响应相对于二硫化钼有 3 个数量级的提高,显示出巨大的优异性。过渡金属硫化物优异的光学性质为其在光电子学领域的应用奠定了基础。

与石墨烯相似,二维过渡金属硫化物材料也是一种较薄的具有内在柔韧性的力学材料,从而在力学领域具有良好的前景。通过原子力显微镜对二硫化钼薄膜进行纳米压痕实验来测量单层和多层二硫化钼的强度和断裂强度。实验发现,单层二硫化钼的杨氏模量约为 270 GPa,高于钢铁(约 205 GPa)。该研究结果说明,单层二硫化钼可以应用于复合材料的增强体和柔性电子器件等领域。

过渡金属硫化物材料同样具有较优异的热学稳定性,在高温下依然能保持较好的热稳定性,不发生分解,因而可以应用于高温器件中。另外,过渡金属硫化物材料具有优异的热力学传导性,但是相对于石墨烯要低一些。但是,通过将二者进行某种结合得到的二硫化钼/石墨烯纳米片板,其热传导性比单独的二硫化钼材料要好。因此,可以通过构造异质结构来调节功能器件的热传导性,这也表明过渡金属硫化物材料是一种具有前景的热电材料。

9.3.4　稀土材料

高新技术的发展对各种性能的功能材料提出了更高的要求,如超导技术的发展要求研制出临界温度更高的"高温超导"材料;氢能源研究要求研制出高效率的吸氢材料;电子计算机技术的飞速发展要求有性能更好的磁记录材料;永磁器件的发展对永磁材料提出了更高的要求;光电转换技术的发展要求开发出性能更好的发光材料;等等。稀土元素及其化合物具有许多特殊的光、电、磁、声、热、力及相互转换的性能,因此它们在现代材料科学技术中占据着重要的地位。在此简单介绍几种重要的稀土功能材料。

1. 稀土超导陶瓷

一种重要的超导陶瓷的化学式为 $Ba_2YCu_3O_{7-x}$,Y 可以被稀土元素特别是重稀土元素取代,用 Gd、Dy、Ho、Er、Tm、Tb 和 Lu 取代 Y 后形成相应的超导单相或多相材料,其晶体结构有的已经确定,有的还在研究中。如 Ba-La-Cu-O 超导体的超导临界温度为 30 K,它属缺氧的 K_2NiF_4 型结构,是立方晶系。对于 Y-Ba-Cu-O 超导体,其超导临界温度为 90 K,属于斜方晶系。随着对超导材料的深入研究,将会不断地揭示稀土超导陶瓷的组成、微观结构与超导电性的关系。

经过对超导机理的长期探索研究,已提出了诸如电-声子理论(BCS 理论和强耦合理论)、激子型机制、等离子体机制、电子-空穴对模型、非平衡效应等理论,但迄今还不能对超导电性作出圆满的解释。

由于稀土超导陶瓷材料具有诸多优良特性,其应用极为广泛,它可以用来实现人们多年来梦想的无能量损耗远距离输电,建造用于粒子加速器等方面的高强度磁场、新型磁流体发电设备和受控热核反应等。在交通运输方面,利用超导陶瓷的强抗磁性制造磁悬浮列车,它没有车轮,靠磁力在铁轨上"漂浮"滑行,其速度高、运行平稳、安全可靠,时速可超过 400 km·h^{-1}。超导材料还可用于制作超导电磁推进器和空间推进系统,其推进原理是在船体内部安装一个超导磁体,于海水中产生强大磁场;同时在船体侧面放一电极,在海水中产生了强大电流,在船尾后的海水中,磁力线和电流发生交互作用,海水在后面对船体就可以产生强大的推动力。在电子工程方面,可利用超导体的性质提高电子计算机的运算速度和缩小体积,可制成超导体器件如超导二极管、超导量子干涉器、超导场效应晶体管、超导磁通量子器件等用于各种尖端电子产品中。

当然,高温超导陶瓷的应用还远不止这些,特别是稀土超导陶瓷的应用前景非常广阔,这就是目前世界上许多国家在这一研究领域中争分夺秒激烈竞争的主要原因。

2. 稀土储氢材料

稀土元素与过渡金属元素可形成各类金属间化合物。在 1960 年发现 $SmCo_5$ 具有储氢性质后,推动了 20 世纪 70 年代储氢材料 $LaNi_5$ 的研制。$LaNi_5$ 储氢合金因具有制备简单、易活化、储氢量大、吸氢速率快、不易中毒等优良特性,现已作为实用化的吸氢材料。从吸氢能力上看,1000 g 的 $LaNi_5$ 在室温和 2.5×10^5 Pa 下可吸收 15 g $H_2(g)$,相当于标准状态下 170 L 的氢气。由于它们吸收和释放氢气的过程是可逆的、快速的,因此可用这类合金材料生产氢气储存器,将大体积的氢气储存于小体积的储氢器中,如用稀土合金生产的储氢瓶,可用于储放高纯氢气,这种氢气瓶,瓶内压力低,正常工作压力为 5×10^5 Pa,使用安全。而常规的氢气瓶,尽管其储氢压力为 1.471×10^7 Pa,但其储氢量却仅为稀土储氢合金储氢瓶的 1/3。如果将储氢合金用于氢气内燃发动机汽车的储氢瓶的制造,则可为解决氢能源利用和环境污染问题开辟新的途径。

储氢材料的另一重要应用是制造稀土储氢电池。稀土-镍氢化物型二次电池是以 $LaNi_5$ 等储氢材料为负极,羟基氧化镍为正极构成的。能用于生产储氢电池的金属氢化物合金一般是一种多元合金材料,含有大致 1:5 的稀土和过渡金属镍,或加以少量钴、铝、铜、铬、锰、钛等过渡金属代替镍。稀土金属氢化物电池与镍镉电池相比具有许多优点:具有较快的充电速度;具有较高的能量密度;过度充电或放电不产生不良后果;具有较长的使用寿命;与镍铬电池不同,稀土储氢电池不造成环境污染。所以,稀土储氢电池是一种发展前景很好的高能量密度二次电池,将作为各种高级电子设备如摄像机、磁带录像机、液晶电视接收器、语言处理机、笔记本式计算机、无码电话,以及其他紧凑型、轻便、易携带的电子设备中的电源而获得广泛应用。

3. 稀土永磁材料

永磁材料是指材料经过磁化以后能长期保持磁性的物质,钴铁氧体、钡铁氧体、锶铁氧体是最早使用的永磁材料。稀土元素在 4f 轨道中未成对电子数可高达 7 个,比铁、钴、镍有更多的未成对电子,电子自旋产生的磁矩与电子轨道产生的磁矩加和起来,使稀土原子具有很高的原子磁矩,这些原子磁铁在晶体中构成无数个小区域,在外磁场作用下,在这些小区域内原子按磁矩方向排列起来,形成磁畴。这便大大加强了稀土合金材料的磁性。

　　稀土永磁材料具有优良的磁性能,在性能上大大超过了铁氧体磁性材料。稀土永磁材料的种类很多,主要可分为稀土铁石榴石型和合金型。稀土铁石榴石型的通式为 $M_3Fe_5O_{12}$($M=Y^{3+}$、$Sm^{3+}\sim Lu^{3+}$),这类磁性材料具有良好的磁、电、光、声等能量转换功能,广泛用于电子计算机、微波电路等,如稀土铁石榴石薄膜由于具有高的矫顽力、良好的热稳定性和化学稳定性及强的磁光效应等特点,被认为是最具应用前景的下一代磁光记录材料。随着稀土系永磁材料的研究日益深入,预期不久的将来新的材料还会不断被开发出来。

4. 稀土激光材料

　　激光是高强度的受激辐射光。它是在一定波长的光激发下,某种化学物质中大量集居在介稳态的电子猝然回到低能态时产生的。激光不同于一般的光源,它有极好的单色性、极窄的能量分布和很好的方向性与相干性,红宝石(含 $1\%Cr_2O_3$ 的刚玉 Al_2O_3)是第一个被发现的激光材料。稀土离子中有 13 种稀土元素具有未充满的 4f 层,这些 $4f^n$ 电子组态中共有 1639 个能级,可能发生跃迁的数目大得惊人,所以稀土元素是一个发光材料宝库。稀土在激光技术上的应用主要是制造激光材料。目前,在已知的 336 种激光晶体中,含稀土元素的有 324 种。掺稀土的激光材料有掺钕激光玻璃、掺钕钇铝石榴石、掺钕钨酸钙、掺钕硫氧化镧等。其中掺钕激光玻璃是一种普遍使用的固体激光材料,用这种激光材料很容易制成大尺寸和不同形状的器件,并具有光学均匀性好、价格比较便宜等优点,钕玻璃激光器大量应用于受控热核反应研究中引发核聚变。

　　钇铝石榴石(简写为 YAG)是人工合成的单晶,它是由 Y_2O_3 和 Al_2O_3 按一定比例组成的。在钇铝石榴石晶体中掺入少量的 Nd_2O_3,就相当于往刚玉中掺入少量 Cr_2O_3 一样,Nd^{3+} 取代了 Y^{3+} 成为激活离子。掺钕钇铝石榴石单晶是一种很好的激光材料,用这种材料制造的激光器件体积小、光效高、性能稳定,广泛用于激光测距、激光通信、激光雷达等。与红宝石激光器发射短脉冲相干光不同,稀土激光器发射连续光束,故可用于切割、焊接和钻孔等。在科学技术中已获得应用的 54 种激光晶体中有 45 种是稀土元素掺杂的激光晶体。

　　由于各种高质量稀土激光材料的成功开发,各种高效和高质量固体激光器的制造成为可能。如输出功率为 10 W、倍频波长为 530 nm 的掺钕:YAG 和 Nd:YVO_4 激光器,以及检出功率为 35.5 W、波长为 1.1 μm 单模 Yb^{3+} 掺杂的玻璃光纤激光器等。

　　除上述几种稀土激光材料外,还有硼酸铝钕激光材料,这种材料不到 1 mm 厚的晶体就可以产生 $1\sim 10$ mW 连续输出功率或 600 W 的脉冲功率,且其激光波长短(1.06 μm)。又如超磷酸钕 NdP_5O_{14} 晶体是具有高稀土浓度和低浓度猝灭的激光材料,因其中 Nd^{3+} 含量比掺钕钇铝石榴石高出 4 个数量级,这种晶体适用于制成光泵浦、低阈值的微小型激光器,用于光通信和集成光学。

　　以上简单介绍了几种稀土功能材料。应说明的是,这些领域的研究十分活跃,甚至每天都有新的实验结果在杂志上报道,这也正从一个侧面反映出该领域的研究将对科技进步带来巨大的影响。除这些稀土功能材料外,其他如稀土巨磁致伸缩材料、稀土发光材料、稀土磁光记录材料也都是目前特别受到重视的功能材料。

思考与练习

1. ⅠA 族和ⅡA 族元素的哪些性质的递变是有规律的？试解释之。
2. $E^\ominus(Li^+/Li)$ 比 $E^\ominus(Cs^+/Cs)$ 还小，但金属锂同水反应不如钠同水反应激烈。试解释这些事实。
3. 金属锂、钠、钾、镁、钙、钡在空气中燃烧，分别生成何种产物？
4. 主族元素都有哪些规律性？试总结之。
5. 稀有气体元素相对于其他主族元素，具有哪些特点？
6. 简答镧系收缩的两个现象。
7. 传统无机材料和新型无机材料之间有什么区别和联系？
8. 半导体材料主要包括哪几种类型？
9. 稀土材料主要有哪些功能？

第十章 有机及高分子化合物

自然界的动物、植物、微生物体内都含有多种有机物,人们通过研究这些有机化合物的结构和性质,人工合成出许多复杂的天然有机物,如生物碱、维生素、抗生素、蛋白质等。此外,还合成了树脂、纤维、医药、农药、染料等符合人们要求的许多有机物。现在世界上每年合成的近百万个新化合物中约 70% 以上是有机化合物,其中有些因其特殊功能而用于材料、能源、医药、生命科学、农业、营养、石油化工、交通、环境科学等与人类生活密切相关的各行各业中,直接或间接地为人类提供大量的必需品。这使得有机化合物与人类生活及生产的关系日益密切。

10.1 有机化合物概述

10.1.1 有机化合物和有机化学

从 18 世纪 50 年代起,人们把来源于矿物的物质叫做无机物,而把那些从有生命的动、植物体内分离出来的物质叫做有机物。当时的化学家认为,只有生命力才能合成这类物质,并以此作为区别有机物和无机物的依据。"生命力论"的观点妨碍了对有机物本质的认识和研究。1828 年,德国化学家 F. Wöhler 蒸发无机物氰酸铵(NH_4NCO)溶液得到有机物尿素(NH_2CONH_2),此后一些化学家相继在实验室里又合成了许多有机物,直到此时,"生命力论"才被推翻,有机化合物的研究才发展起来。有机化合物可以用人工方法合成,这表明有机物和无机物之间,并不存在不可逾越的鸿沟。然而"有机化合物"的名称仍被保留下来,这是由于有机化合物在组成、结构、性质等方面存在着共有的特点,有必要与无机化合物加以区别。

所有的有机物都含有碳原子,所以现代有机化学的定义是"碳化合物的化学"。但习惯上把碳的氧化物、碳酸盐和金属氰化物等含碳的化合物仍当做无机化合物。有机化合物除碳外,绝大多数都含有氢,有的还含有氧、氮、卤素、硫和磷等元素。由碳和氢两种元素组成的一大类化合物称为烃(hydrocarbon),也叫碳氢化合物(如甲烷 CH_4,乙烯 C_2H_4,苯 C_6H_6)。若母体烃中氢原子被其他原子或原子团取代,则衍生为一系列其他有机化合物(如甲醇 CH_3OH,氯乙烯 C_2H_3Cl,硝基苯 $C_6H_5NO_2$),这些化合物都称为烃的衍生物。所以,有机化合物可以定义为碳氢化合物及其衍生物。

有机化学就是研究有机化合物的一门科学。

10.1.2 有机化合物的特点

碳原子处于元素周期表中 IVA 族的首位,恰在电负性极强的卤素和电负性极弱的碱金属之间,这个特殊的位置决定了有机化合物的一些特殊性质。有机化合物与无机化合物都遵循化学的一般规律,它们存在共性,但由于有机化合物组成上的特性,又具有自身的特点。与无机化合物相比较,有机化合物具有以下特点。

1. 有机化合物的数目庞大,结构复杂

虽然组成有机物的元素不多,但在已知的化合物中,有机物约占 90%。生命体中 60%~90% 是水,剩下的 10%~40% 的物质中,无机物含量不足 4%,其余全是有机物。目前已分离和人工合成的有机化合物近 8000 万种,而无机化合物只不过约 10 万种。

有机物有如此庞大的数目,与碳原子能自相结合成键密切相关。有机分子中的碳原子数目几乎没有限制,例如聚乙烯分子可含有几十万个碳原子。同时,碳与碳的结合既能形成链状也可形成环状,碳与碳间的化学键可以是单键也可以是双键或叁键。在这些化合物中碳原子又能与金属或非金属元素的原子相互结合形成不同类型的化合物。这些不同类型的有机化合物,因结构不同,各自具有其特有的化学性质和物理性质。即便在同一类型的化合物中,又因取代基团的性质及数量不同,每个化合物也呈现出各自的特性。

另外,有机化合物具有同分异构现象。所谓异构现象,是指分子式相同,但结构不同,从而形成不同化合物的现象。这种分子式相同但各原子相互连接方式和次序不同,或原子在空间的排列不同的化合物互称同分异构体(isomer),简称异构体。这也大大增加了有机化合物的数目。如正丁烷和异丁烷就是同分异构体,其结构如图 10-1 所示。

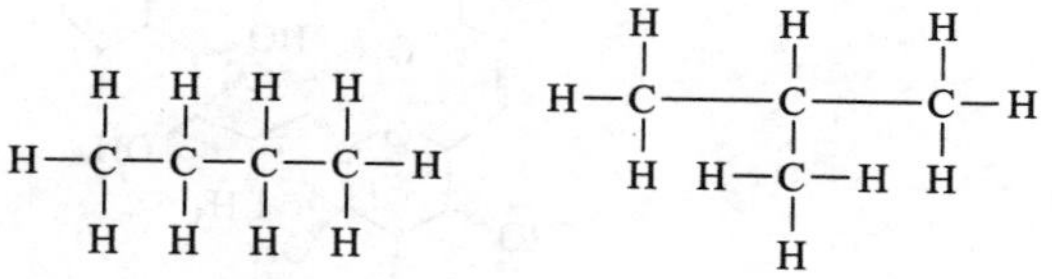

正丁烷　　　　　　　异丁烷

图 10-1　正丁烷和异丁烷的结构

有机化合物的结构较为复杂,尤其当其组成原子较多时。如维生素 B_{12} 的分子式为 $C_{63}H_{88}O_{14}N_{14}PCo$,其结构式如图 10-2 所示。

20 世纪 80 年代从海洋生物中得到的沙海葵毒素(palytoxin)的分子式为 $C_{129}H_{223}O_{54}N_3$,即便知道了这 400 多个原子之间是以怎样的次序相结合,但仅仅由于原子在空间取向的不同就有可能形成 $2×10^{21}$ 种立体异构体,这个数目几乎接近 Avogadro 常数,而其中只有一个才是该化合物的真正结构,其结构式如图 10-3 所示。

2. 有机化合物物理性质上的特点

(1) 熔点、沸点低

有机化合物的熔点一般都不高。熔点是有机化合物非常重要的物理常数,纯净的有机物有固定的熔点和很短的熔距,但也有少数有机化合物到达某一温度时会分解或炭化而表现不出固定的熔点。同样原因,有机化合物的沸点也比较低。

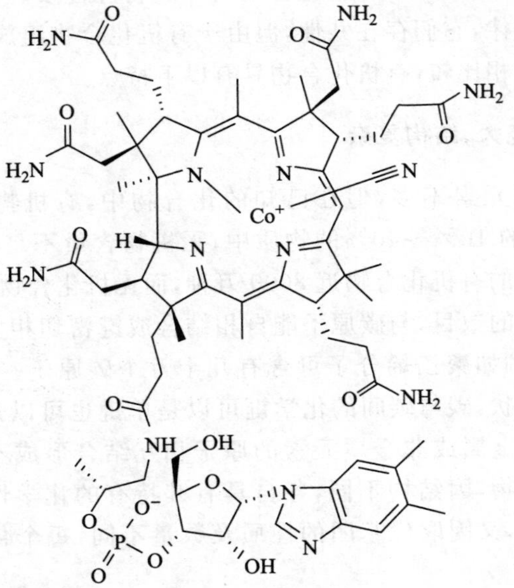

图 10-2   维生素 B_{12}

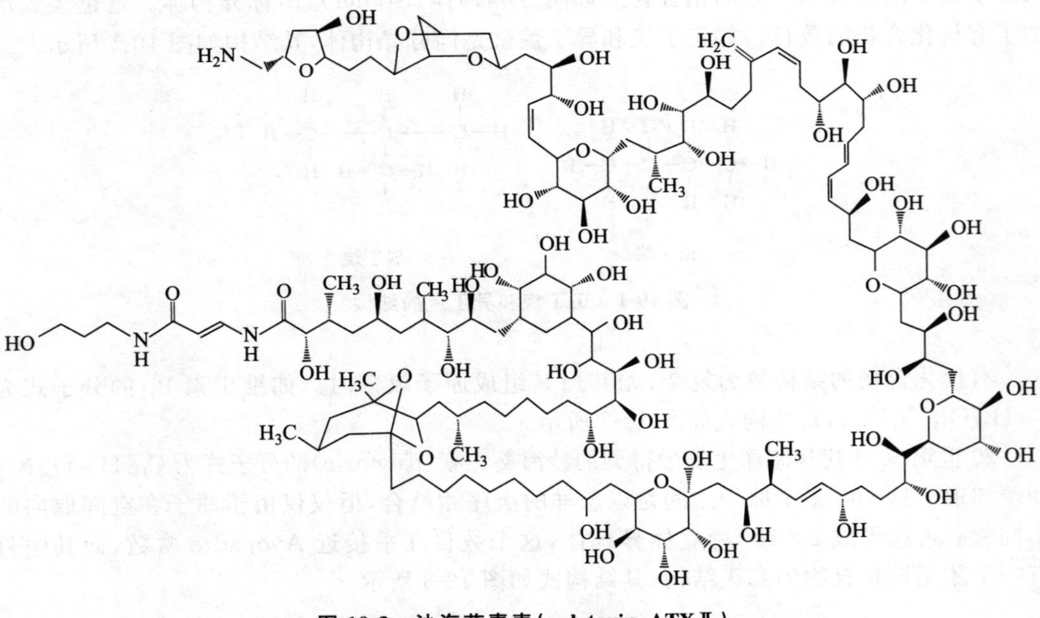

图 10-3   沙海葵毒素（palytoxin, ATX Ⅱ）

（2）绝大部分有机化合物不溶于水，而易溶于有机溶剂

水是一种极性很强、介电常数很大的液体，而有机化合物的极性一般较弱甚至没有极性。水分子之间有很强的氢键作用力，但大多数有机化合物之间的作用力是 van der Waals 力。多数有机化合物和水之间只有很弱的吸引力，要拆开强的水分子之间的氢键

而代之以很弱的两种极性不同的分子间作用力非常困难。因此,有机化合物一般不溶于水。"相似相溶"的经验规律可用于了解有机化合物的溶解度问题。该规律表明,极性和结构相似的分子之间可以互溶,而极性不相似的分子之间一般不相混溶,极性弱的有机化合物与非极性或弱极性的溶剂如烃类、醚类等分子间作用力相似,因此是可以互溶的。

3. 有机化合物化学性质上的特点

（1）易燃烧

有机化合物含有碳、氢等可燃元素,故绝大部分的有机化合物都可以燃烧,有些有机化合物本身是气体,有些挥发性很大、闪点低。这就要求在处理有机化合物时要注意消防安全。同时,这个特点也使人们可以较简单地区别有机化合物和无机化合物,因为大多数无机化合物不会燃烧,也不能燃尽,而有机化合物可以燃烧并最终烧完,且不留或仅留很少的残余物。

（2）反应较慢

大部分无机化学反应是离子型反应,大多在水溶液中进行,反应速率快,反应比较彻底。有机化学反应是通过有机分子间的碰撞而发生的,因此绝大多数有机化合物的反应都不快,完成反应经常需要几个到几十个小时。为了加快反应,需要对反应体系采取加热、搅拌、加催化剂等手段以促进反应的发生和进行。

（3）反应较复杂

有机反应涉及键的断裂和生成,但专一性的断键较难控制。反应时,有机分子中各个原子部位都有可能受到影响,这使得有机反应常常不是局限在一个特定部位,反应后得到的产物常常是一个混合物。随着人们对分子结构和反应过程的深入了解,现在已经发现某些产物专一、产率可达 95％甚至 100％的有机反应,但毕竟还不多见。提高反应产率、遏制不需要的副反应,仍是有机化学家们一直在努力的目标。

10.1.3 有机化合物分子结构式的表示方法

共价键是有机化合物分子中最普遍的一种化学键,也就是说,当形成有机物时不是靠电子的得失,而是通过原子间电子对的共享形成化学键,这种键就是共价键。共享电子对与两个原子核相互吸引,使两个原子连在一起。两原子间共享一对电子所形成的键叫单键,由两对或三对共享电子所形成的键分别叫双键和叁键。例如,乙烷、乙烯和乙炔分子可表示如下:

$$
\begin{array}{ccc}
\text{H} \;\; \text{H} & & \\
\text{H:}\overset{\cdot\cdot}{\text{C}}\text{:}\overset{\cdot\cdot}{\text{C}}\text{:H} & \text{H} \;\; \text{H} & \\
\text{H} \;\; \text{H} & \text{H:}\overset{}{\text{C}}\text{::}\overset{}{\text{C}}\text{:H} & \text{H:C:::C:H} \\
\text{乙烷} & \text{乙烯} & \text{乙炔}
\end{array}
$$

为了书写方便,常用一根短线表示一对电子,同时也表示化合价是一价。短线的数目代表共价键的数目,即这个原子在该分子中的化合价。一般碳为四价,氢为一价,氧为二价。例如,上述三个分子可表示如下:

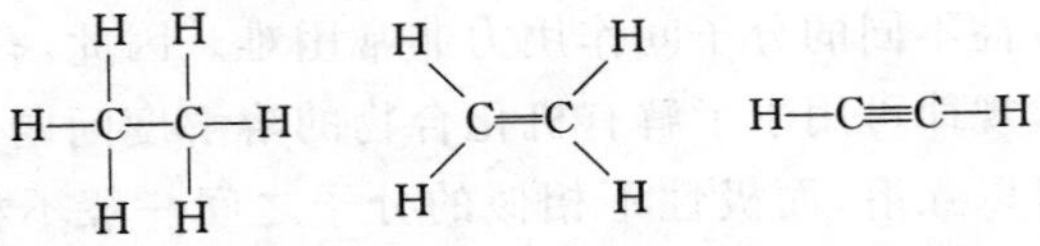

$$H-\overset{\displaystyle H}{\underset{\displaystyle H}{C}}-\overset{\displaystyle H}{\underset{\displaystyle H}{C}}-H \qquad \overset{\displaystyle H}{\underset{\displaystyle H}{C}}=\overset{\displaystyle H}{\underset{\displaystyle H}{C} } \qquad H-C\equiv C-H$$

这种用短线代表价键将分子中各原子相互连接起来表示分子结构的式子叫结构式。为进一步简化书写方式,常省略碳氢键的短线。例如,乙烷、乙烯和乙炔分子可分别写成:

$$H_3C-CH_3 \ 或 \ CH_3CH_3 \qquad CH_2=CH_2 \qquad CH\equiv CH$$

这种简化了的结构式称为结构简式。对于复杂的分子,还可以把相同的结构部分合并起来,并省略所有的单键。例如正戊烷可以写成:

$$CH_3CH_2CH_2CH_2CH_3 \ 或 \ CH_3(CH_2)_3CH_3$$

更简单的表示式是采用键线式,即碳和氢原子都不必标出,只需要标明分子中的官能团。例如:

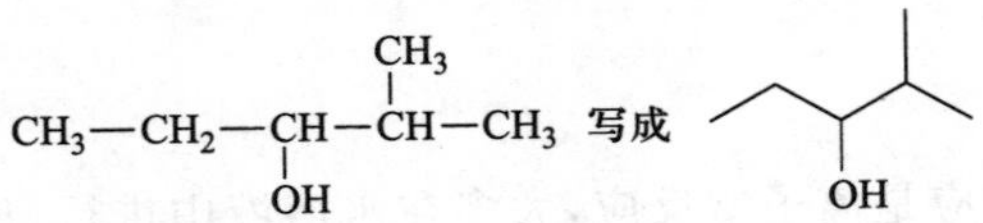

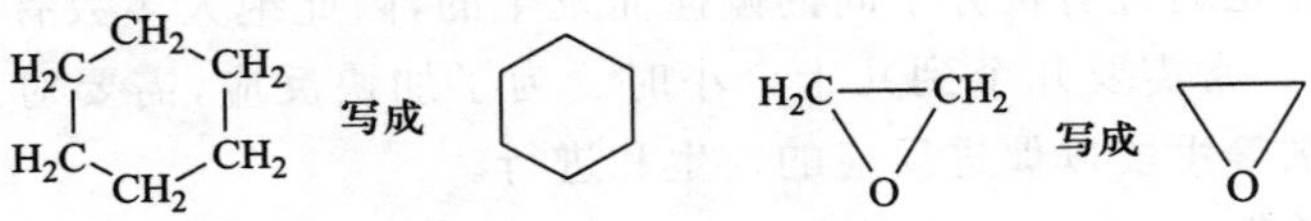

10.1.4　有机化合物的分类

有机化合物数目繁多,为了便于系统学习和研究,必须对有机化合物进行科学分类。有机化合物可以按照它们的结构分成许多类,一般的分类方法有两种:一种是根据碳原子的结合方式(碳的骨架)分类,另一种是根据分子中所含有的官能团分类。

1. 根据碳原子的结合方式分类

按此有机化合物可分为开链化合物和环状化合物两大类。

(1) 开链化合物

这类化合物最初在脂肪中发现,因此又称为脂肪族化合物。在这类化合物的分子中,碳链两端不相连(即开链),碳链可长可短,碳碳之间可以是单键,也可以是双键、叁键等不饱和键(图 10-4)。

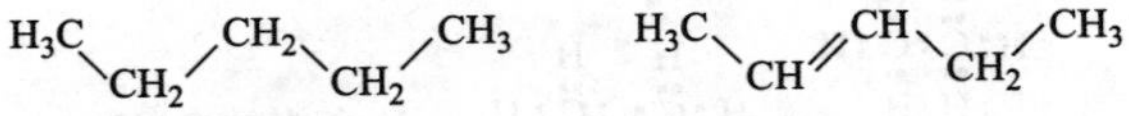

戊烷　　　　　　　　　　2-戊烯

图 10-4　开链化合物

(2) 环状化合物

在这类化合物的分子中,碳原子相互连接而呈环状。根据环的结构和组成元素的不同，这类化合物又可分为脂环、芳香族和杂环三种。

脂环化合物(图 10-5)在结构上可看做是由开链化合物闭环而成的，性质上与脂肪族化合物相似。脂环化合物中最简单的是环丙烷。

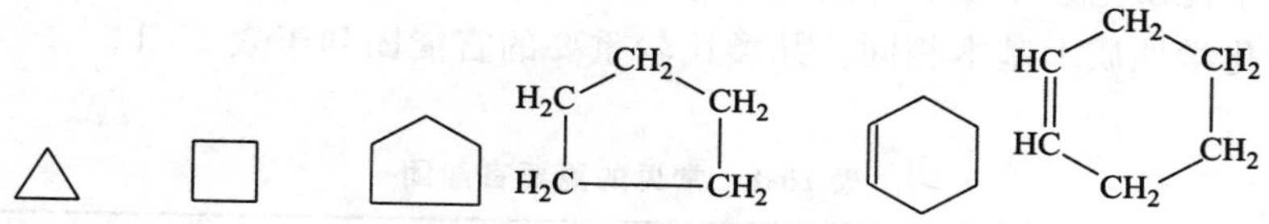

环丙烷　环丁烷　环戊烷　环己烯

图 10-5　脂环化合物

芳香族化合物(图 10-6)的结构中都含有一个由碳原子组成的在同一平面的闭环共轭体系(苯环)。它们具有特殊的物理和化学性质。

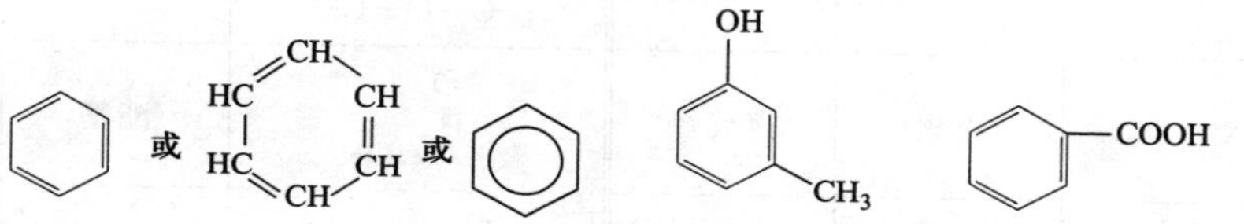

苯　间甲苯酚　苯甲酸

图 10-6　芳香族化合物

杂环化合物(图 10-7)分子中的环由碳原子和其他元素的原子如氧、硫、氮等组成。

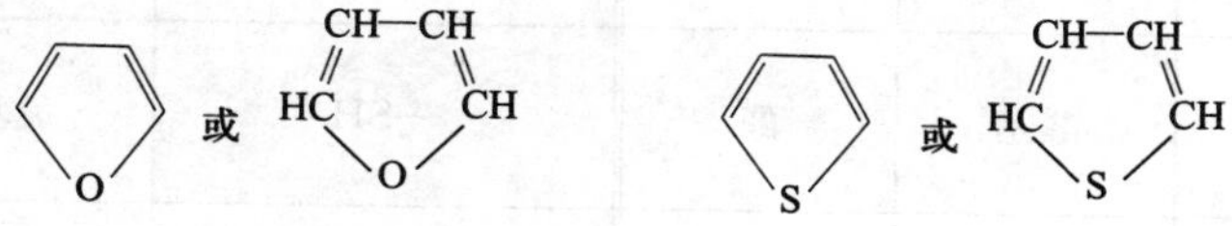

呋喃　噻吩

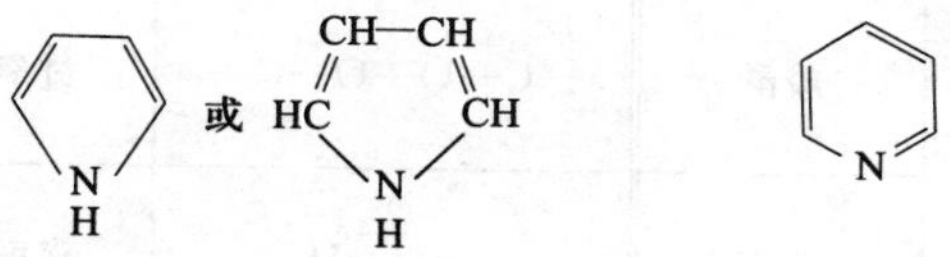

吡咯　吡啶

图 10-7　杂环化合物

根据碳架分类的方法虽然比较简单，但反映不出各种化合物相互之间的性质和结构的关联或差异。有机化合物的性质除了和碳架组成有关外，更与其组成中某些特殊的原子(团)有关。

2. 根据分子中所含有的官能团分类

按此方法,有机化合物可被更好地分类。能反映出某类有机化合物的特性并在有机化合物的化学性质上起很重要作用的原子或原子团叫做官能团。一般,含有相同官能团的化合物在化学性质上基本相同。几类比较重要的官能团列于表 10-1。

表 10-1 常见的重要官能团

官能团结构	名称	类别	官能团结构	名称	类别
$-C{=}C-$	双键	烯烃	$C{\begin{smallmatrix}OR\\OR\end{smallmatrix}}$ $(R')H$	缩醛(酮)基	缩醛(酮)
$-C{\equiv}C-$	叁键	炔烃	$-\overset{O}{C}-O-\overset{O}{C}-$	酸酐基	酸酐
$-X$	卤素	卤代烃	$-\overset{O}{C}-OR$	酯基	酯
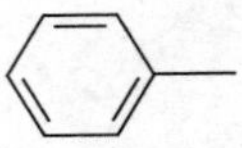 苯基结构	苯基	芳烃	$-\overset{O}{C}-NH(R)$	酰氨基	酰胺
$-OH$	羟基	醇、酚	$-NO_2$	硝基	硝基化合物
$-C-O-C-$	醚基	醚	$-NH_2$	氨基	胺
$-\overset{O}{C}-H$	醛基	醛	$-SH$	巯基	硫醇
$-\overset{O}{C}-$	羰基	酮	$-CN$	氰基	腈
$-\overset{O}{C}-OH$	羧基	羧酸	$-C-O-O-C-$	过氧基	过氧化物
$-\overset{O}{C}-X$	卤代甲酰基	酰卤	$-SO_3H$	磺酸基	磺酸

此外,根据相对分子质量的大小,有机化合物又可分为有机小分子化合物与有机高分子化合物。前者是有机化学研究的主要内容,后者则构成高分子化学研究的主要对象。

10.1.5 有机化合物的命名

人们对有机化合物的认识是随着生产活动的发展逐渐加深的。最初,人们对发现的少数有机化合物只是根据其性质和来源加以命名,例如,把来自地球上植物腐败产生的易燃气体叫甲烷;把木材干馏得到的甲醇叫木精;把存在于食醋中的乙酸称为醋酸;等等。后来由于对有机化合物的发现日益增多,人们对它们的认识也就从性质发展到结构,从而产生了分子结构来命名化合物的方法。

有机物种类多且结构复杂,故其名称不但应反映分子中元素组成和所含元素原子数目,而且还应该反映分子的化学结构。目前国际上常采用系统命名法,另外还有习惯命名法和衍生物命名法。在有机化学中,通常根据分子中的官能团将有机化合物分成烃、醇、酚、醛、酮、羧酸、胺、含硫有机物、杂环化合物、生物碱等类别。需要注意的是,一个化合物的名称可能有多个,但一个名称只能写出一个结构。如果根据名称写出了多个结构,则该名称肯定是错误的。

命名原则:根据国际上通用的系统命名法,首先确定有机化合物的分子主链,即最长的碳链,在由分子主链构成的母体化合物名称的基础上,添加反映取代基情况的接头词或结尾词(词尾),从而构成有机化合物的名称。通常根据不同类型的取代基将有机化合物分成不同的类别,其命名也是如此。如果一个物质有多种类型的取代基,那么它可能具有不同的名称。

1. 直链饱和烃

直链饱和烃通常称为烷烃,其通式可用 C_nH_{2n+2} 表示。命名时,直接以所含的碳原子个数(n)称为某烷:当碳原子个数不超过 10 时,习惯上用甲、乙、丙、丁、戊、己、庚、辛、壬、癸依次代表一至十的数字;当碳原子个数超过 10 时,则直接采用中文数字,例如,$C_{12}H_{26}$ 的名称为十二烷。英文名称由希腊数词的接头词与表示烷烃的词尾-ane 构成。例如,C_6H_{14}(己烷)的名称为 hexane,$C_{12}H_{26}$(十二烷)的名称为 dodecane。但对于 $n=1$ 到 $n=4$ 的情况来说,则采用惯用的数字接头词,属于例外,即 CH_4(甲烷)的名称为 methane,C_2H_6(乙烷)的名称为 ethane,C_3H_8(丙烷)的名称为 propane,C_4H_{10}(丁烷)的名称为 butane。当直链饱和烷烃的最末端失去一个氢原子形成取代基时,称为某(烷)基,英文名称的词尾由-ane 改为-yl。例如,—CH_3 为甲(烷)基(methyl)。

2. 支链饱和烃

命名方式为在最长碳链名上添加表示支链上取代基的接头词。为了标记支链的位置,要在主链上从一端到另一端标出位置的序号,依次用阿拉伯数字标记,标记序号时要求使第一个支链位置的序号数最小。有多个同一取代基存在时,在取代基名称之前相应地加上 di-(二)、tri-(三)、tetra-(四)等数词。例如,$CH_3CH(CH_3)CH_2CH_2CH_2C(C_2H_5)_2CH_2CH_2CH_3$,2-甲基-6,6-二乙基壬烷,2-methyl-6,6-diethylnonane。

3. 芳香烃

对于分子中含有苯环等芳香环的化合物,其命名规则是将苯环等芳香环部分看做母体化合物,然后将整个分子看做母体化合物的衍生物。当母体化合物为芳香烃时,大多采用惯用名称。例如,苯(benzene)、萘(naphthalene)、蒽(anthracene)、菲

(phenanthrene)等。苯失去一个氢原子生成取代基,称为苯基,phenyl。芳烃衍生物的主要命名原则是将苯环或芳环看做取代基,例如,C_6H_5—COOH,苯甲酸;C_6H_5—SO_3H,苯磺酸;当苯环或芳环上存在取代基时,将苯环或芳环上的碳原子依次用阿拉伯数字编号,使不饱和键、官能团或取代基的位次具有最小的数目;当苯环上存在两个相同的取代基时,也可用"邻"(ortho)、"间"(meta)、"对"(para)分别表示三种不同相对位置的构造异构体;萘环上 1、4、5、8 位情况相同,叫做 α 位,而 2、3、6、7 位情况相同,叫做 β 位。下面是一些命名实例:

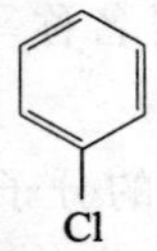

氯苯 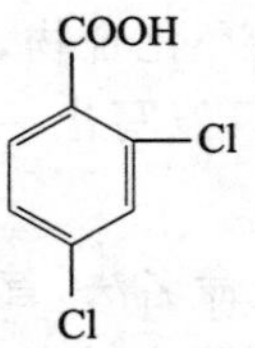　　　　　　2,4-二氯苯甲酸 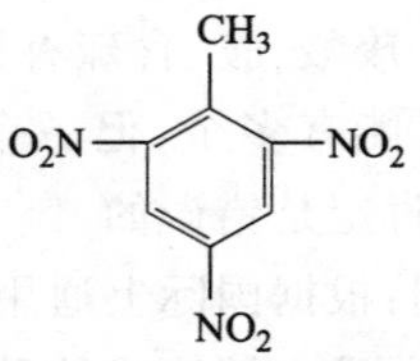　　　　2,4,6-三硝基甲苯

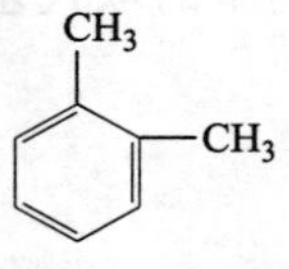

邻二甲苯或1,2-二甲苯 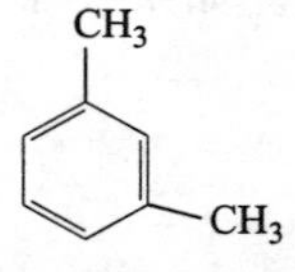　　间二甲苯或1,3-二甲苯 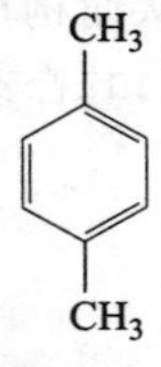　　对二甲苯或1,4-二甲苯

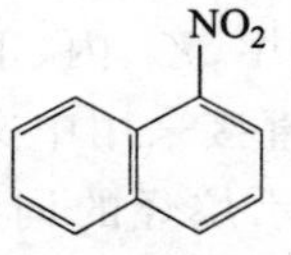

α-硝基萘或1-硝基萘 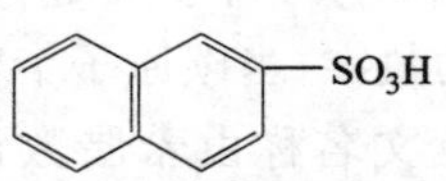　　　　β-萘磺酸或2-萘磺酸

4. 不饱和烃

对于烯烃,选定含有碳碳双键的最长碳链为主链,与某烷相类似,称此主链代表的化合物为某烯,英文名称的词尾由烷烃的-ane 改变为烯烃的-ene。类似地,对于具有碳碳叁键的烃,称之为某炔,英文名称的词尾相应地变为-yne。双键或者叁键的位置用阿拉伯数字表示,其数值应尽可能小。例如,$CH_3CH_2CH_2CH_2CH$ ═$CHCH_3$,2-庚烯,2-heptene。不饱和键处于末端时,其位置标记省略。

5. 含卤素化合物

命名时,在烃的名称上加上卤素元素的接头词,并用阿拉伯数字和中文数字分别表示出卤素取代原子的位置与数目。氟、氯、溴、碘的英文接头词分别为 fluoro-、chloro-、bromo-和 iodo-。也可以采用卤化烃基的形式命名,英文名称为在烃基名之后加上 fluoride、chloride、bromide 或 iodide。例如:

$CH_3CH_2CH_2Cl$　　　　　　CH_2 ═$CHCH_2Br$

丙基氯或氯丙烷　　　　烯丙基溴或 3-溴丙烯

6. 羟基化合物

羟基与烷基结合生成醇(alcohol),与芳香环结合则生成酚(phenol)。命名时都是以母体化合物为基础,称为某醇或某酚;英文名称则是将母体化合物名的词尾-e 去掉,再加上-ol。当存在命名法上具有优先权的其他官能团时,或者当羟基存在于支链上时,则采用羟基(hydroxy)命名。还有一种方式,即在代表母体化合物的基团名之后,加上 alcohol (醇)。例如,$CH_3CH(OH)CH_3$,2-丙醇(2-propanol)或者异丙醇(*iso*-propyl alcohol)。

7. 醛类化合物

与烃类化合物的命名相似,称为某醛,英文名称则是将烃词尾的-e 去掉,再加上-al,也可以是在去掉—CHO 原子团的母体化合物的名称后添加-carbaldehyde。当存在命名法上具有优先权的其他官能团时,醛原子团用醛基(formyl)表示。例如:

$$CH_3CH_2CHO \qquad \text{〈苯环〉}-CHO$$

丙醛 苯甲醛

8. 酮类化合物

有两种命名方式。其一,与烃类命名相似,称为某酮,英文名称则是将母体化合物名的词尾-e 去掉,再加上-one,并用数字表示出羰基的位置。例如,$CH_3COCH_2COCH_3$,2,4-戊二酮。其二,用羰基两侧的烃基并列命名,称为某某酮,英文名则是在两个并列的烃基名之后添加 ketone。例如,$CH_3CH_2COCH_3$,2-丁酮(2-butanone)或甲乙酮(methyl-ethyl ketone)。

9. 醚类化合物

通常用氧原子两侧的烃基并列命名,称为某某醚。例如,$CH_3CH_2OCH_3$,甲乙醚;$CH_3CH_2OCH_2CH_3$,二乙醚,一般简称为乙醚。

10. 含羧基化合物

与烃类命名相似,称为某酸。英文名称的构成法是将母体化合物名的词尾-e 去掉,再加上-oic acid;或者在母体化合物的名称后添加-carboxylic acid。许多羧酸都有惯用名。例如,HCOOH,甲酸(methanoic acid)或蚁酸(formic acid);CH_3COOH,乙酸(ethanoic acid)或醋酸(acetic acid)。

11. 酯类化合物

按照生成酯的酸和醇的名称而叫做某酸某酯。例如,$HCOOCH_2CH_3$,甲酸乙酯。

12. 胺类化合物

与烃类命名相似,称为某胺,英文名称则是在烃基名之后添加 amine。也可以用氨基

(amino-)表示—NH_2。例如：

$$H_2NCH_2CH_2NH_2$$

乙二胺

苯胺

10.2　高分子化合物

　　高分子化合物又称高聚物或聚合物，是相对分子质量很大的一类重要化合物，有的高聚物相对分子质量可达几万、几十万或更大，例如聚氯乙烯的相对分子质量为 2 万～16 万，聚丙烯腈的相对分子质量为 6 万～50 万。由于高分子化合物的相对分子质量很大，所以它的物理和化学性能与低分子化合物有很大差异，具有许多独特而优异的性能，适合工业和人民生活各方面的需要，而且它的原料丰富，适合现代化生产，经济效益显著，且不受地域、气候的限制。因此，自高分子化合物诞生至今虽然不足百年，但高分子材料工业已取得了突飞猛进的发展。

　　蛋白质、淀粉、木材、棉花、丝、羊毛、橡胶等均为天然高分子化合物。随着科学技术的发展，人们不仅能改变它们的结构以提高性能和使用价值，而且能合成出比天然高分子性能更佳的高分子材料，使高分子合成材料的应用更广泛。目前世界上合成高分子材料的年产量按体积和质量计算已赶上或超过金属材料。高分子材料已经不再是金属、木、棉、麻、天然橡胶等传统材料的代用品，而是国民经济、国防建设和尖端科技领域等不可缺少的重要材料，几乎渗透到所有的技术领域。

　　合成高分子材料主要分为合成塑料、合成纤维和合成橡胶，通称为三大合成材料，其产量占合成材料总量的 90%，其余还有涂料、胶黏剂、离子交换树脂等产品。三大合成材料主要品种如图 10-8 所示。

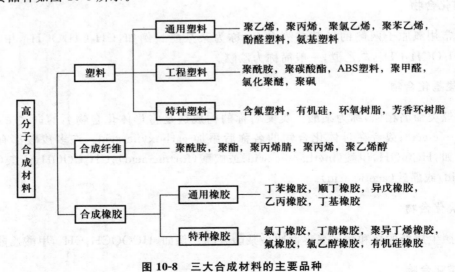

图 10-8　三大合成材料的主要品种

10.2.1　高分子化合物的组成

高分子化合物是由成千上万个小分子化合物通过聚合反应连接而成的,尽管相对分子质量很大,结构复杂多变,但其化学组成都比较简单,都是由简单的结构单元经多次重复连接而成。这些重复的结构单元称为"链节",链节的数目(即重复次数 n)称为聚合度。例如聚氯乙烯是由氯乙烯聚合而成:

$$n\ CH_2=\underset{Cl}{CH} \xrightarrow{\text{聚合}} \cdots -CH_2-\underset{Cl}{CH}-CH_2-\underset{Cl}{CH}-CH_2-\underset{Cl}{CH}- \cdots$$

聚氯乙烯的结构式可简写成 $\left[\!\!\begin{array}{c}CH_2-CH\\|\\Cl\end{array}\!\!\right]_n$,式中 $-CH_2-\underset{Cl}{CH}-$ 为链节,n 为聚合度。聚合物的聚合度是衡量高分子大小的一个指标,一般由几百到几千、几万。

用于合成高分子化合物的原料称为单体,一般由一、二种或二种以上的单体聚合成一种高分子化合物。链节的结构可以与单体相同或者不同。表 10-2 列出了某些聚合物的分子组成和它们的单体。

表 10-2　某些有机高分子的链节与单体

名称	符号	链节	单体
聚乙烯	PE	$-CH_2-CH_2-$	$CH_2=CH_2$
聚丙烯	PP	$-CH_2-\underset{CH_3}{CH}-$	$CH_2=\underset{CH_3}{CH}$
聚苯乙烯	PS	$-CH_2-\underset{\bigcirc}{CH}-$	$CH_2=\underset{\bigcirc}{CH}$
聚丙烯腈	PAN	$-CH_2-\underset{CN}{CH}-$	$CH_2=\underset{CN}{CH}$
聚氯乙烯	PVC	$-CH_2-\underset{Cl}{CH}-$	$CH_2=\underset{Cl}{CH}$
聚氟乙烯	PVP	$-CH_2-\underset{F}{CH}-$	$CH_2=\underset{F}{CH}$

名称	符号	链节	单体
聚四氟乙烯	PTFE	$-CF_2-CF_2-$	$CF_2=CF_2$
聚异戊二烯	PIP	$-CH_2-\underset{\underset{CH_3}{\vert}}{C}=CH-CH_2-$	$CH_2=\underset{\underset{CH_3}{\vert}}{C}-CH=CH_2$
聚丙烯酸	PAA	$-CH_2-\underset{\underset{COOH}{\vert}}{CH}-$	$CH_2=\underset{\underset{COOH}{\vert}}{CH}$
聚丙烯酰胺	PAM	$-CH_2-\underset{\underset{CONH_2}{\vert}}{CH}-$	$CH_2=\underset{\underset{CONH_2}{\vert}}{CH}$

10.2.2　高分子化合物的分类与命名

1. 分类

　　高分子化合物习惯上指的是有机高分子化合物,由于它们的品种很多,使用也很广,而且新产品与新用途还在不断开发。为了便于研究和利用,必须对品种繁多的高分子化合物进行分类。由于分类时的着眼点不同,分类方法也很多。

　　(1) 按其来源不同可分为天然的和合成的两大类。如松香、沥青、淀粉、天然橡胶、纤维素、蛋白质等属于天然高分子;而像聚氯乙烯、有机玻璃、合成橡胶、合成纤维、合成树脂等则属于合成高分子。

　　(2) 按其分子结构的不同可分为线形高分子(包括有支链的)和体形(网状)高分子。线形高分子如聚乙烯、聚甲基丙烯酸甲酯(有机玻璃)、尼龙-6 等;体形高分子如酚醛树脂、环氧树脂等。

　　(3) 按材料性质(或按用途)可分为塑料、纤维、橡胶、离子交换树脂、黏结剂、涂料等。塑料如聚苯乙烯、酚醛塑料(电木)、有机玻璃等;纤维如尼龙(卡普纶、锦纶、耐纶)、聚丙烯腈(腈纶)等;橡胶如氯丁橡胶、丁苯橡胶、硅橡胶等。

　　(4) 按高分子主链的元素结构可分为碳链、杂链(主链除 C 外,还有 O、N、S、P 等原子)和元素高分子(主链不一定含碳,而由 Si、O、Al、B、P、Ti 等元素构成,如有机硅橡胶等)。

　　此外,还有按应用功能分类的,有通用高分子、功能高分子、仿生高分子、医用高分子、高分子试剂、高分子催化剂及生物高分子等。

2. 命名

目前流行着许多高分子的命名方法,因而往往一种高聚物有几种名称。国内外也不统一。虽然国际上曾颁布过高分子化合物命名的方法,但至今仍未被广泛使用。这里只能作一些简单介绍。

(1) 以高分子的原料单体(制备高分子的低分子原料称为单体)命名,一般由一种单体聚合而成的高分子,只须在单体名称前冠以"聚"字,例如聚乙烯、聚氯乙烯、聚苯乙烯。由两种单体缩聚而成的高分子,往往在缩聚后的单体名称前冠以"聚",例如对苯二甲酸和乙二醇缩聚得到的聚合物称为聚对苯二甲酸乙二酯。如果结构比较复杂或不太明确,则往往在单体名称后面加上"树脂"二字来命名,如苯酚和甲醛的缩聚物称为"酚醛树脂",由环氧氯丙烷和双酚-A 合成的称为"环氧树脂"等。

(2) 以高分子的商品名称或符号表示来命名,例如聚酰胺类高聚物称为尼龙或锦纶。聚酰胺类高聚物由于品种较多,因而有尼龙-6、尼龙-66、尼龙-610 等。在高分子化合物中,还常采用以其单体英文名称的第一个字母大写来表示的简写符号,例如 PS 为聚苯乙烯,PVC 为聚氯乙烯,ABS 为丙烯腈-丁二烯-苯乙烯的共聚物,PA 为尼龙-66,SBR 为丁苯橡胶,等等。一些常见聚合物的名称、商品名称、符号及单体见表 10-3。

表 10-3　一些聚合物的名称、商品名称、符号及单体

聚合物			单体	
名称	商品名称	符号	名称	结构式
聚氯乙烯	氯纶*	PVC	氯乙烯	CH_2＝$CHCl$
聚丙烯	丙纶*	PP	丙烯	CH_2＝CH—CH_3
聚丙烯腈	腈纶*	PAN	丙烯腈	CH_2＝$CHCN$
聚己内酰胺	锦纶* (或尼龙-6)	PA6	己内酰胺	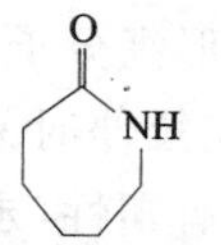
聚己二酰 己二胺	锦纶-66* (或尼龙-66)	PA66	己二酸, 己二胺	$HOOC(CH_2)_4COOH$ $NH_2(CH_2)_6NH_2$
聚对苯二甲 酸乙二酯	涤纶*	PET	对苯二甲酸, 乙二醇	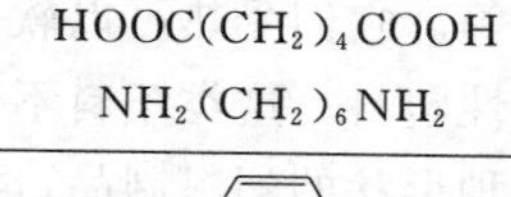 $HOOC$—〈〉—$COOH$ $HOCH_2CH_2OH$
聚苯乙烯	聚苯乙烯树脂	PS	苯乙烯	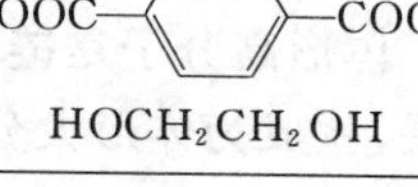 〈〉—CH＝CH_2
聚甲基丙烯 酸甲酯	有机玻璃	PMMA	甲基丙烯酸甲酯	CH_2＝$CCOOCH_3$ 　　　CH_3

续表

聚合物			单体	
名称	商品名称	符号	名称	结构式
聚丙烯腈-丁二烯-苯乙烯	ABS 树脂	ABS	丙烯腈，丁二烯，苯乙烯	$CH_2=CHCN$ $CH_2=CHCH=CH_2$ ⬡—$CH=CH_2$

* 均指以相应的聚合物为原料纺制成的纤维名称。

10.2.3 高分子化合物的结构与性能

1. 结构

  高分子化合物的分子质量相对而言是很大的，而且一般呈链状结构，故常称为高分子链。高分子化合物的物理性质与其相对分子质量大小、链的形状等因素密切相关。高分子链的形状有线形结构（包括有支链的）和网状（也称体形）结构两类，如图 10-9 所示。

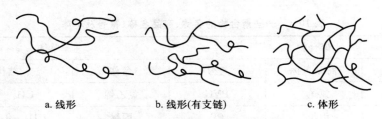

a. 线形   b. 线形(有支链)   c. 体形

图 10-9   聚合物分子结构的示意图

  线形高分子是由许多链节连成一个长链，它是蜷曲的呈不规则的线团状，也可以带支链，在拉伸时易呈直线状。这种线形高分子的特性为可溶、可熔、有弹性（暂时变形性），也有塑性（永久变形性）。部分塑料、纤维属于这种类型的高分子，如聚乙烯、聚硫橡胶等。它们受热可以软化、冷却时硬化，反复加热或冷却仍具有可塑性，这类塑料属于热塑性塑料。这类塑料不仅便于加工，而且还可以多次重复操作，加热软化后可以加工成各种形状的塑料制品，也可制成纤维，加工非常方便。

  体形高分子是链与链之间通过化学键"交联"起来，构成网一样的形状，如再向空间伸展，就成为体形大分子。体形高分子的性能与线形高分子不同，它是不溶、不熔的，而且无弹性和塑性，它们加热软化而待冷却硬化后就不能再使其软化。如作电器材料的电木（酚醛塑料）就属于这种类型的高聚物，损坏后不能回炉重新利用，这类塑料属于热固性塑料。

  而即便同为线形高分子，分子结构不同（有支链或无支链），其性质也不同。如日常生活中常见的高密度聚乙烯（HDPE）和低密度聚乙烯（LDPE）两种聚乙烯，前者可制成塑料瓶而后者一般用于制造保鲜膜，两者的性质差别显著：高密度聚乙烯瓶为白色不透明，而低密度聚乙烯保鲜膜则是无色透明的；塑料瓶比较厚且较硬，难以变形，而保鲜膜很薄很软，用手轻易就可以拉伸。同样是由聚乙烯组成的聚合物，性质为什么具有如此大的差别呢？这主要是由于两类物质的分子链结构不同造成。低密度聚乙烯通常使用高温高压下的自由基聚合而成，由于在反应过程中链的转移，在分子链上生出许多支链。这些支链妨碍了分子链的整齐排布，因此密度较低，其结构如图 10-9b 所示。而高密度聚乙烯通常使用 Ziegler-Natta 催化剂聚合法制造，其特点是分子链上没有支链，因此分子链排布规整，具有较高的密度，其结构如图 10-9a 所示。

　　高分子化合物按其结构形态可分为晶体和非晶体两种，前者分子排列规整有序，而后者的分子排列是没有规则的。同一高分子化合物可以兼具晶形和非晶形两种结构。合成纤维的分子排列，一部分是结晶区，一部分是非结晶区。大多数的合成树脂以及合成橡胶属体形聚合物，因而是非晶体结构形态。

　　具有非晶体结构的高分子化合物没有一定的熔点，但是，在不同的温度范围内，同一种高分子化合物可以呈现出三种不同的物理形态：玻璃态、高弹态和黏流态。这是由于高分子的热运动有两种，一种是分子链的整体运动，另一种为高分子个别链段（一个包含几个或几十个链节的区段）的运动。

　　当温度较低时，高分子化合物不仅整个分子链不能运动，而且链段也处于被"冻结"状态，质感坚硬如同玻璃，故称玻璃态。随着温度的上升，分子的热运动加剧，当达到某一温度时，虽然分子链还不能移动，但链段可以自由转动了。处在这种状态的高分子化合物具有可逆形变性质。即在外力作用下，能发生形变；当外力除去后又恢复成原状，表现出很高的弹性，因此称为高弹态。如果温度继续升高，分子的热运动更加剧烈，不仅链段能够运动，而且整个分子链都能移动，这时高分子化合物就变成了具有一定黏度的可以流动的液体，高聚物所处的这种状态称为黏流态。一般高分子材料加工成型都是在黏流态完成的。

　　在不同温度范围内，同一非晶体结构的高分子化合物的这三种聚集状态可以相互转化，如图 10-10 所示。图中 T_g 表示高弹态和玻璃态之间的转变温度，称为玻璃化温度；T_f 表示高弹态和黏流态之间的转变温度，称为黏流化温度。

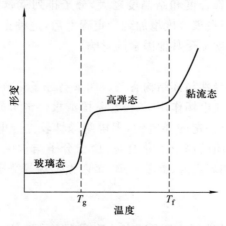

图 10-10　线形非晶态聚合物的物理形态与温度的关系

　　由图可见,两态之间的转变过程是一个渐变过程。因此,T_g 和 T_f 不是一个点,而是一个温度区间。不同的高分子化合物,这三种物态呈现的温度范围也不相同。如果 T_g 高于室温,那就意味着这种聚合物在室温下呈玻璃态。显而易见,塑料的 T_g 必定高于室温,其 T_g 值表示出它的最高使用温度。如果使用温度超过 T_g,塑料就会由玻璃态向高弹态转化,变软而发生形变。橡胶在室温下呈现高弹态,故其 T_g 低于室温。橡胶的 T_g 值则表示其正常使用的低温极限。当温度低于 T_g,橡胶就会因玻璃化而变硬变脆,失去弹性。橡胶的 T_f 值表示橡胶由高弹态向黏流态转化的温度。显然,橡胶的 $T_g \sim T_f$ 范围越宽,橡胶的耐候性就越好。

　　体形高聚物的分子呈网状结构,很难变形。因此,当温度改变时不会出现黏流态,交联程度大时甚至不出现高弹态,而只呈玻璃态。

2. 性能

　　高分子化合物由于很高的相对分子质量与长链结构,因而在物理、化学等方面表现出很多有别于低分子化合物的特殊性能。

　　(1) 弹性和塑性

　　如前所述,在常温下,线形高分子化合物的线形分子呈卷曲状态,以保持能量最低状态。当有外力作用时,卷曲的分子链可以被拉直,分子链的势能也随分子链的伸展而增高,一旦撤去外力,伸展的分子链又会恢复到卷曲状。因此这类高分子化合物呈现出弹性。例如,具有线形结构的橡胶在室温下就具有很好的弹性。体形的高分子化合物,由于交联成网状结构,失去分子链的柔顺性,变成较硬的物质,失去弹性。

　　线形高分子化合物当加热到一定程度后,就逐渐软化,若把它放在模子里压成一定形状,冷却去压后仍可保持所压的形状,这种性质叫可塑性。塑料就是一种具有可塑性的高分子材料,常用的有聚乙烯、聚苯乙烯等。

　　(2) 机械性能

　　高分子化合物由于具有线形和网状结构,因而表现出一定的机械性能,如抗压、抗拉、抗弯等。高分子化合物的机械性能优异与否,主要取决于它的平均聚合度、分子间力以及结晶度等因素。一般聚合度和结晶度越大,分子排列就越紧密,分子间作用力也愈大,机械性能也就越强。但在聚合度增加到一定程度后,这种正比关系就不明显了,因为此时的机械性能在更大程度上受其他因素的影响。

　　(3) 电绝缘性

　　高分子化合物的电绝缘性与其结构有关。如果高分子化合物中含有极性基团,例如聚氯乙烯、聚酰胺等,在交流电场作用下,极性基团或极性链节的取向会随电场方向的变化呈周期性移动,因而具有一定的导电性,即电绝缘性较差。电绝缘性随分子极性的增加而减弱。对不含极性基团的高分子化合物,由于分子结构中不存在自由电子和离子,因而不具备导电能力,例如聚乙烯、聚苯乙烯、聚四氟乙烯等分子都无极性,偶极矩为零,所以都是优良的电绝缘体。

　　(4) 溶解性

　　高分子化合物分子虽然较大,但在适当的溶剂中也会溶解。其溶解过程与一般的低

分子化合物的溶解过程大不相同,高分子化合物的溶解需经历两个阶段:

① 溶胀:溶剂分子渗入高聚物的内部,使高分子链间产生松动,并通过溶剂化,使高聚物膨胀成凝胶状。这个过程称为溶胀。

② 溶解:高分子链从凝胶表面分散进入溶剂中,形成均一的溶液。

高分子化合物在完全溶解之前之所以要经过这样一个溶胀阶段,主要是由于溶质分子与溶剂分子大小差异太悬殊。高聚物的分子一般比溶剂分子大几千倍,运动速度慢,而溶剂分子小巧灵活,运动速度快,当高聚物与溶剂接触时,溶剂分子会十分便捷地钻入到高聚物分子链的间隙之中,因而发生溶胀。当越来越多的溶剂分子侵入到高聚物分子链中,聚合物的大分子链同时也会逐渐溶入溶剂中,最终形成溶液。例如聚苯乙烯在苯中的溶解就是经过了溶胀、溶解的过程。

高聚物溶解性能的一般规律是极性的高聚物易溶于极性溶剂,非极性的高聚物易溶于非极性的溶剂。例如聚苯乙烯是弱极性的,可溶于苯、乙苯等非极性或弱极性的溶剂中;聚甲基丙烯酸甲酯(俗称有机玻璃)是极性的,可溶于极性的丙酮中。此外,高聚物的溶解性还与自身的结构有关。一般线形高聚物比体形高聚物的溶解性要好。当链间产生交联而成为体形高聚物时,由于链间形成化学键而增强了作用,通常只发生溶胀,而不能溶解。有的高聚物交联程度高,甚至不发生溶胀。例如含有 30% 硫磺的硬橡胶就是这类高聚物,由于具有刚性的网状体形结构,它既不发生溶胀,也不发生溶解。

(5)化学稳定性和老化

高分子化合物是以 C—C、C—H、C—O 等牢固共价键为骨架所构成的线形或网状体形结构,化学性质比较稳定,因而广泛地被用做耐酸、耐碱、耐化学试剂的优异材料。例如被称做"塑料王"的聚四氟乙烯,耐酸碱,还能经受煮沸王水的侵蚀。

高聚物虽有较好的化学稳定性,但不同的高聚物的化学稳定性还是有差异的。有不少高聚物处在酸、碱、氧、水、热、光等条件下,经过一段时间后其性能逐渐劣化,如变硬、变脆,或者变软、变黏,高聚物的这种变化称为老化。

高聚物的老化可归结成链的交联或链的裂解。分子链的交联可以使线形结构转化为体形结构,从而使高聚物变硬、变脆,失去弹性;分子链的裂解会使大分子链发生降解(大分子断链变为小分子的过程),聚合度下降,相对分子质量减小,从而使高聚物变软、变黏,失去原有的机械强度。

在引起高聚物老化的诸多因素中,氧化、受热是最常见的影响因素。

含有不饱和基团的高聚物容易受到氧化作用而发生链的裂解或交联。例如天然橡胶在空气中会缓慢发生氧化反应,其反应可简单表示如下:

$$\sim\!\!\!\sim\!\!\text{CH}_2\!-\!\underset{\underset{\text{CH}_3}{|}}{\text{C}}\!=\!\text{CH}\!-\!\text{CH}_2\!\sim\!\!\!\sim\ +\ \text{O}_2\ \longrightarrow\ \sim\!\!\!\sim\!\!\text{CH}_2\!-\!\underset{\underset{\text{CH}_3}{|}}{\text{C}}\!=\!\text{O}\ +\ \text{O}\!=\!\underset{\underset{\text{H}}{|}}{\text{C}}\!-\!\text{CH}_2\!\sim\!\!\!\sim$$

高聚物的氧化还因紫外线的辐照而被加速,因为紫外线的能量高。例如长期置于室外作为遮盖用的聚乙烯薄膜,其韧性和强度会因光照而急剧下降,以致最终完全脆化碎裂,这就是紫外线促进氧化的结果。高聚物受热会加剧分子链的运动,使其物态由玻璃态转变成高弹态或黏流态,这仅属物理变化,但若受热导致分子链的断裂,就会发生降解反应,且高聚物的降解程度随温度升高而加大。例如,聚甲基丙烯酸甲酯受热降解时,基本上都转化为单体：

$$\text{~~~CH}_2\text{—}\underset{\text{COOCH}_3}{\overset{\text{CH}_3}{\underset{|}{\overset{|}{C}}}}\text{—CH}_2\text{—}\underset{\text{COOCH}_3}{\overset{\text{CH}_3}{\underset{|}{\overset{|}{C}}}}\text{—CH}_2\text{—}\underset{\text{COOCH}_3}{\overset{\text{CH}_3}{\underset{|}{\overset{|}{C}}}}\text{~~~} \longrightarrow n\text{CH}_2\text{=}\underset{\text{COOCH}_3}{\overset{\text{CH}_3}{\underset{|}{\overset{|}{C}}}}$$

高聚物在光、热、氧等条件下，虽然会发生交联或裂解而引起老化，但是这个过程十分缓慢，因而很多高聚物在一定条件下仍可以用做耐热、耐腐蚀材料。

10.2.4 高分子化合物的合成、改性与再利用

1. 高分子化合物的合成反应

由煤、石油、天然气等自然资源经过一系列化工过程，可生产出合成高分子化合物的单体。由小分子单体合成聚合物的化学反应称聚合反应。如果不考虑反应机理，只根据单体和聚合物的结构单元在化学组成和共价键结构上的变化，聚合反应可分为缩合聚合反应（简称缩聚反应）和加成聚合反应（简称加聚反应）。

（1）加聚反应

一种或多种具有不饱和键的单体在一定条件下（光照、加热或化学试剂的作用等）聚合，直接得到高分子化合物的反应称为加聚反应。原则上，所有活泼的不饱和结构都可以发生加聚反应。在此类反应的过程中没有产生其他副产物，生成的聚合物的化学组成与单体基本相同。仅由一种单体聚合而成的，其分子链中只包含一种单体构成的链节，这种聚合反应称均聚反应，生成的聚合物称为均聚物。聚乙烯、聚氯乙烯、聚苯乙烯、聚异戊二烯等碳链聚合物都是由加聚反应制得的。

如氯乙烯合成聚氯乙烯：

$$n\text{CH}_2\text{=}\underset{\text{Cl}}{\overset{}{\underset{|}{\overset{}{CH}}}} \longrightarrow \left[\text{CH}_2\text{—}\underset{\text{Cl}}{\overset{}{\underset{|}{\overset{}{CH}}}}\right]_n$$

由两种或两种以上单体同时进行聚合，则生成的聚合物含有多种单体构成的链节，这种聚合反应称为共聚反应，生成的聚合物称为共聚物。

如丙烯腈、丁二烯、苯乙烯共聚得到 ABS 工程塑料，它是由丙烯腈（acrylonitrile，以 A 表示）、丁二烯（butadiene，以 B 表示）、苯乙烯（styrene，以 S 表示）三种不同单体共聚而成的：

$$nx\text{CH}_2\text{=CH—CN} + ny\text{CH}_2\text{=CH—CH=CH}_2 + nz\text{CH}_2\text{=CH—}\bigcirc \longrightarrow$$

$$\left[(\text{CH}_2\text{—}\underset{\text{CN}}{\overset{}{\underset{|}{\overset{}{CH}}})_x(\text{CH}_2\text{—CH=CH—CH}_2)_y(\text{CH}_2\text{—CH}\underset{}{\overset{}{\bigcirc}})_z\right]_n$$

共聚物往往可兼具两种或两种以上均聚物的一些优异性能，因此通过共聚方法可以

改善产品的性能。

（2）缩聚反应

缩聚反应是指由一种或多种单体相互缩合生成高聚物，同时有低分子物质（如水、卤化氢、氨、醇等）析出的反应。所生成的高聚物的化学组成与单体的组成不同（少若干原子）。缩聚物中留有官能团的结构特征，因此多为杂链聚合物。尼龙、涤纶、环氧树脂等都是通过缩聚反应合成的。

例如，己二酸和己二胺合成为尼龙-66 的反应：

$$n\,H_2N—(CH_2)_6—NH_2 \quad + \quad n\,HOOC—(CH_2)_4—COOH \longrightarrow$$

$$\left[NH_2—(CH_2)_6—NH—\overset{O}{\overset{\|}{C}}—(CH_2)_4—\overset{O}{\overset{\|}{C}}\right]_n + 2n\,H_2O$$

由于缩聚反应的特征是相对分子质量随反应时间而逐渐增大，而单体转化率几乎与反应时间无关，故缩聚反应又称为逐步增长聚合反应。

2. 高分子化合物的改性

高聚物作为材料可以应用于很多方面，但有时也有缺点。如工程塑料虽然强度高，但价格昂贵；合成橡胶的品种虽多，但性能上都还存在不足之处；等等。这些问题均可以通过材料的改性而得以改进。

高分子材料的改性是指通过各种方法改变已有材料的组成、结构，以达到改善性能、扩大品种和应用范围的目的。

天然纤维经硝化可制得塑料、清漆、人造纤维等产品，使其扩大了应用范围；橡胶经硫化，可改善其使用性能；在塑料、橡胶或胶黏材料中添加稳定剂、防老剂，可以延长其使用寿命。以上这些都是材料改性的实例。因此，材料的改性与合成新的高聚物具有同等重要的意义，而且往往更为经济、有效。由此可见，今后一定时期内，对已有高分子材料改性的研究，在高分子科学和材料领域中将成为一个重要的方向。

通常采用的改性方法大体可分为化学法与物理化学法两大类。

（1）高聚物的化学改性

化学改性是借化学反应改变高聚物本身的组成、结构，以达到材料改性的目的。常用的有下列三类反应。

① 交联反应

借化学键的形成，使线形高聚物连接成为体形高聚物的反应称为交联反应。一般经适当交联的高聚物，在机械强度、耐溶剂和耐热等方面都比线形高聚物的有所提高，因而，交联反应常被用于高聚物的改性。

橡胶的硫化即是熟知的一种交联反应。未经硫化的橡胶（常称生橡胶）分子链之间容易产生滑动，受力产生形变后不能恢复原状，其制品表现为：弹性小、强度低、韧性差、表面有黏性，且不耐溶剂。因此，使用价值不大。而硫化则可使橡胶的分子链通过"硫桥"适度交联，形成体形结构。例如：

$$\cdots\text{—CH}_2\overset{\overset{\displaystyle\text{CH}_3}{|}}{\text{—C}}\text{=CH—CH}_2\text{—}\cdots$$
$$\cdots\text{—CH}_2\overset{\overset{\displaystyle\text{CH}_3}{|}}{\text{—C}}\text{=CH—CH}_2\text{—}\cdots \quad +S_8 \longrightarrow$$

$$\cdots\text{—CH}_2\overset{\overset{\displaystyle\text{CH}_3}{|}}{\underset{\underset{\displaystyle S_x}{|}}{\text{—C}}}\text{—CH—CH}_2\text{—}\cdots$$

经部分交联后的橡胶,可减少分子链之间的相对滑动,但仍允许分子链的部分延展和伸长,因此既提高了强度和韧性,又同时具有较好的弹性。部分交联还使橡胶在有机溶剂中的溶解变难了,但由于橡胶中仍留有溶剂分子能透入的空间,因此硫化后的橡胶只发生溶胀,具有耐溶剂性。若硫化过度,则溶胀也难发生了。总之,不论天然橡胶或合成橡胶都要进行硫化。目前用于橡胶工业中的硫化剂(即交联剂)已远不止硫磺一种,但习惯上仍将橡胶的交联称为硫化。

　　② 共聚反应

　　由两种或两种以上不同单体通过共聚所生成的共聚物,往往在性能上有取长补短的效果,因而这种共聚反应也常用做聚合物的改性。ABS 工程塑料就是共聚改性的典型实例。ABS 树脂既保持了聚苯乙烯优良的电性能和易加工成型性,又由于其中丁二烯可提高弹性和冲击强度,丙烯腈可增加耐热、耐腐蚀性和表面硬度,使之成为综合性能优良的工程材料。此外,可以根据使用者对性能的要求,改变 ABS 中三者的比例,设计并聚合出具有合适分子结构的 ABS 树脂。

　　③ 官能团反应

　　官能团反应是化学改性的重要手段。常用的离子交换树脂就是利用官能团反应,在高聚物结构中引入可供离子交换的基团而制得的。离子交换树脂是一类功能高分子,它不仅要求具有离子交换功能,且应具备不溶性和一定的机械强度。因此,先要制备高聚物母体(即骨架),如苯乙烯-二乙烯苯共聚物(体形高聚物),然后再通过官能团反应,在高聚物骨架上引入活性基团。例如,制取磺酸型阳离子交换树脂,可利用上述共聚物与 H_2SO_4 的磺化反应,引入磺酸基—SO_3H。由此所得离子交换树脂(简称为聚苯乙烯磺酸型阳离子交换树脂)的结构(简)式可表示如下:

通常可简写为 R—SO_3H(R 代表树脂母体),磺酸基—SO_3H 中的氢离子能与溶液中的阳离子进行离子交换。

同理，若利用官能团反应在高聚物母体中引入可与溶液中阴离子进行离子交换的基团，即可得阴离子交换树脂。例如，季铵型阴离子交换树脂 $R—N(CH_3)_3Cl$。

又如，聚氯乙烯虽产量高、用途广，但缺点是连续使用温度不高（仅 65 ℃）。通过氯化处理后，获得的改性产品氯化聚氯乙烯（又称为过氯乙烯，用 CPVC 表示）可提高玻璃化温度，从而改善了 PVC 的耐热性能，连续使用温度可达到 105 ℃，常用做热水硬管。同时氯化后的聚氯乙烯具有良好的溶解性能和黏合性能，可用于制造优质清漆涂料、溶液纺丝和胶黏材料等。

（2）高聚物的物理化学改性

高分子材料的物理化学改性是指在高聚物中掺和各种助剂（又称添加剂）、将不同高聚物共混，或用其他材料与高分子材料复合而完成的改性。可见，它主要是通过混入其他组分来改变和完善原有高聚物的性能。

① 掺和改性

单一的聚合物往往难以满足性能与工艺上所有的要求，因此，除少数情况（如食品包装用的聚乙烯薄膜）外，在将聚合物加工或配制成塑料、胶黏材料等高分子材料时，通常要加入填料、增塑剂、防老剂（抗氧剂、热稳定剂、紫外线稳定剂）、着色剂、发泡剂、固化剂、润滑剂、阻燃剂等添加剂，以提高产品质量和使用效果。

添加剂中有的用量相当可观，如填料（或称为填充剂）、增塑剂等；有的用量虽少，但作用明显。下面着重介绍填料与增塑剂的作用。

● 填料

常用的无机填料有碳酸钙、硅藻土（主要成分为 $SiO_2 \cdot nH_2O$）、炭黑、滑石粉（$3MgO \cdot 4SiO_2 \cdot H_2O$）、金属氧化物等。有机填料用得较少，常用的有木粉、化学纤维、棉布、纸屑等。一般填料的加入量可占材料总质量的 40%～70%。

填料可以改善高分子材料的机械性能、耐热性能、电性能以及加工性能等，同时还可降低塑料等的成本。通常借填料与高聚物形成化学键，降低高聚物分子链的柔顺性，对材料可产生增强作用。例如，橡胶中常用炭黑作填料，有时也用二氧化硅（又称为白炭黑）作填料，它们主要对橡胶起增强作用。对炭黑这类粉状填料而言，往往分散得越细，增强效果越好。

除橡胶外，塑料与胶黏材料中也常掺有填料。例如，酚醛树脂中加入木粉作填料，利用木粉能吸收部分冲击能量，从而改善酚醛树脂的耐冲击性能。又如，采用金属粉末作填料，可赋予塑料以良好的导电性和导热性（是制备导电高聚物材料的手段之一）。再如，胶黏材料中加入填料后，除可提高胶黏材料的耐热性外，还可防止胶黏材料在固化时因收缩而降低强度。

应当指出，填料的影响比较复杂，不是所有的填料都能增加强度，有些填料仅仅只是降低了材料的成本，如惰性填料。

● 增塑剂

增塑剂是一些能增进高聚物柔韧性和熔融流动性的物质。增塑剂的加入能增大高聚物分子链间的距离，减弱分子链之间的作用力，从而使其 T_g 和 T_f 值降低，材料的脆性和加工性能得以改善。例如,聚氯乙烯中加入质量分数为 30％～70％ 的增塑剂,就能成为软质聚氯乙烯塑料。

为了防止增塑剂在使用过程中渗出、挥发而损失,通常都选用一些高沸点(一般大于300 ℃)的液体或低熔点的固体有机化合物(如邻苯二甲酸酯类、磷酸酯类、脂肪族二元酸酯类、环氧化合物等)作为增塑剂。此外,还常选用一些高聚物作增塑剂,例如,用乙烯-醋酸乙烯酯共聚物作聚氯乙烯的增塑剂。由于高聚物增塑剂的相对分子质量大、挥发性小,从而使增塑剂不易从高分子材料中游离出去,成为一种长效增塑剂。

② 共混改性

将两种或两种以上不同的高聚物混合形成的共混高聚物(又称为高分子合金)具有纯组分所没有的综合性能。近年来,这个领域中的研究工作十分活跃,日益引起人们的重视。

聚合物共混物通常可按塑料-塑料共混、橡胶-橡胶共混、橡胶-塑料共混来分类。其中橡胶与塑料共混的应用尤为突出。例如,丁苯橡胶与聚氯乙烯共混,可以改善聚氯乙烯的耐热、耐磨、耐老化等性能。橡胶与塑料共混的一个突出优点,在于可以使塑料增韧。例如,冰箱门密封用的橡胶封条,就是聚氯乙烯与氯化聚乙烯共混的实例。橡胶与橡胶共混的实例更多,例如,丁腈橡胶与天然橡胶共混,可以提高橡胶的耐油性和耐热性。

③ 复合改性

复合是指由两种或两种以上性质不同的材料组合制得一种多相材料的过程。与共混相比,复合包含的范围更广:共混改性的组分材料仅限于高聚物,而复合改性的对象除高聚物外,还可包括金属材料与无机非金属材料。两种材料经复合改性可得到复合材料。

3. 高分子化合物的回收与再利用

由于高分子化合物的化学稳定性好,难以分解,日积月累,会污染环境、危害生态。白色污染(white pollution)是人们对难降解的塑料垃圾(多指塑料袋)污染环境现象的一种形象称谓。它是指聚苯乙烯、聚丙烯、聚氯乙烯等高分子化合物制成的各类生活塑料制品使用后被弃置成为固体废物,由于随意乱丢乱扔,难于降解处理,以致破坏环境,严重污染的现象。废旧高分子材料的回收和再利用是解决这个问题的有效途径。其基本意义有两个:一是解决了环境污染问题,二是充分利用自然资源。高分子材料制品中,以塑料制品量最大,因此回收和利用废旧高分子材料,主要是塑料的回收和利用。

目前,有关废旧塑料的回收、利用及相关技术可分为以下 5 个方面:

(1) 再生利用和改性利用

此法分为简单再生利用和改性再生利用。简单再生利用是将废旧塑料经分类、清洗、破碎、造粒后直接进行成型加工;改性再生利用是靠机械共混或化学接枝进行改性,如增韧、增强、共混改性或交联接枝等化学改性。经改性的再生制品其力学性能更好,因此改性再生技术是废旧塑料回收利用的发展方向和趋势。

(2) 热分解回收化工原料

加热使大分子链分解,使其回到低分子化合物状态,回收化工原料。此法缺点是投资高,技术操作严格。

（3）焚烧回收热能

对于难以鉴别、无法回收的废弃物，在焚烧炉中焚烧，回收热能。但对焚烧产生的有害气体应加以处理，以免产生二次污染。

（4）掩埋处理

将废弃物深埋于地下，不至于影响表皮土层的生态发展。此法不是解决问题的根本办法。

（5）光降解和微生物降解

达到此目的有两个途径：一是树脂中加入光敏剂或用接枝技术获得树脂-淀粉的接枝共聚物。其降解机理是，当聚合物链吸收紫外线后进行光降解，然后通过微生物和细菌作用进行生物降解。这一过程同时包含光降解和微生物降解。近年来已商品化的可降解农膜大部分属于此类。二是将具有光吸收性能的单体聚合成树脂，然后加工成可降解的塑料。

我国已采取措施，减少或禁止使用一次性难降解的塑料包装物，开发并推广使用可降解塑料或纸制品等，探索控制和治理"白色污染"之路。

10.3　重要的高分子材料

高分子化合物的最主要应用是高分子材料。当前，高分子材料、无机材料和金属材料并列为三大材料。高分子材料与其他材料相比，具有密度小、比强度高、耐腐蚀、绝缘性好、易于加工成型等优点。但也普遍存在 4 个弱点，即强度不够高、不耐高温、易燃烧和易老化。然而，高分子材料由于其品种多、功能齐全、能适应多种需要、加工容易、适宜于自动化生产、原料来源丰富易得、价格便宜等优点，已成为我们日常生活中必不可少的重要材料。功能高分子材料研究的迅速发展，更加扩展了高分子材料的应用范围。据统计，人们对材料的需求量，高分子占 60％。塑料、橡胶和纤维被称为现代高分子三大合成材料，而塑料占合成材料总产量的 70％。

10.3.1　塑料

塑料是在一定的温度和压力下合成的高分子材料。塑料作为工程材料或金属的替代物，具有优良的机械性能、耐热性和尺寸稳定性。其主要代表是聚酰胺、ABS、聚碳酸酯等。塑料的分类有几种方法，根据塑料制品的用途可分为通用塑料、工程塑料和特殊塑料；根据塑料受热特性可分为热塑性塑料和热固性塑料。还有其他分类方法。

通用塑料是指产量大、价格低、日常生活中应用范围广的塑料，如聚乙烯（PE）、聚氯乙烯（PVC）、聚丙烯（PP）、聚苯乙烯（PS）等。

工程塑料是指机械性能好、能用于制造各种机械零件的塑料。主要有聚碳酸酯、聚酰胺、聚甲醛、聚砜、酚醛树脂、ABS 塑料等。

特殊塑料是指具有特殊功能和特殊用途的塑料。主要有氟塑料、硅塑料、环氧树脂等。

热塑性塑料在加工过程中，一般只发生物理变化，受热变为塑性体，成型后冷却又变硬定型，若再受热，还可改变形状重新成型。其优点是成型工艺简便，废料可回收重复使用。

热固性塑料在成型过程中发生化学变化，利用它在受热时可流动的特性而成型，并延长受热时间,使其发生化学反应而成为不熔不溶的网状分子结构,并固化定型。其优点是耐热性高,有较高的机械强度。

表 10-4 列出了几种常见塑料的性能及应用范围。

表 10-4 几种常见塑料的主要性能及用途

名称	结构式	性能	用途
聚氯乙烯	$\begin{array}{c}\left[CH_2-CH\right]_n \\ \mid \\ Cl\end{array}$	强极性,绝缘性好,耐酸碱,难燃,具有自熄性。缺点是介电性能差,热稳定性差,在 100~120 ℃即可分解出氯化氢	制造水槽、下水管;制造箱、包、沙发、桌布、窗帘、雨伞、包装袋;还可制凉鞋、拖鞋及布鞋的塑料底等
聚乙烯	$\left[CH_2-CH_2\right]_n$	化学性质非常稳定,耐酸碱,耐溶剂性能好,吸水性低,无毒。缺点是受热易老化	制造食品包装袋、各种饮水瓶、容器、玩具等;还可制各种管材、电线绝缘层等
聚酰胺(尼龙)	$\left[NH-(CH_2)_x-NH-\overset{O}{\overset{\|}{C}}-(CH_2)_y-\overset{O}{\overset{\|}{C}}\right]_n$	具有韧性、耐磨、耐震、耐热,具有吸湿性,无毒,拉伸强度大	可制尼龙布、尼龙袜子、尼龙绳等;制医用消毒容器等;制机械零件、仪表和仪器零件
聚四氟乙烯(塑料王)	$\left[CF_2-CF_2\right]_n$	耐酸碱,耐腐蚀,化学稳定性好,耐寒,绝缘性好,耐磨。缺点是刚性差	可用做高温环境中化工设备的密封零件;无油润滑条件下制作轴承、活塞等;还可制电容器、电缆绝缘材料
酚醛树脂(电木)		难溶、难熔,耐热,机械强度高,刚性好,抗冲击性好	制造线路板、插座、插头、电话机、行李车轮、工具手柄、贴面板、三合板、刨花板等

续表

名称	结构式	性能	用途
聚碳酸酯(透明金属)		坚硬、耐高温,良好的机械性能,电绝缘性好,韧性好,抗冲击性好,透明度高	制造继电器盒盖、计算机和磁盘的壳体、荧光灯罩、汽车及透明窗的玻璃等
聚砜		高硬度、高抗冲强度,抗蠕变性好,耐热、耐寒、耐磨,抗氧化性好,尺寸稳定性好	制造机械、电子、电气零件等;还可用于制造航空、航天等部门的零部件
ABS 塑料	$+(CH_2-CH)_x+CH_2-CH=CH-CH_2)_y+CH_2-CH)_z+_n$ （CN、苯基）	无毒、无味,易溶于酮、醛、酯等有机溶剂,耐磨性、抗冲击性能好	用于家用电器、箱包、装饰板材、汽车飞机等零部件
聚甲基丙烯酸甲酯(有机玻璃)	$-CH_2-\underset{COOCH_3}{\overset{CH_3}{\underset{|}{\overset{|}{C}}}}-_n$	其透明性在现有高聚物中最好。缺点是耐磨性差,硬度较低,易溶于有机溶剂等	广泛用于航空、医疗、仪器等领域

聚乙烯是世界塑料品种中产量最大的品种,其应用面也最广,约占塑料总产量的1/3,目前聚乙烯的发展已由原来的高压聚乙烯发展到低压聚乙烯,又发展到第三代聚乙烯(即线形低密度聚乙烯)和第四代聚乙烯(即很低密度聚乙烯和超低密度聚乙烯)。

(1)低密度聚乙烯(LDPE),也称高压聚乙烯。聚合时压力为 $100\sim300$ MPa,聚合温度 $160\sim270$ ℃。聚合时,产品中存在大量长链结构,分子结构缺乏规整性,结晶度较小,密度低。LDPE 主要用于制造农用膜,地膜,各种轻、重包装膜,如食品袋、货物袋、编织内衬、电线绝缘层等。

(2)高密度聚乙烯(HDPE),也称低压聚乙烯。在铝、钛催化剂作用下,在常压或 $0.3\sim0.4$ MPa、$60\sim80$ ℃下经溶液聚合而得。HDPE 的平均相对分子质量较高,支链短而且少,密度较高,结晶度大,强度大。HDPE 可用于管材、日用品、机械零件、代木产品等。因膨胀性不好,不适于制薄膜。

(3)线形低密度聚乙烯(LLDPE),也称为第三代聚乙烯。它除具有一般聚烯烃树脂的性能外,其抗张强度、抗撕裂强度、耐低温性、耐热性和耐穿刺性均优于 HDPE 和 LDPE。LLDPE 是在二氧化硅为载体的铬化合物高效催化剂或用钛、钒为载体的铬化合物的催化体系存在下,使乙烯与少量的 α-烯烃共聚,形成线形乙烯主链上带有非常短小的共聚单体支链的分子结构。

（4）超高相对分子质量聚乙烯（UHMWPE），为第四代聚乙烯。其分子结构与 HDPE 基本相同，也是一种线形分子结构，它具有突出的高韧性、高耐磨、密度低、制造成本低等特征，其产品主要用于耐磨、耐强腐蚀零部件，体育器材，汽车部件等。其耐磨性在已知塑料中名列第一，比聚四氟乙烯高 6 倍，比聚酰胺也高 6 倍；其耐冲击性比 ABS 塑料高 4 倍，比聚碳酸酯高 1 倍。

10.3.2 橡胶

橡胶可分为天然橡胶和合成橡胶。

天然橡胶主要取自热带的橡胶树，其化学组成是聚异戊二烯。聚异戊二烯有顺式与反式两种构型，它们的结构简式分别为：

顺式-1,4-聚异戊二烯   反式-1,4-聚异戊二烯

顺式是指连在双键两个碳原子上的—CH₂—基团位于双键的同一侧。反式是指连在双键两个碳原子上的—CH₂—基团位于双键的两侧。天然橡胶中约含 98% 的顺式-1, 4-聚异戊二烯，分子结构具有三个特点：一是分子链的柔顺性较好；二是分子链间仅有较弱的作用力；三是分子链中一般含有容易进行交联的基团，如含不饱和双键。

天然橡胶弹性虽好，但无论在数量上或质量上都满足不了现代工业对橡胶制品的需求。因此，人们仿造天然橡胶的结构，以低分子有机化合物合成了各种各样的合成橡胶。合成橡胶不仅在数量上弥补了天然橡胶的不足，而且各种合成橡胶在某些性能上往往优于天然橡胶，例如耐磨、耐油、耐寒等方面。表 10-5 列举了几种常见的合成橡胶的性能及用途。

表 10-5　几种常见合成橡胶的性能及用途

名称	结构式	性能	用途
丁苯橡胶	$+$CH₂—CH═CH—CH₂$)_x$CH₂—CH$)_n$	耐水，耐老化，特别是耐磨性和气密性好。缺点是不耐油和有机溶剂，抗撕强度小	为合成橡胶中最大的品种（约占 50%），广泛用于制造汽车轮胎、皮带等；与天然橡胶共混，可制密封材料和电绝缘材料
氯丁橡胶（万能橡胶）	$+$CH₂—C═CH—CH₂$)_n$ 的 Cl	耐油、耐氧化、耐燃、耐酸碱、耐老化、耐曲挠性都很好。缺点是密度较大，耐寒性和弹性较差	制造运输带、防毒面具、电缆外皮、轮胎等

续表

名称	结构式	性能	用途
顺丁橡胶	$\begin{array}{c} \text{CH}_2 \quad\quad \text{CH}_2 \\ \backslash \quad\quad / \\ \text{C}=\text{C} \\ / \quad\quad \backslash \\ \text{H} \quad\quad \text{H} \end{array}\Big]_n$	弹性、耐老化和耐低温性、耐磨性都超过天然橡胶。缺点是抗撕裂能力差,易出现裂纹	为合成橡胶的第二大品种(约占 15%),大约 60%以上用于制造轮胎
丁腈橡胶	$\left[\text{CH}_2-\text{CH}\right]_x\left[\text{CH}_2-\text{CH}=\text{CH}-\text{CH}_2\right]_y\Big]_n$ 其中 CN	耐油性好,拉伸强度大,耐热性好。缺点是电绝缘性、耐寒性差,塑性低、难加工	用做机械上的垫圈以及制造飞机和汽车等需要耐油的零件
乙丙橡胶	$\left[\text{CH}_2-\text{CH}_2-\text{CH}-\text{CH}_2\right]_n$ 其中 CH_3	分子无双键存在,故耐热、耐氧化、耐老化性好。缺点是使用温度高	制造耐热胶管、垫片、三角胶带、输送带、人力车胎等
硅橡胶	$\begin{array}{c} \text{CH}_3 \\ | \\ \text{Si}-\text{O} \\ | \\ \text{CH}_3 \end{array}\Big]_n$	既耐高温,又耐低温,耐老化,弹性好,耐油,防水,其制品柔软光滑,物理性能稳定、无毒、加工性能好。缺点是机械性能差,较脆,易撕裂	可用于医用材料,如导管、引流管、静脉插管、人造器官等;还可用于飞机、导弹上的一些零部件及电绝缘材料

10.3.3 纤维

纤维可分为两大类:一类是天然纤维,如棉花、羊毛、蚕丝、麻等;另一类是化学纤维。化学纤维又分为两大类:一类是再生人造纤维,即以天然高分子化合物为原料,经化学处理和机械加工制得的纤维。主要产品有再生纤维素纤维和纤维素酯纤维。另一类是合成纤维。它是指用低分子化合物为原料,通过化学合成和机械加工而制得的均匀线条或丝状高聚物。合成纤维具有优良的性能,例如强度大、弹性好、耐磨、耐腐蚀、不怕虫蛀等,因而广泛地用于工农业生产和日常生活中。在合成纤维中被列为重点发展的是六大纶:锦纶(尼龙)、涤纶、腈纶、维纶、丙纶和氯纶,其中最主要的是前三纶,其产量约占合成纤维总产量的 90%以上。

作为合成纤维的条件有:首先,高聚物必须是线形结构,且相对分子质量大小要适当(约 10^4,太大,黏度过高,不利于纺织;太小,强度差)。其次,还必须能够拉伸,这就要求高分子链应具有极性,或链间能有氢键结合,或有极性基团间的相互作用。因此,聚酰胺、聚酯、聚丙烯腈均是优良的合成纤维的高分子材料。

随着高科技的发展,现在已制造出很多高功能性纤维(如抗静电、吸水性、阻燃性、渗透性、抗水性、抗菌防臭性、高感光性)及高性能纤维(如全芳香族聚酯纤维、全芳香族聚酰胺纤维、高强聚乙烯醇纤维、高强聚乙烯纤维等)。表 10-6 列出了主要的合成纤维的性能及用途。

表 10-6　主要合成纤维的性能及用途

类别	名称	结构式	性能	用途
聚酯纤维（涤纶）	聚对苯二甲酸乙二酯纤维（俗名"的确良"）	$\left[\begin{array}{c}O\\\parallel\\C\end{array}\!\!-\!\!\bigcirc\!\!-\!\!\begin{array}{c}O\\\parallel\\C\end{array}\!\!-\!\!O\!\!-\!\!(CH_2)_2\!\!-\!\!O\right]_n$	是产量最大的合成纤维。显著优点是：抗皱、保型、挺括、美观，对热、光稳定性好，润湿时强度不降低，经洗耐穿，可与其他纤维混纺，年久不会变黄。缺点是不吸汗，而且需高温染色	大约 90% 作为衣料用（纺织品为 75%，编织物为 15%），用于工业生产的只占总量的 6% 左右
聚酰胺纤维（锦纶或尼龙）	聚己内酰胺纤维（锦纶-6，尼龙-6） 聚己二酰己二胺纤维（锦纶-66，尼龙-66）	$\left[NH\!\!-\!\!(CH_2)_5\!\!-\!\!CO\right]_n$ $\left[NH(CH_2)_6NHCO(CH_2)_4CO\right]_n$	强韧耐磨、弹性高、质量轻，染色性好，较不易起皱，抗疲劳性好。吸湿率为 3.5%～5%，吸汗性适当，但容易走样	约一半作为衣料用，一半用于工业生产。在工业生产应用中，约 1/3 是制轮胎帘子线。尼龙-66 的耐热性比尼龙-6 高，制轮胎帘子线很受欢迎
	聚间苯二甲酰间苯二胺纤维（芳纶-1313）	$\left[\begin{array}{c}O\\\parallel\\C\end{array}\!\!-\!\!\bigcirc\!\!-\!\!\begin{array}{c}O\\\parallel\\C\end{array}\!\!-\!\!NH\!\!-\!\!\bigcirc\!\!-\!\!NH\right]_n$	机械性能好，强度比棉花稍大，手感柔软，耐磨，化学稳定性好，耐辐射、耐高温性能好	其独特的耐高温性能，适用于制耐高温过滤材料、防火材料、耐高温防护服、耐高温电缆、熨衣衬布等
	聚对苯二甲酰对苯二胺纤维（芳纶-1414）	$\left[\begin{array}{c}O\\\parallel\\C\end{array}\!\!-\!\!\bigcirc\!\!-\!\!\begin{array}{c}O\\\parallel\\C\end{array}\!\!-\!\!NH\!\!-\!\!\bigcirc\!\!-\!\!NH\right]_n$	高强度，质量轻，耐磨；它可作为密封材料上的增强纤维，以提高密封垫圈的耐压性、耐腐蚀性	近年来纤维材料中发展最快的一类高科技纤维。可用做安全带、运输带、耐热毡、防弹衣、轮胎帘子线、复合材料中的增强材料等
聚烯腈纤维	聚丙烯腈纤维（腈纶，俗名人造羊毛）	$\left[\begin{array}{c}CH_2\!\!-\!\!CH\\\;\;\;\mid\\\;\;\;CN\end{array}\right]_n$	具有与羊毛相似的特性，质轻，保温性和体积膨大性优良；强韧（与棉花相同）而富有弹性，软化温度高。缺点是吸水率低，不适宜作贴身内衣；强度不如尼龙和涤纶	大约 70% 作为衣料用（编织物占 60% 左右），用于工业生产的只占 5% 左右

续表

类别	名称	结构式	性能	用途
聚乙烯醇纤维	聚乙烯醇纤维（维纶、维尼纶）	$\left[CH_2-CH\right]_n$ $\mid$ OH	亲水性好，吸湿率可达5%，和尼龙相等，与棉花（7%）相近；强度与聚酯或尼龙相近，拉伸弹性比羊毛差，比棉花好	70%用于工业生产，其中以布和绳索居多；可代替棉花作为衣料用
聚烯烃纤维	聚氯乙烯（氯纶）	$\left[CH_2-CH\right]_n$ $\mid$ Cl	它的抗张强度与蚕丝、棉花相当，润湿时也完全不变；最大的优点是难燃性和自熄性。缺点是耐热性低，染色不好	几乎都不作为衣料用；用做过滤网等工业产品约占50%，室内装饰用占40%
	聚丙烯纤维（丙纶）	$\left[CH_2-CH\right]_n$ $\mid$ CH_3	是纤维中最轻的，强度好，润湿时强度不降。缺点是耐热性较低，不吸湿	30%左右用做室内装饰用，30%左右用做被褥用棉，医疗用少于10%，其余的一半用于工业，且大多数作为绳索

思考与练习

1. 有机化合物的特点有哪些？

2. 有机化合物为何主要以共价键结合？这与碳原子的电子层结构有什么关系？

3. 指出下列有机化合物分子中C原子的杂化轨道：

　　(1) CH_4　　　(2) C_2H_2　　　(3) C_2H_4　　　(4) CH_3OH　　　(5) CH_2O

4. 命名下列有机化合物：

　　(1) $CH_3CH_2CH_2CH_2CH_3$　　　(2) $CH_3CH=CH_2$　　　(3) $CH\equiv CH$

　　(4) △　　　(5) 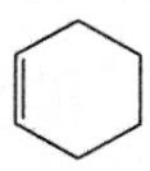 ⬡　　　(6) 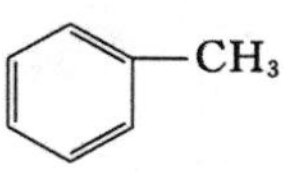 ⬡—CH_3

　　(7) 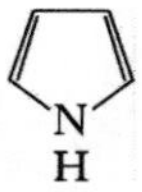 ⬠NH　　　(8) 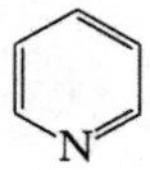 ⬡N　　　(9) 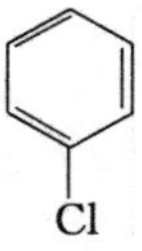 ⬡—Cl

　　(10) $CH_2=CHCH_2Br$　　　(11) 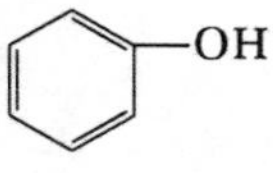 ⬡—OH　　　(12) CH_3CH_2CHO

$$\text{(13) } CH_3CH_2\overset{\displaystyle O}{\overset{\|}{C}}CH_3 \qquad \text{(14) } CH_3COOH \qquad \text{(15) } \text{⬡}NH_2$$

5. 什么是高分子化合物？高分子化合物有哪些分类？

6. 简述单体、链节和聚合度的概念。

7. 什么是高分子化合物的弹性和塑性？

8. 解释玻璃态、高弹态、黏流态的概念。

9. 简述高分子化合物溶解的过程。

10. 简述加聚、缩聚、共聚反应的概念。

11. 简述高分子化合物改性的方法。

12. 简述热塑性塑料和热固性塑料的区别及优点。

13. 作为塑料，其使用的上限温度以什么为衡量标准？作为橡胶，其使用的下限温度又以什么为衡量标准？

14. 下列纤维在我国的商品名是什么？

聚氯乙烯，聚丙烯腈，聚对苯二甲酸乙二酯，聚丙烯，聚乙烯醇

15. 写出下列高聚物的名称以及合成它们的单体：

$$\text{(1) } \begin{bmatrix} CH_2 - CH \\ \qquad\quad | \\ \qquad\quad Cl \end{bmatrix}_n \qquad \text{(2) } \begin{bmatrix} \qquad\quad CH_3 \\ CH_2 - C \\ \qquad\quad | \\ \qquad\quad COOCH_3 \end{bmatrix}_n \qquad \text{(3) } \begin{bmatrix} CF_2 - CF_2 \end{bmatrix}_n$$

$$\text{(4) } \begin{bmatrix} CH_2 - CH \\ \qquad\quad | \\ \qquad\quad CN \end{bmatrix}_n \qquad \text{(5) } \begin{bmatrix} \overset{\displaystyle O}{\overset{\|}{C}}-\text{⬡}-\overset{\displaystyle O}{\overset{\|}{C}}-NH-\text{⬡}-NH \end{bmatrix}_n$$

第十一章 化学的发展趋势

化学作为自然科学的基础学科,其重要性是毋庸置疑的,在科学技术和社会生活的方方面面正起着越来越大的作用。虽然化学成为一门独立学科的时间不长,但化学作为一种实用的技术,早在史前时期就得到了具体的应用,如用火烧制陶器等。化学的发展经历了古代、近代和现代等不同的时期。铜、铁等金属以及合金的冶炼,酒的酿造等都是化学的早期成就。煤、石油、天然气等化石燃料的开采和利用,造纸术的发明和发展等,对人类社会的进步都发挥了重要的作用。药物化学的兴起和冶金化学的广泛探究,则为近代化学的诞生和发展奠定了良好的基础。原子分子学说的建立,是近代化学发展的里程碑。在原子核模型的建立、高度准确的光谱实验数据的获得、辐射实验现象,以及光电效应的发现等基础上建立起来的现代物质结构理论,使人们能够深入、科学地研究原子、分子水平的微观领域。同时,化学与其他学科之间的相互渗透,使化学所涉及的领域越来越广。如扫描隧道显微镜的研制成功,使人们能够清楚地观察到原子的图像和动态的化学变化;交叉分子束实验则可以使人们详细地研究化学反应的微观机理。

11.1　绿色化学

化学工业蓬勃发展为人类带来了巨大的益处。如药品的发展有助于治愈不少疾病,延长了人类的寿命;聚合物科技创造了新的纺织和建造材料;农药化肥的发展,控制了虫害,也提高了农作物产量。化学品已渗透到国民经济的各个行业和人类生活的方方面面。正像当初美国杜邦公司的口号那样,"化学造就更好的物质,创造更美好的生活"。

11.1.1　绿色化学的概念

绿色化学又称环境无害化学、环境友好化学、清洁化学,是指利用化学原理从源头上设计和生产没有或者只有尽可能小的环境副作用,并且在技术上和经济上可行的化学品的化学过程。它是实现污染预防的重要的科学手段,涉及许多化学领域,如合成、催化、工艺、分离和分析监测等。

绿色化学的理念在于不使用有毒有害的物质,不生产有毒有害的废弃物,不使用对环境有损害的落后化工生产工艺,而生产对环境无损害的绿色产品,使物质得到充分利用,实现有害物质零排放,力争从源头上阻止任何污染。从传统化学向绿色化学的转变,可视为化学从"粗放型"向"集约型"的转变。因此,绿色化学是进入成熟期的使人类和环境协调发展的更高层次的化学。绿色化学还与生物学、物理学、计算机科学、材料科学和地学有密切联系,绿色化学的发展必将带动这些学科的发展。

绿色化学是具有明确的社会需求和科学目标的新兴交叉学科。发展绿色化学需要吸收当代物理、生物、材料、信息、计算机等科学的最新理论和技术。从科学观点看,绿色化学是对传统化学思维方式的更新和发展;从环境观点看,它是从源头上消除污染;从经济观点看,它合理利用资源和能源、降低生产成本,符合经济可持续发展的要求。

　　绿色化学不同于环境化学。环境化学是一门研究污染物的分布、存在形式、运行、迁移及其对环境影响的科学。绿色化学的最大特点在于它是在始端就采用污染预防的科学手段,因而过程和终端近似零排放或零污染。它研究污染的根源——污染的本质在哪里,而不是去对终端或过程污染进行处理。绿色化学关注在现今科技手段和条件下能降低对人类健康和环境有负面影响的各个方面和各种类型的化学过程。

11.1.2　绿色化学的任务和原则

　　一个化学过程通常由 4 个基本要素组成:目标分子或最终产品,原材料或起始物,反应和试剂,反应条件。发展绿色化学就是要求化学家进一步认识化学本身的科学规律,通过相关化学反应的热力学和动力学研究,探索新化学键的形成和断裂的可能性以及选择性的调节与控制,发展新型环境友好的化学反应,推动化学学科的发展。绿色化学的12 条原则:

　　(1) 防止污染物的生成优于污染后治理。

　　(2) 设计的合成方法应使生产过程中采用的原料最大量地转化为产品。

　　(3) 设计合成方法时,只要可能,不论原料、中间产物和最终产品,均应对人体健康和环境无毒、无害(包括极小毒性和无毒)。

　　(4) 化工产品设计时,必须使其具有高效的功能,同时也要减少其毒性。

　　(5) 应尽可能避免使用溶剂、分离试剂等助剂。如不可避免,也要选用无毒无害的助剂。

　　(6) 合成方法必须考虑过程中的能耗对成本与环境的影响,应设法降低能耗,最好采用在常温常压下的合成方法。

　　(7) 在技术可行和经济合理的前提下,原料要采用可再生资源代替消耗性资源。

　　(8) 在可能的条件下,尽量不用不必要的衍生物和工艺,如限制性基团、保护/去保护作用、临时调变物理/化学工艺。

　　(9) 合成方法中采用高选择性的催化剂比使用化学计量助剂更优越。

　　(10) 化工产品要设计成在其使用功能终结后不会永存于环境中,能降解为无害产物的产品。

　　(11) 进一步发展分析方法,对危险性物质在生成前实行在线监测和控制。

　　(12) 选择化学生产过程的物质,使化学意外事故(包括渗透、爆炸、火灾等)的危险性降低到最小程度。

　　这 12 条原则目前为国际化学界所公认,它也反映了近年来在绿色化学领域中所开展的多方面的研究工作内容,同时也指明了未来发展绿色化学的方向。

　　绿色化学具有广阔的发展前景,虽然对绿色化学未来的发展难以准确地预测,但随着社会科技、经济的全面进步,人们对生存环境质量要求的逐步提高,绿色化学必将蓬勃发展,成为 21 世纪化学界研究的重要课题。这不但将从理论上、实际上给化学工业及化学界带来一场全新的革命,而且必将给包括造纸、制革、纺织、煤炭等众多行业带来一场深刻的变革。

11.2　化学的其他发展趋势

21世纪新学科和新技术的发展召唤着化学,工业社会一个多世纪的发展留下了严重的环境和能源问题,这也有待化学家去解决。化学学科本身从基础研究开始要有一个新的发展。

11.2.1　生命化学快速发展

利用药物治疗疾病是人类文明的重要标志之一。20世纪初,由于对分子结构和药理作用的深入研究,药物化学迅速发展,并成为化学学科的一个重要领域。1909年德国化学家 P. Ehrlich 合成出了治疗梅毒的特效药物胂凡纳明。20世纪30年代以来化学家从染料出发,创造出了一系列磺胺药,使许多细菌性传染病特别是肺炎、流行性脑炎、细菌性痢疾等长期危害人类健康和生命的疾病得到控制。青霉素、链霉素、金霉素、氯霉素、头孢菌素等类型抗生素的发明,为人类的健康作出了巨大贡献。据不完全统计,20世纪化学家通过合成、半合成或从动植物、微生物中提取而得到的临床有效的化学药物超过2万种,常用的就有1000余种,而且这个数目还在快速增加。生命化学的崛起给古老的生物学注入了新的活力,人们在分子水平上对生命的奥秘打开了一个又一个通道。蛋白质、核酸、糖等生物大分子,以及激素、神经递质、细胞因子等生物小分子是构成生命的基本物质。从20世纪初开始生物小分子(如糖、血红素、叶绿素、维生素等)的化学结构与合成研究就多次获得 Nobel 化学奖,这是化学向生命科学进军的第一步。

2015年10月8日,中国科学家屠呦呦获2015年 Nobel 生理学或医学奖,成为第一个获得自然科学领域 Nobel 奖的中国人(图11-1)。多年从事中药和中西药结合研究的屠呦呦,创造性地研制出抗疟新药——青蒿素和双氢青蒿素,获得对疟原虫100%的抑制率。这一发现被誉为"拯救2亿人口"的发现,为中医药走向世界指明了方向。

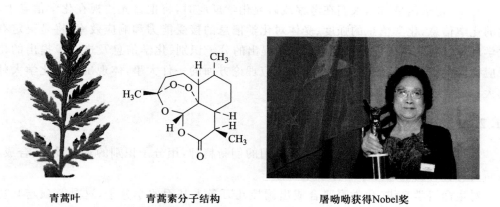

青蒿叶　　　　　　青蒿素分子结构　　　　　　屠呦呦获得Nobel奖

图 11-1　屠呦呦因研制出抗疟疾新药青蒿素而获得 2015 年 Nobel 奖

11.2.2 分子识别与化学信息学

随着化学进入一个复杂体系尤其是生命体系后,化学就不仅仅涉及研究对象分子的成键和断键,也即不仅是离子键和共价键那样的强作用力,还必须考虑这一复杂体系中分子的弱相互作用力,如 van der Waals 力、库仑力、π-π 堆积和氢键,等等。虽然它们的作用力较弱,但由此却组装成了分子聚集体、分子互补体系或通称的超分子体系。此种体系具有全新的性质,或可使通常无法进行的反应得以进行。在生物体中最著名的DNA 的双螺旋结构就是由源自氢键的碱基配对而形成的。高效的酶催化反应和信息的传递也是通过分子聚集体进行的。这样一个分子间互补、组装的过程也就是通常说的分子识别的过程。

所谓识别,是指对被识别对象所提供的所有或主要信息的接收、鉴别、处理及判断等过程。分子是无生命、无知觉的实体,在分子通过“分子识别”结合成超分子的过程中,与“一把钥匙开一把锁”的机械匹配不同,常表现出“智能化”的自动调节能力,如分子梭、分子列车以及新近合成的项圈式化合物等,组成不可谓不复杂,结构要求不可谓不苛刻,但出人意料的是,原料小分子在形成这些产物时竟表现出高度的自组装能力,反应达到很高的产率,这是随机碰撞的经典化学反应动力学模型无法解释的。由法国化学家J. M. Lehn(1939)首先提出的分子识别概念,认为分子间的识别是通过被识别的对象所提供的“化学信息”诱导出来的。而化学信息则全部蕴藏或包含在发生识别过程的分子的组成与结构中。骤然看来,问题的解决似乎已经找到了可行的思路,只要找出分子识别过程中所依据的“化学信息”,并弄清楚这些化学信息对分子构筑成超分子的诱导作用过程,问题就迎刃而解了。其实“化学信息”是什么,这是提出分子识别概念时留下的另一个更为基本的理论问题。“化学信息”概念的提出,是非常有创造性和综合性的。有了这个概念,化学反应的推动力和机制问题将得到进一步的解决并且具有鲜明的“化学”本身的特点,可以在一些纯物理学的原则之上,找到由分子组成和结构本身所包含的化学原则,就可以很好地摆脱当前化学中由于缺乏统一的化学反应理论,往往只能一事一议,甚至就事论事的境况了。

有了“化学信息”论,人们在考察或研究化学反应时,将把目光注视在化学信息上,不同的化学信息、化学信息的强度、受体对化学信息的接受能力和响应效率,将是决定有关化学反应过程的主要因素。所以,Lehn 提出的分子识别、化学信息及进一步提出的化学反应智能化问题,是 20 世纪末在化学反应理论方面的一件大事,体现出一代化学大师的远大目光。

11.2.3 分子工程

21 世纪,要求化学家更好地发扬他们的创新精神,用分子识别的观点设计、合成、组装新的有各种功能的分子和分子聚集体。

对生命科学来讲,化学家要合成出调控几万条人基因的小分子,这是一项与其功能密切结合的工作。当然,这是要与生物学家密切合作才能完成的任务,需要在明确其功能的基础上循序进行。此外,对于其他动植物基因的调控,也还有许多合成工作需要进行。近年来，化学家已经从各种动植物出发制造出一大批天然药物（包括农药）。在我国，从丰富的中草药中已经分离、鉴定了许多天然产物，今后在逐步揭示它们的作用机制的过程中，都会提出许多与其治疗作用密切相关的合成工作。这时，合成的目标分子已不再仅是具有独特结构的天然产物分子，而更着重其独特功能。

通过合成来了解和最终获取有各种生物功能的分子，已是一个大的趋势。从另一方面来看，翻阅当今国际上所有有名的涉及合成化学的期刊，在复杂分子的合成文章的开宗明义处，都会提及目标分子的生物功能或它在生物学上的意义。那种从纯化学观点出发的天然产物合成，除确实具有新奇的结构外，已很难在高水平的期刊上出现。

化学合成进入新材料（这里主要指功能材料）也是近年来的趋势。人工晶体、沸石和超导材料等是近年无机合成的成功例子。从合成设计和控制来讲，无机合成较有机合成要困难得多，但一旦突破，将前途无量。

功能高分子是最近发展得较快的领域。功能高分子材料的优点是较易从功能出发进行设计，也较易合成，但是它的致命弱点是有机化合物的稳定性问题。因此，在工作条件不很苛刻时，高分子材料将是十分优越的。液晶材料的成功就是很好的例子。近年一些奇特的套环分子的合成以及 DNA 芯片的制备，都显示了高分子材料在作为微电子学材料方面的前景。此外，有机-无机复合以及金属掺和的高分子材料，则更是显示出广阔的应用天地。

富勒烯家族的发现和制备，以及由富勒烯出发合成得到越来越多的衍生物，是近年来化学界的大事。富勒烯家族和它们的衍生物不仅为材料科学开辟了新领域，而且也为生命科学提供了全新的工具分子，如作为 DNA 顺序专一性切断的试剂。

化学是一门从分子水平上认识世界和利用、创造物质的科学。由于化学中化学合成这一最能动领域的发展，我们看到化学正在从"认识"更多地转向"创新"，创造出更多的新的有各种功能的分子。因此有人说，20 世纪的化学是天然产物时代，21 世纪的化学将是非天然产物的时代。根据功能设计分子被用于新药研制中，但是目前对结构-功能的关系的认识大多还在探索之中。因此，这是一个设计-合成-功能测定-再设计的过程。通常一个满足要求的功能分子要经历反复的长时期研究。对此近年出现了一个称为组合化学的方法，其要点是一次能获得一大批系列化合物，以加快筛选的速度。组合化学制备的化合物的类型跨度不能很大，另外也受到合成反应和功能筛选方法的限制，因此较适于探索特殊的功能分子和研究结构的较小改变对功能的影响。

设计-合成-再设计和组合化学归根结底还要在反应器内由原料经过一系列合成反应来进行。E. J. Corey 对此系统地提出了合成设计或逆合成分析的概念和方法，这是他于1990 年获 Nobel 化学奖的主要原因。从分子工程学的观点来看，合成设计是工程的施工计划。合成设计及其实施取决于所合成分子的结构。随着各种新功能分子的合成需求，合成设计也必须有新的发展。尤其是对各种功能性分子聚集体的制备，更需要研究过去化学家较为陌生的组装问题。

11.2.4 反应过程与控制

化学的中心是化学反应。虽然人们对化学反应的许多问题已有比较深刻的认识，但还有更多的问题尚不清楚。化学键究竟是如何断裂和重组的？分子是怎样吸收能量，并怎样在分子内激发化学键达到特定的反应状态的？这一系列属于反应动力学的问题都有待回答，其研究成果对有效控制反应十分重要。

复杂体系的化学动力学、非稳态粒子的动力学、超快的物化过程的实时探测和调控，以及极端条件下的物理化学过程都已经成为重要的研究方向。向生命过程学习，研究生命过程中的各种化学反应和调控机制，正成为探索反应控制的重要途径，真正在分子水平上揭示化学反应的实质及规律将指日可待。

11.2.5 合成化学的新发展

未来化学发展的基础是合成化学的发展，21世纪合成化学将进一步向高效率和高选择性发展。新方法、新反应以及新试剂仍将会是未来合成化学研究的热点。手性合成与技术将越来越受到人们的重视。各类催化合成研究将会有更大进展。化学家也将更多地利用细胞来进行物质的合成，相信随着生物工程研究的进展，通过生物系统合成我们所需要的化合物的目的能够很快实现。仿生合成也是一个一直颇受人们关注的热点，这方面的研究进展将产生高效的模拟酶催化剂，它们将对合成化学产生重要影响。化学家们还将采用组合化学技术进行大量合成，以制备我们所需要的各种药物和各种功能材料。这些将使合成化学呈现出崭新的局面。

11.2.6 基于能量转换的化学反应

太阳能的光电转换虽早已用于卫星，但大规模、大功率的光电转换材料的化学研究仍开始不久。太阳能光解水产生氢燃料的研究，已经受到更多的重视，其中催化剂和高效储氢材料是目前研究最多的课题。特别值得提出的是，关于植物光合反应研究已经取得了一定的突破，燃料电池的研究也已展开并取得进展。随着石油资源的近于枯竭，近年来对燃烧过程的研究又重新被提到日程上来。充分了解燃烧的机制，不仅是推动化学发展的需要，也是合理利用自然资源的关键。另外，我国现阶段还注重研究催化新理论和新技术，包括手性催化和酶催化等。

11.2.7 新反应途径

我国现阶段研究，一方面注意降低各种工业过程的废物排放、排放废料的净化处理和环境污染的治理，另一方面重视开发那些低污染或无污染的产品和过程。因此，化学家不但要追求高效率和高选择性，而且还要追求反应过程的"绿色化"。这种"绿色化学"将促使21世纪的化学发生重大变化。它要求化学反应符合"原子经济性"，即反应产率高，副产物少，而且耗能低，节省原材料，同时还要求反应条件温和，所用化学原料、化学试剂、反应介质以及所生成产物均无毒无害或低毒低害，对环境友好。毫无疑问，研究不排出任何废物的化学反应（原子经济性），对解决地球的环境污染具有重大意义，其中高效催化合成、以水为介质、以超临界二氧化碳为介质的反应研究将会有大的发展。

11.2.8 物质的表征、鉴定与测试方法

研究反应、设计合成、探讨生命过程、工业过程控制、商品检验等等，都离不开对物质

的表征、测试、组成与含量测定等。能否发展和建立适合于原子、分子、分子聚集体等不同层次的表征、鉴定与测定方法，特别是痕量物质的测定方法，将成为化学能否发展的一大关键。

分析表征包括结构分析、形态分析、能态分析等。结构分析是指研究物质的分子结构或晶体；形态分析是指鉴定物质中含有哪些组分，测定各种组分的相对含量，确定物质的结构和存在形态及其与物质性质之间的关系等。分析化学是研究物质的组成、含量、结构和形态等化学信息的分析方法及理论的一门科学，是化学的一个重要分支。其主要任务是鉴定物质的化学组成（元素、离子、官能团或化合物）、测定物质的有关组分的含量、确定物质的结构（化学结构、晶体结构、空间分布）和存在形态（氧化态、配位态、结晶态）及其与物质性质之间的关系等。

物质的表征方法有 X 射线衍射分析、电子显微分析、热分析、紫外吸收光谱法、红外吸收光谱法、激光 Raman 光谱法、核磁共振波谱法、质谱法等。

11.2.9　计算机与反应设计

综合结构研究、分子设计、合成、性能研究的成果以及计算机技术，是创造特定性能物质或材料的有效途径。分子团簇，原子、分子聚集体，已经在我国研究多年。目前这些研究正在深入，并与现代计算机技术、生物、医学等研究相结合，以获得多角度、多层次的研究结果。21 世纪的化学家将更加普遍地利用计算机辅助进行反应设计，有望让计算机按照优秀化学家的思维方式去思考，让计算机评估浩如烟海的已知反应，从而选择最佳合成路线以制得预定的目标化合物。

对化学家来讲，计算机技术的发展，尤其是分子结构与性能的计算机数据库的建立以及分子建模技术的发展，使得化学中的分子设计、合成设计以及进一步的反应设计有了很好的助手和工具。然而，新的反应和反应路线的发明，新的药物和功能材料的获得最终还得在实验台上、通风橱中实现。

化学，尤其合成化学是一门实验的科学，但是计算机的实验模拟、实验设计以至实验的控制应该不会太遥远。这将为化学在 21 世纪迅速发展插翅添翼。

总之，化学正面临着 21 世纪社会持续发展的广泛需求，同时 20 世纪，尤其是下半叶的发展也为这一挑战作好了准备。我们有理由相信 21 世纪的化学将更加繁荣兴旺。

附　　录

附录 1　基本常数

量的名称	符号	数值	单位
Avogadro 常数	N_A, L	$6.02214076 \times 10^{23}$	mol^{-1}
元电荷	e	$1.602176565 \times 10^{-19}$	C
电子质量	m_e	$(9.1093897 \pm 0.0000054) \times 10^{-31}$	kg
质子质量	m_p	$(1.6726231 \pm 0.0000010) \times 10^{-27}$	kg
Faraday 常数	F	$(9.6485309 \pm 0.0000029) \times 10^4$	$C \cdot mol^{-1}$
Planck 常数	h	$6.62607015 \times 10^{-34}$	$J \cdot s$
Boltzmann 常数	k	1.380649×10^{-23}	$J \cdot K^{-1}$
摩尔气体常数	R	8.314510 ± 0.000070	$J \cdot mol^{-1} \cdot K^{-1}$
电磁波在真空中的传播速度	c, c_0	299792458	$m \cdot s^{-1}$

附录 2　一些物质的标准热力学数据(25.0 ℃,100.0 kPa)

分子式	状态	$\Delta_f H_m^{\ominus}/(kJ \cdot mol^{-1})$	$\Delta_f G_m^{\ominus}/(kJ \cdot mol^{-1})$	$S_m^{\ominus}/[J \cdot (mol \cdot K)^{-1}]$
Ag	s	0.0	0.0	42.6
AgBr	s	−100.4	−96.9	107.1
AgBrO_3	s	−10.57	1.315	1.9
AgCl	s	−127.0	−109.8	96.3
AgClO_3	s	−30.36	4.514	2.0
AgCN	s	146.0	156.9	107.2
Ag_2CO_3	s	−505.8	−436.8	167.4
AgF	s	−204.6	−184.93	83.7
AgI	s	−61.8	−66.2	115.5
AgNO_3	s	−124.4	−33.4	140.9
Ag_2O	s	−31.1	−11.2	121.3
Ag_2S	s	−32.6	−40.7	144.0
Ag_2SO_4	s	−715.9	−618.4	200.4
Al	s	0.0	0.0	28.3
AlCl_3	s	−704.2	−628.8	110.7
AlF_3	s	−1510.4	−1431.1	66.5
AlI_3	s	−313.8	−300.8	159.0
Al_2O_3	s	−1675.7	−1582.3	50.9
Ar	g	0.0	0.0	154.8
As(灰)	s	0.0	0.0	35.1
AsBr_3	s	−197.5	—	—
AsCl_3	l	−305.0	−259.4	216.3
AsF_3	l	−821.3	−774.2	181.2
AsH_3	g	66.4	68.9	222.8
AsI_3	s	−58.2	−59.4	213.1
As_2O_5	s	−924.9	−782.3	105.4
As_2S_3	s	−169.0	−168.6	163.6
Au	s	0.0	0.0	47.4

分子式	状态	$\Delta_f H_m^\ominus/(kJ \cdot mol^{-1})$	$\Delta_f G_m^\ominus/(kJ \cdot mol^{-1})$	$S_m^\ominus/[J \cdot (mol \cdot K)^{-1}]$
$AuCl_3$	s	−117.6	—	—
AuF_3	s	−363.6	—	—
B	s	0.0	0.0	5.9
BBr_3	l	−239.7	−238.5	229.7
BCl_3	l	−427.2	−387.4	206.3
BF_3	g	−1136.0	−1119.4	254.4
BH_3	g	100.0	—	—
B_2H_6	g	35.6	86.7	232.1
BI_3	g	71.1	20.7	349.2
B_2O_3	s	−1273.5	−1194.3	54.0
Ba	s	0.0	0.0	62.8
$BaBr_2$	s	−757.3	−736.8	146.0
$BaCl_2$	s	−858.6	−810.4	123.7
$BaCO_3$	s	−1216.3	−1137.6	112.1
BaF_2	s	−1207.1	−1156.8	96.4
$Ba(NO_3)_2$	s	−992.1	−796.6	213.8
BaO	s	−553.5	−525.1	70.4
$Ba(OH)_2$	s	−944.7	—	—
BaS	s	−460.0	−456.0	78.2
$BaSO_4$	s	−1473.2	−1362.2	132.2
Be	s	0.0	0.0	9.5
$BeBr_2$	s	−353.5	—	—
$BeCl_2$	s	−490.4	−445.6	82.7
$BeCO_3$	s	−1025.0	—	—
BeF_2	s	−1026.8	−979.4	53.4
BeI_2	s	−192.5	—	—
BeO	s	−609.4	−580.1	13.8
BeS	s	−234.3	—	—
$BeSO_4$	s	−1205.2	−1093.8	77.9
Bi	s	0.0	0.0	56.7
$BiCl_3$	s	−379.1	−315.0	177.0

分子式	状态	$\Delta_f H_m^{\ominus}/(kJ \cdot mol^{-1})$	$\Delta_f G_m^{\ominus}/(kJ \cdot mol^{-1})$	$S_m^{\ominus}/[J \cdot (mol \cdot K)^{-1}]$
$Bi(OH)_3$	s	−711.3	—	—
Bi_2O_3	s	−573.9	−493.7	151.5
Bi_2S_3	s	−143.1	−140.6	200.4
Br	g	111.9	82.4	175.0
Br_2	l	0.0	0.0	152.23
Br_2	g	30.91	3.11	245.46
CO	g	−110.5	−137.2	197.7
CO_2	g	−393.5	−394.4	213.8
Ca	s	0.0	0.0	41.6
$CaBr_2$	s	−682.8	−663.6	130.0
$CaCl_2$	s	−795.4	−748.8	108.4
$CaCO_3$（方解石）	s	−1206.9	−1129.1	92.9
CaF_2	s	−1228.0	−1175.6	68.5
CaH_2	s	−181.5	−142.5	41.4
CaI_2	s	−533.5	−528.9	142.0
$Ca(NO_3)_2$	s	−938.2	−742.8	193.2
CaO	s	−634.9	−603.3	38.1
$Ca(OH)_2$	s	−985.2	−897.5	83.4
CaS	s	−482.4	−477.4	56.5
$CaSO_4$	s	−1434.5	−1322.0	106.5
Cd	s	0.0	0.0	51.8
$CdBr_2$	s	−316.2	−296.3	137.2
$CdCl_2$	s	−391.5	−343.9	115.3
$CdCO_3$	s	−750.6	−669.4	92.5
CdF_2	s	−700.4	−647.7	77.4
CdI_2	s	−203.3	−201.4	161.1
CdO	s	−258.4	−228.7	54.8
$Cd(OH)_2$	s	−560.7	−473.6	96.0
CdS	s	−161.9	−156.5	64.9
$CdSO_4$	s	−933.3	−822.7	123.0
Ce	s	0.0	0.0	72.0

续表

分子式	状态	$\Delta_f H_m^\ominus/(kJ \cdot mol^{-1})$	$\Delta_f G_m^\ominus/(kJ \cdot mol^{-1})$	$S_m^\ominus/[J \cdot (mol \cdot K)^{-1}]$
$CeCl_3$	s	-1053.5	-977.8	151.0
CeO_2	s	-1088.7	-1024.6	62.3
CeS	s	-459.4	-451.5	78.2
$C_6H_{12}O_6$	s	-1273.3	-910.6	212.1
Cl_2	g	0.0	0.0	223.1
Co	s	0.0	0.0	30.0
$CoBr_2$	s	-220.9	—	—
$CoCl_2$	s	-312.5	-269.8	109.2
$CoCO_3$	s	-713.0	—	—
CoF_2	s	-692.0	-647.2	82.0
CoI_2	s	-88.7	—	—
$Co(NO_3)_2$	s	-420.5	—	—
CoO	s	-237.9	-214.2	53.0
$Co(OH)_2$	s	-539.7	-454.3	79.0
CoS	s	-82.8	—	—
$CoSO_4$	s	-888.3	-782.3	118.0
Cr	s	0.0	0.0	23.8
$CrBr_2$	s	-302.1	—	—
$CrCl_3$	s	-556.5	-486.1	123.0
CrF_3	s	-1159.0	-1088.0	93.9
CrI_3	s	-205.0	—	—
Cr_2O_3	s	-1139.7	-1058.1	81.2
Cs	s	0.0	0.0	85.2
$CsBr$	s	-405.8	-391.4	113.1
$CsCl$	s	-443.0	-141.5	101.2
$CsClO_4$	s	-443.1	-314.3	175.1
Cs_2CO_3	s	-1139.7	-1054.3	204.5
CsF	s	-553.5	-525.5	92.8
$CsHCO_3$	s	-966.1	—	—
$CsHSO_4$	s	-1158.1	—	—
CsI	s	-346.6	-340.6	123.1

分子式	状态	$\Delta_f H_m^{\ominus}/(\text{kJ} \cdot \text{mol}^{-1})$	$\Delta_f G_m^{\ominus}/(\text{kJ} \cdot \text{mol}^{-1})$	$S_m^{\ominus}/[\text{J} \cdot (\text{mol} \cdot \text{K})^{-1}]$
$CsNH_2$	s	−118.4	—	—
$CsNO_3$	s	−506.0	−406.5	155.2
Cs_2O_2	s	−286.2	—	—
$CsOH$	s	−417.2	—	—
Cs_2O	s	−345.8	−308.1	146.9
Cs_2S	s	−359.8	—	—
Cs_2SO_3	s	−1134.7	—	—
Cs_2SO_4	s	−1143.0	−1323.6	211.9
Cu	s	0.0	0.0	33.2
$FeSO_4$	s	−928.4	−820.8	107.5
$FeWO_4$	s	−1155.0	−1054.0	131.8
Ga	s	0.0	0.0	40.9
$GaBr_3$	s	−386.6	−359.8	180.0
$GaCl_3$	s	−524.7	−454.8	142.0
GaF_3	s	−1163.0	−1085.3	84.0
Ga_2O_3	s	−1089.1	−998.3	85.0
$Ga(OH)_3$	s	−964.4	−831.3	100.0
Gd	s	0.0	0.0	68.1
Gd_2O_3	s	−1819.6	—	—
Ge	s	0.0	0.0	31.1
$GeBr_4$	g	−300.0	−318.0	396.2
$GeCl_4$	g	−495.8	−457.3	347.7
GeF_4	g	−1190.2	−1150.0	301.9
GeI_4	s	−141.8	−144.3	271.1
H	g	218.0	203.3	114.7
H_2	g	0.0	0.0	130.7
H_3AsO_4	s	−906.3	—	—
H_3BO_3	s	−1094.3	−968.9	88.8
HBr	g	−36.3	−53.4	198.7
HCl	g	−92.3	−95.3	186.9
$HClO$	g	−78.7	−66.1	236.7

分子式	状态	$\Delta_f H_m^{\ominus}/(kJ \cdot mol^{-1})$	$\Delta_f G_m^{\ominus}/(kJ \cdot mol^{-1})$	$S_m^{\ominus}/[J \cdot (mol \cdot K)^{-1}]$
$HClO_4$	l	−40.6	—	—
HF	l	−299.8	—	—
HI	g	25.9	1.7	206.6
HIO_3	s	−230.1	—	—
HNO_2	g	−79.5	−46.0	254.1
HNO_3	l	−174.1	−80.7	155.6
H_2O	l	−285.8	−237.1	70.0
H_2O	g	−241.8	−228.6	188.8
H_2O_2	l	−187.8	−120.4	109.6
H_3P	g	5.4	13.4	210.2
HPO_3	s	−948.5	—	—
H_3PO_2	s	−604.6	—	—
H_3PO_3	s	−964.4	—	—
H_3PO_4	s	−1284.4	−1124.3	110.5
H_2S	g	−20.6	−33.4	205.8
H_2SO_4	l	−814.0	−690.0	156.9
H_3Sb	g	145.1	147.8	232.8
H_2Se	g	29.7	15.9	219.0
H_2SeO_4	s	−530.1	—	—
H_2SiO_3	s	−1188.7	−1092.4	134.0
H_4SiO_4	s	−1481.1	−1332.9	192.0
H_2Te	g	99.6	—	—
Hf	s	0.0	0.0	43.6
$HfCl_4$	s	−990.4	−901.3	190.8
HfF_4	s	−1930.5	−1830.4	113.0
HfO_2	s	−1144.7	−1088.2	59.3
Hg	l	0.0	0.0	75.9
$HgBr_2$	s	−170.7	−153.1	172.0
Hg_2Br_2	s	−206.9	−181.1	218.0
$HgCl_2$	s	−224.3	−178.6	146.0
Hg_2Cl_2	s	−265.4	−210.7	191.6

分子式	状态	$\Delta_f H_m^\ominus/(\text{kJ}\cdot\text{mol}^{-1})$	$\Delta_f G_m^\ominus/(\text{kJ}\cdot\text{mol}^{-1})$	$S_m^\ominus/[\text{J}\cdot(\text{mol}\cdot\text{K})^{-1}]$
Hg_2CO_3	s	-553.5	-468.1	180.0
HgI_2（红色）	s	-105.4	-101.7	180.0
Hg_2I_2	s	-121.3	-111.0	233.5
HgO（红色）	s	-90.8	-58.5	70.3
HgS（红色）	s	-58.2	-50.6	82.4
$HgSO_4$	s	-707.5	—	—
Hg_2SO_4	s	-743.1	-625.8	200.7
I	g	106.8	70.2	180.8
I_2	s	0.0	0.0	116.1
K	s	0.0	0.0	64.7
$KAlH_4$	s	-183.7	—	—
KBH_4	s	-227.4	-160.3	106.3
KBr	s	-393.8	-380.7	95.9
$KBrO_3$	s	-360.2	-271.2	149.2
$KBrO_4$	s	-287.9	-174.4	170.1
KCl	s	-436.5	-408.5	82.6
$KClO_3$	s	-397.7	-296.3	143.1
$KClO_4$	s	-432.8	-303.1	151.0
KCN	s	-113.0	-101.9	128.5
K_2CO_3	s	-1151.0	-1063.5	155.5
KF	s	-567.3	-537.8	66.6
KH	s	-57.7	—	—
KH_2PO_4	s	-1568.3	-1415.9	134.9
$KHSO_4$	s	-1160.6	-1031.3	138.1
KI	s	-327.9	-324.9	106.3
KIO_3	s	-501.4	-418.4	151.5
KIO_4	s	-467.2	-361.4	175.7
$KMnO_4$	s	-837.2	-737.6	171.7
KNH_2	s	-128.9	—	—
KNO_2	s	-369.8	-306.6	152.1
KNO_3	s	-494.6	-394.9	133.1

分子式	状态	$\Delta_f H_m^\ominus/(kJ \cdot mol^{-1})$	$\Delta_f G_m^\ominus/(kJ \cdot mol^{-1})$	$S_m^\ominus/[J \cdot (mol \cdot K)^{-1}]$
KOH	s	−424.8	−379.1	78.9
KO_2	s	−284.9	−239.4	116.7
K_2O	s	−361.5	—	—
K_2O_2	s	−494.1	−425.1	102.1
K_3PO_4	s	−1950.2	—	—
K_2S	s	−380.7	−364.0	105.0
KSCN	s	−200.2	−178.3	124.3
K_2SO_4	s	−1437.8	−1321.4	175.6
K_2SiF_6	s	−2956.0	−2798.6	226.0
Kr	g	0.0	0.0	164.1
La	s	0.0	0.0	56.9
La_2O_3	s	−1793.7	−1705.8	127.3
Li	s	0.0	0.0	29.1
$LiAlH_4$	s	−116.3	−44.7	78.7
$LiBH_4$	s	−190.8	−125.0	75.9
LiBr	s	−351.2	−342.0	74.3
LiCl	s	−408.6	−384.4	59.3
$LiClO_4$	s	−381.0	—	—
Li_2CO_3	s	−1215.9	−1132.1	90.4
LiF	s	−616.0	−587.7	35.7
LiH	s	−90.5	−68.3	20.0
LiI	s	−270.4	−270.3	86.8
$LiNH_2$	s	−179.5	—	—
$LiNO_2$	s	−372.4	−302.0	96.0
$LiNO_3$	s	−483.1	−381.1	90.0
LiOH	s	−484.9	−439.0	42.8
Li_2O	s	−597.9	−561.2	37.6
Li_2O_2	s	−634.3	—	—
Li_3PO_4	s	−2095.8	—	—
Li_2S	s	−441.4	—	—
Li_2SO_4	s	−1436.5	−1321.7	115.1

分子式	状态	$\Delta_f H_m^{\ominus}/(kJ \cdot mol^{-1})$	$\Delta_f G_m^{\ominus}/(kJ \cdot mol^{-1})$	$S_m^{\ominus}/[J \cdot (mol \cdot K)^{-1}]$
Li_2SiO_3	s	-1648.1	-1557.2	79.8
Mg	s	0.0	0.0	32.7
$MgBr_2$	s	-524.3	-503.8	117.2
$MgCl_2$	s	-641.3	-591.8	89.6
$MgCO_3$	s	-1095.8	-1012.1	65.7
MgF_2	s	-1124.2	-1071.1	57.2
MgH_2	s	-75.3	-35.9	31.1
MgI_2	s	-364.0	-358.2	129.7
$Mg(NO_3)_2$	s	-790.7	-589.4	164.0
MgO	s	-601.8	-569.3	27.0
$Mg(OH)_2$	s	-924.5	-833.5	63.2
MgS	s	-346.0	-341.8	50.3
$MgSO_4$	s	-1284.9	-1170.6	91.6
$MgSeO_4$	s	-968.5	—	—
Mg_2SiO_4	s	-2174.0	2055.1	-95.1
Mn	s	0.0	0.0	32.0
$MnBr_2$	s	-384.9	—	—
$MnCl_2$	s	-481.3	-440.5	118.2
$MnCO_3$	s	-894.1	-816.7	85.8
$Mn(NO_3)_2$	s	-576.3	—	—
MnO_2	s	-520.0	-465.1	53.1
MnS	s	-214.2	-218.4	78.2
$MnSiO_3$	s	-1320.9	-1240.5	89.1
Mn_2SiO_4	s	-1730.5	-1632.1	163.2
Mo	s	0.0	0.0	28.7
N	g	472.7	455.5	153.3
N_2	g	0.0	0.0	191.6
NH_3	g	-45.9	-16.4	192.8
NH_2NO_2	s	-89.5	—	—
NH_2OH	s	-114.2	—	—
NH_4Br	s	-270.8	-175.2	113.0

续表

分子式	状态	$\Delta_f H_m^{\ominus}/(kJ \cdot mol^{-1})$	$\Delta_f G_m^{\ominus}/(kJ \cdot mol^{-1})$	$S_m^{\ominus}/[J \cdot (mol \cdot K)^{-1}]$
NH_4Cl	s	−314.4	−202.9	94.6
NH_4ClO_4	s	−295.3	−88.8	186.2
NH_4F	s	−464.0	−348.7	72.0
NH_4HSO_3	s	−768.6	—	—
NH_4HSO_4	s	−1027.0	—	—
NH_4I	s	−201.4	−112.5	117.0
NH_4NO_2	s	−256.5	—	—
NH_4NO_3	s	−365.6	−183.9	151.1
$(NH_4)_2HPO_4$	s	−1566.9	—	—
$(NH_4)_3PO_4$	s	−1671.9	—	—
$(NH_4)_2SO_4$	s	−1180.9	−910.7	220.1
$(NH_4)_2SiF_6$	s	−2681.7	−2365.3	280.2
N_2H_4	l	50.6	149.3	121.2
NO_2	g	34.2	52.3	240.1
N_2O	g	82.1	104.2	219.9
N_2O_3	g	83.7	139.5	312.3
N_2O_5	g	11.3	115.1	355.7
Na	s	0.0	0.0	51.3
$NaAlF_4$	g	−1869.0	−1827.5	345.7
$NaBF_4$	s	−1844.7	−1750.1	145.3
$NaBH_4$	s	−188.6	−123.9	101.3
$Na_2B_4O_7$	s	−3291.1	−3096.0	189.5
$NaBr$	s	−361.1	−349.0	86.8
$NaBrO_3$	s	−334.1	−242.6	128.9
$NaCl$	s	−411.2	−384.1	72.1
$NaClO_3$	s	−365.8	−262.3	123.4
$NaClO_4$	s	−383.3	−254.9	142.3
$NaCN$	s	−87.5	−76.4	115.6
Na_2CO_3	s	−1130.7	−1044.4	135.0
NaF	s	−576.6	−546.3	51.1
NaH	s	−56.3	−33.5	40.0

分子式	状态	$\Delta_f H_m^\ominus/(\text{kJ} \cdot \text{mol}^{-1})$	$\Delta_f G_m^\ominus/(\text{kJ} \cdot \text{mol}^{-1})$	$S_m^\ominus/[\text{J} \cdot (\text{mol} \cdot \text{K})^{-1}]$
Na_2HPO_4	s	−1748.1	−1608.2	150.5
$NaHSO_4$	s	−1125.5	−992.8	113.0
NaI	s	−287.8	−286.1	98.5
$NaIO_3$	s	−481.8	—	—
$NaIO_4$	s	−429.3	−323.0	163.0
$NaMnO_4$	s	−1156.0	—	—
Na_2MoO_4	s	−1468.1	−1354.3	159.7
$NaNH_2$	s	−123.8	−64.0	76.9
$NaNO_2$	s	−358.7	−284.6	103.8
$NaNO_3$	s	−467.9	−367.0	116.5
$NaOH$	s	−425.6	−379.5	64.5
Na_2O	s	−414.2	−375.5	75.1
Na_2O_2	s	−510.9	−447.7	95.0
Na_2S	s	−1100.8	−1012.5	145.9
Na_2SO_4	s	−1387.1	−1270.2	149.6
Na_2SiF_6	s	−2909.6	−2754.2	207.1
Na_2SiO_3	s	−1554.9	−1462.8	113.9
Ni	s	0.0	0.0	29.9
$NiBr_2$	s	−212.1	—	—
$NiCl_2$	s	−305.3	−259.0	97.7
NiI_2	s	−78.2	—	—
$Ni(OH)_2$	s	−529.7	−447.2	88.0
NiS	s	−82.0	−79.5	53.0
$NiSO_4$	s	−872.9	−759.7	92.0
Ni_2O_3	s	−489.5	—	—
O	g	249.2	231.7	161.1
O_2	g	0.0	0.0	205.2
O_3	g	142.7	163.2	238.9
P(白)	s	0.0	0.0	41.1
P(红)	s	−17.6	−12.1	22.8
P(黑)	s	−39.3	—	—

分子式	状态	$\Delta_f H_m^{\ominus}/(kJ \cdot mol^{-1})$	$\Delta_f G_m^{\ominus}/(kJ \cdot mol^{-1})$	$S_m^{\ominus}/[J \cdot (mol \cdot K)^{-1}]$
PCl_3	l	-319.7	-272.3	217.1
PCl_5	s	-443.5	—	—
PF_3	g	-918.4	-897.5	273.1
PF_5	g	-1594.4	-1520.7	300.8
PI_3	s	-45.6	—	—
Pb	s	0.0	0.0	64.8
$PbBr_2$	s	-278.7	-261.9	161.5
$PbCO_3$	s	-699.1	-625.5	131.0
$PbCl_2$	s	-359.4	-314.1	136.0
$PbCl_4$	l	-329.3	—	—
$PbCrO_4$	s	-930.9	—	—
PbI_2	s	-175.5	-173.6	174.9
$PbMoO_4$	s	-1051.9	-951.4	166.1
$Pb(NO_3)_2$	s	-451.9	—	—
PbO(黄)	s	-217.3	-187.9	68.7
PbO(红)	s	-219.0	-188.9	66.5
PbO_2	s	-277.4	-217.3	68.6
PbS	s	-100.4	-98.7	91.2
$PbSO_3$	s	-669.9	—	—
$PbSO_4$	s	-920.0	-813.0	148.5
$PbSiO_3$	s	-1145.7	-1062.1	109.6
Pb_2SiO_4	s	-1363.1	-1252.6	186.6
Pt	s	0.0	0.0	41.6
$PtBr_2$	s	-82.0	—	—
$PtCl_2$	s	-123.4	—	—
PtS	s	-81.6	-76.1	55.1
Rb	s	0.0	0.0	76.8
RbBr	s	-394.6	-381.8	110.0
RbCl	s	-435.4	-407.8	95.9
$RbClO_4$	s	-437.2	-306.9	161.1
Rb_2CO_3	s	-1136.0	-1051.0	181.3

分子式	状态	$\Delta_f H_m^{\ominus}/(kJ \cdot mol^{-1})$	$\Delta_f G_m^{\ominus}/(kJ \cdot mol^{-1})$	$S_m^{\ominus}/[J \cdot (mol \cdot K)^{-1}]$
RbF	s	−557.7	—	—
RbH	s	−52.3	—	—
RbHSO₄	s	−1159.0	—	—
RbI	s	−333.8	−328.9	118.4
RbNH₂	s	−113.0	—	—
RbNO₂	s	−367.4	−306.2	172.0
RbNO₃	s	−495.1	−395.8	147.3
RbOH	s	−418.2	—	—
Rb₂O	s	−339.0	—	—
Rb₂O₂	s	−472.0	—	—
Rb₂SO₄	s	−1435.6	−1316.9	197.4
SO₂	l	−320.5	—	—
SO₃	s	−454.5	−374.2	70.7
Sb	s	0.0	0.0	45.7
SbCl₃	s	−382.2	−323.7	184.1
Sc	s	0.0	0.0	34.6
Se	s	0.0	0.0	42.4
SeO₂	s	−225.4	—	—
Si	s	0.0	0.0	18.8
SiC(立方晶体)	s	−65.3	−62.8	16.6
SiC(六方晶体)	s	−62.8	−60.2	16.5
SiCl₄	l	−687.0	−619.8	239.7
SiO₂(α)	s	−910.7	−856.3	41.5
Sm	s	0.0	0.0	69.6
Sn(白)	s	0.0	0.0	51.2
Sn(灰)	s	−2.1	0.14	4.1
Sn(灰)	g	301.2	266.2	168.5
SnCl₂	s	−325.1	—	—
SnCl₁	l	−511.3	−440.1	258.6
Sn(OH)₂	s	−561.1	−491.6	155.0
SnO₂	s	−577.6	−515.8	49.0

分子式	状态	$\Delta_f H_m^{\ominus}/(kJ \cdot mol^{-1})$	$\Delta_f G_m^{\ominus}/(kJ \cdot mol^{-1})$	$S_m^{\ominus}/[J \cdot (mol \cdot K)^{-1}]$
SnS	s	−100.0	−98.3	77.0
Sr	s	0.0	0.0	52.3
SrCl$_2$	s	−828.9	−781.1	114.9
Sr(NO$_3$)$_2$	s	−978.2	−780.0	194.6
SrO	s	−592.0	−561.9	54.4
Sr(OH)$_2$	s	−959.0	—	—
TeO$_2$	s	−322.6	−270.3	79.5
Th	s	0.0	0.0	51.8
ThO$_2$	s	−1226.4	−1169.2	65.2
Ti	s	0.0	0.0	30.7
TiCl$_2$	s	−513.8	−464.4	87.4
TiO$_2$	s	−944.0	−888.8	50.6
Tl	s	0.0	0.0	64.2
TlBr	s	−173.2	−167.4	120.5
TlCl	s	−204.1	−184.9	111.3
Tl$_2$CO$_3$	s	−700.0	−614.6	155.2
TlF	s	−324.7	—	—
TlI	s	−123.8	−125.4	127.6
TlNO$_3$	s	−243.9	−152.4	160.7
TlOH	s	−238.9	−195.8	88.0
Tl$_2$O	s	−178.7	−147.3	126.0
Tl$_2$SO$_4$	s	−931.8	−830.4	230.5
U	s	0.0	0.0	50.2
UO	g	21.0	—	—
V	s	0.0	0.0	28.9
VBr$_4$	g	−336.8	—	—
VCl$_4$	l	−569.4	−503.7	255.0
V$_2$O$_5$	s	−1550.6	−1419.5	131.0
W	s	0.0	0.0	32.6
WBr$_6$	s	−348.5	—	—
WCl$_6$	s	−602.5	—	—

分子式	状态	$\Delta_f H_m^{\ominus}/(kJ \cdot mol^{-1})$	$\Delta_f G_m^{\ominus}/(kJ \cdot mol^{-1})$	$S_m^{\ominus}/[J \cdot (mol \cdot K)^{-1}]$
WO_2	s	−589.7	−533.9	50.5
Xe	g	0.0	0.0	169.7
Y	s	0.0	0.0	44.4
Y_2O_3	s	−1905.3	−1816.6	99.1
Zn	s	0.0	0.0	41.6
$ZnBr_2$	s	−328.7	−312.1	138.5
$ZnCO_3$	s	−812.8	−731.5	82.4
$ZnCl_2$	s	−415.1	−369.4	111.5
ZnF_2	s	−764.4	−713.3	73.7
ZnI_2	s	−208.0	−209.0	161.1
$Zn(NO_3)_2$	s	−483.7	—	—
ZnO	s	−348.3	−320.5	43.7
$Zn(OH)_2$	s	−641.9	−553.5	81.2
$ZnSO_4$	s	−982.8	−871.5	110.5
Zn_2SiO_4	s	−1636.7	−1523.2	131.4
Zr	s	0.0	0.0	39.0
$ZrBr_4$	s	−760.7	—	—
$ZrCl_2$	s	−502.0	—	—
$ZrCl_4$	s	−980.5	−889.9	181.6
ZrF_4	s	−1911.3	−1809.9	104.6
ZrI_4	s	−481.6	—	—
ZrO_2	s	−1100.6	−1042.8	50.4
$Zr(SO_4)_2$	s	−2217.1	—	—
$ZrSiO_4$	s	−2033.4	−1919.1	84.1

附录 3　一些常见弱电解质在水溶液中的电离常数(25 ℃)

电解质	电离平衡	K_a 或 K_b	pK_a 或 pK_b
醋酸	$HAc \Longleftrightarrow H^+ + Ac^-$	1.8×10^{-5}	4.75
硼酸	$H_3BO_3 + H_2O \Longleftrightarrow H^+ + B(OH)_4^-$	5.8×10^{-10}	9.24
碳酸	$H_2CO_3 \Longleftrightarrow H^+ + HCO_3^-$	4.5×10^{-7}	6.37
	$HCO_3^- \Longleftrightarrow H^+ + CO_3^{2-}$	4.7×10^{-11}	10.25
氢氰酸	$HCN \Longleftrightarrow H^+ + CN^-$	6.2×10^{-10}	9.21
氢硫酸	$H_2S \Longleftrightarrow H^+ + HS^-$	1.1×10^{-7}	6.95
	$HS^- \Longleftrightarrow H^+ + S^{2-}$	1.3×10^{-13}	12.90
草酸	$H_2C_2O_4 \Longleftrightarrow H^+ + HC_2O_4^-$	5.4×10^{-2}	1.27
	$HC_2O_4^- \Longleftrightarrow H^+ + C_2O_4^{2-}$	5.4×10^{-5}	4.27
甲酸	$HCOOH \Longleftrightarrow H^+ + HCOO^-$	1.8×10^{-4}	3.74
磷酸	$H_3PO_4 \Longleftrightarrow H^+ + H_2PO_4^-$	7.1×10^{-3}	2.15
	$H_2PO_4^- \Longleftrightarrow H^+ + HPO_4^{2-}$	6.2×10^{-8}	7.21
	$HPO_4^{2-} \Longleftrightarrow H^+ + PO_4^{3-}$	4.8×10^{-13}	12.36
亚硫酸	$H_2SO_3 \Longleftrightarrow H^+ + HSO_3^-$	1.2×10^{-2}	1.92
	$HSO_3^- \Longleftrightarrow H^+ + SO_3^{2-}$	6.2×10^{-8}	7.21
亚硝酸	$HNO_2 \Longleftrightarrow H^+ + NO_2^-$	5.6×10^{-4}	3.25
氢氟酸	$HF \Longleftrightarrow H^+ + F^-$	6.3×10^{-4}	3.20
硅酸	$H_2SiO_3 \Longleftrightarrow H^+ + HSiO_3^-$	1.26×10^{-10}	9.9
	$HSiO_3^- \Longleftrightarrow H^+ + SiO_3^{2-}$	1.58×10^{-12}	11.8
氨水	$NH_3 \cdot H_2O \Longleftrightarrow NH_4^+ + OH^-$	1.8×10^{-5}	4.74

附录 4　难溶电解质的溶度积(25 ℃)

难溶化合物	K_{sp}	难溶化合物	K_{sp}
AgBr	5.3×10^{-13}	Hg_2Cl_2	2.1×10^{-17}
AgCN	1.2×10^{-16}	Hg_2I_2	4.5×10^{-29}
Ag_2CO_3	8.5×10^{-12}	Hg_2S	1.0×10^{-47}
AgCl	1.8×10^{-10}	HgS(红)	4.0×10^{-53}
Ag_2CrO_4	1.1×10^{-12}	HgS(黑)	1.6×10^{-52}
AgI	8.3×10^{-17}	$Hg_2(CN)_2$	5.0×10^{-40}
AgOH	2.0×10^{-8}	$MgCO_3$	6.8×10^{-6}
Ag_3PO_4	1.4×10^{-16}	MgF_2	6.5×10^{-9}
Ag_2S	6.3×10^{-50}	$MgNH_4PO_4$	2.5×10^{-13}
AgSCN	1.0×10^{-12}	$Mg(OH)_2$	1.8×10^{-11}
Ag_2SO_4	1.4×10^{-5}	$MnCO_3$	1.8×10^{-11}
$Al(OH)_3$	1.3×10^{-33}	$Mn(OH)_2$	1.9×10^{-13}
As_2S_3	2.1×10^{-22}	$Ni(OH)_2$	2.0×10^{-15}
$BaCO_3$	5.1×10^{-9}	NiS	1.4×10^{-24}
$BaCrO_4$	1.2×10^{-10}	$Pb_3(AsO_4)_2$	4.0×10^{-36}
BaF_2	1.8×10^{-7}	$PbCO_3$	7.4×10^{-14}
$BaSO_4$	1.1×10^{-10}	$PbCl_2$	1.6×10^{-5}
$Bi(OH)_3$	6.0×10^{-31}	$PbCrO_4$	2.8×10^{-13}
$CaCO_3$	2.8×10^{-9}	PbF_2	2.7×10^{-8}
$CaC_2O_4 \cdot H_2O$	4.0×10^{-9}	$Pb(OH)_2$	1.4×10^{-20}
CaF_2	2.7×10^{-11}	$Pb_3(PO_4)_2$	8.0×10^{-43}
$Ca_3(PO_4)_2$	2.0×10^{-33}	PbS	8.0×10^{-28}
$CaSO_4$	4.9×10^{-5}	$PbSO_4$	2.6×10^{-8}
$Cd(OH)_2$	2.5×10^{-14}	$Sb(OH)_3$	4.0×10^{-42}
CdS	8.0×10^{-27}	$Sn(OH)_2$	1.4×10^{-28}
$Co(OH)_2$	5.9×10^{-15}	$Sn(OH)_4$	1.0×10^{-56}
$Co(OH)_3$	2.0×10^{-44}	SnS	1.0×10^{-25}
$Cr(OH)_3$	6.3×10^{-31}	$SrCO_3$	5.6×10^{-10}
CuI	1.1×10^{-12}	SrC_2O_4	2.2×10^{-5}
$Cu(OH)_2$	2.2×10^{-20}	$SrCrO_4$	2.2×10^{-5}
CuS	6.3×10^{-36}	SrF_2	2.5×10^{-9}
Cu_2S	2.5×10^{-48}	$Sr_3(PO_4)_2$	4.0×10^{-28}
CuSCN	1.8×10^{-13}	$SrSO_4$	3.4×10^{-7}
$FeCO_3$	3.2×10^{-11}	$Zn_2[Fe(CN)_6]$	4.0×10^{-16}
$Fe(OH)_2$	8.0×10^{-16}	$ZnCO_3$	1.4×10^{-10}
$Fe(OH)_3$	4.0×10^{-38}	$Zn(OH)_2$	1.2×10^{-17}
$FePO_4$	1.3×10^{-22}	$Zn_3(PO_4)_2$	9.0×10^{-33}
FeS	3.7×10^{-19}	ZnS	1.6×10^{-24}

附录 5　一些电极反应的标准电极电势

电对 （氧化态/还原态）	电极反应 （氧化态$+ze^-\Longleftrightarrow$还原态）	标准电极电势 $E^{\ominus}/V$
Li^+/Li	$Li^+(aq)+e^-\Longleftrightarrow Li(s)$	-3.0401
K^+/K	$K^+(aq)+e^-\Longleftrightarrow K(s)$	-2.931
Ca^{2+}/Ca	$Ca^{2+}(aq)+2e^-\Longleftrightarrow Ca(s)$	-2.868
Na^+/Na	$Na^+(aq)+e^-\Longleftrightarrow Na(s)$	-2.71
$Mg(OH)_2/Mg$	$Mg(OH)_2(s)+2e^-\Longleftrightarrow Mg(s)+2OH^-(aq)$	-2.690
Mg^{2+}/Mg	$Mg^{2+}(aq)+2e^-\Longleftrightarrow Mg(s)$	-2.372
$Al(OH)_3/Al$	$Al(OH)_3(s)+3e^-\Longleftrightarrow Al(s)+3OH^-(aq)$	-2.328
Al^{3+}/Al	$Al^{3+}(aq)+3e^-\Longleftrightarrow Al(s)$	-1.662
$Mn(OH)_2/Mn$	$Mn(OH)_2(s)+2e^-\Longleftrightarrow Mn(s)+2OH^-(aq)$	-1.56
$Zn(OH)_2/Zn$	$Zn(OH)_2(s)+2e^-\Longleftrightarrow Zn(s)+2OH^-(aq)$	-1.249
ZnO_2^{2-}/Zn	$ZnO_2^{2-}(aq)+2H_2O+2e^-\Longleftrightarrow Zn(s)+4OH^-(aq)$	-1.215
CrO_2^-/Cr	$CrO_2^-(aq)+2H_2O+3e^-\Longleftrightarrow Cr(s)+4OH^-(aq)$	-1.2
Mn^{2+}/Mn	$Mn^{2+}(aq)+2e^-\Longleftrightarrow Mn(s)$	-1.185
H_2O/H_2	$2H_2O+2e^-\Longleftrightarrow H_2(g)+2OH^-(aq)$	-0.8277
$Cd(OH)_2/Cd(Hg)$	$Cd(OH)_2(s)+2e^-\Longleftrightarrow Cd(Hg)+2OH^-(aq)$	-0.809
$Zn^{2+}/Zn(Hg)$	$Zn^{2+}(aq)+2e^-\Longleftrightarrow Zn(Hg)$	-0.7628
Zn^{2+}/Zn	$Zn^{2+}(aq)+2e^-\Longleftrightarrow Zn(s)$	-0.7618
Cr^{3+}/Cr	$Cr^{3+}(aq)+3e^-\Longleftrightarrow Cr(s)$	-0.744
$Ni(OH)_2/Ni$	$Ni(OH)_2(s)+2e^-\Longleftrightarrow Ni(s)+2OH^-(aq)$	-0.72
Fe^{2+}/Fe	$Fe^{2+}(aq)+2e^-\Longleftrightarrow Fe(s)$	-0.447
Cd^{2+}/Cd	$Cd^{2+}(aq)+2e^-\Longleftrightarrow Cd(s)$	-0.4030
Co^{2+}/Co	$Co^{2+}(aq)+2e^-\Longleftrightarrow Co(s)$	-0.28
$PbCl_2/Pb$	$PbCl_2(s)+2e^-\Longleftrightarrow Pb(s)+2Cl^-$	-0.2675
Ni^{2+}/Ni	$Ni^{2+}(aq)+2e^-\Longleftrightarrow Ni(s)$	-0.257
$Cu(OH)_2/Cu$	$Cu(OH)_2(s)+2e^-\Longleftrightarrow Cu(s)+2OH^-(aq)$	-0.222
Sn^{2+}/Sn	$Sn^{2+}(aq)+2e^-\Longleftrightarrow Sn(s)$	-0.1375
Pb^{2+}/Pb	$Pb^{2+}(aq)+2e^-\Longleftrightarrow Pb(s)$	-0.1262
H^+/H_2	$2H^+(aq)+2e^-\Longleftrightarrow H_2(g)$	0.0000

电对 （氧化态/还原态）	电极反应 （氧化态 $+ze^- \Longrightarrow$ 还原态）	标准电极电势 $E^\ominus/V$
$S_4O_6^{2-}/S_2O_3^{2-}$	$S_4O_6^{2-}(aq)+2e^- \Longrightarrow 2S_2O_3^{2-}(aq)$	$+0.08$
S/H_2S	$S(s)+2H^+(aq)+2e^- \Longrightarrow H_2S(aq)$	$+0.142$
Sn^{4+}/Sn^{2+}	$Sn^{4+}(aq)+2e^- \Longrightarrow Sn^{2+}(aq)$	$+0.151$
SO_4^{2-}/H_2SO_3	$SO_4^{2-}(aq)+4H^++2e^- \Longrightarrow H_2SO_3(aq)+H_2O$	$+0.172$
$AgCl/Ag$	$AgCl(s)+e^- \Longrightarrow Ag(s)+Cl^-(aq)$	$+0.2223$
Hg_2Cl_2/Hg	$Hg_2Cl_2(s)+2e^- \Longrightarrow 2Hg(l)+2Cl^-(aq)$	$+0.2680$
Cu^{2+}/Cu	$Cu^{2+}(aq)+2e^- \Longrightarrow Cu(s)$	$+0.3419$
O_2/OH^-	$O_2(g)+2H_2O+4e^- \Longrightarrow 4OH^-(aq)$	$+0.401$
Cu^+/Cu	$Cu^+(aq)+e^- \Longrightarrow Cu(s)$	$+0.521$
I_2/I^-	$I_2(s)+2e^- \Longrightarrow 2I^-(aq)$	$+0.5355$
O_2/H_2O_2	$O_2(g)+2H^+(aq)+2e^- \Longrightarrow H_2O_2(aq)$	$+0.695$
Fe^{3+}/Fe^{2+}	$Fe^{3+}(aq)+e^- \Longrightarrow Fe^{2+}(aq)$	$+0.771$
Hg_2^{2+}/Hg	$Hg_2^{2+}(aq)+2e^- \Longrightarrow 2Hg(l)$	$+0.7973$
Ag^+/Ag	$Ag^+(aq)+e^- \Longrightarrow Ag(s)$	$+0.7996$
Hg^{2+}/Hg	$Hg^{2+}(aq)+2e^- \Longrightarrow Hg(l)$	$+0.851$
NO_3^-/NO	$NO_3^-(aq)+4H^+(aq)+3e^- \Longrightarrow NO(g)+2H_2O$	$+0.957$
HNO_2/NO	$HNO_2(aq)+H^+(aq)+e^- \Longrightarrow NO(g)+H_2O$	$+0.983$
Br_2/Br^-	$Br_2(l)+2e^- \Longrightarrow 2Br^-(aq)$	$+1.056$
MnO_2/Mn^{2+}	$MnO_2(s)+4H^+(aq)+2e^- \Longrightarrow Mn^{2+}(aq)+2H_2O$	$+1.224$
O_2/H_2O	$O_2(g)+4H^+(aq)+4e^- \Longrightarrow 2H_2O$	$+1.229$
$Cr_2O_7^{2-}/Cr^{3+}$	$Cr_2O_7^{2-}(aq)+14H^+(aq)+6e^- \Longrightarrow 2Cr^{3+}(aq)+7H_2O$	$+1.232$
Cl_2/Cl^-	$Cl_2(g)+2e^- \Longrightarrow 2Cl^-(aq)$	$+1.3583$
MnO_4^-/Mn^{2+}	$MnO_4^-(aq)+8H^+(aq)+5e^- \Longrightarrow Mn^{2+}(aq)+4H_2O$	$+1.507$
H_2O_2/H_2O	$H_2O_2(aq)+2H^+(aq)+2e^- \Longrightarrow 2H_2O$	$+1.776$
Co^{3+}/Co^{2+}	$Co^{3+}(aq)+e^- \Longrightarrow Co^{2+}(aq)$	$+1.92$
$S_2O_8^{2-}/SO_4^{2-}$	$S_2O_8^{2-}(aq)+2e^- \Longrightarrow 2SO_4^{2-}(aq)$	$+2.010$
F_2/F^-	$F_2(g)+2e^- \Longrightarrow 2F^-(aq)$	$+2.866$

附录 6　一些有机化合物的标准摩尔燃烧焓

物质	$\Delta_c H_m^\ominus/(kJ \cdot mol^{-1})$	物质	$\Delta_c H_m^\ominus/(kJ \cdot mol^{-1})$
烃类		醛、酮、酯类	
甲烷(g)CH$_4$	−890.7	甲醛(g)CH$_2$O	−570.8
乙烷(g)C$_2$H$_6$	−1559.8	乙醛(l)C$_2$H$_4$O	−1192.4
丙烷(g)C$_3$H$_8$	−2219.1	丙酮(l)C$_3$H$_6$O	−1790.4
丁烷(g)C$_4$H$_{10}$	−2878.3	丁酮(l)C$_4$H$_8$O	−2444.2
异丁烷(g)C$_4$H$_{10}$	−2871.5	乙酸乙酯(l)C$_4$H$_8$O$_2$	−2254.2
戊烷(g)C$_5$H$_{12}$	−3536.2	酸类	
异戊烷(g)C$_5$H$_{12}$	−3527.9	甲酸(l)CH$_2$O$_2$	−254.6
正庚烷(g)C$_7$H$_{16}$	−4811.2	乙酸(l)C$_2$H$_4$O$_2$	−871.5
辛烷(l)C$_8$H$_{18}$	−5507.4	草酸(l)C$_2$H$_2$O$_4$	−245.6
环己烷(g)C$_6$H$_{12}$	−3919.9	丙二酸(l)C$_3$H$_4$O$_4$	−861.2
乙炔(g)C$_2$H$_2$	−1299.6	D,L-乳酸(l)C$_3$H$_6$O$_3$	−1367.3
乙烯(g)C$_2$H$_4$	−1410.9	顺-丁烯二酸(s)C$_4$H$_4$O$_4$	−1355.2
丁烯(g)C$_4$H$_8$	−2718.6	反-丁烯二酸(s)C$_4$H$_4$O$_4$	−1334.7
苯(l)C$_6$H$_6$	−3267.5	琥珀酸(s)C$_4$H$_5$O$_4$	−1491.0
甲苯(l)C$_7$H$_8$	−3925.4	L-苹果酸(s)C$_4$H$_6$O$_5$	−1327.9
对二甲苯(l)C$_8$H$_{10}$	−4552.8	L-酒石酸(s)C$_4$H$_6$O$_6$	−1147.3
萘(s)C$_{10}$H$_8$	−5153.9	苯甲酸(s)C$_7$H$_6$O$_2$	−3228.7
蒽(s)C$_{14}$H$_{10}$	−7163.9	水杨酸(s)C$_7$H$_6$O$_3$	−3022.5
菲(s)C$_{14}$H$_{10}$	−7052.9	油酸(l)C$_{18}$H$_{34}$O$_2$	−11118.6
醇、酚、醚类		硬脂酸C$_{18}$H$_{36}$O$_2$	−11280.6
甲醇(l)CH$_4$O	−726.6	碳水化合物类	
乙醇(l)C$_2$H$_6$O	−1366.8	葡萄糖(s)C$_6$H$_{12}$O$_6$	−2820.9
乙二醇(l)C$_2$H$_6$O$_2$	−1180.7	果糖(s)C$_6$H$_{12}$O$_6$	−2829.6
甘油(l)C$_3$H$_8$O$_3$	−1662.7	蔗糖(s)C$_{12}$H$_{22}$O$_{11}$	−5640.9
苯酚(l)C$_6$H$_6$O	−3053.5	乳糖(s)C$_{12}$H$_{22}$O$_{11}$	−5648.4
乙醚(l)C$_4$H$_{10}$O	−2723.6	麦芽糖(s)C$_{12}$H$_{22}$O$_{11}$	−5645.5

注：表中 $\Delta_c H_m^\ominus$(kJ/mol)是有机化合物在 298.15 K 时完全氧化的标准摩尔焓变。
　　化合物中各元素完全氧化的最终产物为 CO$_2$(g)、H$_2$O(l)、N$_2$(g)、SO$_2$(g)等。

附录 7 根据 VSEPR 推测的 $AX_m E_n$ 型分子的空间构型

$AX_m E_n$	m	n	分子构型	实例	$AX_m E_n$	m	n	分子构型	实例
AX_2	2	0	直线形	$BeCl_2$ HCN	—	—	—	—	—
AX_3	3	0	平面三角形	NO_3^- SO_3	$AX_4 E$	4	1	变形四面体	SF_4
$AX_2 E$	2	1	V 形	NO_2	$AX_3 E_2$	3	2	T 形	ClF_3 BrF_3
AX_4	4	0	四面体形	CH_4 SO_4^{2-}	$AX_2 E_3$	2	3	直线形	ICl_2^- I_3^- XeF_2
$AX_3 E$	3	1	三角锥形	NH_3 SO_3^{2-}	AX_6	6	0	八面体形	SF_6 AlF_6^{3-}
$AX_2 E_2$	2	2	V 形	H_2O H_2S	$AX_5 E$	5	1	四方锥形	IF_5
AX_5	5	0	三角双锥形	PF_5 $SF_4 O$	$AX_4 E_2$	4	2	平面四方形	ICl_4^-

附录 8 部分外文人名译名

Arrhenius 阿仑尼乌斯	Kroto 克罗托
Avogadro 阿伏加德罗	Le Châtelier 勒夏特列
Berthelot 贝特洛	Leclanche 勒克兰谢
Bohr 玻尔	Lehn 莱恩
Boltzmann 玻尔兹曼	Lewis 路易斯
Brown 布朗	Lowry 劳里
Brønsted 布朗斯特	Natta 纳塔
Clausius 克劳修斯	Nemrow 内梅罗
Corey 科里	Nernst 能斯特
Crist 克里斯特	Nobel 诺贝尔
Daniell 丹尼尔	Pauling 鲍林
Davisson 戴维森	Planck 普朗克
Davy 戴维	Raman 拉曼
de Broglie 德布罗意	Raoult 拉乌尔
Einstein 爱因斯坦	Rutherford 卢瑟福
Faraday 法拉第	Rydberg 里德堡
Fuller 富勒	Schrödinger 薛定谔
Galvani 伽伐尼	Slater 斯莱特
Geiger 盖革	Smalley 斯莫利
Geim 盖姆	Taylor 泰勒
Gibbs 吉布斯	Thomson 汤姆森
Grove 格罗夫	Tyndall 丁铎尔
Hasselbalch 哈塞尔巴赫	van der Waals 范德华
Henderson 亨德森	van't Hoff 范特霍夫
Hess 盖斯	Volta 伏打
Horton 霍顿	Wacker 瓦克
Hund 洪特	Werner 维尔纳
Iijima 饭岛澄男	Woodward 伍德沃德
Kornberg 科恩伯格	Wöhler 沃勒
Kossel 柯塞尔	Ziegler 齐格勒
Krafft 克拉夫特	

主要参考文献

[1] 贾之慎. 无机及分析化学[M]. 第 2 版. 北京:高等教育出版社,2008.

[2] 孙宏伟. 结构化学[M]. 北京:高等教育出版社,2016.

[3] 吴菊珍,熊平. 大学化学[M]. 重庆:重庆大学出版社,2016.

[4] 李聚源,张耀君. 普通化学简明教程[M]. 北京:化学工业出版社,2005.

[5] 徐虹. 新编普通化学[M]. 郑州:郑州大学出版社,2011.

[6] 康立娟,朴凤玉. 普通化学[M]. 北京:高等教育出版社,2005.

[7] 罗芳光. 普通化学[M]. 第 2 版. 北京:中国农业大学出版社,2007.

[8] 唐和清. 工科基础化学[M]. 第 2 版. 北京:化学工业出版社,2009.

[9] 杨世洸,梁发书. 大学化学[M]. 重庆:重庆大学出版社,2002.

[10] 徐雅琴,张金桐. 大学化学[M]. 第 2 版. 北京:中国农业出版社,2010.

[11] 浙江大学普通化学教研组. 普通化学[M]. 第 6 版. 北京:高等教育出版社,2011.

[12] 李梅君,陈娅如. 普通化学[M]. 上海:华东理工大学出版社,2013.

[13] 李梅,韩莉. 普通化学[M]. 上海:上海交通大学出版社,2015.

[14] 沈玉龙,曹文华. 绿色化学[M]. 第 2 版. 北京:中国环境科学出版社,2019.

[15] 金继红,等. 大学化学[M]. 北京:化学工业出版社,2014.

[16] 姚天扬,孙尔康. 大学化学[M]. 南京:南京大学出版社,2014.

[17] 张思敬,韩选利. 大学化学[M]. 第 2 版. 北京:高等教育出版社,2017.

[18] 杨秋华. 大学化学[M]. 北京:高等教育出版社,2014.

[19] 刘琦. 环境化学[M]. 北京:化学工业出版社,2004.

[20] 刘程. 表面活性剂应用大全[M]. 北京:北京工业大学出版社,1994.

[21] 冯守华,徐如人. 无机合成与制备化学研究进展[J]. 化学进展,2000,12(4):445-457.

[22] 唐晋. 开拓化学学科前沿 提高基础研究水平[J]. 化学进展,2001,13(1):73-76.

[23] 孟子晖,等. 分子烙印技术进展[J]. 化学进展,1999,11(4):358-366.

[24] 于同隐. 论 21 世纪的化学[J]. 化学世界,2001,42(1):3-55.

[25] 徐伟平,李光宪. 分子自组装研究进展[J]. 化学通报,1999,(2):21-25.

[26] 贺凯. CO_2 海洋封存联合可燃冰开采技术展望[J]. 现代化工,2018,38(4):1-4.

[27] 毛传斌,等. 无机材料的仿生合成[J]. 化学进展,1998,10(3):246-254.

[28] 《大学化学》编辑部. 今日化学[M]. 北京:北京大学出版社,2006.

[29] 赵华明. 化学研究的现状、应用前景及终极目的[J]. 化学研究与应用,2001,13(1):1-3.

[30] 朱清时. 绿色化学[J]. 化学进展,2000,12(4):410-414.

[31] 闵恩泽,等. 绿色化学与化工[M]. 北京:化学工业出版社,2000.

[32] 万勇,冯瑞华,姜山,等. 材料科技领域发展态势与趋势[J/OL]. 世界科技研究与发展,2019:1-4.

[33] 孙予罕. 低碳能源转化与绿色碳科学[A]. 中国化学会. 中国化学会第 28 届学术年会第一分会场摘要集[C]. 2012:1.

[34] 冯长健,徐元植. 有序分子聚集体化学研究展望[J]. 化学进展,2001,13(5):329-336.

[35] 晁晖. 中国新能源发展战略研究[D]. 武汉大学,2015